教育部全国职业教育与成人教育教学用书规划教材

"十二五"全国高校计算机专业岗前实训教材

中文版

中文版 Flash CS5 网站动画制作岗前实训

施博资讯 编著

超值CD多媒体教学光盘

- 网站项目的策划和开发基础
- Flash CS5基本设计方法和技巧
- Flash CS5在网站建设上的应用

海洋出版社

2011年·北京

内 容 简 介

本书是一本由资深网站开发人员和动画设计专家精心策划与编写的创新型教材。以“制作分析+制作流程+上机实战+学习扩展+作品欣赏”的结构进行教学，有针对性的帮助有志于从事 Flash 网站动画制作的读者迅速掌握各种设计技巧，适应实际工作的需要。

全书共分为 10 章，第 1~2 章介绍网站项目的策划和开发基础，包括网站项目策划、实施、后期推广等知识以及 Flash CS5 的基本操作；第 3~5 章介绍 Flash CS5 基本设计方法和技巧，包括制作文字动画、动画特效以及网站导航动画等；第 6~11 章通过制作电子商务网站、企业展示网站、化妆品网站、房地产网站、网上商城、汽车企业网站等大型项目，全面介绍了 Flash CS5 在网站建设上的应用。配合本书配套光盘的多媒体视频教学课件，让您在掌握 Flash CS5 使用技巧的同时，享受无比的学习乐趣！

超值 1CD 内容：41 个综合实例的完整影音视频文件+作品与素材

读者对象：适应于全国高校动画设计专业课教材；社会动画设计培训班用书，从事动画设计的广大初、中级人员实用的自学指导书。

图书在版编目(CIP)数据

中文版 Flash CS5 网站动画制作岗前实训/ 施博资讯编著. -- 北京 : 海洋出版社, 2011.9
ISBN 978-7-5027-8096-8

Ⅰ. ①中… Ⅱ. ①施… Ⅲ. ①动画制作软件，Flash CS5—职业培训—教材 Ⅳ.①TP391.41

中国版本图书馆 CIP 数据核字(2011)第 178737 号

总 策 划：刘　斌
责任编辑：刘　斌
责任校对：肖新民
责任印制：赵麟苏
排　　版：海洋计算机图书输出中心　晓阳
出版发行：海洋出版社
地　　址：北京市海淀区大慧寺路 8 号（716 房间）
100081
经　　销：新华书店
技术支持：（010）62100055

发 行 部：（010）62174379（传真）（010）62132549
（010）68038093（邮购）（010）62100077
网　　址：www.oceanpress.com.cn
承　　印：北京旺都印务有限公司
版　　次：2015 年 3 月第 1 版第 2 次印刷
开　　本：787mm×1092mm　1/16
印　　张：19.75
字　　数：468 千字
印　　数：3001～5000 册
定　　价：35.00 元（含 1CD）

本书如有印、装质量问题可与发行部调换

丛书序言

首先感谢您对海洋出版社计算机图书的支持和厚爱！

在长期的出版过程中，许多热心的读者反映，在他们所接触的计算机教材中，常常有学完之后依旧腹中空空的感觉，在实际工作中遇到问题依旧无法顺利的解决，不能做到学以致用。或者是有些教材编写晦涩，让人很难理解，这些都影响他们迅速地掌握相关的计算机技能。

“十二五”全国高校计算机专业岗前实训系列丛书，是通过我们对大中院校相关专业、企事业单位一线从业人员以及社会相关培训机构长达数年的调研基础上，精心组织了一批长期在第一线进行计算机培训的教育专家、学者、工程师，结合企事业单位岗位需要以及培训班授课和讲座的要求编写而成的。

本套丛书内容通俗易懂，并且辅以大量的上机实战，易学易用，即使是初学者，也容易快速的上手，最大限度的调动读者学习的兴趣，同时知识点广泛，举一反三，环环相扣，意境深远，力图将最实用最完整的知识呈现出来，让读者轻松掌握操作电脑的技能。

我们编写这套书的立足点是“岗前实训”，在对职业要求深入研究的基础上，通过大量有针对性的实例练习、项目指导以及技能分析，让您了解职业特点，掌握职业技能，快速成为职场高手！

一、本系列教材的特点

1.理论与实践结合

本系列丛书从行业的基础理论与概念开始讲解，着重于实际问题的分析与解决，针对每个教学案例提供了详细的制作分析，从案例中引出教学和实际工作的需求，从而达到情景式教学的目的，让读者可以从实用的行业案例中了解更多的行业知识和设计技能。

2.完整的内容讲解

本系列丛书重点在快速掌握软件在实际工作中的应用，边讲边练、讲练结合，内容系统全面，由浅入深、循序渐进，知识点丰富而又有层次。每一节都有明确的学习目标，以及相关的重点难点释疑，每章后既有课后思考又有相应的上机实训，巩固成果、学以致用。

3.实用的学习扩展

每个章节讲解完成后，都在章后提供实用的学习扩展内容，从细节中分析项目的制作过程与技巧，以及与项目相关知识的延伸理解。同时针对项目应用的软件功能进行详细的讲解，让读者在掌握项目制作的同时，更掌握软件的应用。

4.丰富的辅助教学

本系列丛书在出版时多方面考虑读者在使用时的方便，书中范例中用的素材文件以及源文件都附在光盘中，重要实例都配备了语音视频文件，犹如老师在身边一般，手把手地教您学习！同时为方便教学需求，有些光盘中还配备了电子教案。

二、本系列丛书的内容

1.中文版 AutoCAD 机械绘图 100 例

2.中文版 Flash CS5 网站动画制作岗前实训

3.中文版 Dreamweaver CS5 & Asp 动态网页制作岗前实训

4.中文版 Illustrator CS5 平面设计岗前实训

三、读者定位

本系列教材既是各大中院校计算机专业首选教材,又是社会相关领域初中级电脑培训班的最佳教材，同时也可作为广大初中级用户的自学指导书。

希望“十二五”全国高校计算机专业岗前实训系列丛书能对我国计算机技能型专业技术人才市场的发展壮大，以及计算机技术的普及贡献一份力量。

海洋出版社

前言 Preface

关于本书

Adobe Flash CS5 是 Adobe 公司最新发布的动画创作软件，无论是设计动画图形还是创建以交互为基础的应用程序，Flash CS5 都能提供强大的功能并制作出绝佳的效果。使用 Flash CS5 的设计人员可以创建演示文稿、应用程序和其他允许用户交互的内容，还可以通过添加图片、声音、视频和特殊效果，构建包含丰富媒体的 Flash 应用程序。

本书主要以基于网站项目的 Flash CS5 动画设计为内容讲解的主线，首先通过多个精彩实例讲解 Flash CS5 动画设计的基本应用，然后通过制作电子商务网站、企业展示网站、化妆品网站、房地产网站、网上商城网站、汽车企业网站等项目介绍 Flash CS5 在网站上的应用，例如网站导航栏、动画横幅、动画按钮、滚动展示栏、视频播放等，其中涉及 Flash CS5 的绘图、补间动画、导引线动画、遮罩、组件、ActionScript 脚本等技术，让广大读者可以在学习 Flash CS5 软件的基础上，更充分掌握 Flash CS5 在网站项目开发中的应用。

本书结构

本书共分为 11 章，具体的内容安排如下：

第 1 ～ 2 章：介绍网站项目的策划和开发基础，包括网站项目策划阶段、网站开发的实施阶段、网站后期的推广阶段的知识，接着详述 Flash CS5 的操作界面、使用方法与文件管理技巧，最后介绍构成动画的基本元素以及时间轴基本操作的知识。

第 3 ～ 5 章：通过多个精彩实例讲解利用 Flash CS5 制作文字动画、动画特效、网站的导航动画等内容。

第 6 章：以一个电子商务网站为例，介绍商务网站开发的基础，以及利用 Flash CS5 制作网站导航条、Logo、动画广告的方法。

第 7 章：以一个企业网站为例，介绍企业建站的基础以及注意事项以及利用 Flash CS5 制作网站横幅广告、导航条、变换动画的方法。

第 8 章：以一个名为“CLARANS”的化妆品网站为例，介绍化妆品网站开发的基础以及利用 Flash CS5 制作动画导航板、网站装饰动画、产品展示动画、导航区动画的方法。

第 9 章：以一个房地产网站为例，介绍房产类型网站的开发必备知识以及利用 Flash CS5 制作动画导航按钮、楼盘展示影片剪辑的方法。

第 10 章：以一个网上商城的网站为例，介绍商城类型的网站项目开发基础知识以及利用 Flash CS5 制作网站导航按钮、网站转场广告、网站公告动画等方法。

第 11 章：以福特汽车网站为例，介绍汽车类型的网站开发基础以及利用 Flash CS5 制作网站视频的加载、汽车图像的闪光效果、为网站添加背景音乐等方法。

本书特色

本书由资深网站开发人员和动画设计专家精心策划与编写，当中出现了不少新颖的栏目与结构编排，下面将本书的主要特色归纳如下：

理论与实践结合

本书先从行业的基础理论与概念介绍，并且着重于实际问题的分析与解决，每章都针对每个教学案例提供详细的案例分析，从案例中满足教学的需求，从而达到情景式教学的目的，让读者可以从实用的案例中了解更多的行业知识和设计技能。

精彩的案例教学

本书提供多个案例进行 Flash 应用的讲解，并针对案例先分析网站项目开发的基础知识和注意事项，然后通过实例操作的形式，介绍多种网站项目常用的 Flash 动画设计，让读者可以在了解网站开发的基础上更好地学习和掌握 Flash 在网站建设上的应用。

实用的学习扩展

每个案例在讲解完成后，都在章后提供了实用的学习扩展内容，从细节中分析案例的制作，并针对案例应用的软件功能进行详细的讲解，让读者在掌握案例设计操作的同时，更充分掌握软件的应用。

丰富的辅助教学

随书光盘提供了全书的练习文件和素材，读者可以使用这些文件并跟随光盘中的教学演示影片进行学习。

本书既可作为大中专院校相关专业师生和 Flash 应用培训班的参考用书，也可作为中、高级 Flash 用户以及网站开发和动画制作人员的自学指导用书。

本书由施博资讯科技有限公司策划，由黎文锋主编，参与本书编写及设计工作的还有黄活瑜、黄俊杰、梁颖思、吴颂志、梁锦明、林业星、黎彩英、刘嘉、李剑明、周志苹等，在此一并谢过。在本书的编写过程中，我们力求精益求精，但难免存在一些不足之处，敬请广大读者批评指正。

编　者

光盘使用说明

一、光盘内容

将本书附赠光盘放入光驱中，双击将打开光盘，可以看到作品与素材库、视频演示文件，如图所示。

1. fscommand 是本书各章的演示影片和练习影片。

2. Example 是本书所有的练习文件和成果文件，可打开与书同步学习。

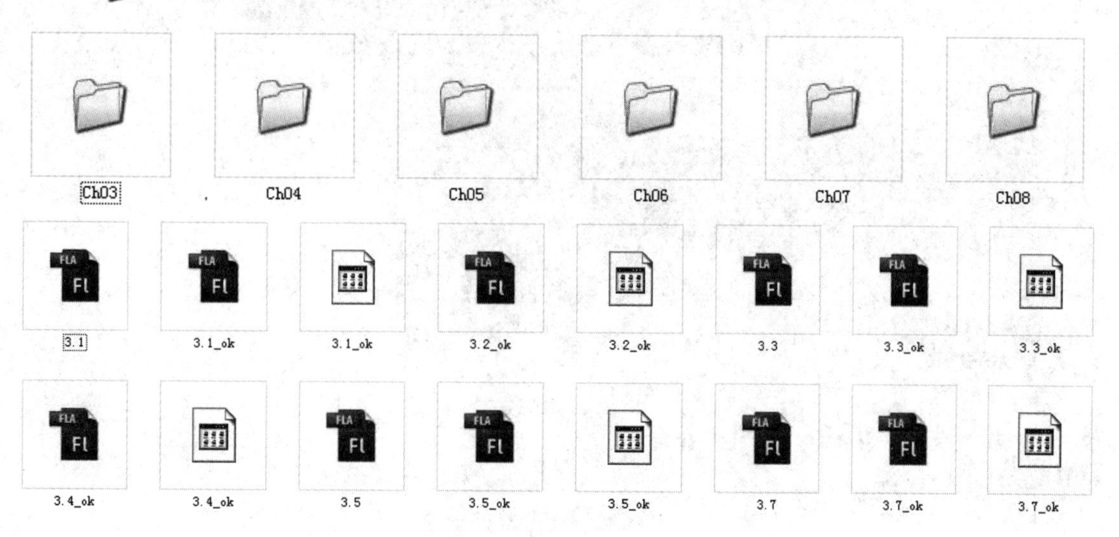

3. 光盘说明文件。
4. 本光盘程序的图标。
5. 本光盘自动运行的文件。有此文件后，光盘插入光驱后会自动运行多媒体光盘。
6. 本光盘程序的主播放文件。

注意：严禁读者将本书的练习文件全部或部分素材作任何商业用途。

二、运行环境

本光盘可以运行于 Windows 98/2000/XP/Windows 7 的操作系统下。

三、使用注意事项

1. 本教学光盘中所有视频文件均采用 Flash Player 8 播放器播放，如果发现光盘中的影片不能正确播放，请先安装 Flash Player 8 播放器。Flash Player 8 可以到 Adobe 公司官方网上下载。

2. 放入光盘，程序自动运行，或者执行 Play.exe 文件。

3. 本程序运行，要求屏幕分辨率 1024 × 768 以上，否则程序可能显示不完全或不准确。

四、技术支持

对本书及光盘中的任何疑问和技术问题，可打电话至：86-010-62132549

或发邮件至：cbookpress@hotmail.com，或登录出版网站：http://www.oceanpress.com.cn/，

或作者的网站：http://www.cbookpress.cn/

目 录
Contents

第1章 网站项目的策划与开发 1

1.1 网站项目的策划阶段 1
1.1.1 立项 1
1.1.2 了解客户需求 1
1.1.3 建立需求分析与记录体系 1
1.1.4 网站项目描述文案 2
1.2 网站开发的实施阶段 3
1.2.1 规划网站基本结构 3
1.2.2 内容与素材准备 3
1.2.3 网页版型的设计 4
1.2.4 定义站点和地图 5
1.2.5 配置动态网站环境 6
1.2.6 页面编排与制作 6
1.2.7 开发网站功能模块 7
1.3 网站的发布与推广 7
1.3.1 网站发布与检查 7
1.3.2 网站的推广方式 8
1.4 Flash在网站开发中的应用 9
1.4.1 Flash网站素材 9
1.4.2 Flash动画广告 9
1.4.3 Flash动态网站开发 10
1.5 本章小结 11
1.6 上机实训 11

第2章 Flash CS5应用基础 12

2.1 认识Flash CS5界面 12
2.1.1 欢迎屏幕 12
2.1.2 菜单栏 13
2.1.3 时间轴 14
2.1.4 工具箱 14
2.1.5 场景舞台 15
2.1.6 属性面板 15
2.1.7 库面板 15
2.2 Flash CS5的文件管理 16
2.2.1 新建Flash文件 16
2.2.2 打开Flash文件 17
2.2.3 保存/另存文件 18
2.2.4 设置文件属性 19
2.2.5 发布Flash动画 19
2.3 构成动画的基本元素 21
2.3.1 时间轴 21
2.3.2 帧 22
2.3.3 图层 23
2.3.4 场景 23
2.3.5 对象 24
2.4 时间轴的基本操作 25
2.4.1 插入与删除图层 25
2.4.2 插入与删除图层文件夹 25
2.4.3 设置图层属性 26
2.4.4 插入与删除一般帧 26
2.4.5 插入与清除关键帧、空白关键帧 27
2.5 本章小结 28
2.6 上机实训 28

第3章 Flash文字动画设计 29

3.1 弹跳式的立体文字特效 29
3.2 简易虚幻文字特效 33
3.3 感应式遮罩文字特效 36

3.4 前排投影的文字特效 42
3.5 圆点遮罩效果的文字动画 45
3.6 本章小结 49
3.7 上机实训 49

第4章 Flash动画特效设计 51

4.1 弩箭离弦动画特效 51
4.2 跟随鼠标的动画特效 55
4.3 多彩烟花动画特效 58
4.4 奇幻式背景动画特效 63
4.5 墙壁的水珠动画特效 67
4.6 气泡升起的动画特效 74
4.7 本章小结 79
4.8 上机实训 80

第5章 网站的Flash导航设计 81

5.1 跟随鼠标的导航设计 81
5.2 弹跳形式的导航设计 90
5.3 菜单弹出式的导航设计 96
5.4 本章小结 101
5.5 上机实训 102

第6章 电子商务类网站——Pro Web2 103

6.1 电子商务网站——ProWeb2概述 103
6.1.1 网站开发概述 103
6.1.2 网站页面展示 104
6.1.3 网站页面设计 105
6.1.4 网站动画特效 107
6.2 按钮弹出并发声的导航条 108
6.3 分层变化组合的网站Logo 115
6.4 简易的Flash动画广告 122
6.5 学习扩展 129
6.5.1 导航条动画的按钮制作要点 129
6.5.2 Logo动画的制作要点 130
6.5.3 广告动画的补间动画分析 130
6.6 作品欣赏 132
6.6.1 万通上游国际 132
6.6.2 KRONOS WATCHES 133
6.6.3 Sanrio Town网站 133
6.7 本章小结 134
6.8 上机实训 134

第7章 企业展示类网站——Viable 135

7.1 企业展示网站——Viable概述 135
7.1.1 网站开发概述 135
7.1.2 网站页面展示 136
7.1.3 网站页面设计 137
7.1.4 网站动画特效 139
7.2 横幅广告动画 140
7.3 自动展开与收合的导航条 149
7.4 自动且可控的变换图动画 157
7.5 学习扩展 163
7.5.1 横幅广告动画的遮罩技术 163
7.5.2 导航条动画的制作原理 164
7.5.3 变换图动画的制作原理 165
7.6 作品欣赏 166
7.6.1 FARM网站 166
7.6.2 HS官方网站 166
7.6.3 XPEED网站 167
7.7 本章小结 168
7.8 上机实训 168

第8章 化妆品类网站——CLARANS 169

8.1 化妆品网站——CLARANS动画首页 169
8.1.1 网站开发概述 169
8.1.2 动画首页展示 171
8.1.3 网站首页制作 171
8.1.4 网站动画特效 173
8.2 制作首页动画导航板 174
8.3 制作首页的装饰动画 179
8.4 制作模特和产品展示动画 187
8.5 制作产品推荐导航区动画 195
8.6 学习扩展 201
8.6.1 导航按钮的滤镜应用 201
8.6.2 导航按钮的链接设置 202

8.7 作品欣赏 203
8.7.1 小强化妆造型网站 203
8.7.2 Menard Korea网站 204
8.7.3 Elastine网站 205
8.8 本章小结 205
8.9 上机实训 205

第9章 房地产类网站——霸龙世纪花园

第9章 房地产类网站——霸龙世纪花园 207
9.1 房地产网站——霸龙世纪花园首页 207
9.1.1 网站开发概述 207
9.1.2 网站动画首页展示 208
9.1.3 网站首页制作 209
9.1.4 动画特效说明 209
9.2 制作首页动画导航按钮 211
9.3 制作楼盘展示影片剪辑 215
9.4 加载楼盘展示影片剪辑 222
9.5 学习扩展 227
9.5.1 认识ActionScript语言 227
9.5.2 播放与回放影片剪辑代码的解析 228
9.5.3 加载影片剪辑代码的解析 230
9.6 作品欣赏 230
9.6.1 维多利广场 230
9.6.2 北京・华侨城 231
9.7 本章小结 232
9.8 上机实训 232

第10章 网上商城设计——Cavan服饰网

第10章 网上商城设计——Cavan服饰网 233
10.1 网上商城网站——Cavan首页 233
10.1.1 网站开发概述 233
10.1.2 商城首页展示 234
10.1.3 网站首页制作 235
10.1.4 首页动画制作 236
10.2 制作翻动效果的导航按钮 238
10.3 制作多遮罩转场广告动画 244
10.4 制作随鼠标滑动的公告动画 250
10.5 学习扩展 256
10.5.1 广告动画的遮罩原理 256
10.5.2 关于Flash行为的应用 257
10.5.3 滑动公告动画的脚本解析 259
10.6 作品欣赏 260
10.6.1 韩国SPRIS服装商城 261
10.6.2 ask4shop网上服装商城 262
10.6.3 GS网上购物网站 262
10.7 本章小结 263
10.8 上机实训 263

第11章 动感汽车网站——福特蒙迪欧

第11章 动感汽车网站——福特蒙迪欧 265
11.1 福特汽车网——蒙迪欧汽车首页 265
11.1.1 汽车网站建设概述 265
11.1.2 蒙迪欧网站首页展示 267
11.1.3 蒙迪欧网站首页制作 267
11.1.4 首页动画效果的制作 268
11.2 制作首页内容出现的动画 270
11.3 制作首页动画的视频载入 275
11.4 制作汽车图像的闪光效果 282
11.5 添加可控制的背景音乐 288
11.6 制作雪花飘动的导航按钮 292
11.7 学习扩展 299
11.7.1 关于使用FLV视频 299
11.7.2 Loading动画的脚本分析 299
11.7.3 关于引导层动画的制作 300
11.8 作品欣赏 302
11.8.1 广汽丰田雅力士汽车网站 302
11.8.2 别克君威REGAL汽车网站 303
11.9 本章小结 304
11.10 上机实训 304

第 1 章　网站项目的策划与开发

随着互联网的发展，网站开发作为一个行业已经迅速兴起，越来越多的网站开发任务需要网站制作公司完成。本章将简要介绍网站项目策划事项和开发流程的相关知识。

1.1　网站项目的策划阶段

1.1.1　立项

网站开发是一项复杂的工作，可以将它作为一个项目来管理。网站开发的项目化管理，不但可以使客户受益，还能使得网站制作行业趋向规范化，它将对行业相关的每个人都有益，包括项目经理、网页设计师、程序员和编辑等。当网站开发作为一个项目来管理时，首先要做的就是立项。

立项是指建立网站开发项目。当接到客户的业务咨询，经过双方不断的接洽和了解，通过基本的可行性讨论初步达成共识后，就需要将具体操作建立成项目。建立项目后，需要根据项目的制作规模和要求安排各个环节的负责人员，例如掌管项目策划的项目经理、负责网站界面设计的网页设计师、负责网站后台开发的程序员，或者一些相关文件的编辑以及负责数据搜集和整理的工作人员等。

1.1.2　了解客户需求

建立网站开发的项目后，接下来就需要跟客户确定具体的需求。网站开发拥有不同知识层面的客户，项目负责人对用户需求的理解，在很大程度上决定了网站开发项目的成败。因此如何更好地了解、分析、明确用户需求，并且准确、清晰地以文档的形式传递给参与项目开发的每个成员，保证开发过程按照满足用户需求的正确项目开发方向进行，是每个网站开发项目需要面对的问题。

需求分析活动其实本来就是一个和客户交流的过程，第一步是向客户了解一个完整的需求。但由于客户对网站开发的各个方面的了解并非专业，有些客户对自己的需求并不是很清楚，这时候，就需要项目负责人不断引导和帮助客户分析，并对客户在各个方面的目的耐心沟通，仔细分析，挖掘出客户潜在的、真正的需求。

与客户交流的过程包含网站策划和技术要求实现两个方面，即在分析客户需求时建立网站初步策划的方向和组成，并在网站功能面的实现上提供技术支持，如此才能更细致和准确地掌握客户的具体需求。所以，在了解客户需求的过程中，网站项目开发的技术人员参与到其中来是非常重要的，例如在一些网站功能要求上，不断有技术员对客户需求进行分析和说明，可以让客户建立信心，并逐步确定网站功能描述的细节。

1.1.3　建立需求分析与记录体系

在网站项目开发中，从策划到实施需要经过很多环节，而通常不同环节会由不同的人负责。为了让各个环节的人员了解整个网站项目的开发要求和细节，在了解客户需求时，需要将需求细分到每个环节上，最好的方法是按照一定的规范编写需求分析文档，这样不但可以帮助成员将需求分析结果更加明确化，为以后开发过程做到文本形式的备忘，也可以为公司日后的开发项目提供借鉴和模板，成为公司在项目开发中积累的符合自身特点的经验财富。

编写需求分析的相关文档要达到怎样的标准呢？简单地说，包含下面几点：

（1）正确性：每个功能必须清楚描写交付的标准。

（2）可行性：确保在当前的开发能力和系统环境下可以实现每个需求。

（3）必要性：功能是否必须交付，是否可以推迟实现，是否可以在削减开支时省略。

（4）简明性：不要使用专业的网络术语。

（5）检测性：开发完毕，客户可以根据需求检测。

了解标准后，就需要根据客户的需求去调查与分析整个网站开发的细节，并将调查和分析的结果进行详细记录。调查和分析的内容主要如下：

（1）网站当前以及日后可能出现的功能需求。

（2）客户对网站的性能的要求和安全性的要求。

（3）确定网站维护的要求。

（4）网站的实际运行环境。

（5）网站页面总体风格以及美工效果。

（6）主页面和次级页面数量，是否需要多种语言版本等。

（7）内容管理及录入任务的分配。

（8）各种页面特殊效果及其数量。

（9）项目完成时间及进度。

（10）明确项目完成后的维护责任。

1.1.4 网站项目描述文案

当完成调查和分析记录后，就可以根据结果总结出一个网站建设的方案。很多网页制作公司在接洽业务时就被客户要求提供方案，其实这并非最佳时机，因为那时还没有弄清楚客户的需求，做出来的方案也比较笼统，这样很容易导致实际开发时与方案上的结果相差很大，或者满足不了客户的特定需求。这样的结果就大大影响了公司的信誉，同时给整个网站项目的完成造成障碍。所以应该尽量取得客户的理解，在明确需求并总体设计后提交方案，这样对双方都有好处。

网站建设方案主要包括以下内容：

（1）客户需求分析结果。

（2）网站需要实现的目的和目标。

（3）确定网站系统空间租赁要求。

（4）网站页面总体风格及美工效果。

（5）网站的栏目版块和结构。

（6）网站内容的安排，相互链接关系。

（7）管理及内容录入任务分配。

（8）使用软件，硬件和技术分析说明。

（9）项目完成时间及进度。

（10）明确项目完成后的维护责任。

（11）制作费用和公司简介（案例作品、技术人才等）。

综上所述，网站项目开发的重点在于清楚地了解客户需求，并根据客户需求制定一套行之有效的方案，为以后实际制作确定方向，并将责任明确化。如此，网站项目开发的结果才能够符合客户需求，并在项目规定的时间内顺利完成。

1.2 网站开发的实施阶段

1.2.1 规划网站基本结构

规划网站的基本结构是非常重要的事情，通过良好的规划，确定清晰而可行的目标，然后依照目标依次处理必要的工作，就可以顺利完成项目了。

确定网站开发方案后，可以预先规划网站的分类主题，如果主题是音乐网站，那么可以提供音乐相关的新闻、音乐下载、音乐试听、各地歌手的作品分类、最新专辑消息等主题，并依照需要再对这些主题进行细分。如果是企业网站，则可以依照公司简介、产品展示、企业方案、成功案例、客户留言等分类。当然，一切规划都是从实际需求出发的，具体的规划还是需要自己思考。

或许第一次建网都会有很多想法，众多的想法集在一起，就很容易混乱。所以，在规划网站时，可以将自己的想法先写出来，然后经过逐渐完善，构成网站的基本结构，最后切记不要将构思只保留在脑袋，最好的方法就是画出来，作为以后建站的蓝图，如图 1-1 所示。

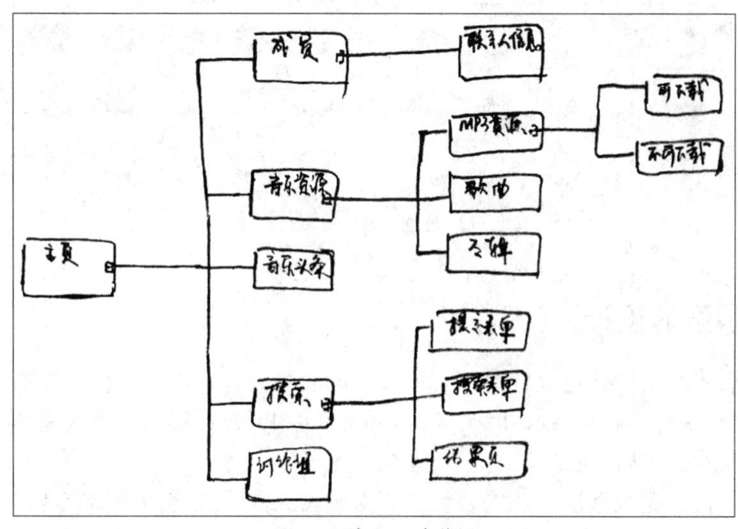

图1-1　建立网站蓝图

1.2.2 内容与素材准备

开始建设网站时，一般会要求客户提供相关的资料，例如公司介绍、产品介绍、产品图片等。同时网站开发的制作人员也需要搜集网站设计的相关素材，例如一些界面素材。

收集素材是网页制作时一个非常必要的准备工作，要想收集到合适的素材，可以依据网站的主题，还有预定的网站目标群（即该网站面向的对象）以及整体风格进行。网页所需的素材，一般需要的就是文字和图像，有时还会需要一些媒体素材，例如 Flash 动画、声音文件、视频等。

这些素材其实都可以通过网络搜集得到，不过建议尽量自己编写与设计，因为从网络搜集来的素材一方面存在版权方面的隐忧，另一方面搜集而来的素材很容易跟其他网站雷同，没有原创性。此外，准备各种素材后，最好能够对这些素材进行一次整理、归类，以方便后续的使用。

素材的设计，主要是指图像与媒体类素材，其中包括 Logo、按钮、图标、动画、视频等。这些元素都可以用于后续设计网页时使用，它们是构成网页的重要内容。对于图像元素而言，使用的软件通常是 Photoshop、CorelDRAW、Illustrator 等图像处理与绘图软件，其中 Photoshop 在图像处理与设计方面非常出色，而 CorelDRAW 和 Illustrator 则是矢量图绘制大师。只要学会使用这些软件，设计出美观的网页图像元素就易如反掌了。如图 1-2 所示为网页制作中的常用素材。

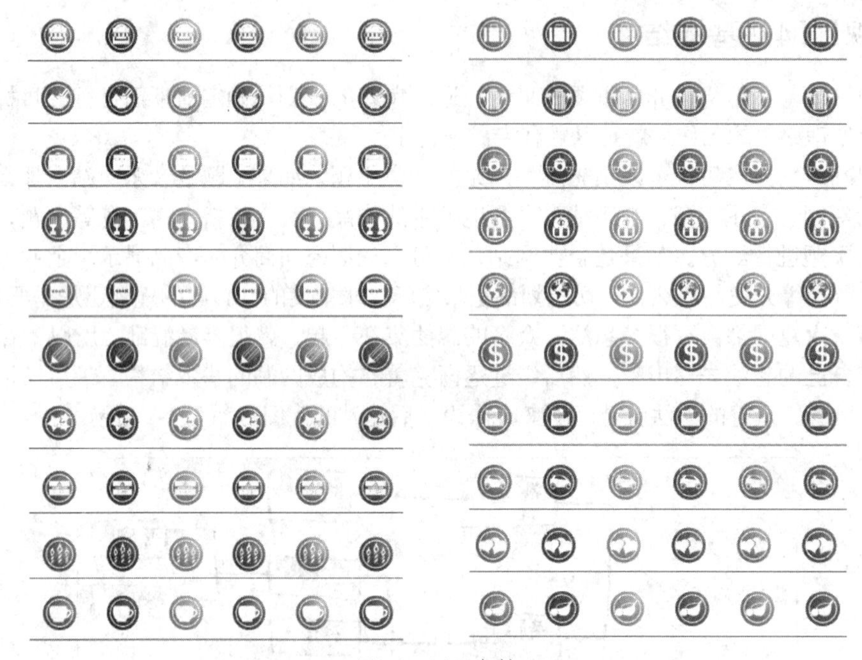

图1-2　网页素材

1.2.3　网页版型的设计

在准备好网页素材后，就可以针对网页规划时的布局设计基础版型。基础版型的设计一般会在图像处理软件中进行，例如 Photoshop、PhotoImpact、Fireworks 等。版型基本上决定了网页的大致外观，例如尺寸、布局、色彩等。

通过图像软件设计完版型后，还需要切割版型图像。因为在将图像储存为网页后，整个图像就作为页面元素与网页建立关联，简单来说就是整个图像插入到网页中。但由于图像的尺寸可能较大，而且色彩可能很复杂，导致图像本身的体积很大。当网页发布到互联网上，因为受到网络频宽的影响，访问者就需要使用较长的时间等待图像的下载和显示。

为了提高网页图像下载的速度，有必要将原来的网页版型图像有规则地切割成多个切片，以减少单一图像的体积，加快图像在互联网上的显示速度。如图 1-3 所示为使用 Photoshop 软件切割网页版型图像的效果。

> **提示** 切片是图像的一块矩形区域，当图像保存为网页文档时，切片就自动保存为对应的图片。创建切片的好处是将图像切割成不同大小的切片，使之保存为对应的图片，当网页在浏览器上被读取时，就会加快图像在网页上的显示。

图1-3　切割网页版型图像

1.2.4　定义站点和地图

网站一般分为本地站点和远程站点两种，本地站点是指在本地计算机定义和保存的站点，而远程站点则是指保存在远程服务器中的站点。一般情况下，可以在本地站点中编辑网站文件，然后将其上传到远程服务器中，浏览者可以通过远程站点的 IP 地址或域名地址访问网站。

当设计好网页版型并保存成网页后，接着就需要在本地定义一个站点，让这些网页文件保存在该站点内，以便后续建站时进行编辑。对于常用的网页设计软件 Dreamweaver 而言，它提供了两种定义本地站点的方法，分别是“基本”和“高级”。“基本”方法的操作界面比较直观，设置选项也比较少，适合初学者使用，如图 1-4 所示。“高级”方法可以为读者提供更多的设置，让读者更加详细和深入定义站点，适合有一定基础的用户使用，如图 1-5 所示。

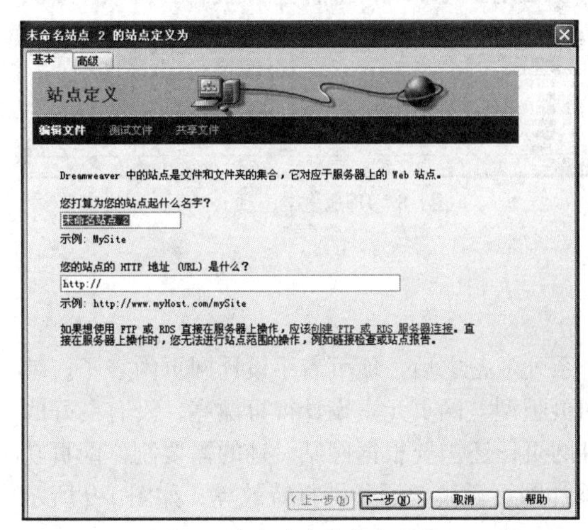

图1-4　定义站点的基本方式

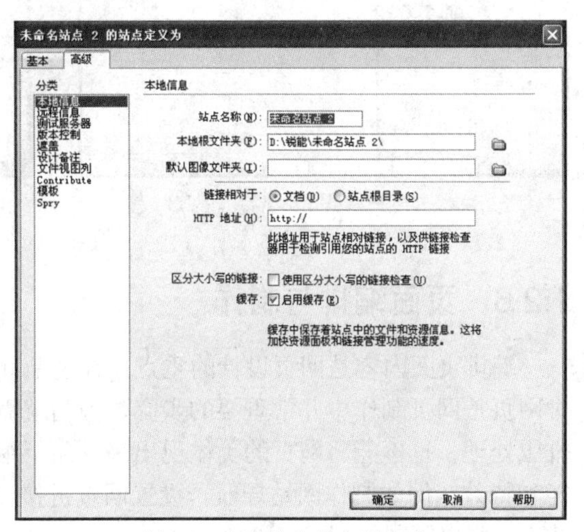

图1-5　定义站点的高级方式

网站地图是体现网站结构的元素，它包含了网页之间的关系布局。通常一个网站文件与其他文件相互关联，为了条理清晰地显示网站内各文件的访问路径，方便设计，有必要对网站结构进行规划。当定义本地站点后，根据对站点的定义和构思，以及已经确定的网站开发蓝图，通过Dreamweaver的“网站地图”功能规划网站文件的关系布局，如图1-6所示。

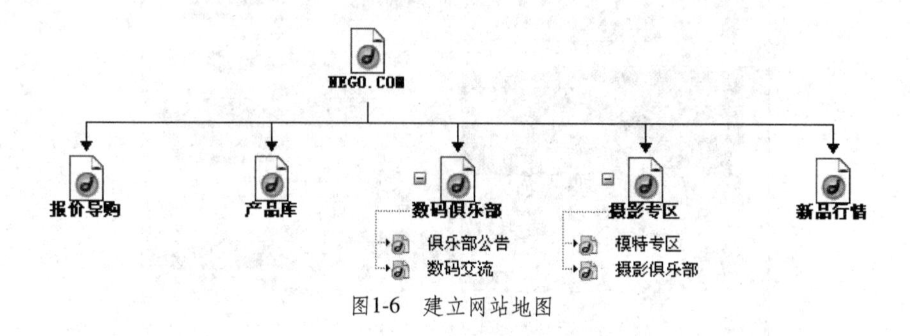

图1-6　建立网站地图

1.2.5　配置动态网站环境

开发和测试动态网页需要一个能够支持动态网页正常工作的Web服务器。在Windows XP系统中，使用IIS作为动态站点的服务器测试与开发动态网页。

IIS是Windows XP和Windows 2000操作系统内置的系统组件，默认状态下并没有被安装。安装IIS组件后，可以将网页所在的文件夹共享成IIS网站，使它在IIS服务器环境下工作。如图1-7所示为Windows XP操作系统下的IIS管理器；如图1-8所示为IIS服务器的首页。

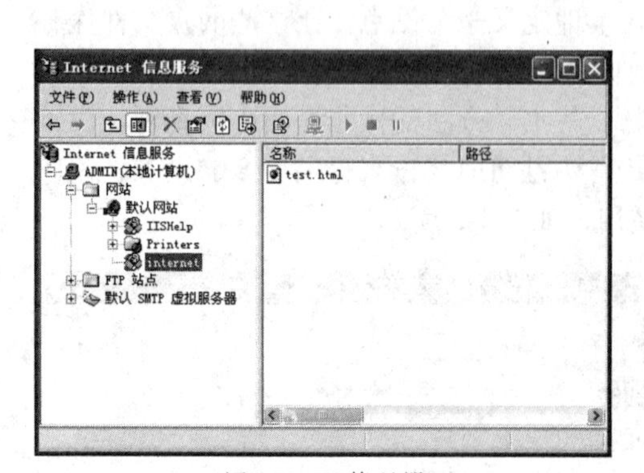

图1-7　IIS管理器

图1-8　IIS服务器首页

1.2.6　页面编排与制作

编排页面内容是网页设计的重点，经过前面一系列准备之后，便可着手设计网页内容了。编排网页是网页制作中非常重要的步骤，因为就算网页版型、网页元素设计得再漂亮，没有良好的排版处理，也不能将网页的美体现出来。除了编排网页，还需要根据网站设计的需要制作网页功能和特效，例如制作网站导航、设置网页链接、添加网页元素、添加网页特效等。如图1-9所示为太平洋电脑网的网页导航效果。

图1-9　太平洋电脑网的网页导航效果

1.2.7　开发网站功能模块

如果网站需要一些强大的功能配合使用，在设计网站时，就需要针对功能的要求开发网站功能模块，例如会员管理系统、论坛、留言版等。如图 1-10 所示为公司网站的留言版模块。

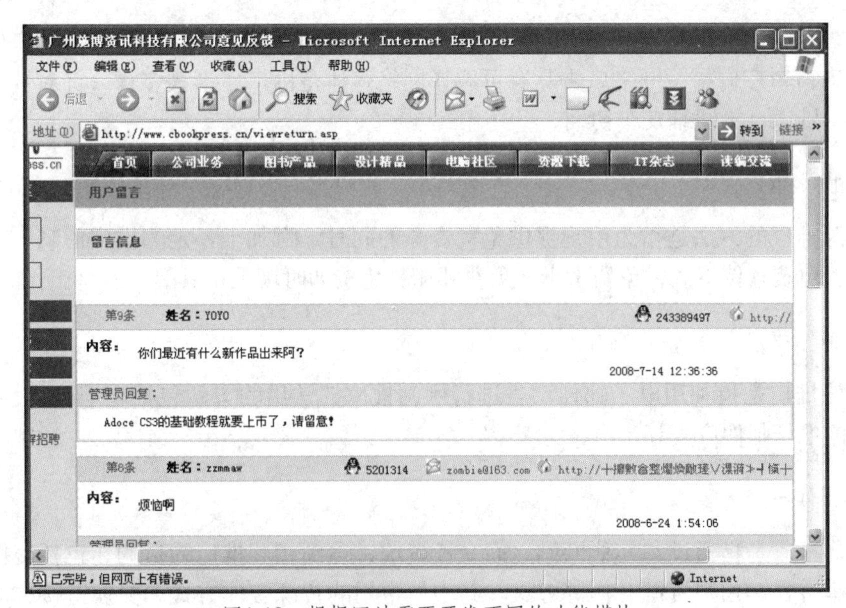

图1-10　根据网站需要开发不同的功能模块

1.3　网站的发布与推广

1.3.1　网站发布与检查

完成了整个网站的制作并开通网站空间后，便可将网站发布到网站空间上，让浏览者能够访问网站。

发布站点主要有两种方式，一种是HTTP上传，即使用网页浏览器登录网站空间后，直接在页面中指定本地站点文件进行上传，此方法目前较少使用。第二种是FTP上传方式（绝大多数网站空间供应商都支持此上传方式），用户安装好FTP软件后，打开软件输入账号和密码便可登录到所申请的网站空间，接着指定本地电脑中的网站文件进行上传即可（可设置上传数量，一次性进行多文件上传）。

完成发布网站的工作后，即可通过浏览器登录网站，并在网站对不同页面进行浏览，以确保网站在互联网上正常使用。

1.3.2 网站的推广方式

网站发布后，为了吸引浏览者，增加浏览量，可以针对客户的需求制定推广方案。一般情况下，网站的推广有以下几种方法。

1. 搜索引擎推广

搜索引擎推广是指利用搜索引擎进行网站推广的方法，可以分为多种不同的形式，包括登录分类目录、搜索引擎优化、关键词广告、关键词竞价排名、网页内容定位广告等。比较知名的搜索引擎包括百度（www.baidu.com）、谷歌（www.google.com），以及雅虎中国（www.yahoo.com.cn）等。

2. 网络广告推广

网络广告是常用的网络推广方式之一，常见形式包括BANNER广告、关键词广告、弹出窗口广告、浮动窗口广告等。网络广告具有可选择网络媒体范围广、形式多样、针对性强、投放及时等优点，特别适合于网站发布初期。

3. 免费资源推广

免费资源推广的方法是指为用户提供免费资源的同时，附加上一定的推广信息，常见的包括免费电子书、免费软件下载、免费贺卡、免费邮箱、免费即时聊天工具等。

4. 电子邮件推广

电子邮件推广是指利用电子邮件广告进行网站推广，常用的方法包括电子刊物、会员通讯、专业服务商的电子邮件广告等。

5. 资源合作推广

资源合作推广是指通过与其他网站之间交换资源，达到相互推广的目的，包括交换链接、交换广告、内容合作、用户资源合作等方式。其中最常用的资源合作方式为交换链接，即分别在自己的网站上放置对方网站的LOGO或网站名称并设置对方网站的超级链接，使得用户可以从合作网站中发现自己的网站，达到互相推广的目的。

6. 信息发布推广

信息发布推广是指将网站推广信息发布在潜在用户可能访问的网站上，利用用户在这些网站获取信息的机会实现网站推广的目的，适用于推广信息发布的网站包括在线黄页、分类广告、论坛、博客、供求信息平台、行业网站等。

7. 传统广告推广

在网络越来越普及的今天，电视、广播、杂志、报纸等传统媒体的力量依然不可小视。在这些传统媒体上做广告，也可以起到比较好的宣传效果。不过由于宣传成本往往比较高，这种方法并不是所有用户都适用。

1.4 Flash在网站开发中的应用

1.4.1 Flash网站素材

Flash 由于具有动画效果丰富、矢量图形品质好、文件体积小等特点，被广泛应用在网站设计上，常见的有 Flash 按钮、Flash 图示、Flash 图片展示等。在网站上使用这些 Flash 素材，不仅能够让网站有更丰富的动画效果，还可以让网站有很多吸引网友的亮点。例如在 Flash 按钮上添加声音效果，让网友使用按钮即发出声音，增加网友对网站的兴致。如图 1-11 所示为网页中使用 Flash 按钮的效果。

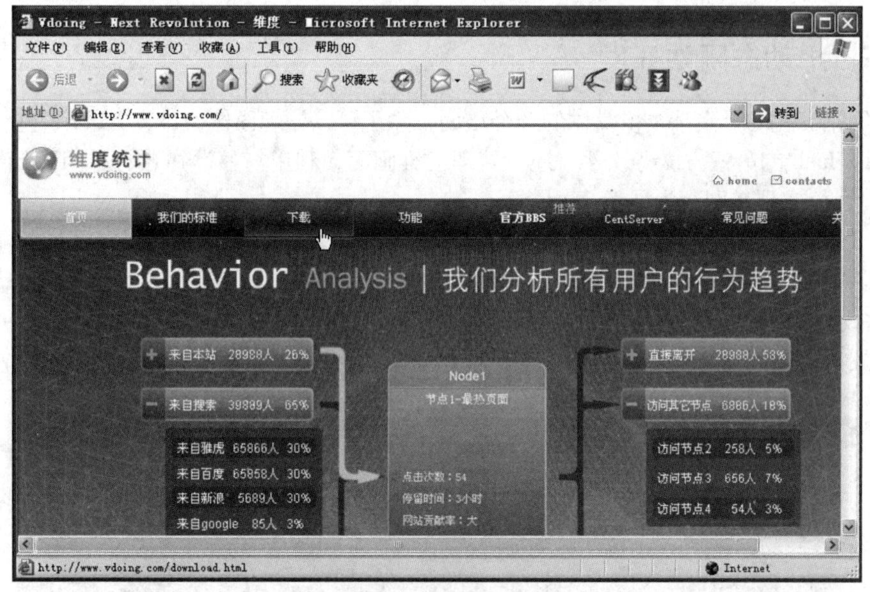

图1-11 网站中使用Flash按钮的效果

1.4.2 Flash动画广告

Flash 动画广告是一种以通过网络媒体发布广告信息为主的新型广告形式，它通过在网站上播放广告内容来传播相关的信息，进一步吸引网友通过 Flash 广告进入商家指定的网页，从而达到全面介绍信息、展示产品和及时获得网友反馈等目的。Flash 可以将音乐、声效、动画以及富有新意的界面融合在一起，通过 Flash 制作出的高品质动画效果。

可以说，Flash 广告是目前广泛流行的广告形式，已经为众多企业所采用。在网站中，Flash 广告的应用多在公告版、产品展示、企业演示、网站片头、网站横幅等设计上。如图 1-12 所示为企业网站设计的 Flash 广告。

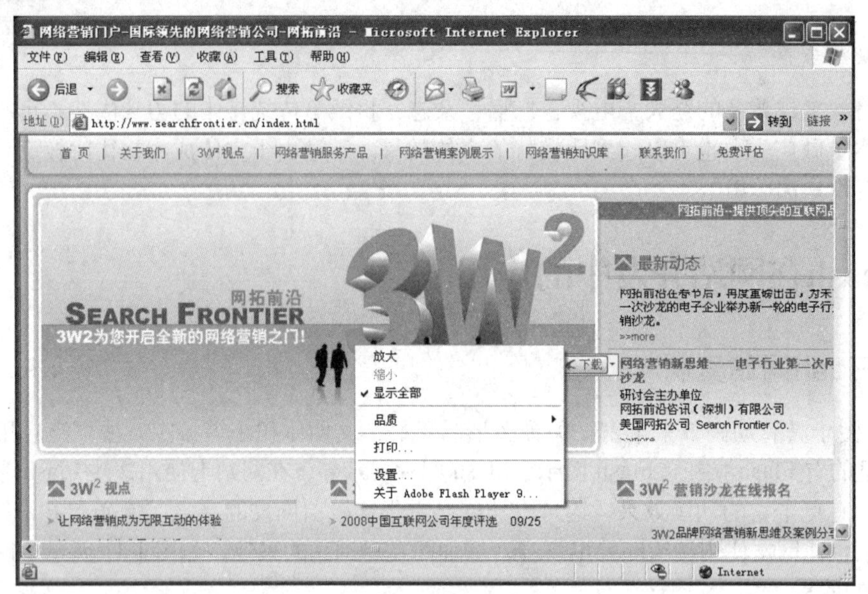

图1-12 Flash广告效果

1.4.3 Flash动态网站开发

Flash 网站涵盖的元素涉及多媒体的各个层面，除了可以处理图像、声音，Flash 也可操作视频数据。利用 Flash 的第三方支持软件，还可处理三维画面，利用与各类知名的 3D 设计软件的良好接口，可以轻松实现在网页上展示 3D 景象。

此外，Flash 还具有与数据库交互访问构造动态 Flash 数据的显示功能，由于 Flash 提供了强大的数据库编程接口功能，在 Flash 中可以构建产品发布、新闻、留言等多种形式的动态数据系统。Flash 网站设计也侧重于浏览者与网页的交互操作能力，Flash 内部拥有大量的函数和事件，用 Flash 的内置语言可以写出功能复杂的程序。如图 1-13 所示为一个出色的国外 Flash 网站设计。

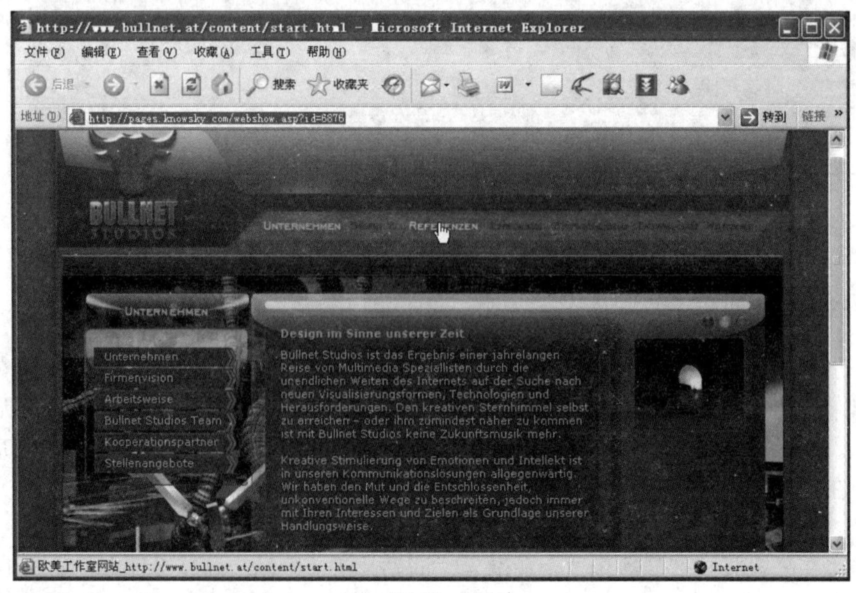

图1-13 Flash网站

1.5 本章小结

了解网站项目开发的基础知识，以及 Flash 在网站开发中的应用后，后续将先介绍 Flash 的应用基础，并在此基础上讲解 Flash 在网站项目开发上的各种应用。

1.6 上机实训

实训题：客户 A 君想制作一个网站，网站主要用于展示公司产品、推广业务以及收集客户咨询信息，并要求产品通过动画形式展示。根据客户 A 君的要求，制作一个网站设计方案。

第 2 章　Flash CS5应用基础

本章主要介绍 Flash CS5 的工作界面、文件管理，以及动画构成的基本元素和时间轴的基本操作方法。

2.1　认识Flash CS5界面

2.1.1　欢迎屏幕

在默认情况下，启动 Flash CS5 时会打开一个欢迎屏幕，通过它可以快速创建或打开各种 Flash 项目，如图 2-1 所示。欢迎屏幕面上有 5 个选项列表，分别是：

- 打开最近的项目：可以打开最近曾经打开过的文档。
- 新建：可以创建包括“Flash 文件”、“Flash 项目”、“ActionScript 文件”等各种新文件。
- 从模板创建：可以使用 Flash 自带的模板方便地创建特定应用项目。
- 学习：可以打开网页，查看软件相关的帮助信息。
- 扩展：使用 Flash 的扩展程序 Exchange。

欢迎屏幕的左下方是一个功能区域，它提供了“快速入门”、“新增功能”、“开发人员”等链接，可以获得相关的帮助信息和资源。欢迎屏幕的右下方提供了一个信息区域，可以打开 Adobe Flash 的官方网站，以获得更多的支援信息。

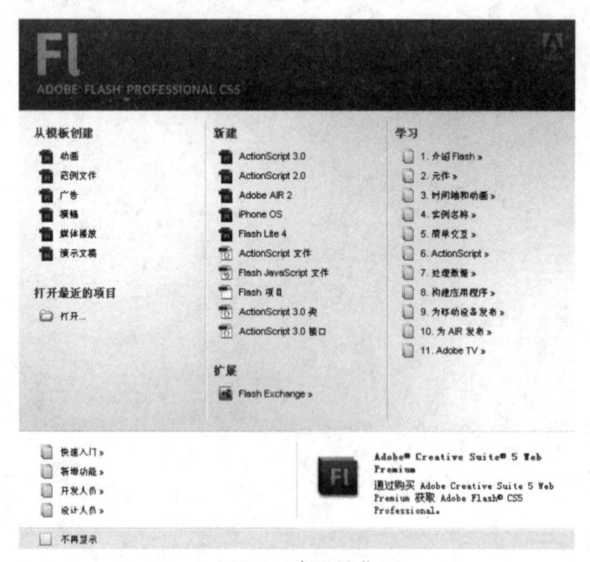

图2-1　欢迎屏幕

提示 如果想在下次启动 Flash CS5 时不显示开始页，可以选择位于开始页左下角的“不再显示”复选框。

2.1.2 菜单栏

菜单栏位于 Flash CS5 主窗口的正上方，包括文件、编辑、视图、插入、修改、文本、命令、控制、调试、窗口和帮助 11 个菜单。菜单栏以级联的层次结构来组织各个命令，并以下拉菜单的形式逐级显示。各个命令下面分别有子命令，某些子命令还有下级选项，如图 2-2 所示。

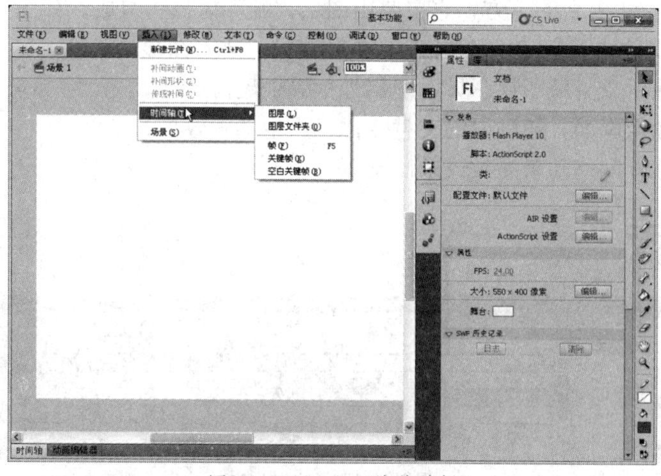

图2-2 Flash CS5的菜单栏

Flash 菜单是使用 Flash 命令的一种方式，有关 Flash 的一切命令都可以在菜单栏中找到相应项目。下面分别对各菜单的功能作简要介绍。

- 【文件】：包含最常用的对文件进行管理的命令，当需要执行文件的各种操作时，例如新建、打开、保存文件，可以使用【文件】菜单。
- 【编辑】：包含对各种对象的编辑命令，例如复制、粘贴、剪切和撤销等标准编辑命令，除此之外还有 Flash 的相关设置（例如首选参数、自定义工具面板等）和时间轴的相关命令。
- 【视图】：包含用于控制屏幕显示的各种命令。这些命令决定了工作区的显示比例、显示效果和显示区域等。另外，它还提供了包括“标尺、网格、辅助线、贴紧”等辅助设计手段的命令。
- 【插入】：包含对影片添加元素的相关命令。使用这些命令可以进行添加元件、插入图层、插入帧、添加新场景等处理。
- 【修改】：包含用于修改影片中的对象、场景或影片本身特性的命令，例如修改文档、修改元件、修改图形、群组与解散群组等命令。
- 【文本】：包含用于设置影片中文本的相应属性的命令，比如文本的字体、大小、类型和对齐方式等，从而让影片的内容更加丰富多彩。
- 【命令】：包含用于管理和运行 Flash JavaScript 应用程序的命令，可以使用 Flash CS5 或其他的文本编辑器来编写和编辑 Flash JavaScript（JSFL）文档。另外，还可以通过【命令】菜单的命令，将 Flash 动画导出成 XML 文件。
- 【控制】：包含用于控制动画播放和测试动画的命令，它可以让用户在编辑状态下控制动画的播放进程，也可以通过“测试影片”、“测试场景”等命令测试动画的效果。
- 【调试】：包含用于调试影片和 ActionScript 的相关命令。
- 【窗口】：用于设置软件界面中各种面板窗口的显示和关闭，窗口布局调整的命令。
- 【帮助】：主要提供 Flash CS5 的各种帮助文档及在线技术支持。对于 Flash CS5 的新用户，查阅帮助文档能够快速地找到所需资讯。

2.1.3 时间轴

时间轴是 Flash 的设计核心，时间轴会随时间在图层与帧中组织并控制文件内容。就像影片一样，Flash 文件会将时间长度分成多个帧。图层就像是多张底片层层相叠，每个图层包含出现在【舞台】上的不同图像。

【时间轴】面板位于舞台的下方，它主要由图层、帧和播放头组成，如图 2-3 所示。

图层：在图层组件中可以建立图层、增加引导层、插入图层文件夹，还可以进行删除图层、锁定或解开图层、显示或隐藏图层、显示图层外框等处理。

帧：用于存放图像画面，随画面的交替变化，产生动画效果。

播放头：通过在帧间移动来播放或录制动画。

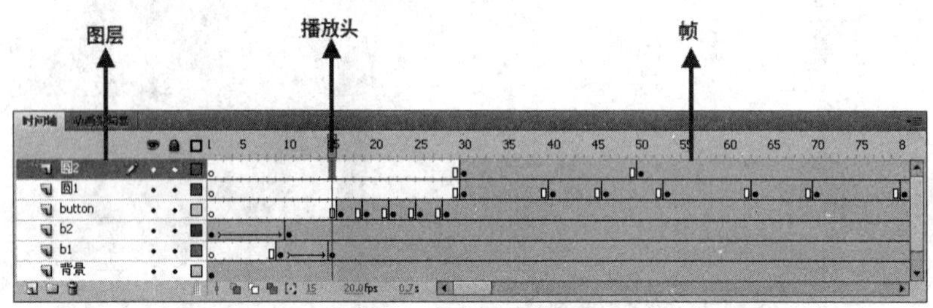

图2-3　Flash的时间轴

关闭【时间轴】面板，可以选择【窗口】|【时间轴】命令，或者使用【Ctrl+Alt+T】快捷键。如果要重新打开【时间轴】面板，只需再次选择【窗口】|【时间轴】命令，或者按下【Ctrl+Alt+T】快捷键即可。

2.1.4 工具箱

工具箱位于 Flash 窗口的右侧，在工具箱里主要包括各种常用编辑工具，如图 2-4 所示。

工具箱面板默认将所有功能按钮竖排起来，如果觉得这样的排列在使用时不方便，也可以向左拖动工具箱面板的边框，扩大工具箱，如图 2-5 所示。

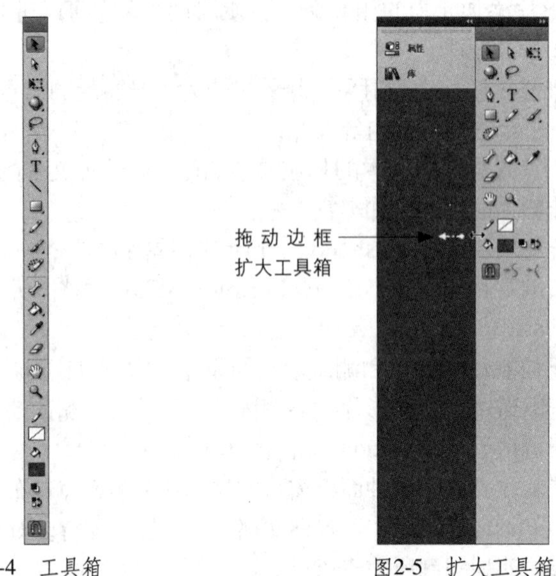

图2-4　工具箱　　　　图2-5　扩大工具箱

2.1.5 场景舞台

场景舞台是 Flash CS5 中最主要的编辑区域，它是对动画中的对象进行编辑、修改的地方，如图 2-6 所示。在舞台中可以直接绘图，或者导入外部图形文件进行编辑，在最后生成 Flash 播放文件（SWF）时，播放的内容只限于显示在舞台区域内的对象，其他区域的对象将不会在播放时出现。

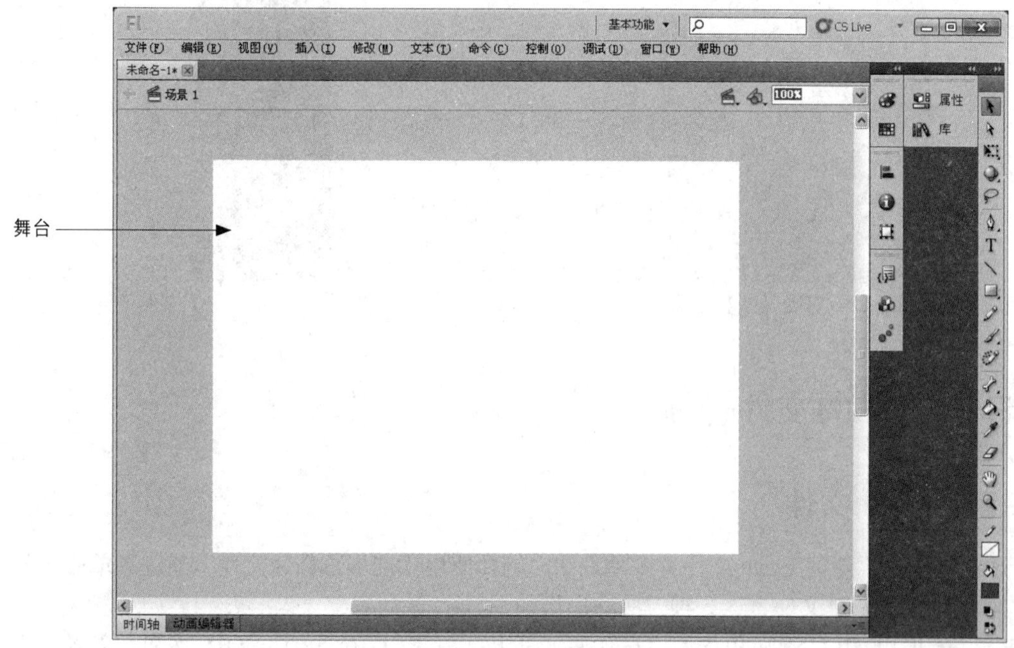

图2-6　场景上的舞台

2.1.6 属性面板

【属性】面板位于操作界面右方，根据所选择的动画元件、对象或帧等对象，会显示相应的设置内容，例如需要设置某帧的属性时，可以选择该帧，然后在【属性】面板中设置属性即可。如图 2-7 所示为默认状态下的【属性】面板。

2.1.7 库面板

【库】面板用于存储和组织 Flash 中的各种元件、导入的位图图形、声音文件和视频剪辑。通过【库】面板可以新建和删除元件、组织各种库项目、查看项目在 Flash 中使用的频率、设置项目的属性，以及按类型对项目进行排序，如图 2-8 所示。

【库】面板展开的时候会占用较多的位置，所以 Flash CS5 提供了将面板收合的功能，当不需要使用面板设置时，可以将面板组收合，如图 2-9 所示。

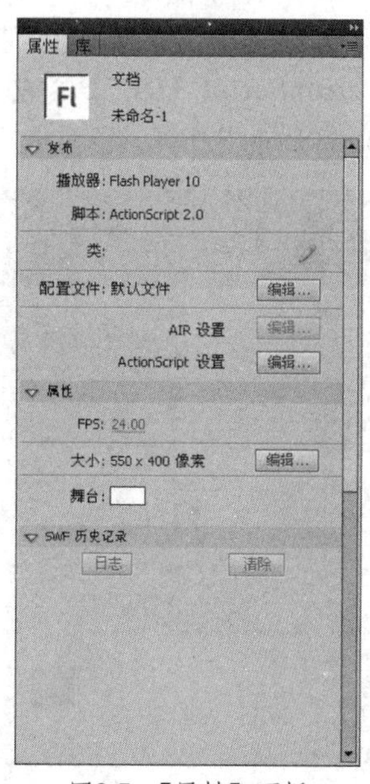

图2-7　【属性】面板

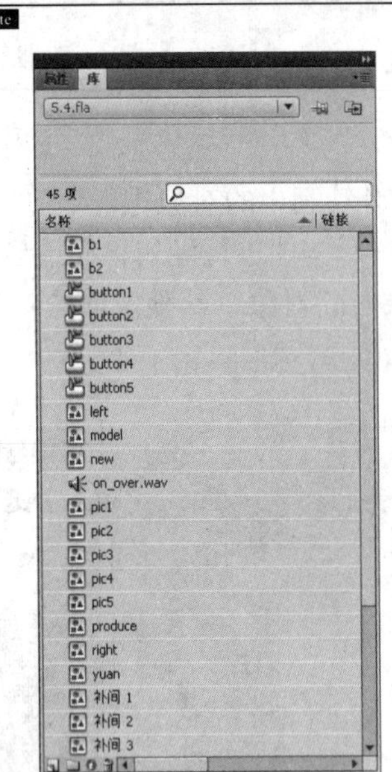

图2-8　展开的【库】面板

图2-9　收合的【库】面板

2.2　Flash CS5的文件管理

2.2.1　新建Flash文件

在 Flash CS5 中，新建 Flash 文件有多种方法，例如使用欢迎屏幕新建文件、通过菜单命令新建文件、利用快捷键新建文件，这 3 种方法的操作如下。

方法 1　打开 Flash CS5 应用程序，在欢迎屏幕上单击【ActionScript 3.0】按钮，或者单击【ActionScript 2.0】按钮，即可新建支持 ActionScript 3.0 脚本语言或支持 ActionScript 2.0 脚本语言的 Flash 文件，如图 2-10 所示。

方法 2　在菜单栏中选择【文件】|【新建】命令，打开【新建文档】对话框后，选择【ActionScript 3.0】选项或【ActionScript 2.0】选项，然后单击【确定】按钮，即可创建支持 ActionScript 3.0 脚本语言或支持 ActionScript 2.0 脚本语言的 Flash 文件，如图 2-11 所示。

图2-10　通过欢迎屏幕新建文件

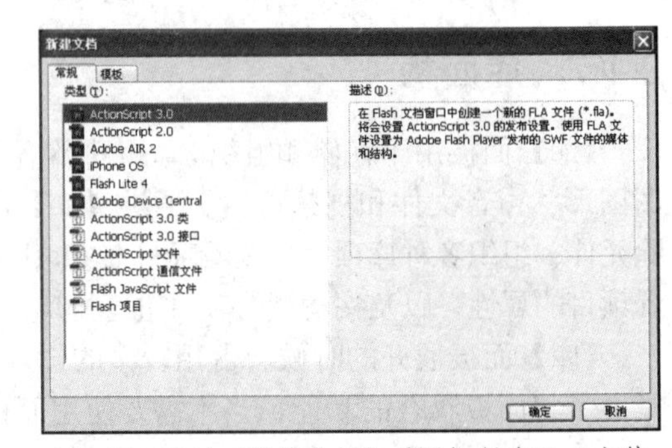

图2-11　通过【新建文档】对话框创建Flash文件

方法3 打开Flash CS5应用程序，按下【Ctrl+N】快捷键，打开【新建文档】对话框，只需按照方法2的操作，即可新建一个Flash文件，结果如图2-12所示。

图2-12 新建Flash文件的结果

> **提示** 第一个新建的文件，程序会为它自动命名为"未命名-1"，第二个新建文件则命名为"未命名-2"，如此类推，后续新建的文件都会以此规则自动命名。

2.2.2 打开Flash文件

在Flash CS5中，打开Flash文件常用的方法有4种。

方法1 选择【文件】|【打开】命令，通过【打开】对话框选择Flash文件，并单击【打开】按钮。

方法2 按下【Ctrl+O】快捷键，通过【打开】对话框选择Flash文件，并单击【打开】按钮。

方法3 如果想要打开最近曾被打开过的Flash文件，可以选择【文件】|【打开最近的文件】命令，然后在菜单中选择文件即可。

方法4 选择【文件】|【在Bridge中浏览】命令，或者按下【Ctrl+Alt+O】快捷键，打开Adobe Bridge CS5组件的窗口选择Flash文件，然后双击即可，如图2-13所示。

图2-13 通过Adobe Bridge CS5组件打开文件

提示 Adobe Bridge CS5是Adobe CS5软件套装的控制中心，它提供了对项目文件、应用程序和设置的集中式访问，以及Adobe XMP（可扩展标记平台）元数据的标记和搜索功能，可用来进行文件管理和共享。

2.2.3 保存/另存文件

在使用Flash CS5设计的过程中，建议经常保存文件，以降低意外造成的损失（如停电、死机、程序出错等）。

1. 保存新文件

如果是新建的Flash文件需要保存，可以选择【文件】|【保存】命令，或者按下【Ctrl+S】快捷键，在打开的【另存为】对话框中设置保存位置、文件名、保存类型等选项，然后单击【保存】按钮。

如果是打开的旧Flash文件，编辑后直接保存，则不会打开【另存为】对话框，而是按照原文件的目录和文件名直接覆盖。

提示 如果Flash有很多内容，导致容量比较大，可以选择【文件】|【保存并压缩】命令，如此既可以保存文件，又对文件进行压缩处理。

2. 另存为新文件

编辑Flash文件后，若不想覆盖原来的文件，可以选择【文件】|【另存为】命令（或按下【Ctrl+Shift+S】快捷键）将文件保存成一个新文件，只需在【另存为】对话框中更改文件的保存目录或变换名称。

在保存文件时，可以选择“Flash CS5文档”、“Flash CS4文档”以及“Flash CS5未压缩文档”3种保存类型，如图2-14所示。需要注意，某些只支持Flash CS5版本的功能，在文件保存为“Flash CS4文档”类型后即不能使用。

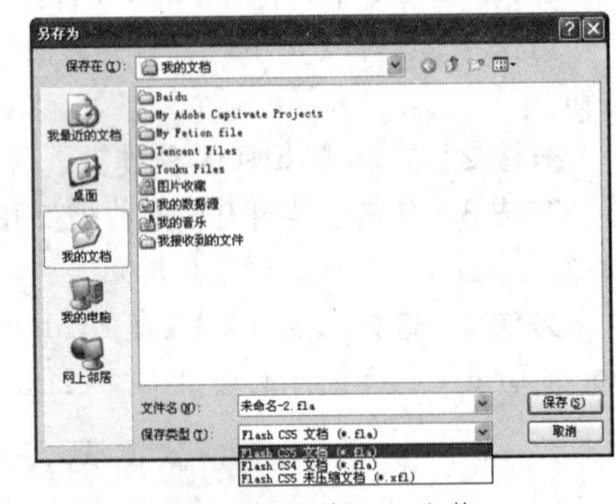

图2-14 另存Flash文件

3. 全部保存

如果当前打开了多个Flash文件，则可以选择【文件】|【全部保存】命令，将当前Flash应用程序中的所有文件进行保存。

4. 另存成模板

使用模板可以快速地创建特定应用的Flash文件，但Flash自带的模板毕竟有限，这些模板有时未必能满足用户的需要。为了解决这一问题，Flash允许用户将创建的Flash文件另存为模板使用。

选择【文件】|【另存为模板】命令，在打开的【另存为模板】对话框中设置名称、类别、描述等内容，然后单击【保存】按钮将Flash文件另存成模板，如图2-15所示。

当需要使用该模板时，可以打开【从模板新建】对话框，在【模板】选项卡中选择该模板，然后单击【确定】按钮即可，如图 2-16 所示。

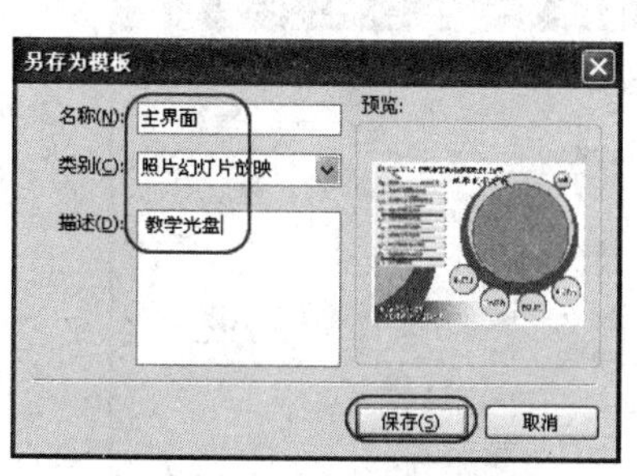

图2-15　将Flash文件另存成模板

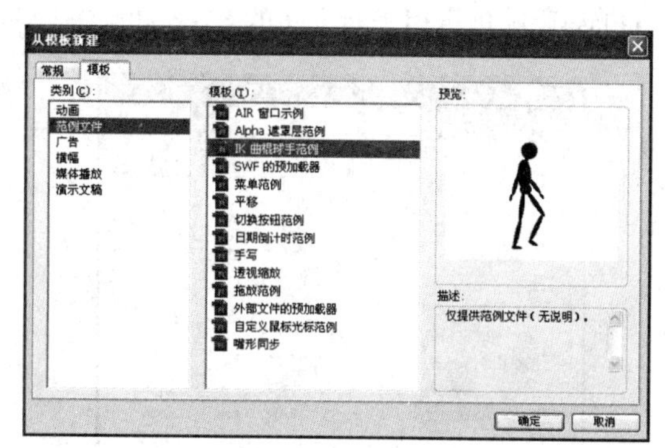

图2-16　利用模板新建文件

2.2.4　设置文件属性

Flash 文件属性设置主要包括文档的标题、大小、背景、帧频、标尺单位等项目。在 Flash CS5 中，设置文档属性需要通过【属性】面板来完成。首先打开一个文档，按下【Ctrl+F3】快捷键打开【属性】面板，再单击【编辑】按钮，在【文档设置】对话框中设置属性，如图 2-17 所示。

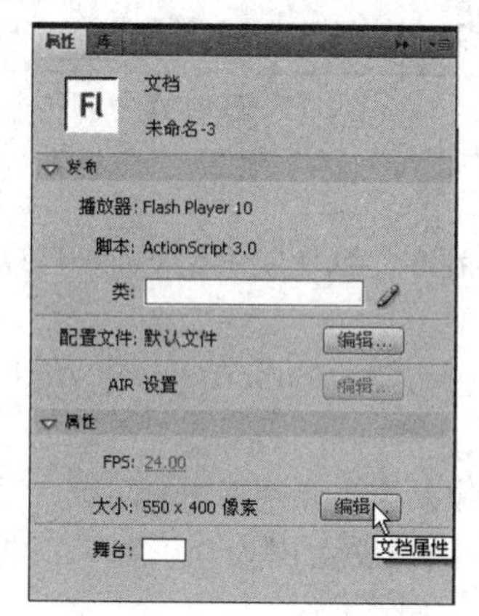

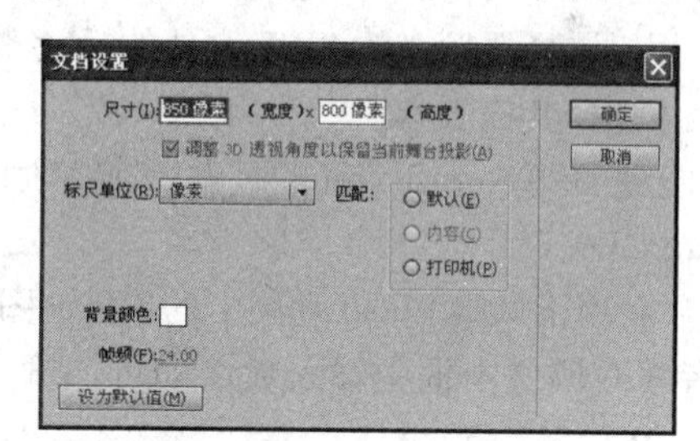

图2-17　设置文件的属性

2.2.5　发布Flash动画

完成作品的设计后，可以将它发布为多种类型的文件，以满足不同应用场合的需要。在发布之前，可以在菜单栏中选择【文件】|【发布设置】命令（或按下【Ctrl+Shift+F12】快捷键），打开【发布设置】对话框，通过该对话框设置发布选项，如图 2-18 所示。

1. 【格式】选项卡

【格式】选项卡的各设置项介绍如下。

- 类型：用于选择要发布的文件格式，默认情况下为【Flash】和【HTML】两种格式。
- 文件：用于设置发布时的文件名，默认文件名为“未命名-1”，要更改文件名，只需在与该类型名称相对应的文本框中输入文件名即可。
- 【📁】（选择发布目标按钮）：用于选择文件发布后的保存位置。

2. 【Flash】选项卡

【Flash】选项卡用于对发布的SWF动画进行各种参数的设置，如图2-19所示。

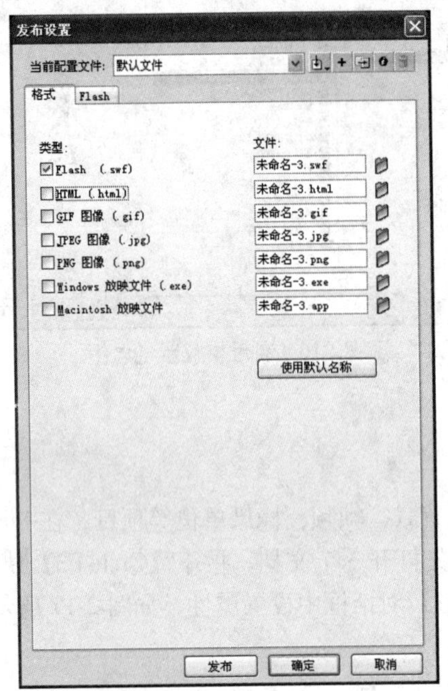

图2-18 【发布设置】对话框

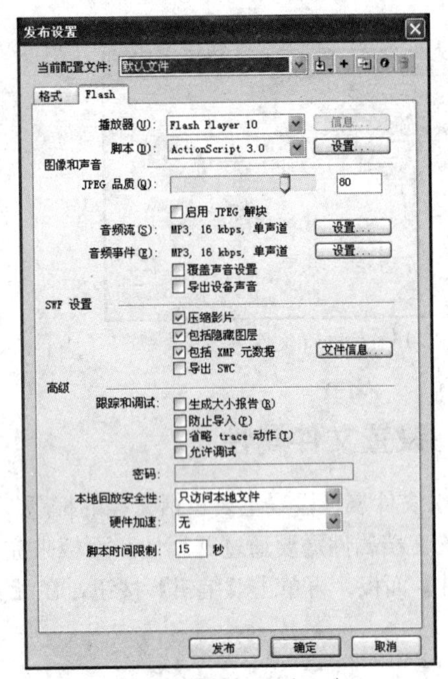

图2-19 【Flash】选项卡

该选项卡的各个设置项介绍如下。

- 播放器：用于选择要发布的SWF文件的播放器版本，默认版本是Flash Player 10，可以在下拉列表中选择其他版本。
- 脚本：用于选择ActionScript的版本，有3种选择：ActionScript 1.0、ActionScript 2.0和ActionScript 3.0。
- JPEG品质：用于调整Flash动画中的JPEG图像品质。要调整图像品质，只需用鼠标拖动滑杆或者在右侧文本框中输入数值即可。输入数值的范围为0～100，100为最高品质，默认值为80。
- 音频流：用于动画中音频流的压缩设定，单击选项右侧的【设置】按钮，弹出【声音设置】对话框，如图2-20所示。在"压缩"下拉列表中选择压缩类型；在"比特率"下拉列表中选择压缩比特率。当比特率大于16kbps时，"预处理"选项变成可用状态，选择该复选框可将混合立体声转换为单声；在"品质"下拉列表中选择压缩的品质，设置完成后单击【确定】按钮即可。

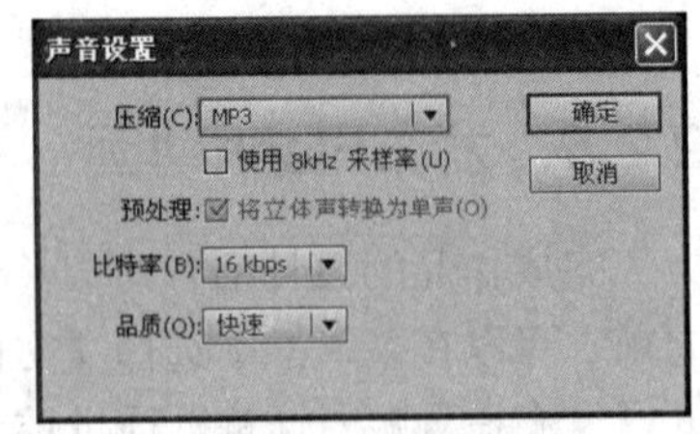

图2-20 声音设置

- 音频事件：用于动画中事件声音的压缩设定。设定方法和"音频流"设定相同，此处不再赘述。
  - 覆盖声音设置：选择该复选框可以将【库】面板中的声音覆盖，统一用上面的设定值替代。
  - 导出设备声音：选择该复选框可以导出适合于设备（包括移动设备）的声音而不是原始库声音。
- SWF设置：其中有若干复选框，可以实现一些功能的选择。

➢ 压缩影片：选择该复选框可以压缩影片体积，使影片变得更小一些。在播放时Flash播放器可以自行解压缩。
➢ 包括隐藏图层：选择该复选框，可以导出被隐藏的图层效果。
➢ 包括XMP元数据：选择该复选框，可以让发布的SWF文件中包含XMP元数据，例如文档标题、作者、创建日期等文件信息。
➢ 导出SWC：选择该复选框，可以导出SWC文件（SWC文件包含可重复使用的Flash组件，每个SWC文件都包含一个已编译的影片剪辑、ActionScript代码以及组件所要求的任何其他资源）。

- 高级：【高级】项有若干复选框，分别介绍如下。
  ➢ 生成大小报告：选择该复选框可以产生一个与发布的动画同名的"txt"文本文件。这份文件记录着各个图像和声音数据压缩后的大小、在动画中使用的文字等信息。
  ➢ 防止导入：选择该复选框可以防止其他用户将你发布的SWF文件重新导入Flash 8进行修改。
  ➢ 省略trace动作：trace动作能让程序将某个预设的信息或变量内容显示到【输出】面板，以利于侦测错误。选择"省略trace动作"复选框则不显示。
  ➢ 允许调试：选择该复选框，可以调试发布后的SWF文件，改正文件中的错误和瑕疵。
- 密码：如果在【选项】中选择【防止导入】或【允许调试】复选框，该设置变为可用状态，可以在文本框中输入导入或调试时所用的密码。
- 本地回放安全性：该项用于设置 Flash 文件的安全性，有【只访问本地文件】和【只访问网络】两个下拉列表项。选择【只访问本地文件】，发布的 SWF 文件可以访问本地机器上的文件，但不能访问网络；选择【只访问网络】，发布的 SWF 文件可以访问网络，但不能访问本地机器上的文件。
- 硬件加速：设置播放 Flash 动画时由硬件运行加速的方式。
- 脚本时间限制：该项可以设置 Flash 对脚本代码运行时间的限制。

2.3 构成动画的基本元素

2.3.1 时间轴

时间轴用于组织和控制一定时间内的图层和帧中的内容。Flash 文档将时长分为帧，而图层就像堆叠在一起的多张幻灯胶片一样，每个图层都包含一个显示在舞台中的不同图像，通过创建动画功能，Flash 会自动产生一个补间动画，将不同的图像作为动画的各个状态进行播放。

在时间轴上可以通过颜色分辨建立的动画类型，其中浅绿色的补间帧表示为形状补间动画；淡紫色的补间帧则是传统补间动画；淡蓝色的补间帧是 Flash CS5 新的补间动画帧，可称为项目动画补间帧。

时间轴除了显示动画及帧的信息外，还可以进行各种操作，例如在【时间轴】面板左下方，可以进行插入图层、插入图层文件夹、删除图层等操作。另外，在【时间轴】下方还提供了绘图辅助功能，如同传统绘图使用的"绘图纸"一样，如图 2-21 所示。

> **提示** 在时间轴中创建了动画后，构成动画不同状态的关键帧之间的帧会自动设置动画状态的内容，因此称为补间动画。

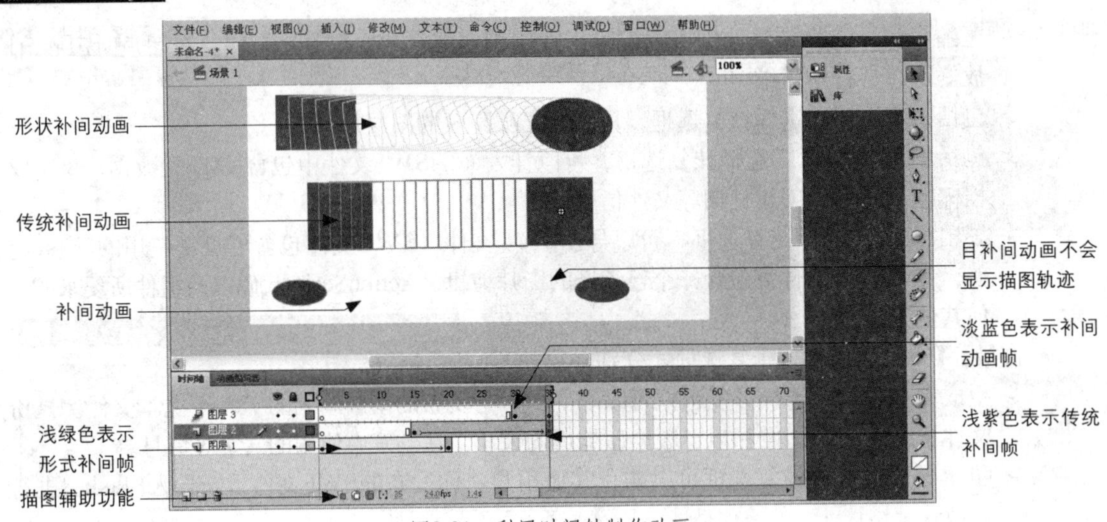

图2-21 利用时间轴制作动画

2.3.2 帧

在时间轴中，使用帧来组织和控制文档的内容。在时间轴中放置帧的顺序将决定帧内对象在最终内容中的显示顺序。帧是Flash动画中的最小单位，类似于电影胶片中的小格画面。如果说图层是空间上的概念，图层中放置了组成Flash动画的所有元素，那么帧就是时间上的概念，不同内容的帧串联组成了运动的动画。如图2-22所示为Flash的各种帧。

在Flash中只有关键帧是可编辑的，而补间帧是由关键帧定义产生的，代表了起始和结束关键帧之间的运动变化状态，可以查看补间帧，但不可以直接编辑它们。若要编辑补间帧，可以修改定义它们的关键帧，或在起始关键帧和结束关键帧之间插入新的关键帧。

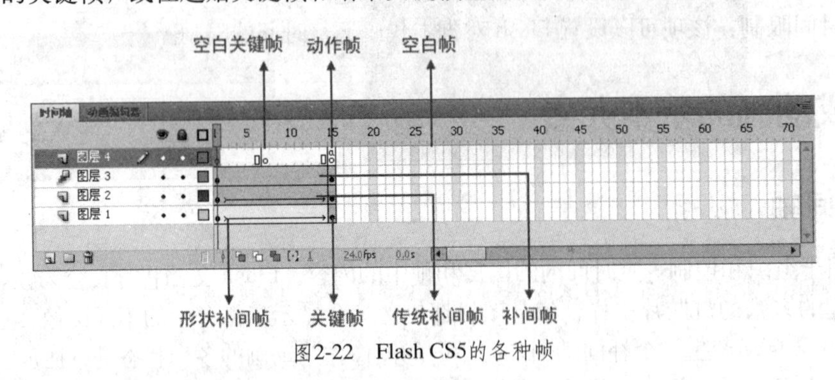

图2-22 Flash CS5的各种帧

下面介绍各种帧的作用。

关键帧：用于延续上一帧的内容。

空白关键帧：用于创建新的动画对象。

动作帧：用于指定某种行为，在帧上有一个小写字母a。

空白帧：用于创建其他类型的帧，【时间轴】的组成单位。

形状补间帧：创建形状补间动画时在两个关键帧之间自动生成的帧。

传统补间帧：创建传统补间动画时在两个关键帧之间自动生成的帧。

补间帧：创建新的补间动画时在两个关键帧之间自动生成的帧，这些帧是一个整体，不能单独编辑。

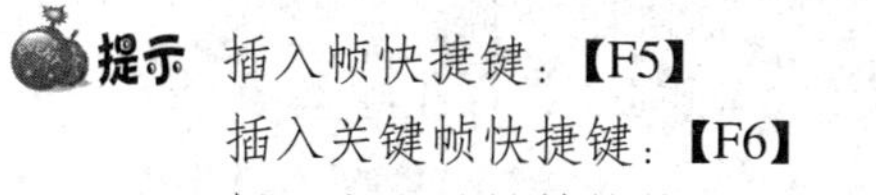

提示 插入帧快捷键：【F5】
插入关键帧快捷键：【F6】
插入空白关键帧快捷键：【F7】

2.3.3 图层

图层可以帮助用户组织文档中的内容。图层在Flash内就像是透明的玻璃纸，它们按照顺序排列，相互独立，但又相互重叠，而各种动画对象就放置在“玻璃纸”之间，在图层上没有内容的舞台区域中，可以透过该图层看到下面的图层。图层的作用就是保护这些动画对象互不影响，独立存在，以便进行各自的编辑处理。

图层与图层之间有前后顺序的特性，在上方图层与下方图层的内容相重叠时，上方图层的内容就会覆盖下方图层的内容。所以，在设计动画时，需要根据实际要求，将图层调换位置，以实现不同的效果。

图层位于【时间轴】面板的左侧，如图2-23所示。通过在时间轴中单击图层名称可以激活相应图层，在时间轴中图层名称旁边的铅笔图标表示该图层处于活动状态。可以在激活的图层上编辑对象和创建动画，此时并不会影响其他图层上的对象。

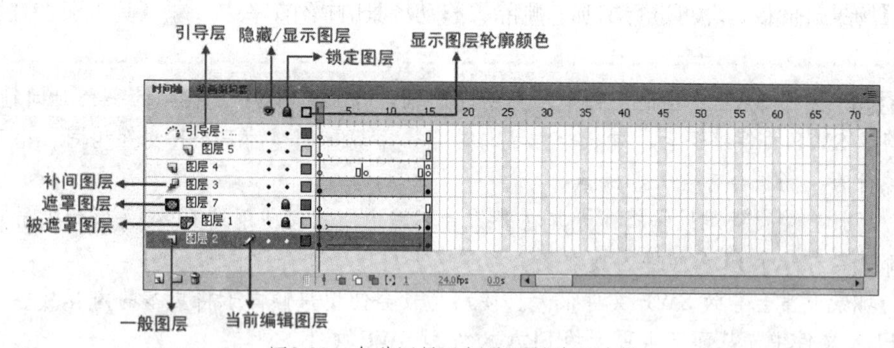

图2-23 各种图层及相关图层处理功能

提示 新建的Flash文档仅包含一个图层，需要在文档中组织插图、动画和其他元素，可以添加更多的图层，还可以隐藏、锁定或重新排列图层。Flash并不限制创建图层的数量，可以创建的图层数只受计算机内存的限制，而且图层不会增加发布的SWF文件大小，只有放入图层的对象才会增加文件的大小。

2.3.4 场景

在Flash中，如果要按主题组织文档，可以使用场景。例如可以使用单独的场景播放消息、字幕、动画内容等。使用场景类似于使用几个SWF文件（用于Flash播放器播放的动画文件），当播放头到达一个场景的最后一帧，再前进到下一个场景时，即可实现场景之间的交换。一个Flash动画既可由一个场景组成，也可由多个场景组成。一般简单的动画只需一个场景即可，但是一些复杂的动画，例如交互式的动画、设计多个主题的动画，通常需要建立多个场景，如图2-24所示。

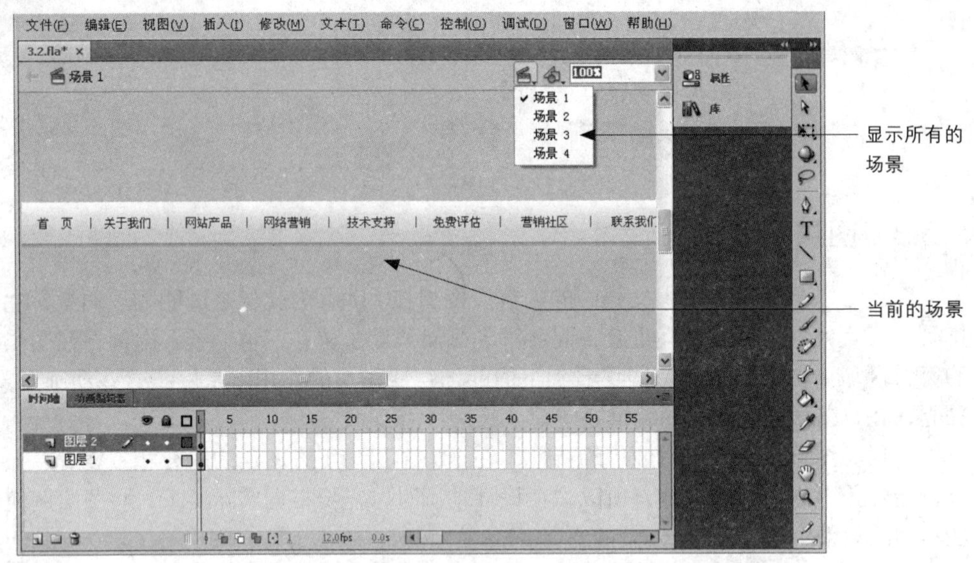

图2-24　Flash中的场景

在需要编辑场景时，选择【窗口】|【其他面板】|【场景】命令，或者按下【Shift+F2】快捷键，打开【场景】面板，即可进行增加、删除、移动场景的操作。

> **提示** 发布SWF文件时，每个场景的时间轴会合并为SWF文件中的一个时间轴。当将该SWF文件编译后，其行为方式与使用一个场景创建的Flash文件相同。由于这种行为，场景会存在一些缺点：
>
> (1) 场景会使文档难以编辑，尤其在多作者环境中。任何使用该FLA文档的人员可能都需要在一个FLA文件内搜索多个场景来查找代码和资源。
>
> (2) 场景通常会导致SWF文件很大。使用场景会使用户倾向于将更多的内容放在一个FLA文件中，从而产生更大的FLA文件和SWF文件。
>
> (3) 场景将强迫浏览者连续下载整个SWF文件，即使浏览者不愿或不想观看全部文件。如果不使用场景，则可以在浏览SWF文件的过程中控制想要下载的内容。
>
> (4) 与ActionScript结合的场景可能会产生意外的结果。因为每个场景时间轴都压缩至一个时间轴，所以可能会遇到涉及ActionScript和场景的错误，这通常需要进行额外复杂的调试。

2.3.5　对象

Flash动画的对象是指构成动画的内容，包括文本、位图、形状、元件、声音和视频等。通过在Flash中导入或创建这些对象，然后在时间轴中排列它们，就可以定义它们在Flash动画中扮演的角色及其变化。

在Flash中，每一个对象都有它的属性和可以进行操作的动作。对象的属性是对象状态、性质的描述，而动作则可以改变对象的状态和性质。当动画中包含多个对象时，可以将这些对象进行组合，再将这个组合对象按照一个对象来进行操作。另外，还可以通过【库】面板来管理各种对象，如图2-25所示。

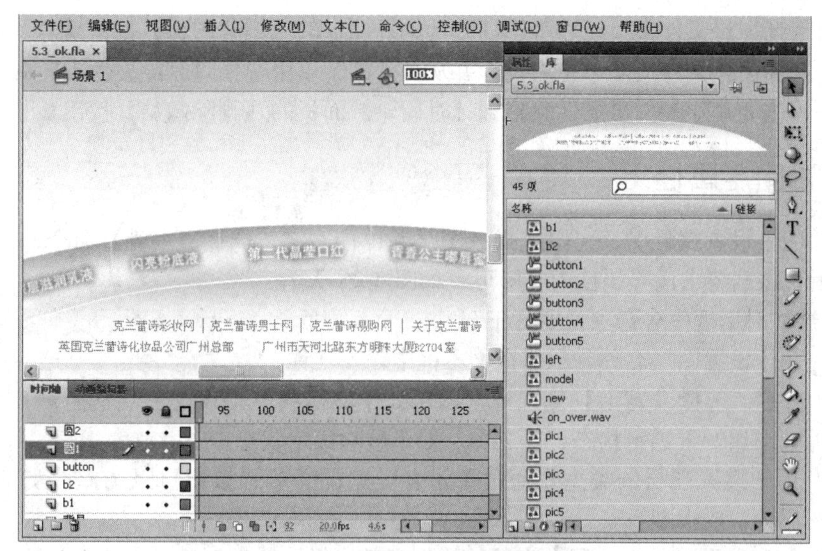

图2-25 通过【库】面板管理对象

2.4 时间轴的基本操作

2.4.1 插入与删除图层

在 Flash CS5 中，插入与删除图层可以通过多种方法来完成，其中插入图层的方法有以下 3 种。

方法 1 在【时间轴】面板中单击左下方的【插入图层】按钮。

方法 2 选择【插入】|【时间轴】|【图层】命令。

方法 3 选择【时间轴】面板的一个图层，然后单击右键，并从打开的菜单中选择【插入图层】命令。

删除图层的方法也有以下 3 种。

方法 1 选择图层，然后在单击【时间轴】面板左下方的【删除图层】按钮。

方法 2 选择【时间轴】面板的一个图层，然后单击右键，并从菜单中选择【删除图层】命令。

方法 3 将需要删除的图层拖到【时间轴】面板的【删除图层】按钮上，即可将该图层删除。

2.4.2 插入与删除图层文件夹

在 Flash CS5 中，插入与删除图层文件夹也可通过多种方法来完成，其中插入图层有如下 3 种方法。

方法 1 在【时间轴】面板中单击左下方的【插入图层文件夹】按钮。

方法 2 选择【插入】|【时间轴】|【图层文件夹】命令。

方法 3 选择【时间轴】面板的一个图层，然后单击右键，并从打开的菜单中选择【插入文件夹】命令。

删除图层文件夹有以下 3 种方法。

方法 1 选择图层文件夹，然后单击【时间轴】面板的【删除图层】按钮。

方法 2 选择图层文件夹后单击右键，并从打开的菜单中选择【删除文件夹】命令。

方法 3 将需要删除的图层文件夹拖到【时间轴】面板的【删除图层】按钮上。

2.4.3 设置图层属性

当需要为图层设置属性时，可以选择该图层并单击右键，选择【属性】命令，打开【图层属性】对话框后，根据要求设置属性内容即可，如图 2-26 所示。

【图层属性】对话框中各选项说明如下。

- 名称：用于设置图层名称，只需在文本框中输入名称。
- 显示 / 锁定：选择【显示】复选框，图层处于显示状态，反之图层被隐藏；选择【锁定】复选框，图层处于锁定状态，反之图层处于解除锁定状态。
- 类型：用于设置图层的类型，通过单击各类型前的单选按钮可以选择该类型。默认情况下，图层为一般类型。
- 轮廓颜色：用于设置将图层内容显示为轮廓时使用的轮廓颜色。若要更改颜色，可以单击项目的色块按钮，然后在弹出的列表中选择颜色即可。
- 将图层视为轮廓：选择该复选框，图层内容将以轮廓方式显示。
- 图层高度：用于设置图层的高度，默认值为 100%。可以在下拉列表中选择其他高度。

在【时间轴】面板中，单击图层名称右侧的【显示图层轮廓】按钮，即可让当前图层显示轮廓效果，如图 2-27。

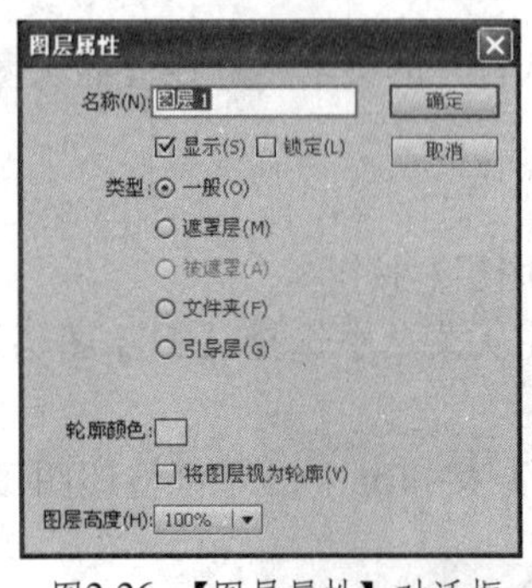

图2-26 【图层属性】对话框

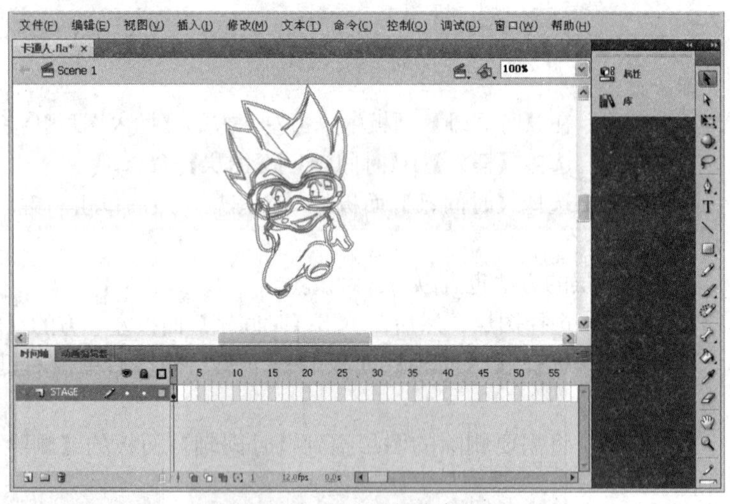

图2-27 显示图层轮廓效果

另外，若想快速为图层命名，可以双击图层名称处，当出现输入文本状态后，输入图层名称，单击【Enter】键即可。

2.4.4 插入与删除一般帧

插入一般帧有下面 3 种方法。

方法 1 在时间轴的某一图层中选择一个空白帧，按下 F5 功能键即可插入一般帧。

方法 2 选择一个图层的空白帧，单击右键，从打开的菜单中选择【插入帧】命令，即可插入一般帧。

方法 3 选择一个图层的空白帧，选择【插入】|【时间轴】|【帧】命令，也可插入一般帧。

删除一般帧有下面 2 种方法。

方法 1 选择需要删除的一般帧，按下【Shift+F5】快捷键即可删除选定的一般帧（这个方法适合删除任何帧的操作）。

方法 2 选择需要删除的一般帧，单击右键，从打开的菜单中选择【删除帧】命令，即可删除一般帧（这个方法适合删除任何帧的操作）。

2.4.5 插入与清除关键帧、空白关键帧

关键帧是 Flash 中编辑和定义动画动作的帧，Flash 中的动画元素都是在关键帧中被创建和编辑的。可以在时间轴中插入关键帧，也可以清除不需要使用的关键帧。

插入关键帧和空白关键帧有以下 3 种方法。

方法 1 在时间轴的某一图层中选择一个空白帧，按下 F6 功能键即可插入关键帧，按下【F7】功能键即可插入空白关键帧。

方法 2 选择一个图层的空白帧，单击右键，从打开的菜单中选择【插入关键帧】命令，即可插入关键帧；若选择【插入空白关键帧】命令，即可插入空白关键帧。

方法 3 选择一个图层的空白帧，然后选择【插入】|【时间轴】|【关键帧】命令或【空白关键帧】命令，即可插入关键帧或空白关键帧。

清除关键帧和空白关键帧有以下 2 种方法。

方法 1 选择需要删除的关键帧或空白关键帧，然后按下【Shift+F5】快捷键即可删除选定的帧。

方法 2 选择需要删除的关键帧或空白关键帧，单击右键，从打开的菜单中选择【清除关键帧】命令，即可清除选定的关键帧或空白关键帧。

> **提示** 如果要将某个帧转换成关键帧或者空白关键帧，可以选择这个帧，单击右键，从打开的菜单中选择【转换为关键帧】命令，或者【转换为空白关键帧】命令，如图 2-28 所示。

图2-28 将一般帧转换成关键帧

2.5 本章小结

掌握 Flash 的基础后，后续将根据 Flash 功能的各种特性，通过多个实例和不同类型的网站，详细讲解 Flash 在网站开发中的应用。

2.6 上机实训

实训要求：使用 Flash CS5 内置的模板，快速地创建具有特定应用的 Flash 动画，如图 2-29 所示。

图2-29 通过模板创建Flash动画文件

操作提示：

(1) 在菜单栏中选择【文件】|【新建】命令。

(2) 打开【新建文档】对话框后，选择【模板】选项卡。

(3) 在【模板】选项卡的【类别】选项组中选择【动画】选项，然后在【模板】选项组中选择合适的模板，最后单击【确定】按钮。

第 3 章　Flash文字动画设计

文字动画在网站上应用非常广泛，例如用于网站的广告标题、网站Logo、网站宣传内容等方面。本章将通过多个实例，介绍利用Flash CS5制作文字动画的方法。

3.1　弹跳式的立体文字特效

制作分析

本节将利用创建传统补间动画的方式，将已经准备好的立体文字制作成由上至下移动的动画，并通过多个关键帧来控制文字的弹跳效果，如图3-1所示。

图3-1　弹跳式的立体文字特效

制作流程

首先将一个准备好的立体文字图形元件加入舞台，并通过调整大小和位置的方式为图形元件的多个关键帧设置舞台状态，然后为关键帧创建传统补间动画，让立体文字图形元件产生弹跳的效果，接着使用相同的方法处理其他立体文字图形元件，最后添加停止的动作脚本和【重播】按钮元件即可。

上机实战　制作弹跳式的立体文字特效

01 打开光盘中“..\Example\Ch03\3.1.fla”练习文件，然后在“背景”图层上插入一个新图层并命名为【s】，接着从【库】面板中将【S】图形元件加入舞台右上方，如图3-2所示。

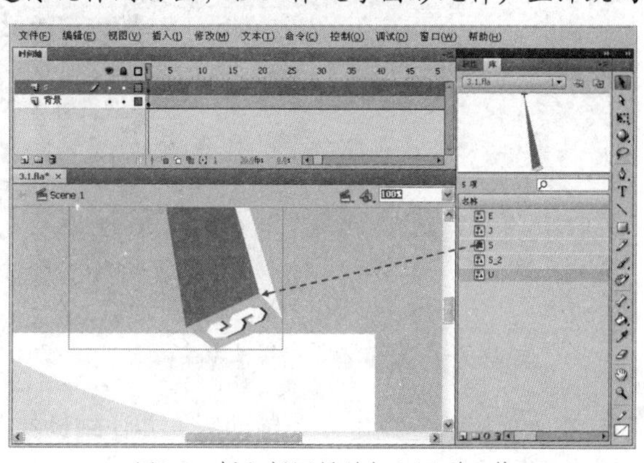

图3-2　插入新图层并加入图形元件

02 在工具箱中选择【任意变形工具】，然后按住【Shift】键从外往内等比例缩小图形元件，接着将图形元件移到舞台右上方，如图3-3所示。

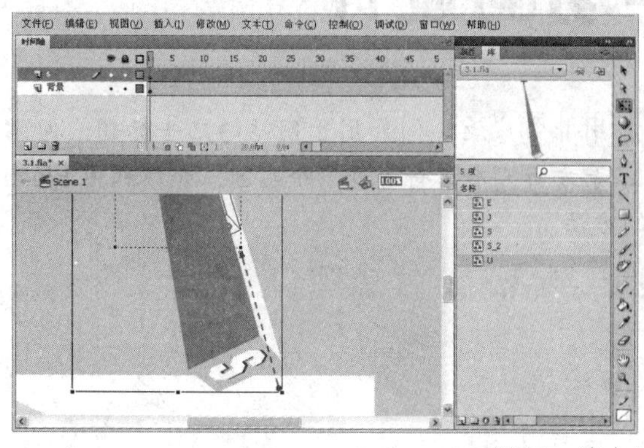
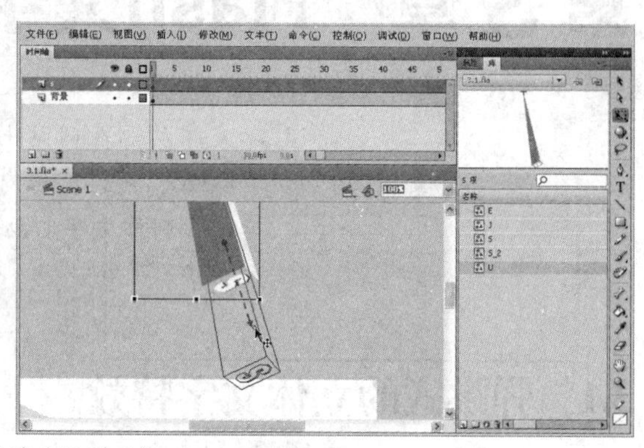

图3-3 缩小并移动图形元件

03 按下【Ctrl+Alt+Shift+R】快捷键显示标尺，然后从标尺中拉出两条辅助线，并让辅助线的交点与【S】图形元件的左上角重叠，以方便后续对图形元件定位，如图3-4所示。

04 在s图层的第20帧上插入关键帧，然后选择【任意变形工具】，按住【Alt】键放大【s】图形元件，如图3-5所示。

> **提示** 缩放元件时按住【Alt】键，可以让元件维持指定边缘的位置。如步骤4中，按住【Alt】键放大【s】图形元件，可以让该元件的上边缘与左边缘位置不变。

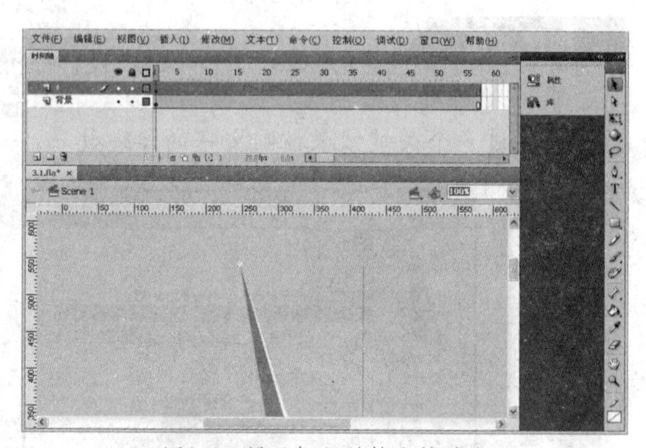

图3-4 显示标尺并拉出辅助线

05 在s图层第28帧上插入关键帧，然后使用【任意变形工具】并按住【Alt】键缩小【S】图形元件，如图3-6所示。

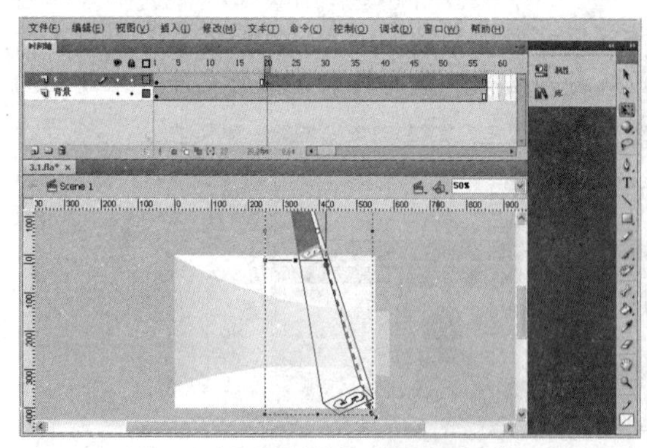

图3-5 插入关键帧并放大图形元件

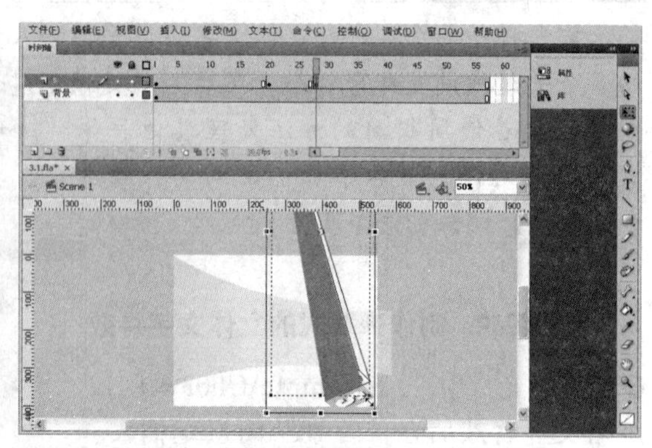

图3-6 插入关键帧并缩小图形元件

06 在水平标尺上拉出一条辅助线，并让辅助线与元件下边缘重叠，以便用于后续的位置参考，如图3-7所示。

07 分别在s图层第34帧和38帧插入关键帧，然后使用【任意变形工具】并按住【Alt】键放大和缩小【S】图形元件，如图3-8所示。这种缩放操作，目的是让图形元件在创建动画后有弹跳的效果。

08 按照步骤7的方法，在s图层上插入多个关键帧，并为各个关键帧缩放【S】图形元件，结果如图3-9所示。

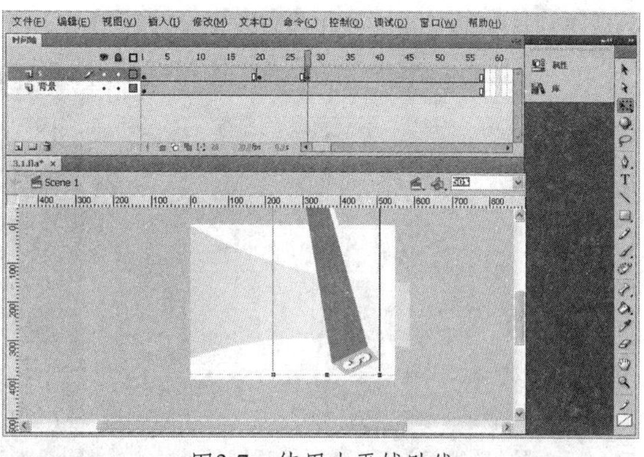

图3-7 使用水平辅助线

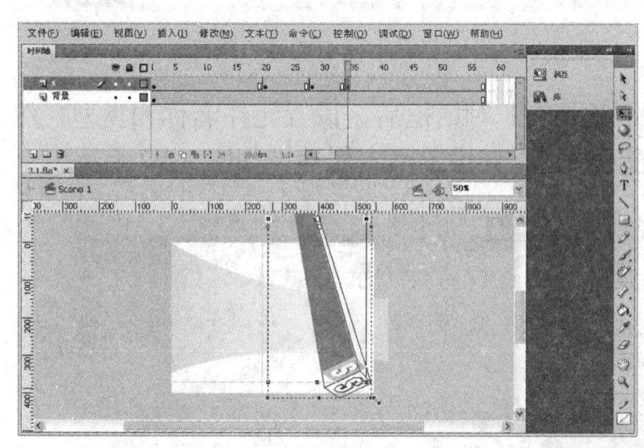

图3-8 插入关键帧并缩放图形元件

09 选择s图层最后一个关键帧前的所有关键帧之间的帧，然后单击右键，从打开的菜单中选择【创建传统补间】命令，为图层创建传统补间动画，如图3-10所示。

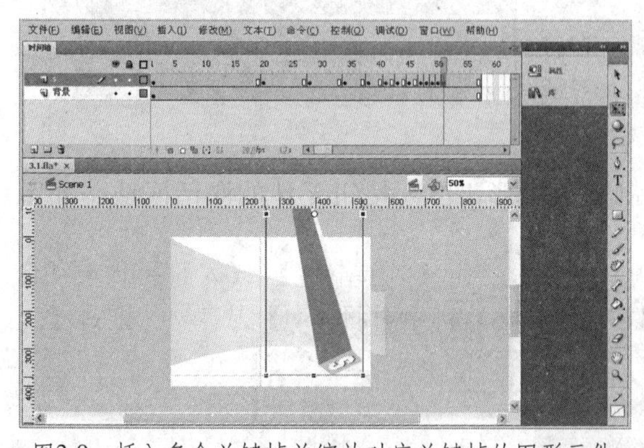

图3-9 插入多个关键帧并缩放对应关键帧的图形元件

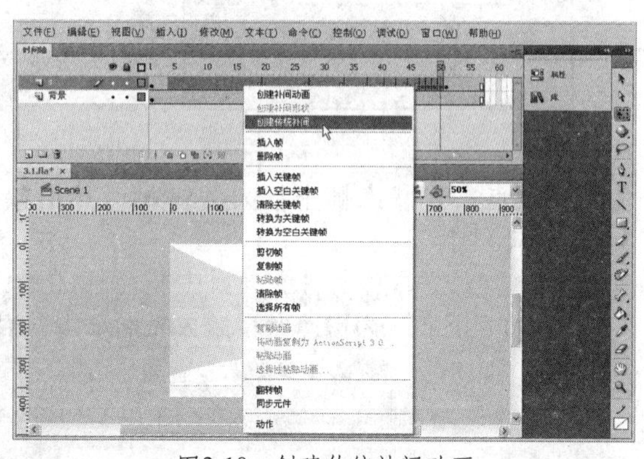

图3-10 创建传统补间动画

10 按照步骤1至步骤9的方法，为各个文字图形元件创建新图层，并插入关键帧，然后调整各个关键帧上图形元件的大小，最后创建传统补间动画，如图3-11所示。

> **提示** 在步骤10的操作中，注意各个图形元件的上端都与舞台上方的辅助线交点重合。另外，各个文字图形元件在舞台排列上需制作出向舞台左上方倾斜的效果。

11 在【时间轴】面板上插入新图层并命名为【stop】，接着在该图层第57帧上插入空白关键帧，并添加“stop”动作脚本，如图3-12所示。

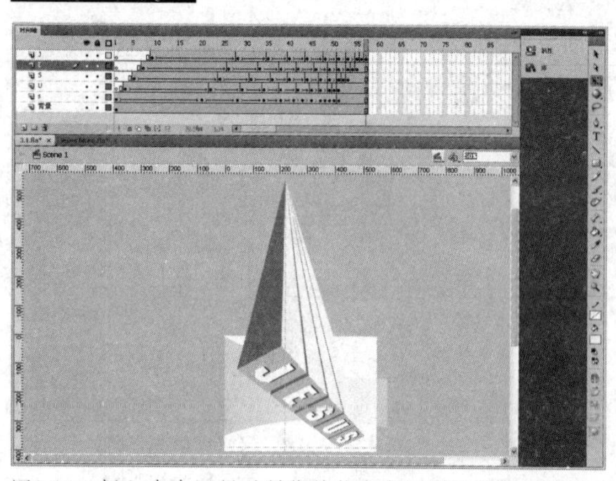

图3-11　插入多个图层并制作其他文字图形元件的弹跳动画

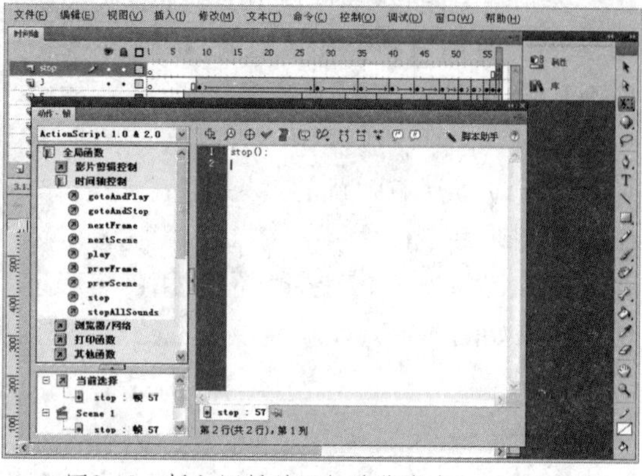

图3-12　插入图层并添加动作脚本

12 选择【插入】|【新建元件】命令，打开【创建新元件】对话框后，设置元件名称和类型，然后单击【确定】按钮，接着在【弹起】状态帧上输入文本，并设置文本属性，如图3-13所示。

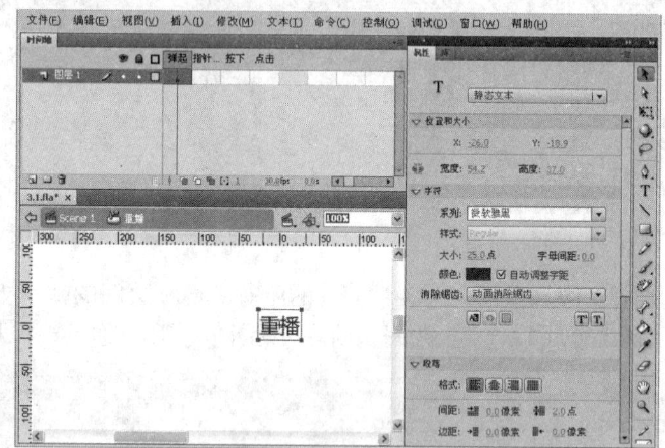

图3-13　创建按钮元件

13 在【点击】状态帧上插入关键帧，然后绘制一个矩形，作为按钮元件的激活区域，如图3-14所示。

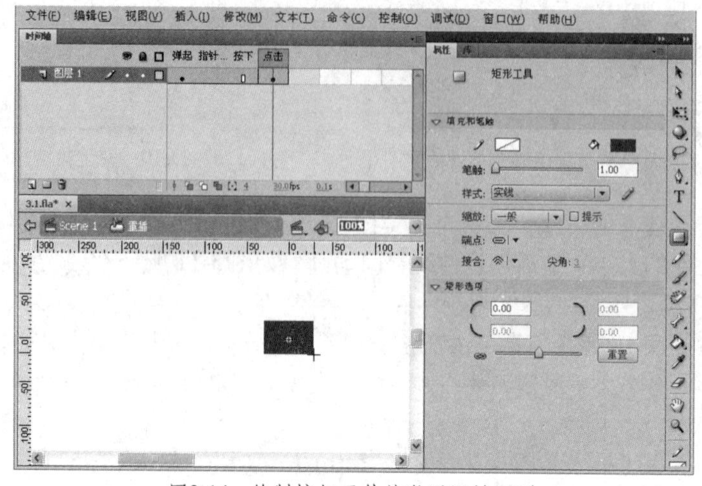

图3-14　绘制按钮元件的激活区域图形

14 返回舞台上，插入一个新图层，接着在图层第 57 帧上插入空白关键帧，然后将【重播】按钮元件加入到舞台左下角，如图 3-15 所示。

15 选择按钮元件，然后按下 F9 功能键打开【动作】面板，添加按钮元件的动作脚本，以便让浏览者在单击该按钮后即重播动画，如图 3-16 所示。

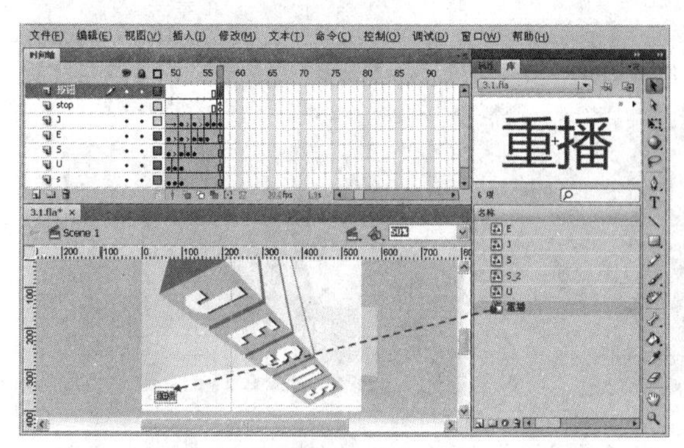

图3-15 加入按钮元件

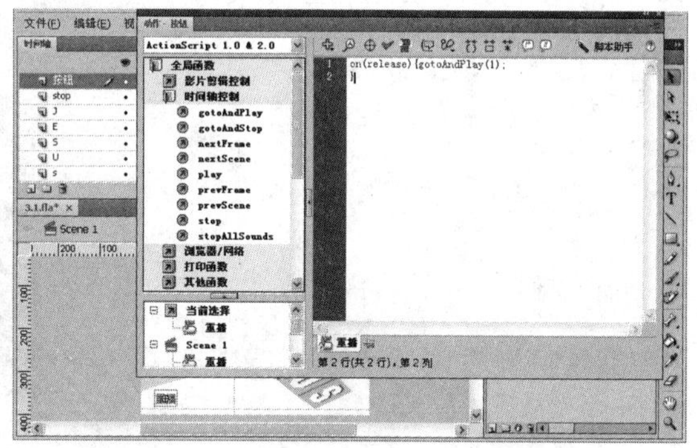

图3-16 添加按钮元件的动作脚本

3.2 简易虚幻文字特效

制作分析

本节将制作一个简单的虚幻文字特效动画。通过调整文字的大小和位置以及透明度，达到虚幻的效果，如图3-17所示。

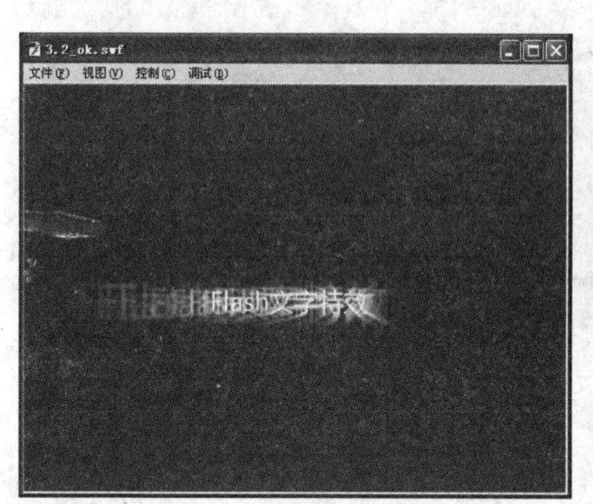

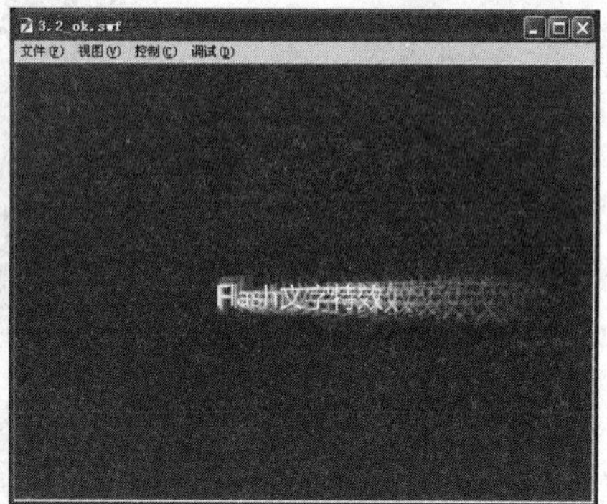

图3-17 虚幻文字特效动画

制作流程

首先创建一个影片剪辑元件并输入文本内容，然后将元件加入舞台并添加多个关键帧，接着通过多个图层将元件加入舞台，并修改元件的大小、位置和透明度，使文字从小到大、从清晰到透明，最后创建传统补间动画，完成虚幻文字特效的制作。

上机实战 制作简易式虚幻文字特效

01 启动 Flash CS5 应用程序，然后在欢迎屏幕上单击【ActionScript 3.0】按钮，创建一个 Flash 文件，如图 3-18 所示。

02 创建新文件后，打开【属性】面板，设置舞台背景的颜色为【#006666】，如图3-19所示。

图3-18 创建新文件

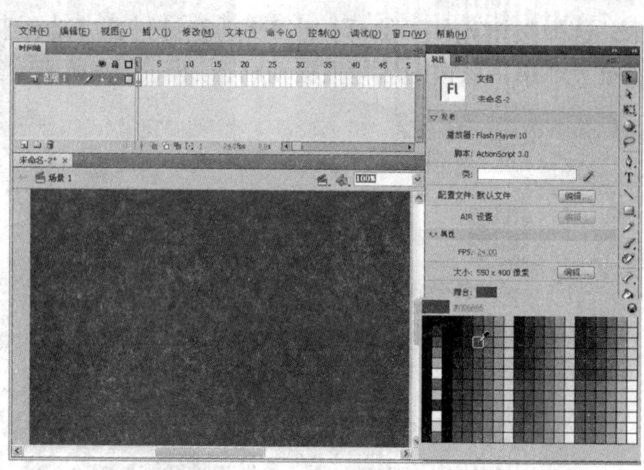

图3-19 设置舞台背景颜色

03 选择【插入】|【新建元件】命令，打开【创建新元件】对话框后设置元件名称和类型，单击【确定】按钮，接着在元件内输入文本，并设置文本属性，如图3-20所示。

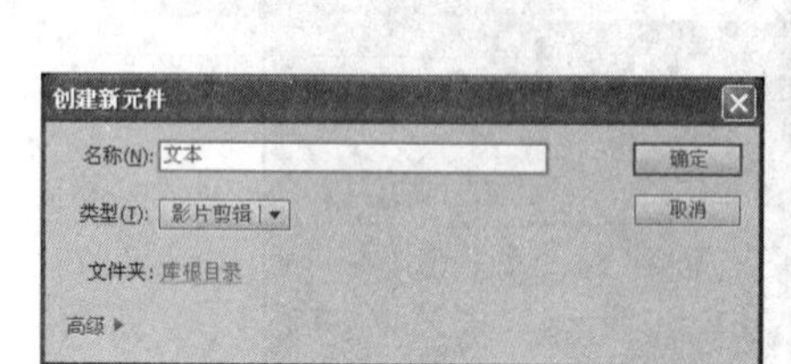

图3-20 创建新元件并输入文本

04 返回场景中，将【文本】影片剪辑元件加入舞台中央，接着在图层1的第50帧和100帧上插入关键帧，如图3-21所示。

05 在图层1上插入图层2，然后再次将【文本】影片剪辑元件加入舞台中央，接着使用【任意变形工具】并按住Shift键向外稍扩大元件，再将元件稍微向左移动，如图3-22所示。

06 选择图层2上的影片剪辑元件，然后打开【属性】面板，设置元件的透明度为60%，如图3-23所示。

图3-21 返回场景并加入元件到舞台

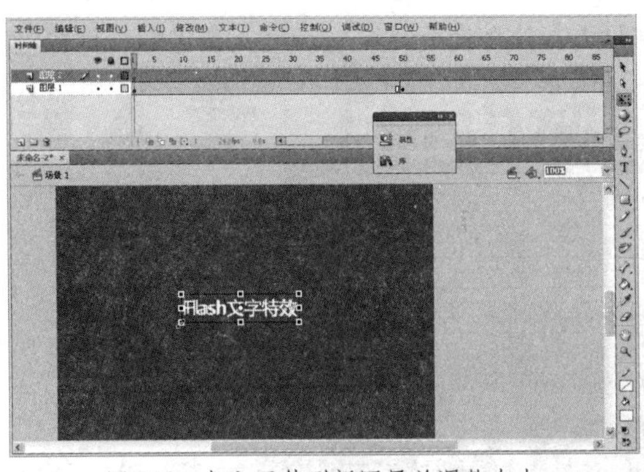

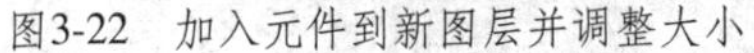

图3-22　加入元件到新图层并调整大小

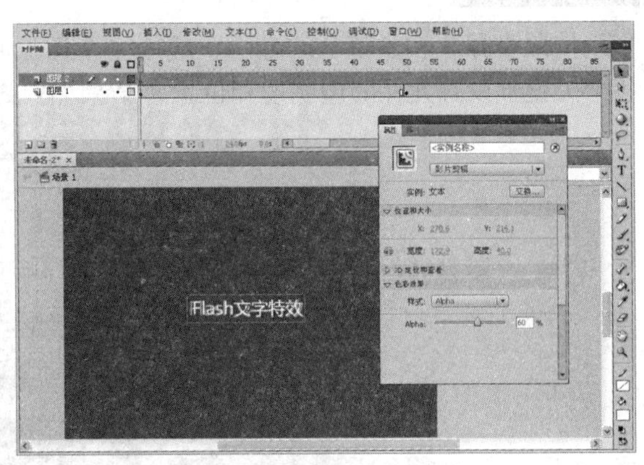

图3-23　设置元件的透明度

07 在图层 2 的第 50 帧上插入关键帧，然后向右移动元件小许，如图 3-24 所示。再在图层 2 第 100 帧上插入关键帧，并稍微向右移动元件，如图 3-25 所示。本步骤操作的目的是让元件产生从左到右移动的效果。

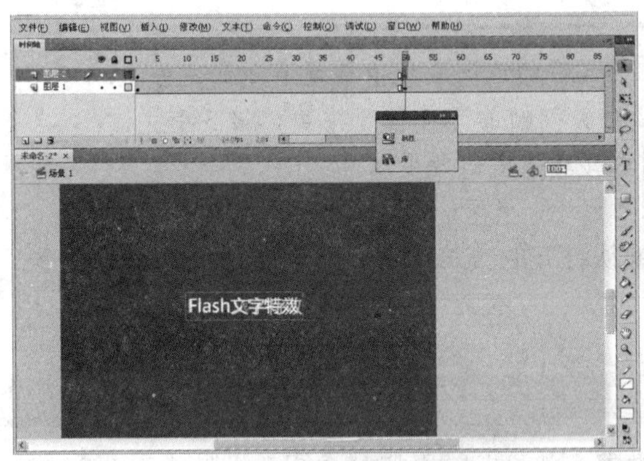

图3-24　插入关键帧并移动元件

图3-25　再次插入关键帧并移动元件

08 在图层 2 上插入图层 3，然后在图层 3 上加入影片剪辑元件，并比图层 2 的元件稍偏左，接着设置图层 3 的元件的透明度为 50%，如图 3-26 所示。

09 按照步骤 7 的方法，分别在图层 3 的第 50 帧和第 100 帧上插入关键帧，并分别向右移动对应关键帧元件，如图 3-27 所示。

图3-26　加入元件并设置透明度

图3-27　插入关键帧并调整元件的位置

10 按照步骤 8 和步骤 9 的方法，插入多个图层并加入影片剪辑元件，然后插入关键帧，再针对各个关键帧设置元件的透明度和位置，结果如图 3-28 所示。

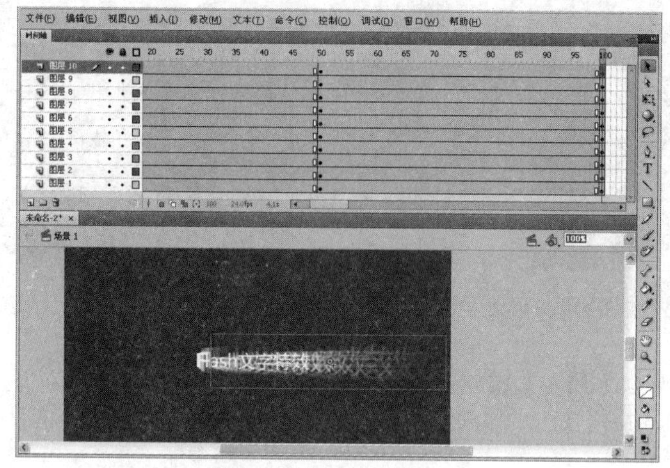

图3-28　制作其他图层内容

> **提示**　在步骤 10 的操作中，注意各个图层的元件的透明度数值要逐渐降低。另外，图层的第 1 个关键帧的元件位置偏左；第 2 个关键帧的元件位于中央；第 3 个关键帧的元件位置偏右，以便制作出文字从左到右移动的虚幻效果。

11 选择各个图层关键帧之间的帧，然后单击右键从打开的菜单中选择【创建传统补间】命令，创建传统补间动画，如图 3-29 所示。

图3-29　创建传统补间动画

3.3　感应式遮罩文字特效

制作分析

本例将设计一个遮罩效果的文字动画，当浏览者将鼠标移到文字上时，文字即出现遮罩背景；鼠标移开文字后，文字即恢复纯色的效果，如图3-30所示。

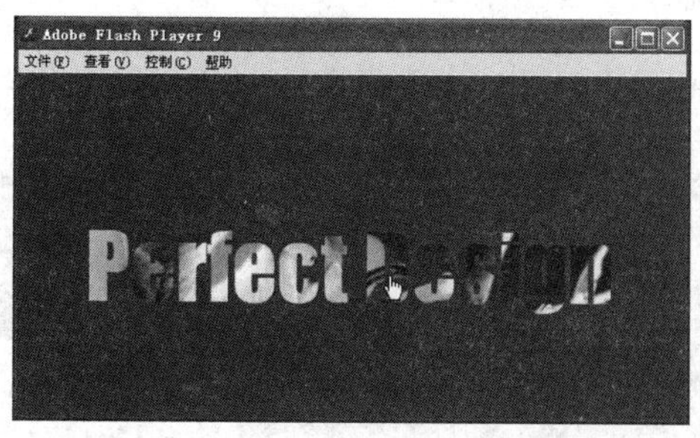

图3-30 感应式遮罩文字特效

制作流程

在本例动画的设计中，首先创建包含文字内容的影片剪辑元件，然后在文字下方制作背景图的移动动画，接着添加遮罩图层，让文字可以产生遮罩背景的效果，最后制作一个按钮，为按钮元件添加感应鼠标后播放遮罩效果动画的动作脚本。

上机实战 制作感应式遮罩文字特效

01 打开光盘中“..\Example\Ch03\3.3.fla”练习文件，选择【插入】|【新建元件】命令，然后在弹出的对话框中设置元件名称和类型，单击【确定】按钮，接着在元件内输入文本，并设置文本属性，如图3-31所示。

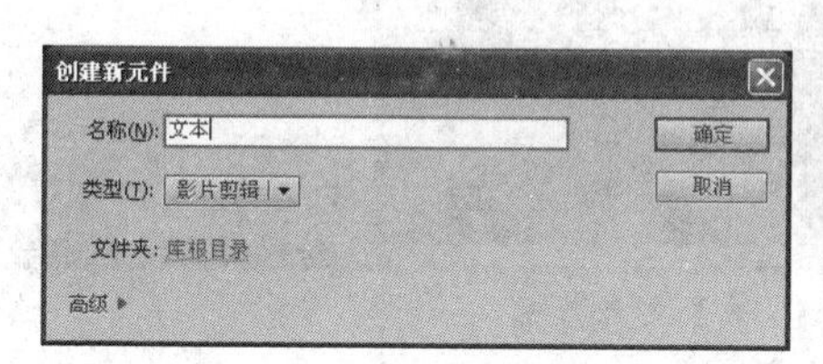

图3-31 新建元件并输入文本

02 选择元件内的文本，然后选择【修改】|【分离】命令，将文本分离成形状，如图3-32所示。

图3-32 分离文本

03 选择【插入】|【新建元件】命令，然后在弹出的对话框中设置元件名称和类型，并单击【确定】按钮，接着从【库】面板中将【文本】影片剪辑加入到新元件内，如图 3-33 所示。

图3-33　新建元件并加入【文本】影片剪辑

04 在图层 1 的第 25 帧上按下【F6】功能键插入关键帧，然后在第 40 帧上按下【F5】功能键插入动画帧，接着在图层 1 上插入图层 2，并在图层 2 第 2 帧上插入空白关键帧，最后将【文本】影片剪辑加入当前元件内，与图层 1 的元件完全重叠。完成上述操作后，在图层 2 第 40 帧上按下 F7 功能键插入空白关键帧，如图 3-34 所示。

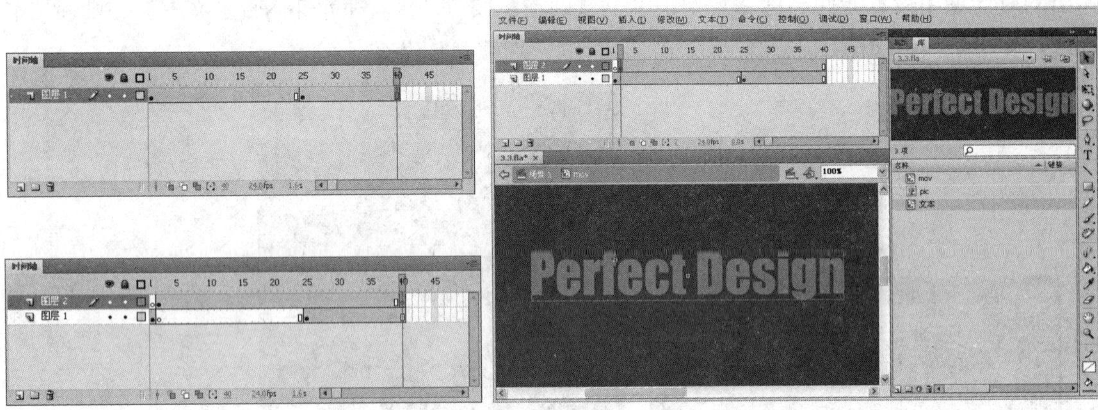

图3-34　插入图层和关键帧并加入【文本】影片剪辑

05 在图层 1 上方图层 2 下方插入图层 3，然后在图层 3 第 2 帧上插入空白关键帧，接着将【库】面板内的图片素材加入元件内，此时选择【修改】|【转换为元件】命令，在弹出的对话框中设置元件的名称和类型，单击【确定】按钮，如图 3-35 所示。

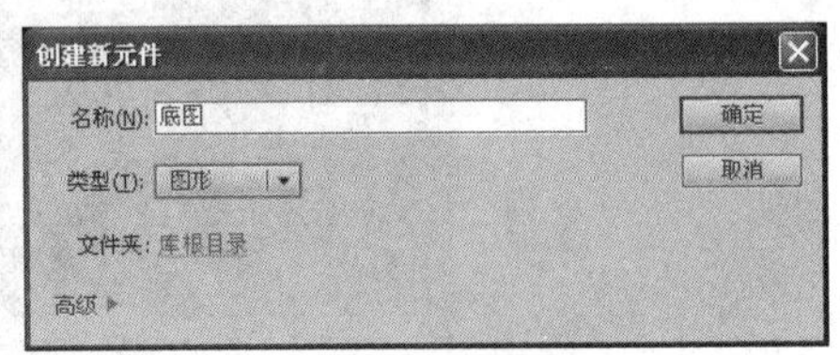

图3-35　插入图片并转换为元件

06 在图层3的第15帧上插入关键帧，接着将背景图向上移动，如图3-36所示。

07 在图层3的第25帧上插入关键帧，然后将背景图再稍微向上移动，如图3-37所示。

图3-36 插入关键帧并调整背景图的位置

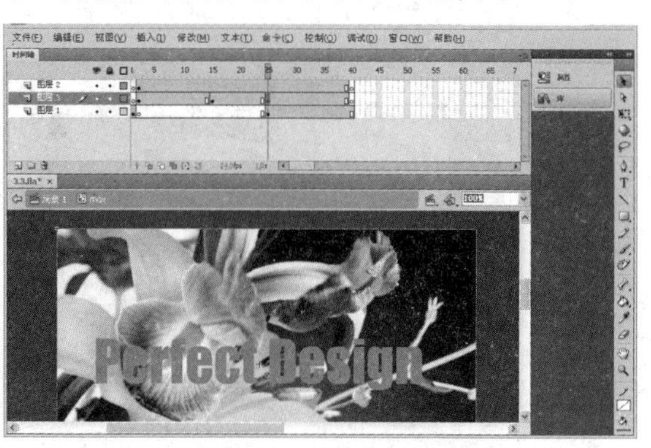
图3-37 继续插入关键帧和移动背景图

08 在图层3上插入图层4，然后在图层4第26帧上插入空白关键帧，接着在工具箱中选择【矩形工具】并在【属性】面板中设置属性，最后在文字中央位置上绘制一个高度很小的矩形，如图3-38所示。

09 在图层4第40帧上插入空白关键帧，接着在图层4第39帧上插入关键帧，然后在工具箱中选择【任意变形工具】，在垂直方向上扩大矩形，使矩形可以覆盖文字，如图3-39所示。

图3-38 插入新图层并绘制矩形

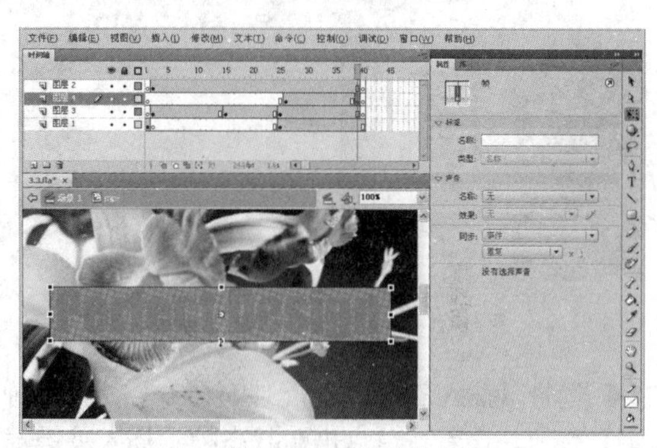
图3-39 插入关键帧并扩大矩形高度

10 选择图层4的第26帧，然后单击右键从打开的菜单中选择【创建补间形状】命令，选择图层3前3个关键帧之间的动画帧，再单击右键从打开的菜单中选择【创建传统补间】命令，如图3-40所示。

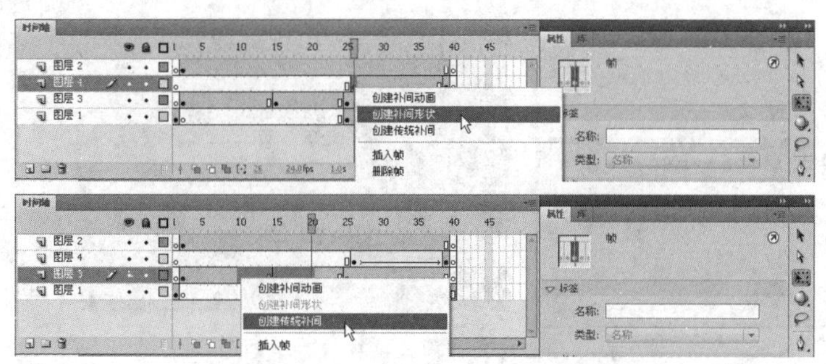

图3-40 创建传统形状动画和传统补间动画

11 在图层2上单击右键并从打开的菜单中选择【遮罩层】命令，将图层2转换为遮罩层，接着将图层3拖到图层4下并转换为被遮罩层，如图3-41所示。

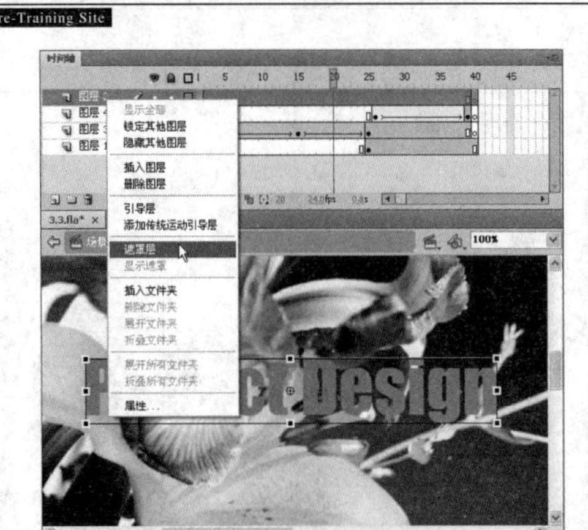

图3-41　设置遮罩层和被遮罩层

12 在图层2上插入图层5，然后分别在图层5第1帧、第25帧、第40帧上插入空白关键帧，并通过【动作】面板为各个空白关键帧添加【stop】动作脚本，如图3-42所示。

13 返回场景1，然后将【mov】影片剪辑加入舞台并放置在中央位置，如图3-43所示。

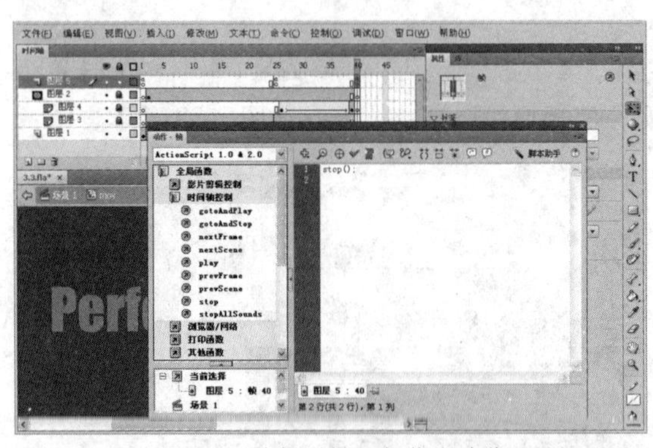

图3-42　为新图层添加停止动作

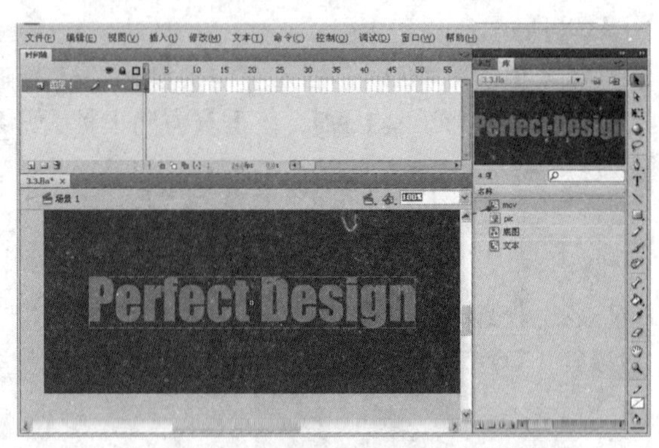

图3-43　加入【mov】影片剪辑到舞台

14 选择【插入】|【新建元件】命令，然后在弹出的对话框中设置元件名称和类型，并单击【确定】按钮，接着在【点击】状态帧上插入关键帧，最后使用【矩形工具】按钮元件内绘制一个矩形，作为动画的感应区，如图3-44所示。

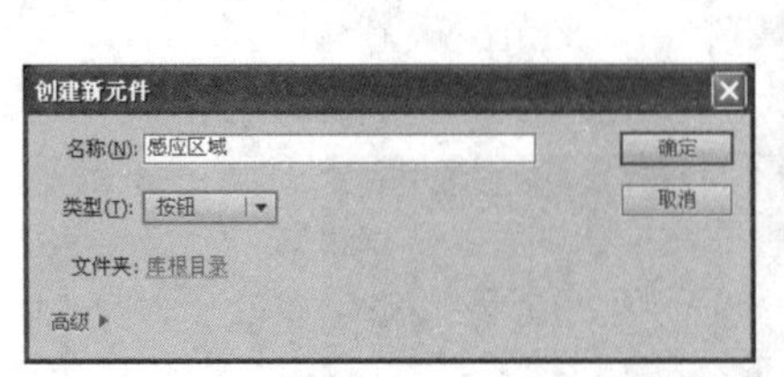
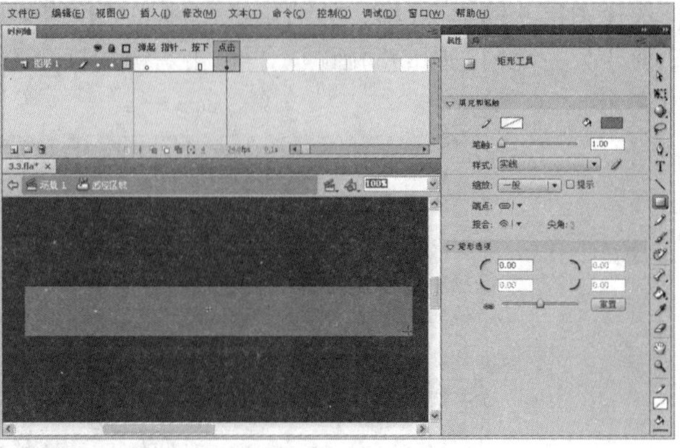

图3-44　创建按钮元件并设置【点击】状态帧

15 返回场景1，在图层1上插入图层2，接着将【库】面板中的【感应区域】按钮元件加入舞台，并放置在【mov】影片剪辑元件的正上方，如图3-45所示。

16 分别为图层1和图层2在第20帧上插入动画帧，然后在图层1的第10帧、第15帧、第17帧、第18帧上插入关键帧，如图3-46所示。

图3-45 返回场景1并加入按钮元件

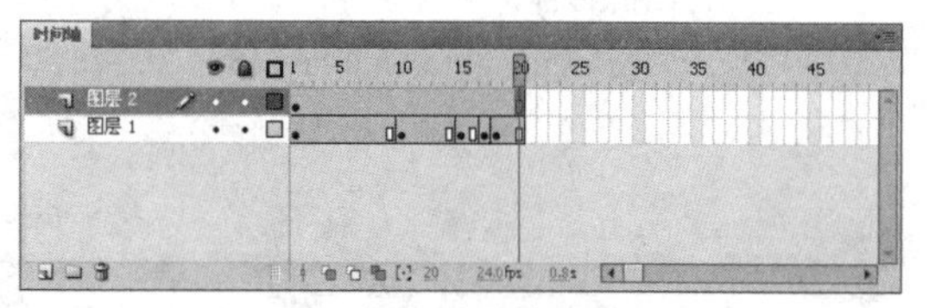

图3-46 插入动画帧和关键帧

17 隐藏图层2，选择图层1第1帧，并将【mov】影片剪辑元件向上移动，接着为图层1的第1帧创建传统补间动画，如图3-47所示。

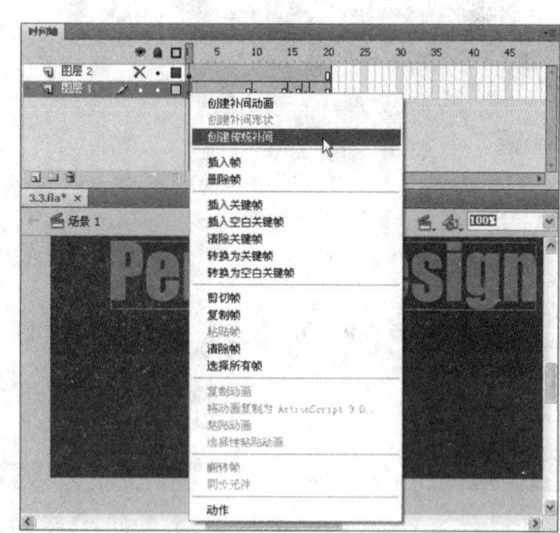

图3-47 调整元件位置并创建传统补间动画

18 选择图层1的第17帧，然后选择舞台上的【mov】影片剪辑元件，打开【属性】面板设置色彩效果为【色调】，接着设置色调为白色，如图3-48所示。

19 在图层2上方插入图层3，然后在该图层第20帧上插入空白关键帧，接着在【动作】面板中添加停止动作脚本，如图3-49所示。

图3-48 设置元件的色调效果

图3-49 插入图层并添加停止动作脚本

20 选择图层1的第1帧，再选择舞台上的【mov】影片剪辑元件，然后打开【属性】面板，设置元件的实例名称为【m1】，如图3-50所示。

21 此时显示图层2，再选择图层2的按钮元件，接着在【动作】面板中添加以下动作脚本，以设置按钮受到感应后播放遮罩动画，如图3-51所示。

```
on (rollOver) {
    _root.m1.gotoAndPlay(2);
}
on (rollOut) {
    _root.m1.gotoAndPlay(26);
}
```

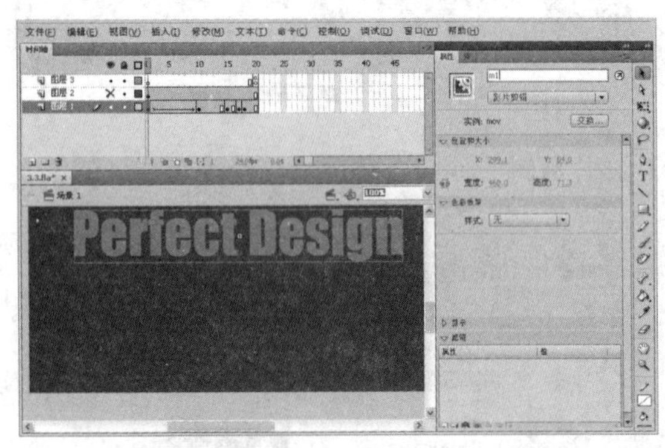

图3-50 设置元件的实例名称

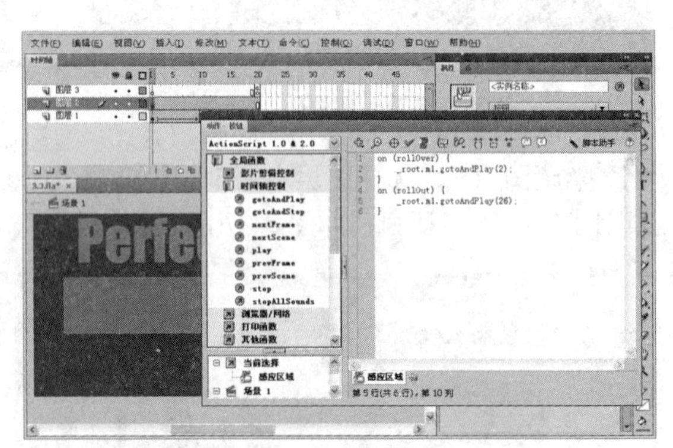

图3-51 为按钮元件加入动作脚本

3.4 前排投影的文字特效

制作分析

本例将制作一个具有前排投影效果的文字动画。在该例的制作中，主要应用动作脚本来控制文字前排投影的效果，让文字感觉从后拉伸并逐渐透明地扩散，如图3-52所示。

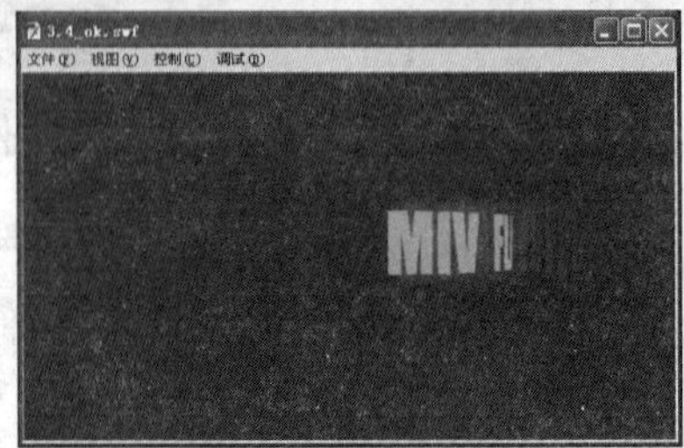

图3-52 前排投影的文字特效

制作流程

首先新建一个影片剪辑元件，然后在元件内加入文字从左到右环绕移动的片段，再将影片剪辑元件加入舞台并设置实例名称，接着通过【动作】面板为帧添加产生特效的动作脚本，最后设置发布选项。

上机实战 制作前排投影的文字特效

01 打开光盘中“..\Example\Ch03\3.4.fla”练习文件，选择【插入】|【新建元件】命令，然后在弹出的对话框中设置元件名称和类型，单击【确定】按钮，接着在元件内加入【text】图形元件，最后在第58帧上插入动画帧，如图3-53所示。

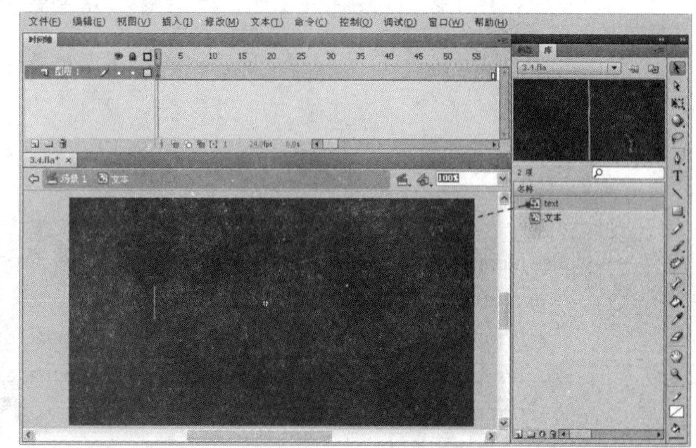

图3-53 创建影片剪辑并加入图形元件

02 返回场景1中，将【文本】影片剪辑加入舞台，并放置在舞台左边，如图3-54所示。

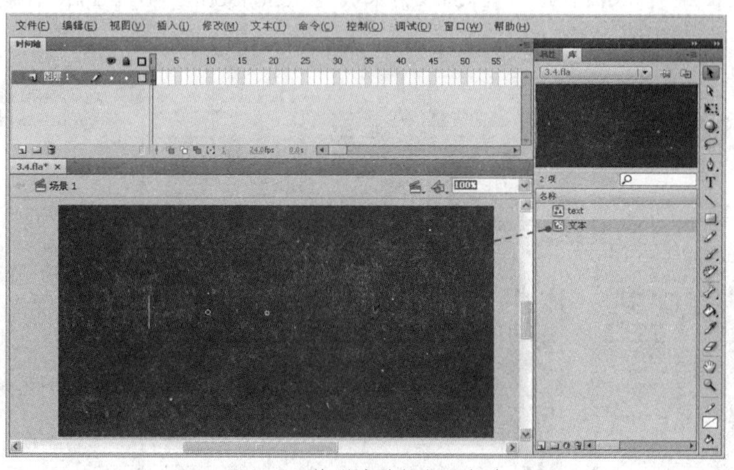

图3-54 将影片剪辑加入舞台

03 选择舞台上的影片剪辑元件，然后打开【属性】面板，设置影片剪辑的实例名称为【li0】，以便后续被动作脚本调用，如图3-55所示。

04 在图层1上插入图层2，然后选择图层2的第1帧，再按下【F9】功能键打开【动作】面板，输入以下脚本，如图3-56所示。

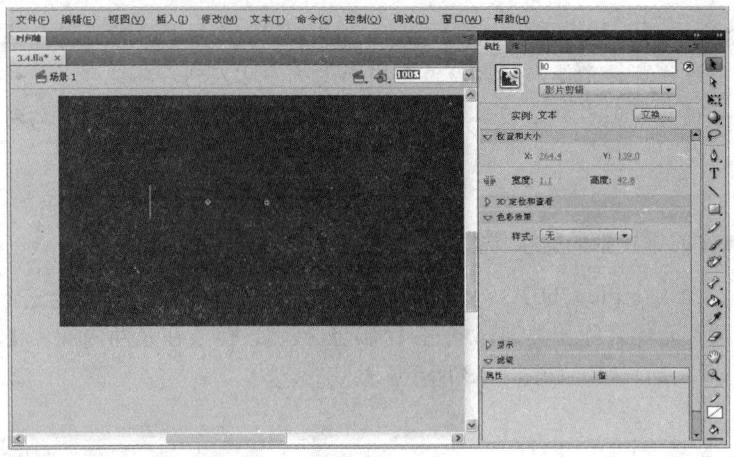

图3-55　设置影片剪辑的实例名称

```
maxlight = "5";
i = "1";
y = 100;
x = 100;
while (Number(i)<=Number(maxlight)) {
    duplicateMovieClip("li0", "li" add i, i);
    setProperty("li" add i, _xscale, Number(x)+Number(i*8));
    setProperty("li" add i, _yscale, Number(y)+Number(i*8));
    setProperty("li" add i, _alpha, 10-i*0.2);
    i = Number(i)+1;
}
```

05 选择【文件】|【发布设置】命令，打开【发布设置】对话框后，选择【Flash】选项卡，然后设置播放器版本为【Flash Player 7】、脚本版本为【ActionScript 1.0】，单击【确定】按钮，如图3-57所示。

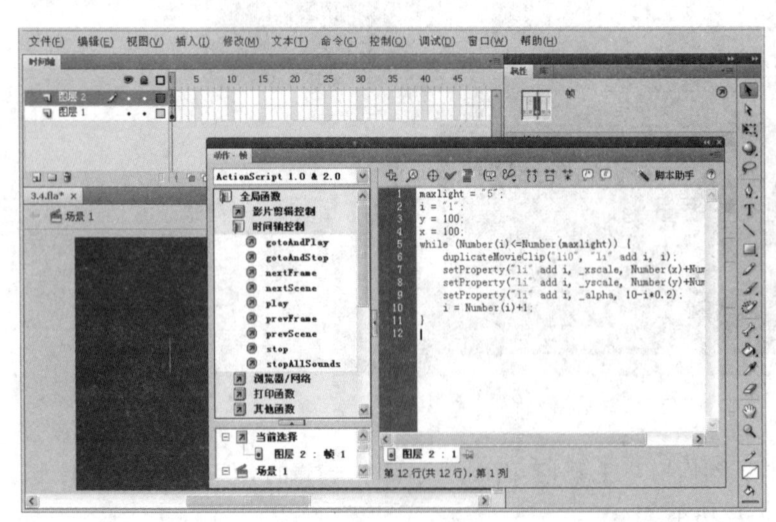

图3-56　添加动作脚本

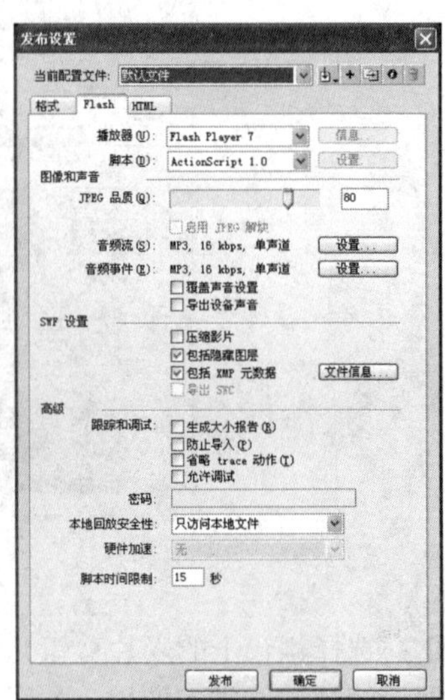

图3-57　设置发布选项

06 设置发布选项后，按下【Ctrl+Enter】快捷键，即可播放动画，预览动画播放效果。

3.5 圆点遮罩效果的文字动画

制作分析

本例将制作一个圆点遮罩效果的文字动画，这个动画的特色是将遮罩动画元件放在文字上方，然后通过圆点遮罩动画的播放，可以让文字逐一隐藏再显示出来，创意十足，效果如图3-58所示。

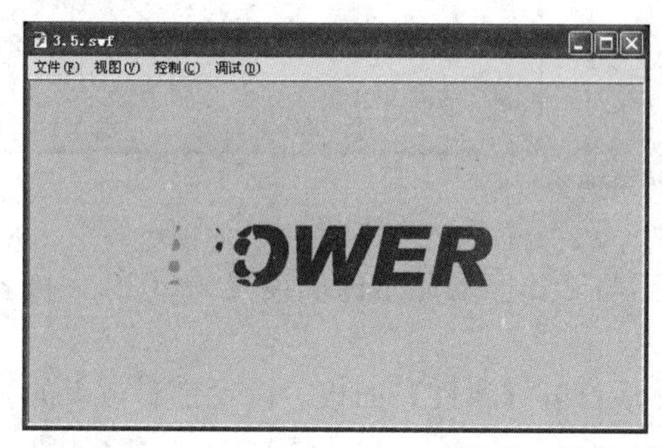

图3-58 圆点遮罩效果的文字动画

制作流程

在本例的设计中，首先创建包含圆形的影片剪辑，再制作圆形的变化动画，然后将多个包含圆形的影片剪辑组合起来，接着通过添加动作脚本来控制圆形动画播放，最后将圆形组合的影片剪辑放到文字图层的下层，再将文字图层转换为遮罩层。

上机实战 制作圆点遮罩效果文字动画

01 打开光盘中“..\Example\Ch03\3.5.fla”练习文件，选择【插入】|【新建元件】命令，然后在弹出的对话框中设置元件名称和类型，单击【确定】按钮，接着在元件内绘制一个无笔触的红色圆形，如图 3-59 所示。

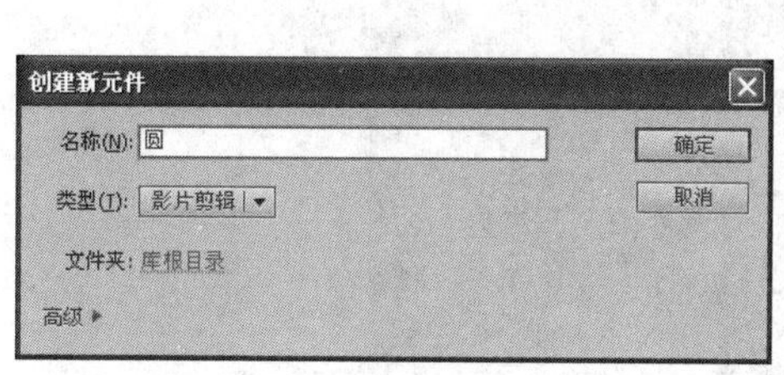
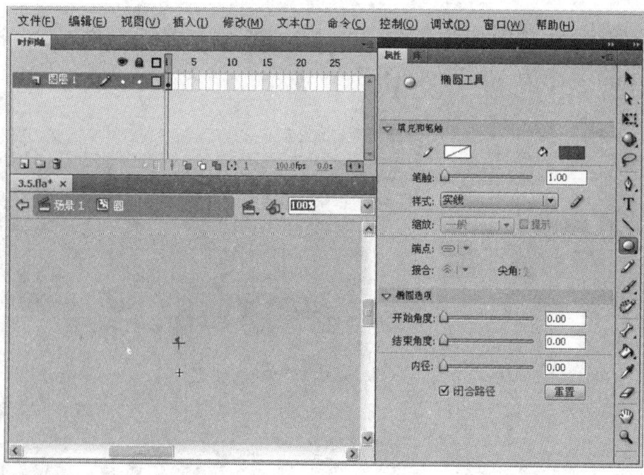

图3-59 创建新元件并绘制圆形

02 选择元件内的圆形，然后选择【修改】|【转换为元件】命令，将圆形转换成名为【图形】的图形元件，如图 3-60 所示。

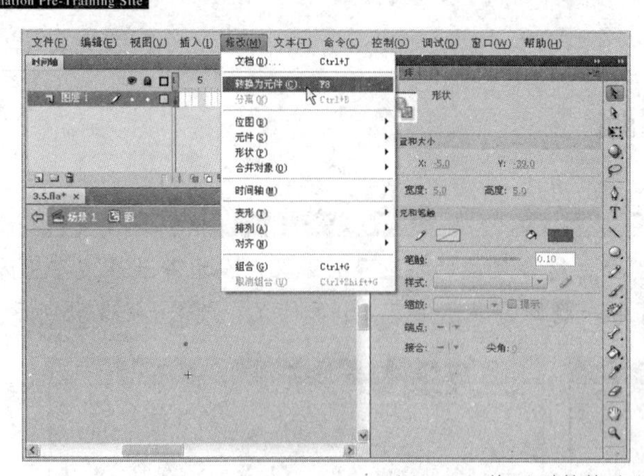
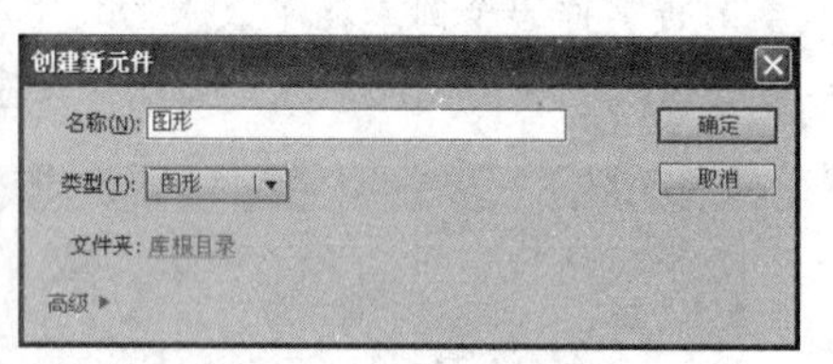

图3-60　将圆形转换为图形元件

03 在元件图层 1 的第 45 帧上插入关键帧，然后将工作区的显示比例设置为 200%，接着使用【任意变形工具】扩大图形元件，如图 3-61 所示。

04 在元件图层 1 的第 200 帧上插入关键帧，然后打开【属性】面板，设置色彩效果的样式为【色调】，接着设置颜色为【蓝色】，如图 3-62 所示。

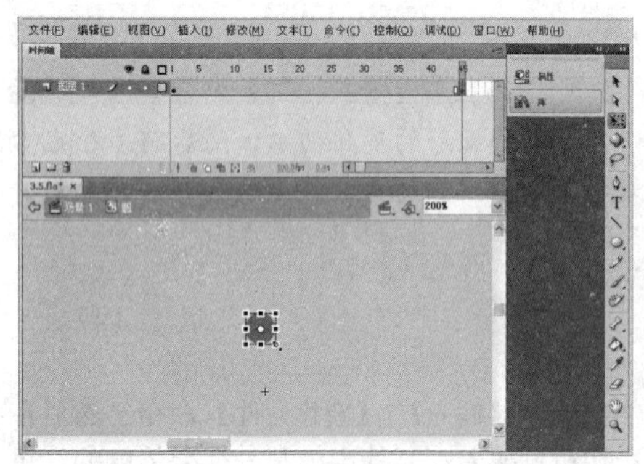

图3-61　插入关键帧并扩大图形元件

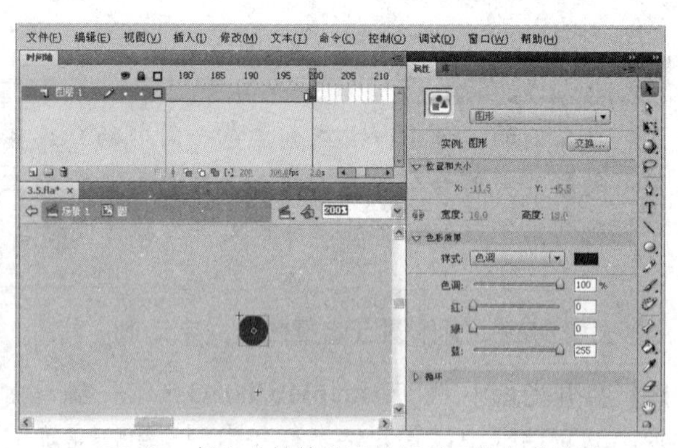

图3-62　插入关键帧并设置图形元件色彩效果

05 在元件图层 1 的第 250 帧上插入关键帧，然后选择图形元件，通过【属性】面板设置图形元件的大小为 1×1，如图 3-63 所示。

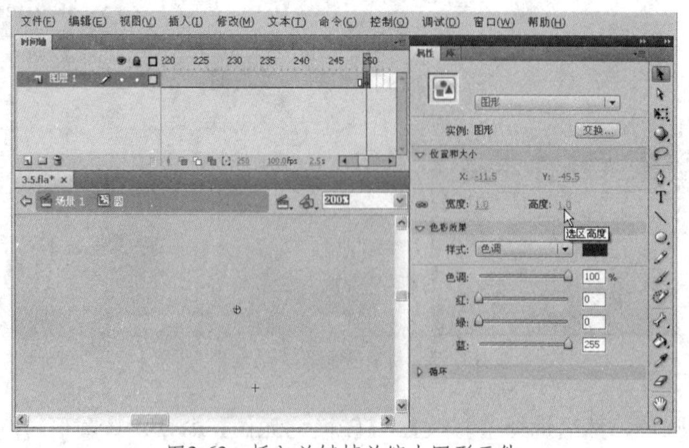

图3-63　插入关键帧并缩小图形元件

06 选择图层 1 的第 1 帧，再选择该帧下的图形元件，然后设置图形元件的 Alpha 为 0%，使图形元件完全透明，接着为图层 1 的帧创建传统补间动画，如图 3-64 所示。

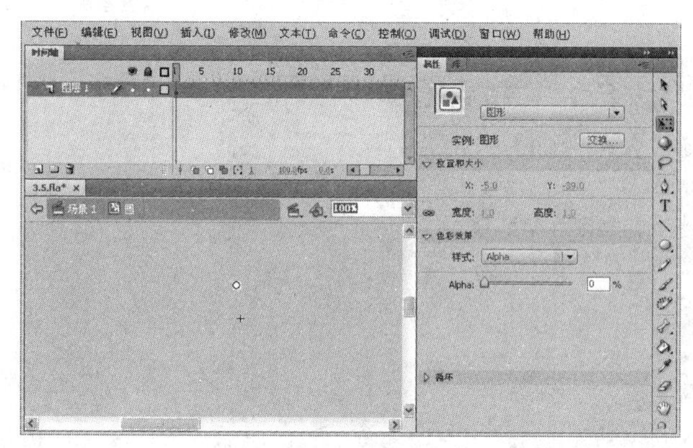

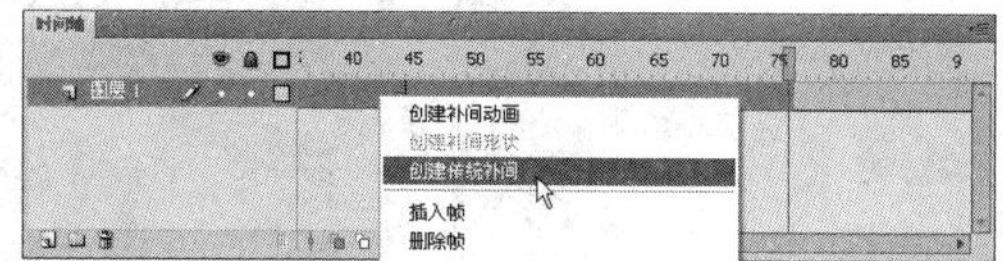

图3-64　设置元件透明度并创建传统补间动画

07 选择【插入】|【新建元件】命令，然后在弹出的对话框中设置元件名称和类型，单击【确定】按钮，接着从【库】面板中将【圆】影片剪辑元件加入新影片剪辑内，并连续添加 4 次，最后将 4 个【圆】影片剪辑元件竖直对齐排列，如图 3-65 所示。

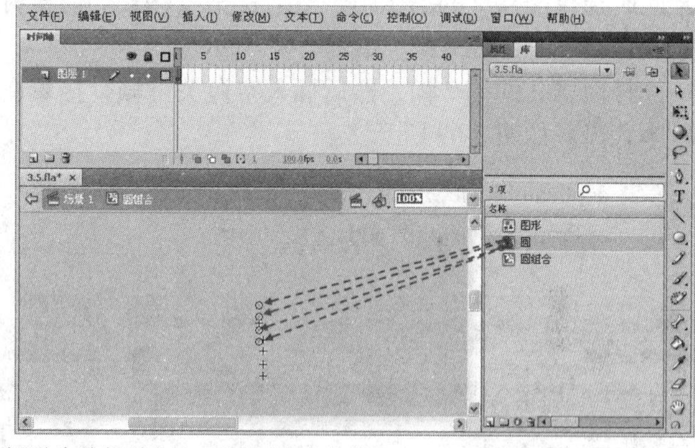

图3-65　创建新影片剪辑并加入【圆】影片剪辑

08 选择【插入】|【新建元件】命令，然后在弹出的对话框中设置元件名称和类型，单击【确定】按钮，接着从【库】面板中将【圆组合】影片剪辑元件加入新影片剪辑内，如图 3-66 所示。

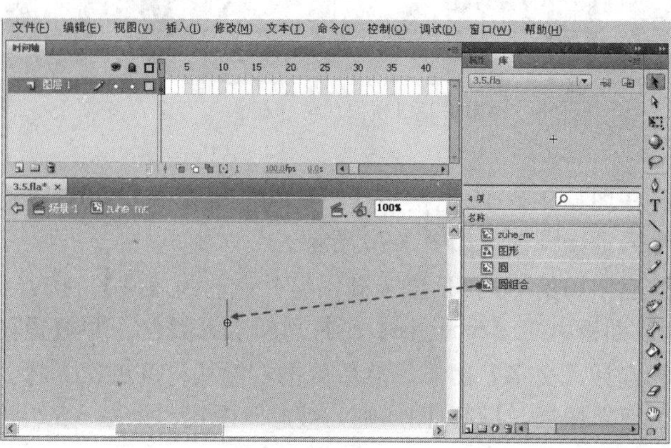

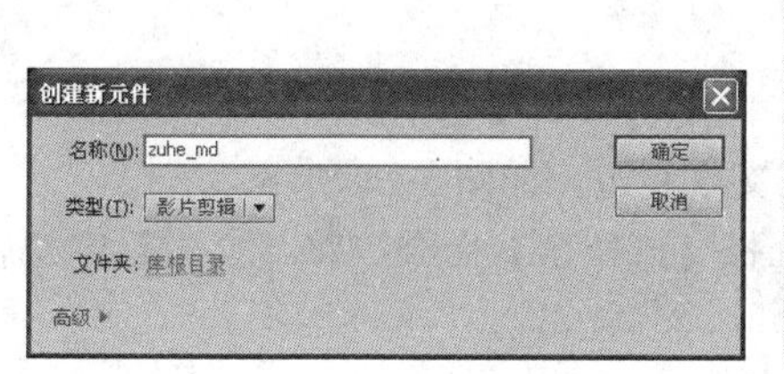

图3-66　创建新影片剪辑并加入【圆组合】影片剪辑

09 选择【圆组合】影片剪辑，然后在【属性】面板中设置实例名称为【myclip】，接着在图层1上插入图层2，并分别在两个图层的第15帧上插入动画帧，如图3-67所示。

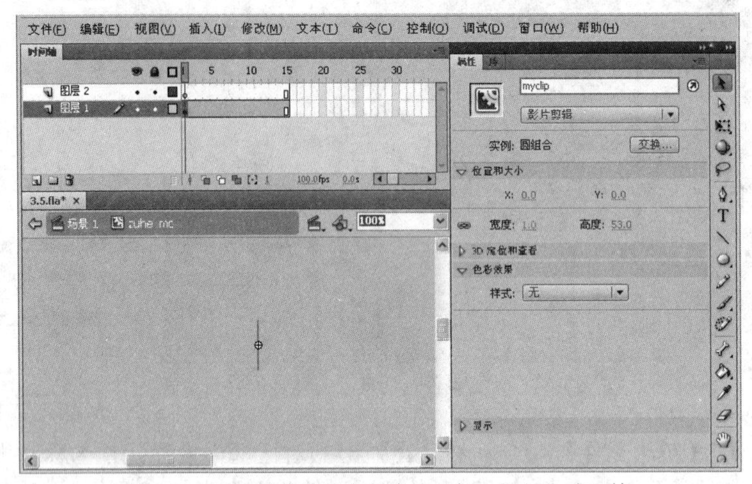

图3-67　设置影片剪辑实例名称并插入图层和动画帧

10 此时选择图层2的第1帧，然后按下【F9】功能键打开【动作】面板，在【脚本】窗格上输入代码“i=1”，定义变量，如图3-68所示。

11 选择图层2的第2帧，然后插入空白关键帧，接着在【动作】面板的【脚本】窗格中输入以下脚本代码，如图3-69所示。

```
duplicateMovieClip("myclip", "myclip" add i, i);
setProperty("myclip" add i, _x, 20*i);
```

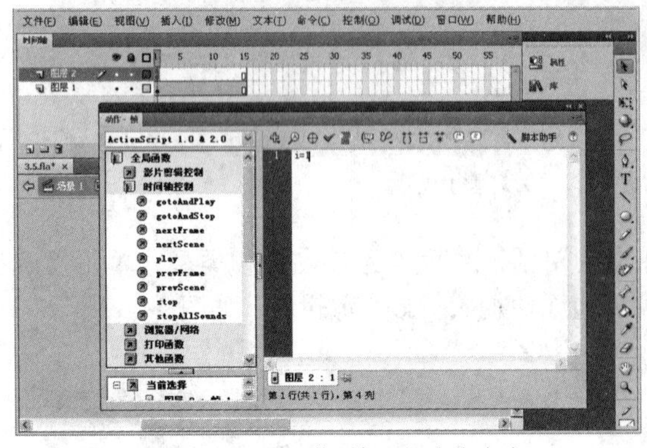

图3-68　为图层2第1帧添加动作脚本

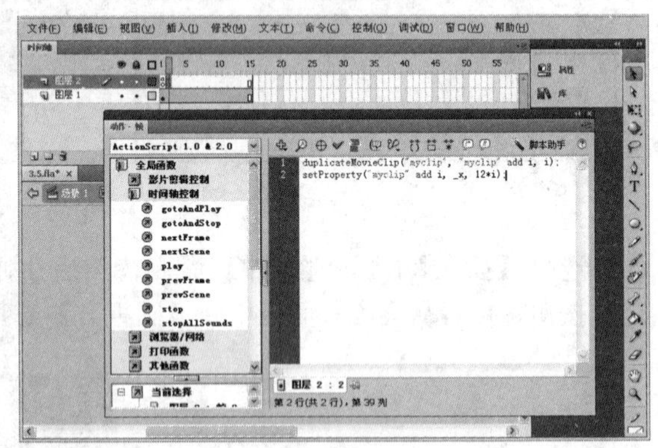

图3-69　为图层2第2帧添加动作脚本

12 在图层2第15上按下【F7】功能键插入空白关键帧，然后在【动作】面板的【脚本】窗格上输入动作脚本，如图3-70所示。

13 返回场景1，然后插入新图层并命名为【圆】，接着将该图层移到【文字】图层下方，最后将【库】面板中的【zuhe_mc】影片剪辑加入舞台，并放置在文字左边，如图3-71所示。

14 选择【文字】图层，然后单击右键从打开的菜单中选择【遮罩层】命令，将【文字】图层转换为遮罩图层，【圆】图层则为被遮罩图层，如图3-72所示。

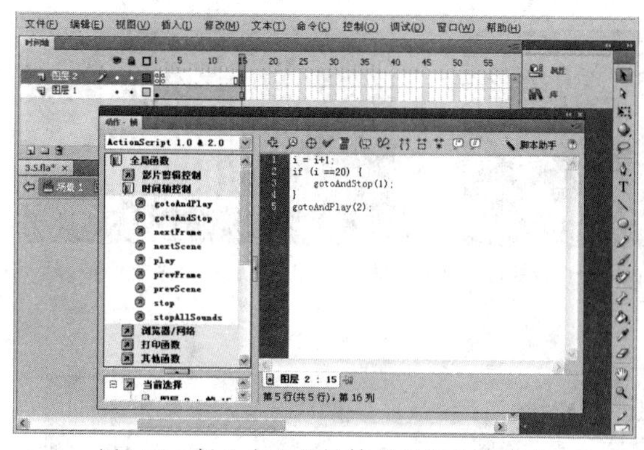

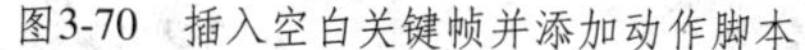

图3-70 插入空白关键帧并添加动作脚本

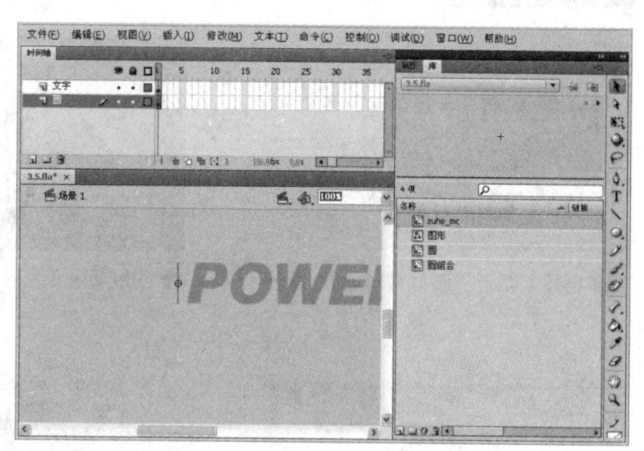

图3-71 插入图层并加入影片剪辑

> **提示** 在步骤3的操作中，如果圆形不够大，则动画中的遮罩位置则不完整，会出现如图3-73所示的效果。如果出现该效果，读者可以适当调整步骤3中圆形的大小，直至认识得到自己的效果为止。

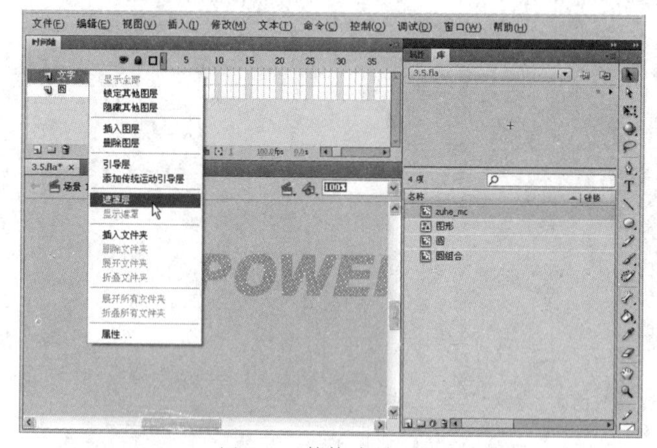

图3-72 转换遮罩图层

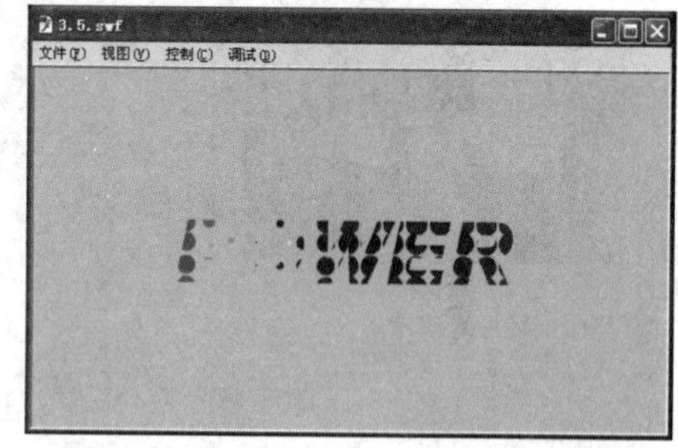

图3-73 遮罩中圆形不够大时出现的效果

3.6 本章小结

本章通过弹跳式的立体文字特效、简易式虚幻文字特效、感应式遮罩文字特效、前排投影的文字特效以及圆点遮罩效果文字这些不同类型的文字动画的制作，让读者可以通过掌握基本的Flash技术，制作出出色的文字特效动画。

3.7 上机实训

实训要求：制作一个水波涟漪的文字特效动画。

操作提示：制作方法如下：首先创建一个影片剪辑元件，并在元件内制作多个白色矩形，接着将影片剪辑加入到文字上方，并通过任意变形工具调整大小和角度，然后制作影片剪辑移动的传统补间动画，最后将影片剪辑所在的图层转换为遮罩层即可。水波涟漪的文字特效动画的流程如图3-74所示。

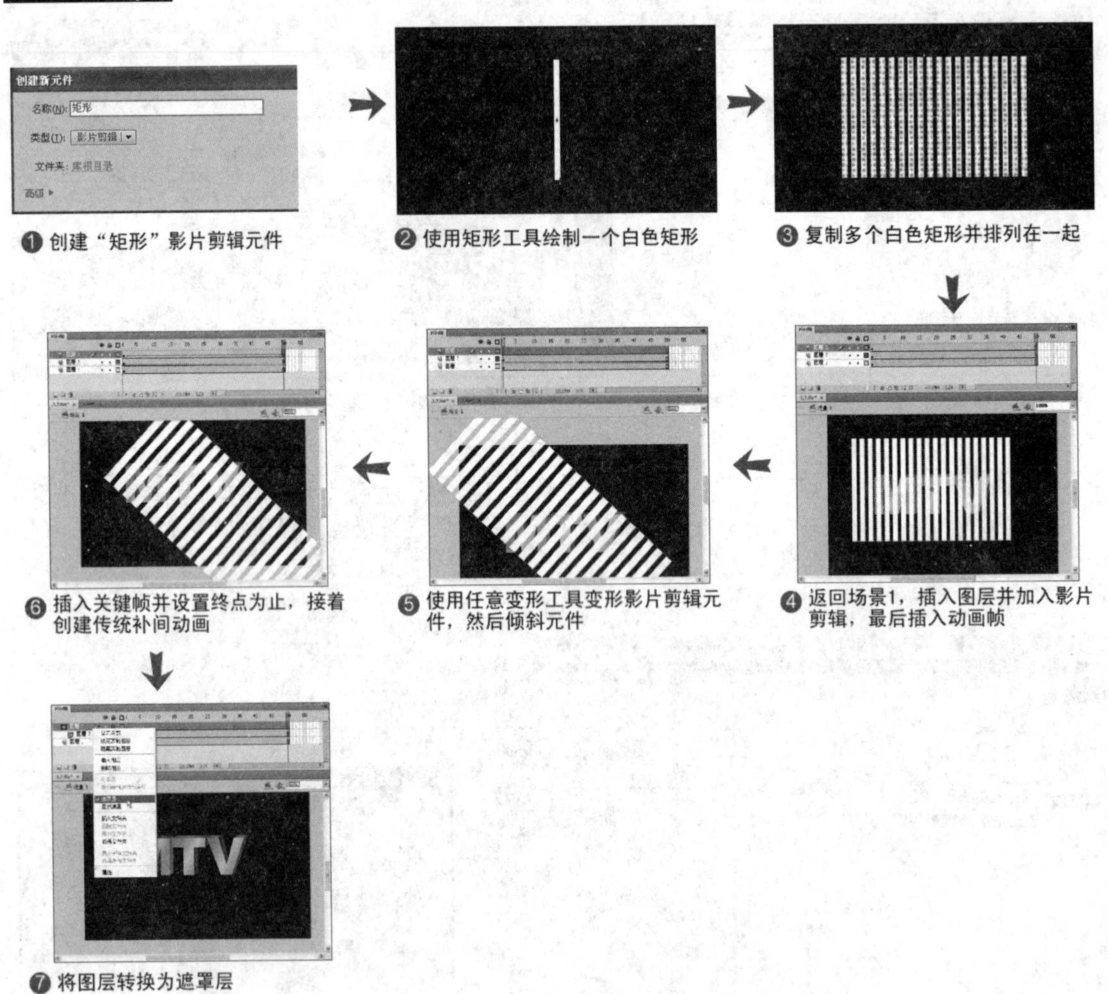

图3-74　水波涟漪的文字特效动画流程

第 4 章　Flash动画特效设计

出色的特效，是 Flash 动画的精粹之处。形式多样的特效可以让动画具有更强的观赏性，更能够吸引浏览者。本章将通过多个实例，讲解 Flash 制作特效动画的方法。

4.1　弩箭离弦动画特效

制作分析

本节将利用一条白色短线，通过Flash制作出一种万箭齐发、弩箭离弦的效果，这样的效果在一些网站广告横幅上经常见到。效果如图4-1所示。

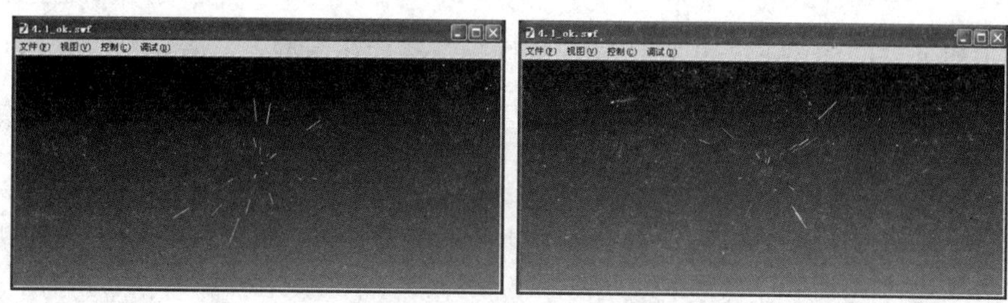

图4-1　弩箭离弦动画特效

制作流程

在本节实例中，首先将创建一个图形元件并在该元件内绘制一条白色短线，接着将图形元件放置在影片剪辑内并设置实例名称和添加动作脚本，最后将影片剪辑放置到场景的舞台上，设置实例名称并添加动作脚本。为了播放器正常播放动画效果，本例还要设置对象的播放器版本。

上机实战　制作弩箭离弦动画特效

01 打开光盘中“..\Example\Ch04\4.1.fla”练习文件，选择【插入】|【新建元件】命令，打开对话框后设置元件名称为 line，类型为【图形】，单击【确定】按钮，接着在元件内绘制一条白色短线，如图 4-2 所示。

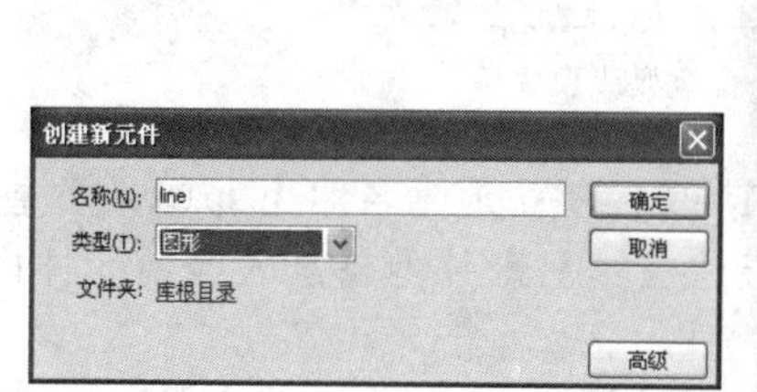

图4-2　新建图形元件并绘制短线

02 选择【插入】|【新建元件】命令，打开对话框后设置元件名称为线，类型为【影片剪辑】，单击【确定】按钮，接着通过【库】面板将【line】图形元件加入当前元件内，如图 4-3 所示。

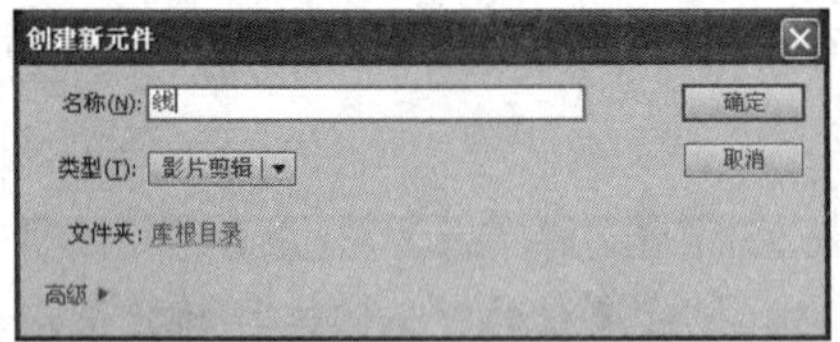

图4-3　新建影片剪辑元件并加入图形元件

03 在影片剪辑元件的图层 1 第 30 帧上插入动画帧，然后在图层 1 上插入图层 2，并在该图层第 30 帧上插入空白关键帧，最后为空白关键帧添加脚本“this.removeMovieClip("");”，如图 4-4 所示。

提示 为空白关键帧添加脚本“this.removeMovieClip("");”的目的是让影片剪辑播放到第 30 帧后即移除当前影片剪辑。

图4-4　插入图层并添加动作脚本

04 选择【插入】|【新建元件】命令，打开对话框后设置元件名称为 space，类型为【影片剪辑】，单击【确定】按钮，接着通过【库】面板将【线】影片剪辑加入当前元件内，如图 4-5 所示。

05 选择当前影片剪辑元件内的【线】影片剪辑元件，然后打开【属性】面板，设置影片剪辑的实例名称为【space】，如图 4-6 所示。

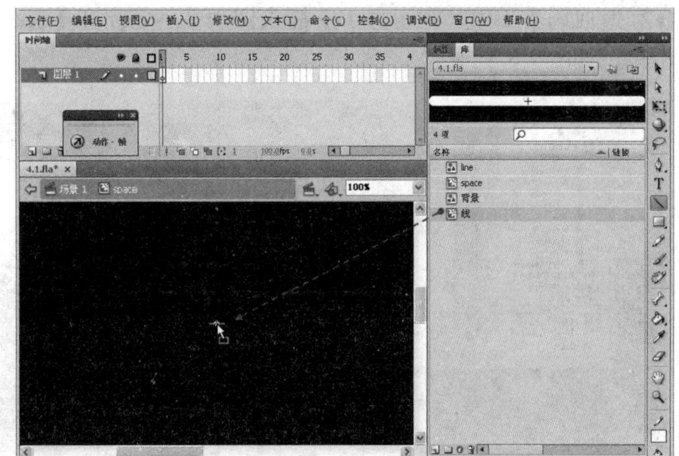
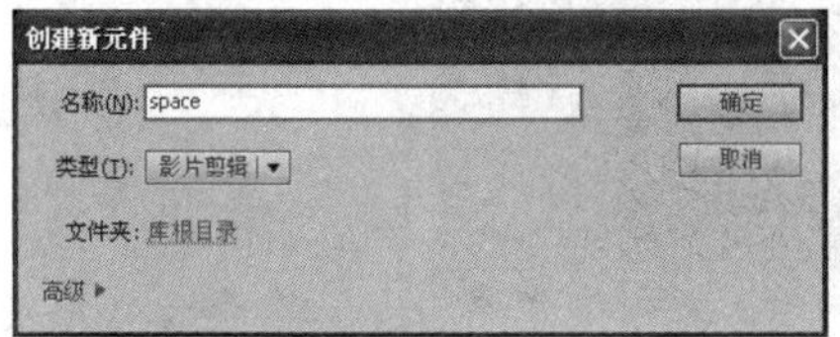

图4-5　新建影片剪辑并加入另外一个影片剪辑

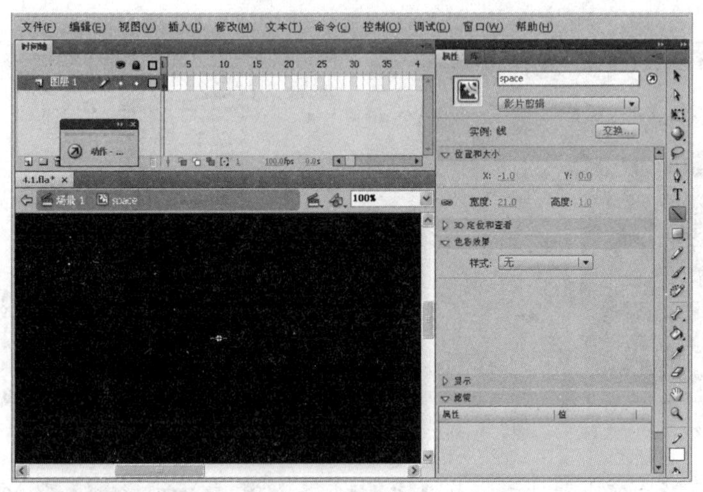

图4-6　为影片剪辑元件设置实例名称

06 选择当前影片剪辑内的【线】影片剪辑元件，然后按下【F9】功能键打开【动作】面板，在【脚本】窗格内添加如下让短线产生发箭效果的动作脚本，如图 4-7 所示。

```
onClipEvent (load) {
    dirx = (Math.random()*10)-5;
    diry = (Math.random()*10)-5;
    alph = (Math.random()*100)+20;
}
onClipEvent (enterFrame) {
    rota = Math.atan2(diry, dirx)*57.2957795130823;
    _yscale = (_y*2);
    _xscale = (_y*2);
    _rotation = rota;
    _alpha = alph;
    _x = (_x+dirx);
    _y = (_y+diry);
}
```

07 返回场景1中，在图层1上插入图层2，接着将【space】影片剪辑加入舞台，并放置在舞台中央，如图4-8所示。

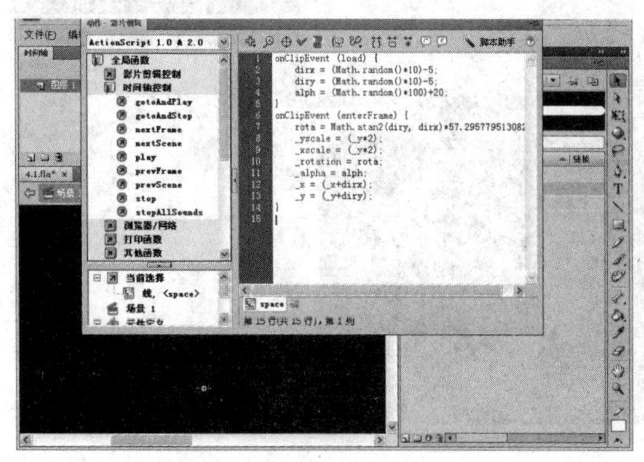

图4-7　为影片剪辑元件添加动作脚本

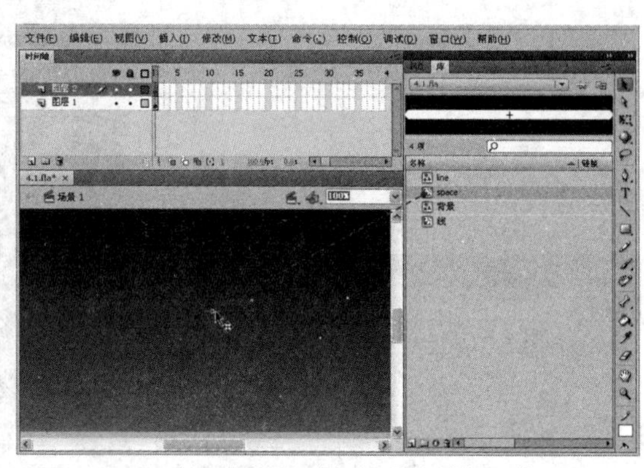

图4-8　插入新图层并加入影片剪辑元件

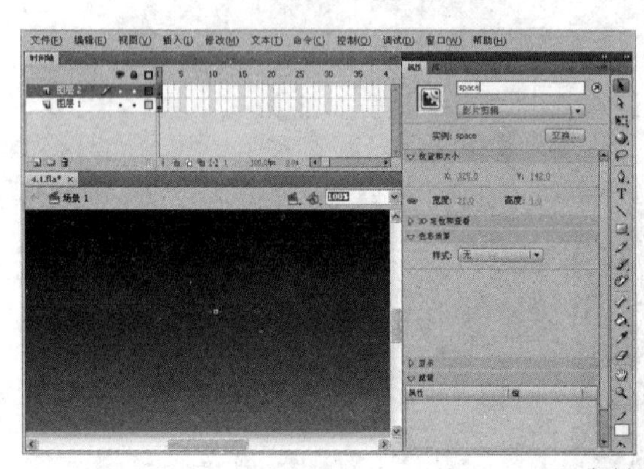

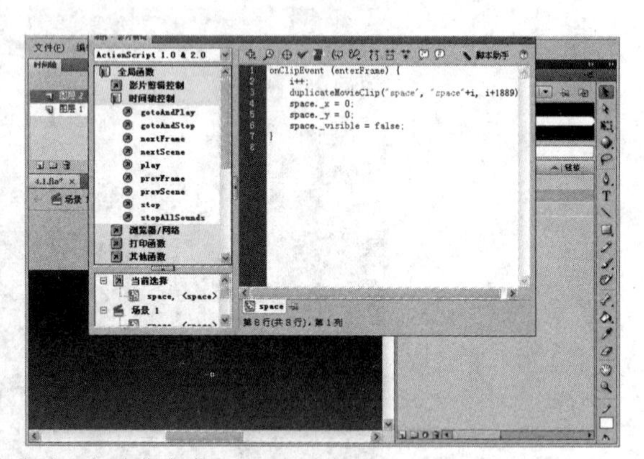

图4-9　设置实例名称并添加动作脚本

08 选择舞台上的影片剪辑元件，打开【属性】面板，设置元件实例名称为【space】，接着打开【动作】面板，为影片剪辑添加以下动作脚本，以便设置影片剪辑的位置，如图4-9所示。

```
onClipEvent (enterFrame) {
    i++;
    duplicateMovieClip("space", "space"+i, i+1889);
    space._x = 0;
    space._y = 0;
    space._visible = false;
}
```

09 选择【文件】|【发布设置】命令，打开【发布设置】对话框，选择【Flash】选项卡，设置播放器版本为【Flash Player 6】、脚本的版本为【ActionScript 1.0】，单击【确定】按钮，如图4-10所示。

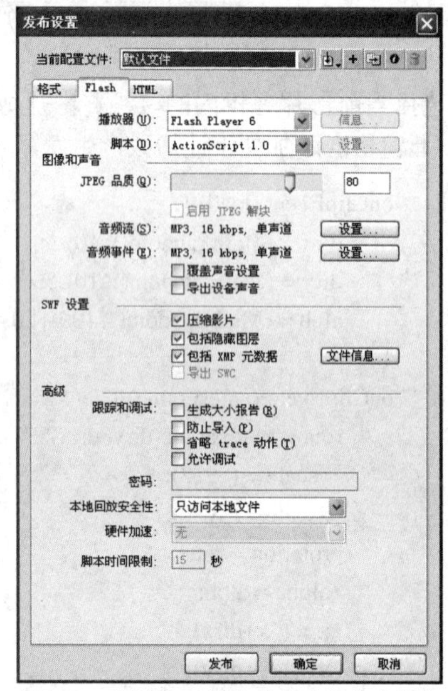

图4-10　设置Flash播放器版本和脚本版本

4.2　跟随鼠标的动画特效

制作分析

本例将制作一个跟随鼠标的特效，当鼠标在舞台上移动时，会出现一条跟随鼠标的线，该图形从小到大，从透明到不透明，效果如图4-11所示。

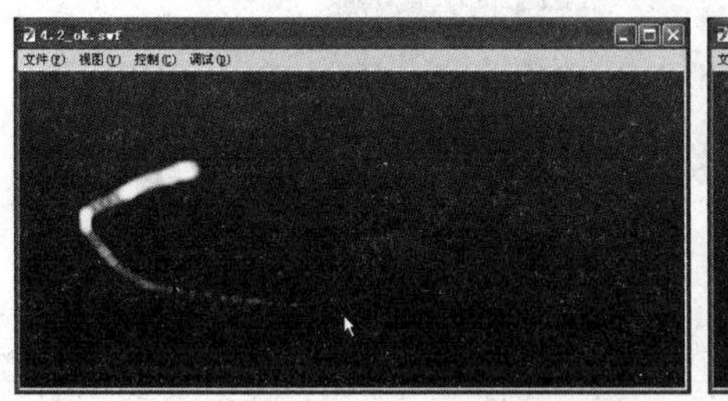

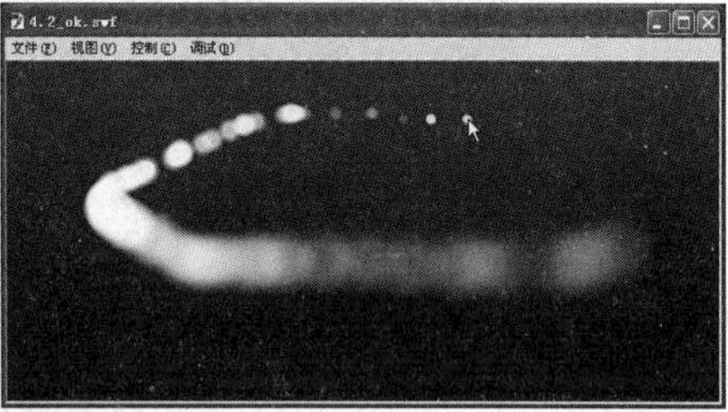

图4-11　跟随鼠标的动画特效

制作流程

在本节实例中，首先新建图形元件并绘制圆形，再新建影片剪辑元件并制作图形元件在影片剪辑内的变化动画，然后返回场景中，将影片剪辑加入舞台并添加产生跟随鼠标的动作脚本，最后插入新图层并添加隐藏影片剪辑元件的动作脚本。

上机实战　制作跟随鼠标的动画特效

01 打开光盘中“..\Example\Ch04\4.2.fla”练习文件，选择【插入】|【新建元件】命令，打开对话框后设置元件名称和类型，单击【确定】按钮，接着在元件内绘制一个白色的圆形，如图4-12所示。

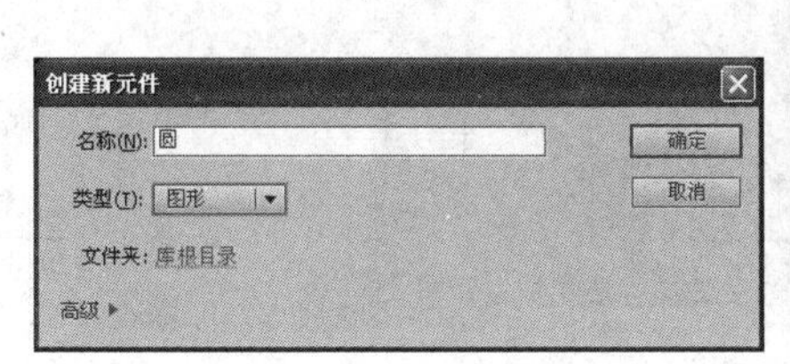

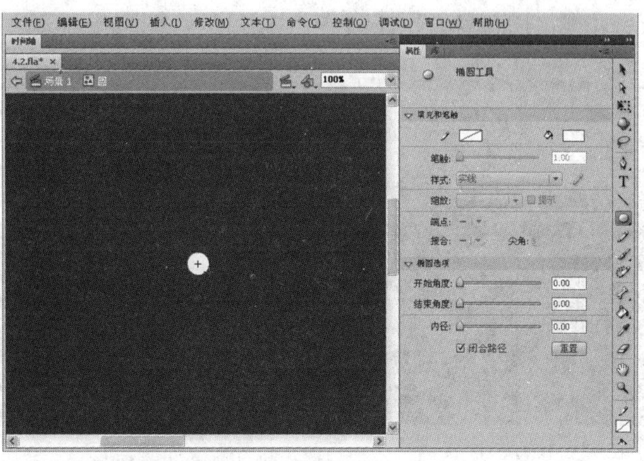

图4-12　新建元件并绘制圆形

02 选择元件内的圆形，打开【颜色】面板，设置颜色类型为【放射状】，渐变颜色为【白色】，其中颜色轴右端控制点的Alpha为0%，以便让圆形边缘透明，如图4-13所示。

03 选择【插入】|【新建元件】命令，打开对话框后设置元件名称和类型，单击【确定】按钮，然后将【库】面板内的【圆】图形元件加入当前元件内，如图4-14所示。

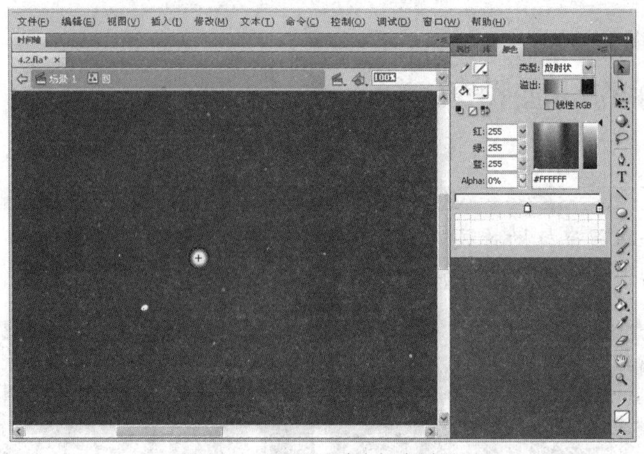

图4-13　设置圆形的颜色效果

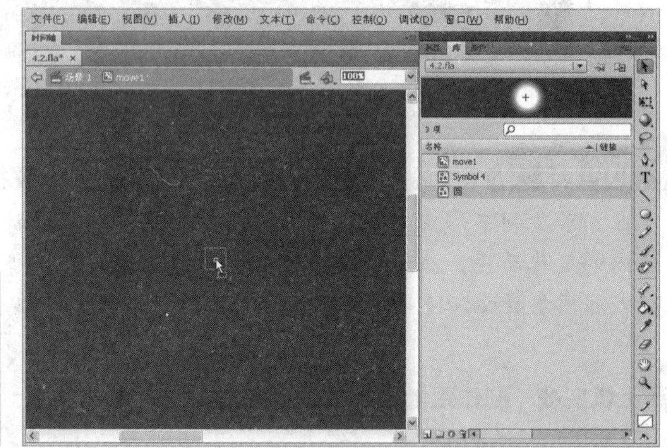

图4-14　新建影片剪辑并加入图形元件

04 在图层 1 的第 15 帧上插入关键帧，然后选择第 1 帧，使用【任意变形工具】最大程度地缩小元件，接着设置元件的 Alpha 为 0%，如图 4-15 所示。

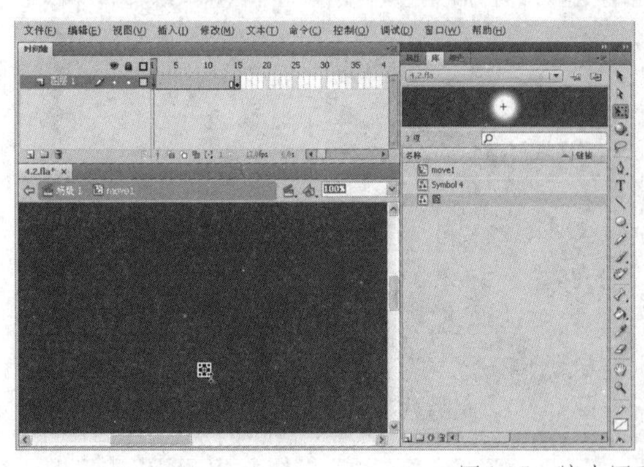

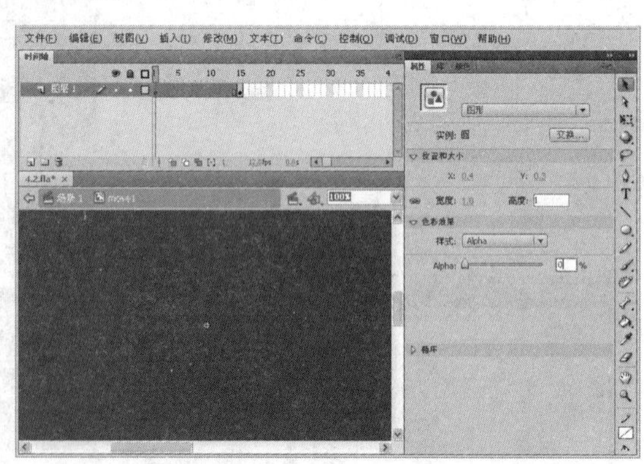

图4-15　缩小图形元件并设置Alpha

05 在影片剪辑的图层 1 的第 30 帧上插入关键帧，使用【任意变形工具】扩大图形元件，接着设置元件的 Alpha 为 0%，如图 4-16 所示。

06 分别选择关键帧之间的动画帧，单击右键从打开的菜单中选择【创建传统补间】命令，创建图形元件的补间动画，如图 4-17 所示。

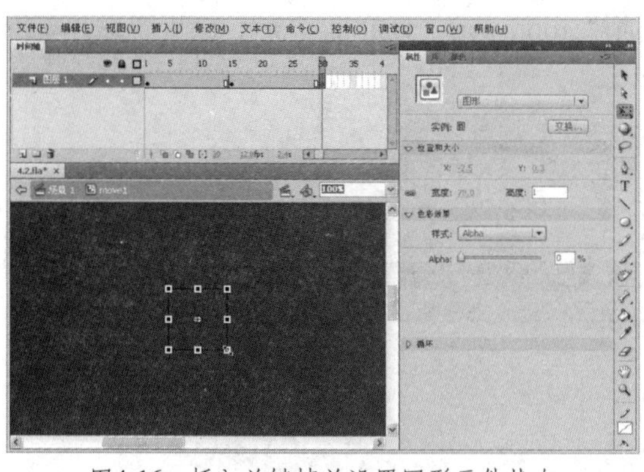
图4-16 插入关键帧并设置图形元件状态

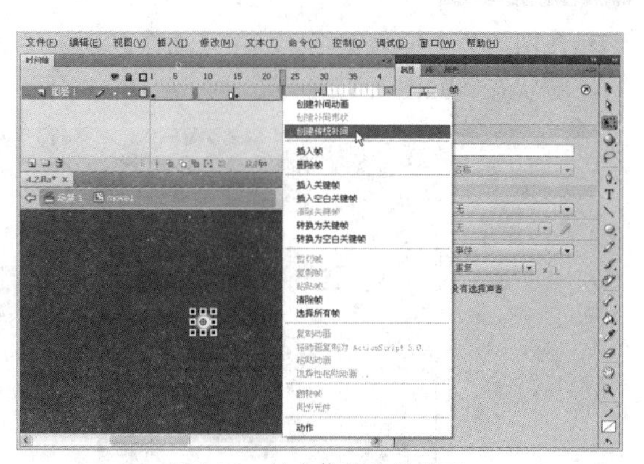
图4-17 创建传统补间动画

07 在图层 1 上插入图层 2，在图层 2 第 30 帧上插入空白关键帧，打开【动作】面板，并在【脚本】窗格内添加移除影片剪辑的动作脚本，如图 4-18 所示。

08 返回场景 1，在图层 1 上插入图层 2，将【move1】影片剪辑加入舞台，放置在舞台中央，如图 4-19 所示。

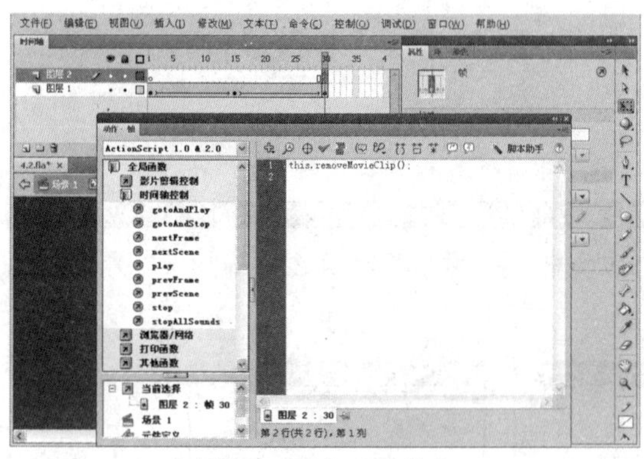

图4-18 添加动作脚本

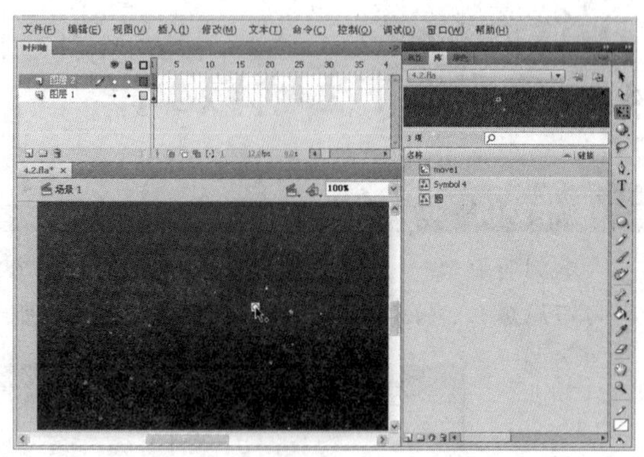
图4-19 将影片剪辑加入舞台上

09 选择舞台上的【move1】影片剪辑元件，打开【属性】面板并设置元件实例名称为【spark】，接着打开【动作】面板，为影片剪辑元件添加以下脚本，以便使元件产生跟随鼠标移动的效果，如图 4-20 所示。

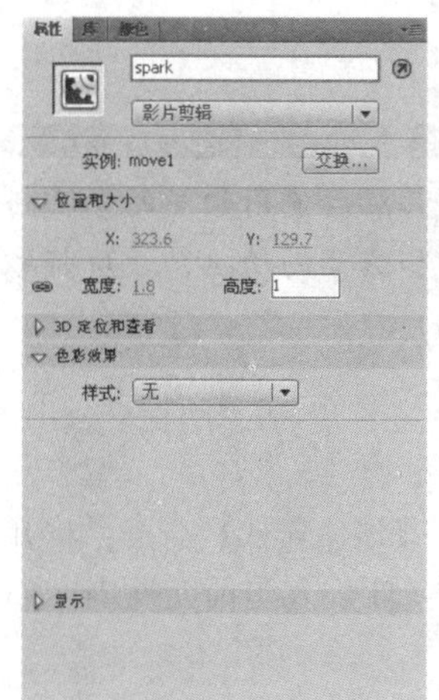
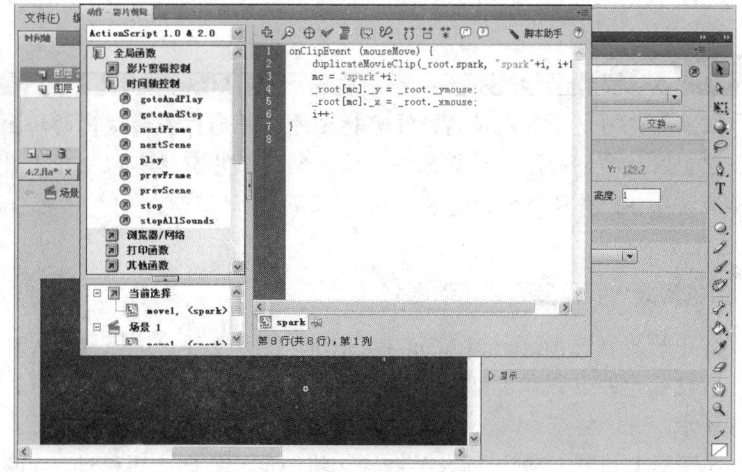

图4-20 设置影片剪辑的实例名称并加入动作脚本

10 在图层 2 上插入图层 3，在【动作】面板中添加“_root.spark._visible = 0;”，以设置影片剪辑的隐藏状态，如图 4-21 所示。

图4-21 为帧添加动作脚本

4.3 多彩烟花动画特效

制作分析

本例将制作一个简易的烟花动画特效，在这个动画中，有多个不同颜色的图形飞入舞台，然后向四周爆开，如同烟花燃放一样，如图4-22所示。

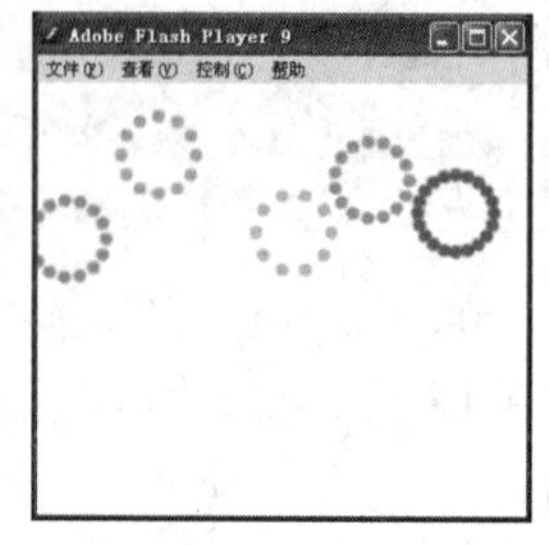

图4-22 多彩烟花动画特效

制作流程

在本节实例中，首先新建影片剪辑元件，并制作图形变化的动画，然后使用相同的方法制作多个包含图形动画的影片剪辑元件，接着制作影片剪辑类似烟花上升和爆开的动画，最后将影片剪辑加入舞台，并调整播放速率。

上机实战 制作多彩烟花动画特效

01 打开光盘中“..\Example\Ch04\4.3.fla”练习文件，选择【插入】|【新建元件】命令，打开对话框后设置元件名称和类型，单击【确定】按钮，接着将【图形 1】元件加入当前元件内，如图 4-23 所示。

02 在图层 1 的第 15 帧上插入关键帧，将图形元件向右边移动，如图 4-24 所示。

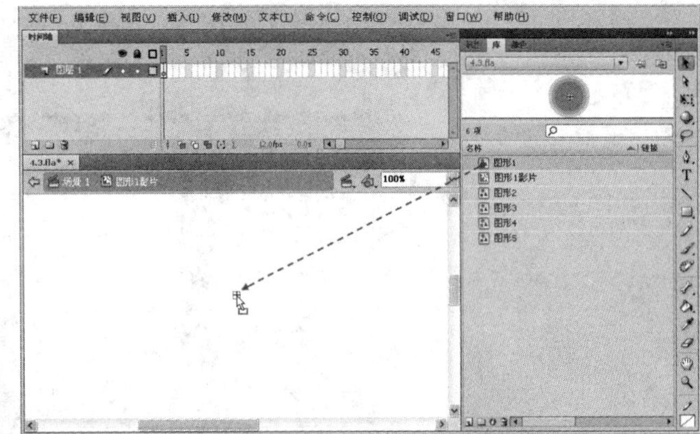

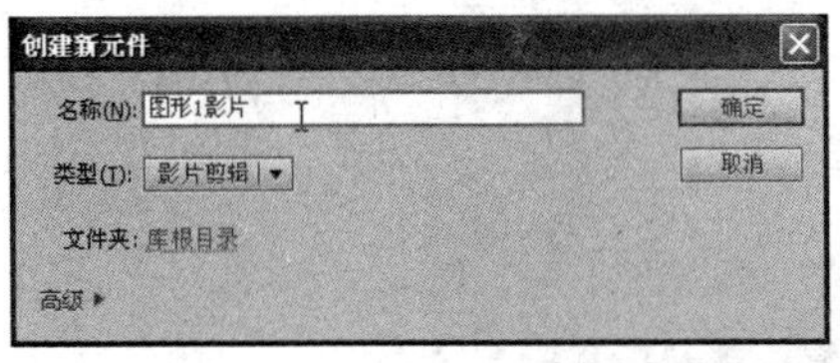

图4-23　新建影片剪辑并加入图形元件

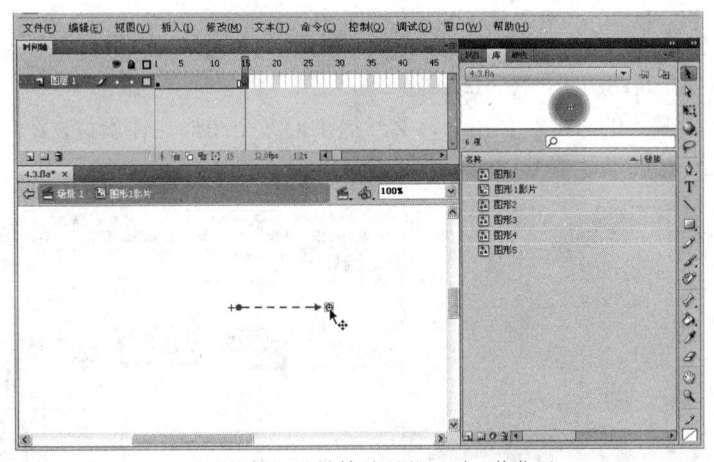

图4-24　插入关键帧并调整图形元件位置

03 选择第 15 帧，然后选择图形元件，打开【属性】面板中的【色彩效果】列表框，设置图形元件的 Alpha 为 5%，如图 4-25 所示。

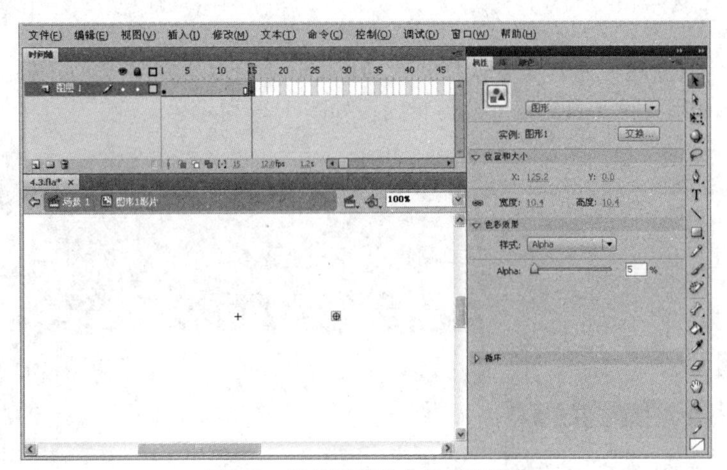

图4-25　设置图形元件的不透明度

04 在图层 1 上插入图层 2，在图层 2 的第 15 帧上插入空白关键帧，接着打开【动作】面板，添加移除影片剪辑并停止播放的动作脚本，如图 4-26 所示。

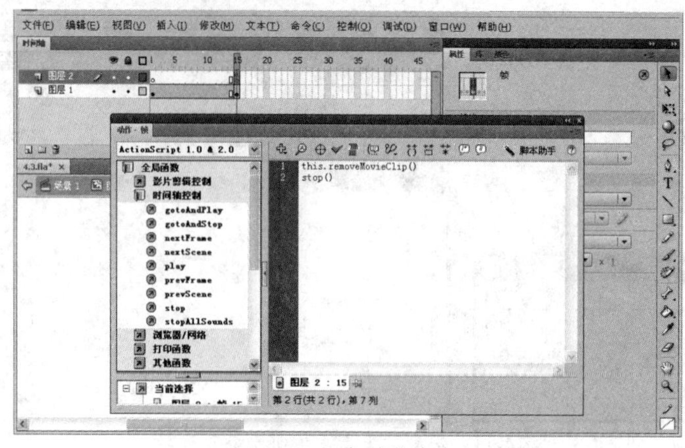

图4-26　添加动作脚本

05 此时选择图层1的第1帧，单击右键并从打开的菜单中选择【创建传统补间】命令，为图层1的关键帧创建传统补间动画，如图4-27所示。

06 参照步骤1到步骤5的方法，利用练习文件提供的多个图形元件素材，制作对应的影片剪辑元件，实现与上述一样的动画效果，如图4-28所示。

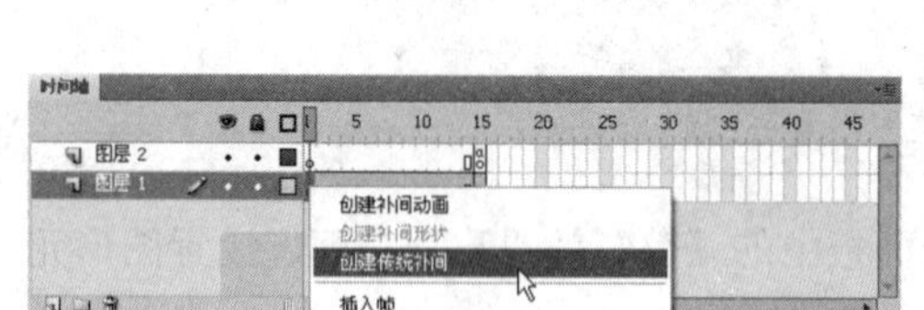

图4-27　创建传统补间动画

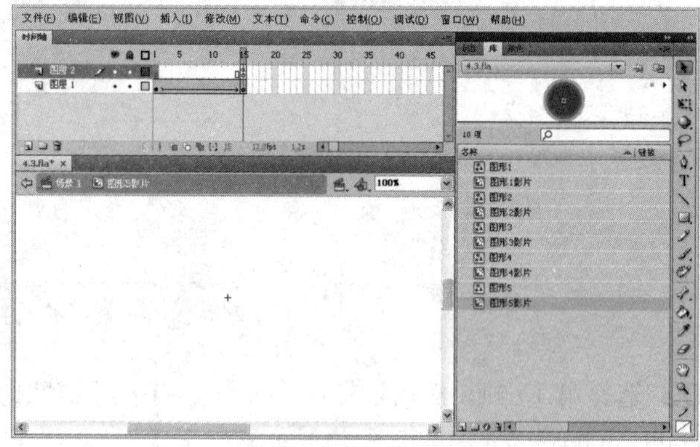

图4-28　创建多个影片剪辑

07 选择【插入】|【新建元件】命令，打开对话框后设置元件名称和类型，单击【确定】按钮，接着将【图形1】图形元件加入当前影片剪辑内，如图4-29所示。

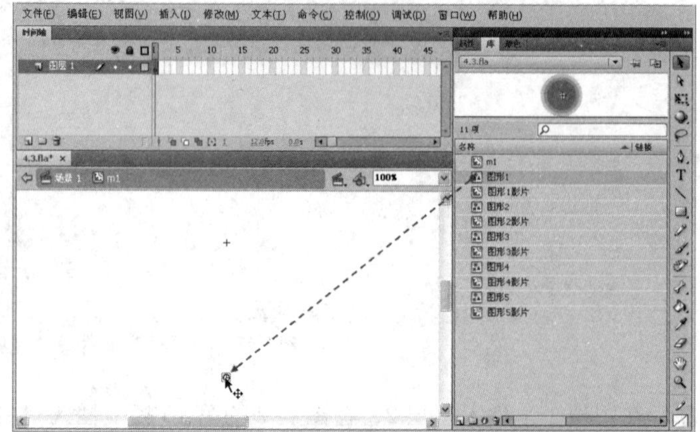

图4-29　新建影片剪辑并加入图形元件

08 在图层 1 第 14 帧上插入关键帧，然后将图形元件向上移动，如图 4-30 所示。

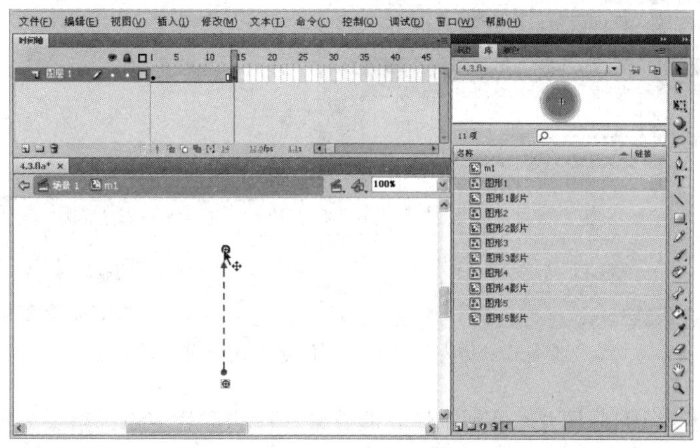

图4-30 插入关键帧并调整图形元件位置

09 在图层 1 上插入图层 2，在图层 2 第 15 帧上插入关键帧，接着将【图形 1 影片】元件加入工作区，并放置在与图层 1 第 14 帧的图形元件一样的位置（该图形元件的位置可以通过【属性】面板确认），最后打开【属性】面板，并为影片剪辑元件设置实例名称【circle】，如图 4-31 所示。

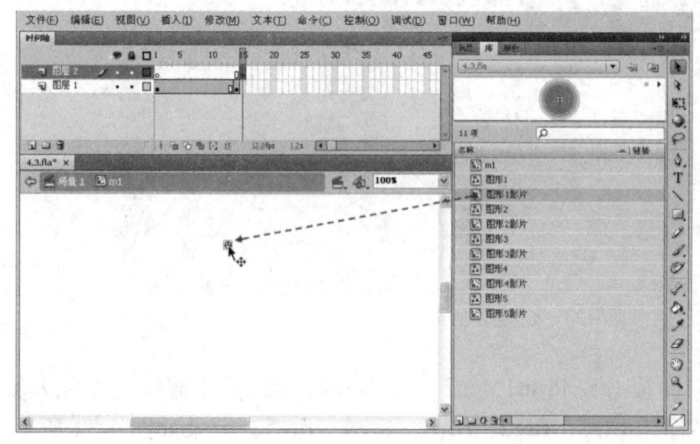

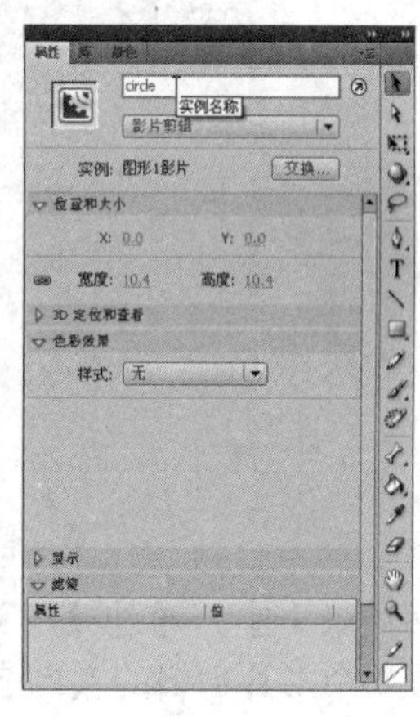

图4-31 加入影片剪辑并设置实例名称

10 在图层 2 的第 55 帧上插入动画帧，然后在图层 2 上插入图层 3，并在图层 3 第 15 帧上插入空白关键帧，接着在【动作】面板上添加以下脚本，最后为图层 1 的关键帧创建传统补间动画，如图 4-32 所示。

```
num = 15;
_root.fire1.circle.i = 0;
_root.fire1.circle._visible = 0;
_root.fire1.circle.onEnterFrame = function () {
    if (this.i<num) {
        for (j=0; j<num; j++) {
            this.duplicateMovieClip ("circle"+this.i, this.i);
            _root.fire1["circle"+this.i]._rotation = 360/num*this.i;
            this.i++;
        }
    }
};
```

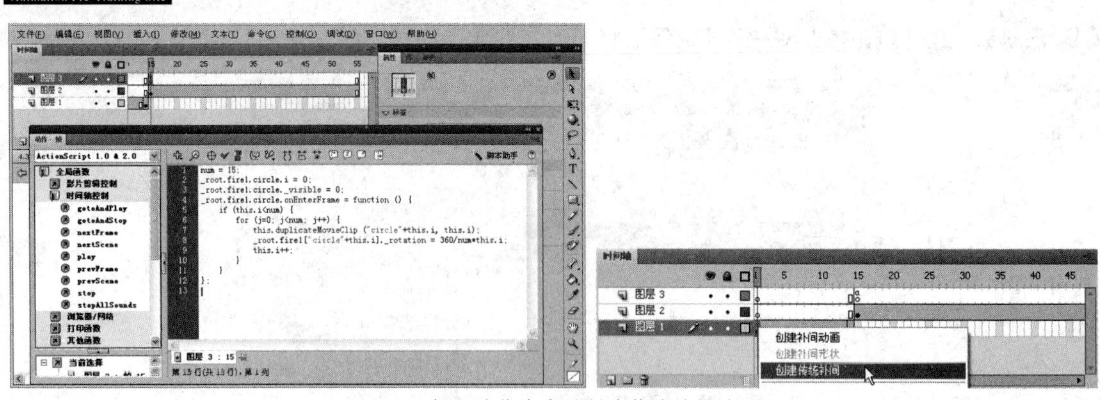

图4-32　插入动作脚本并创建传统补间动画

11 参照步骤 7 到步骤 10 的方法，分别制作其他效果一样的影片剪辑，结果如图 4-33 所示。

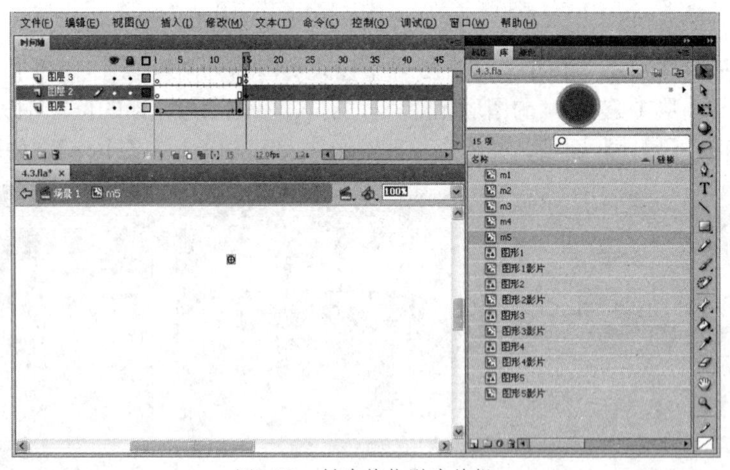

图4-33　创建其他影片剪辑

12 返回场景 1 中，通过【库】面板分别将 m1、m2、m3、m4、m5 影片剪辑元件加入舞台，并分别设置 5 个影片剪辑的实例名称为 fire1、fire2、fire3、fire4、fire5，结果如图 4-34 所示。

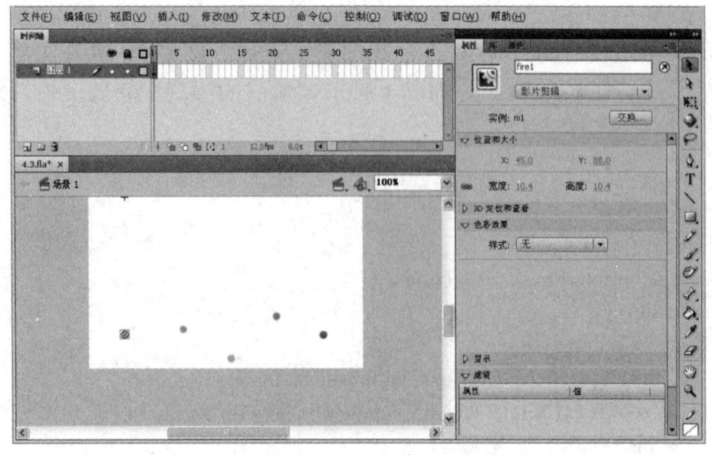

图4-34　加入影片剪辑到舞台并设置实例名称

13 打开【属性】面板，设置 FPS（播放速率）为 40，加快动画的播放速度，如图 4-35 所示。

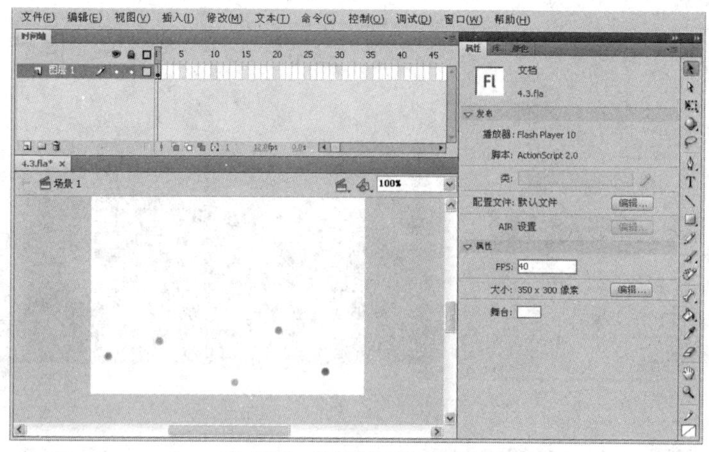

图4-35　设置动画播放速率

4.4　奇幻式背景动画特效

制作分析

本例将制作一个有强烈奇幻感觉的动画，该动画主体由多个圆形组成，这些圆形在动画播放过程中按照一定的顺序逐渐出现大小变化，如同被风吹起飘动一样的效果，如图4-36所示。这种动画可应用于网站横幅背景，或者广告背景。

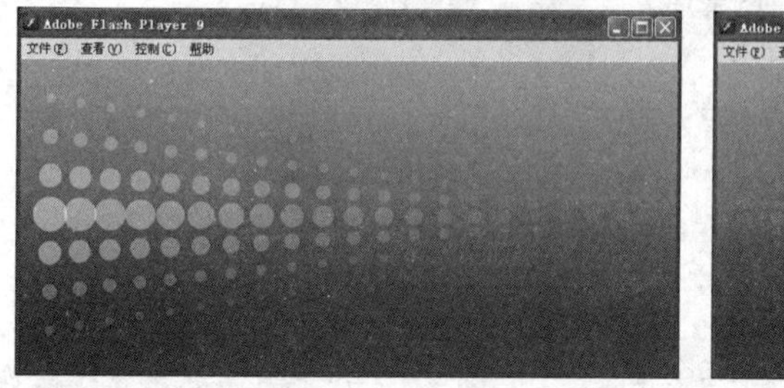

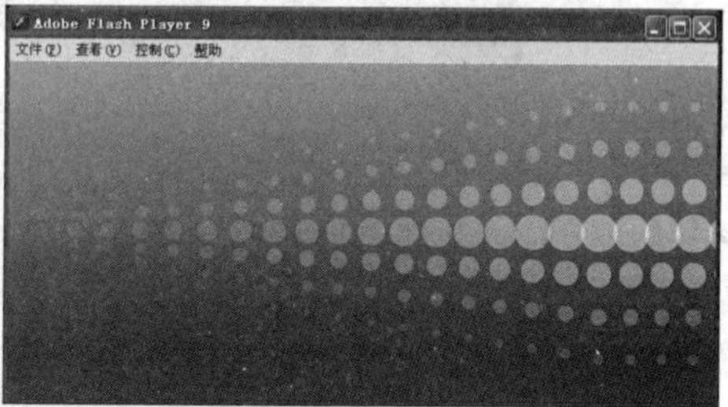

图4-36　奇幻式背景动画特效

制作流程

在本节实例中，首先新建图形元件并绘制圆形，再新建影片剪辑元件并将图形元件加入影片剪辑内，再次新建影片剪辑元件并制作关于圆形的变化动画，接着将包含动画的影片剪辑放置在新影片剪辑内，并添加时间轴播放脚本，最后将影片剪辑放置舞台左边，并添加让影片剪辑产生多个连续动画的动作脚本。

上机实战　制作奇幻式背景动画特效

01 打开光盘中“..\Example\Ch04\4.4.fla”练习文件，选择【插入】|【新建元件】命令，打开对话框后设置元件名称和类型，单击【确定】按钮，接着使用【椭圆工具】在元件内绘制一个圆形，通过【颜色】面板设置圆形的Alpha为60%，如图4-37所示。

02 使用【椭圆工具】在元件内绘制多个大小不一的圆形，并分别设置不同的Alpha参数，最后将这些圆形垂直排列，如图4-38所示。

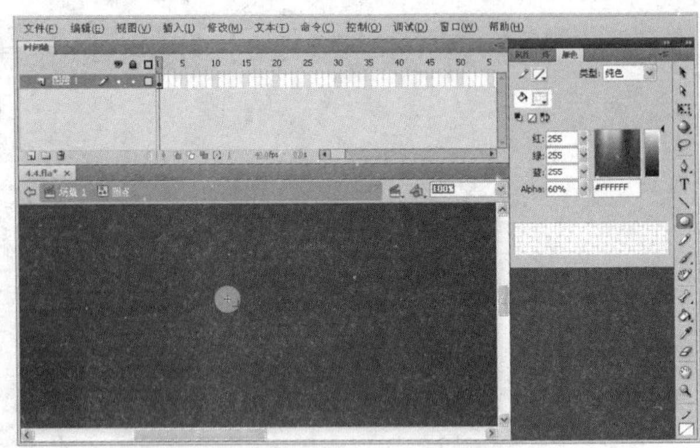

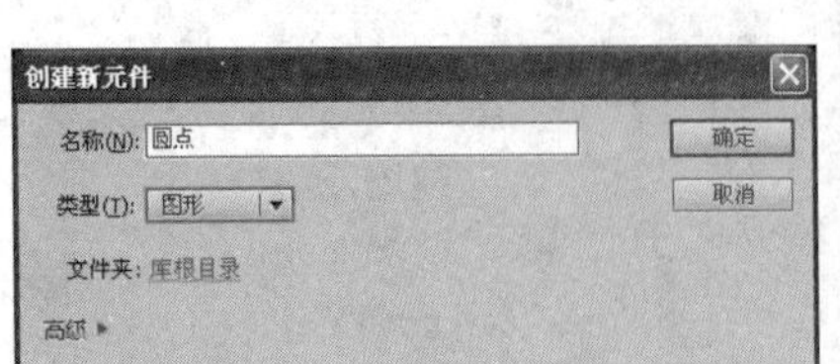

图4-37 创建图形元件并绘制圆形

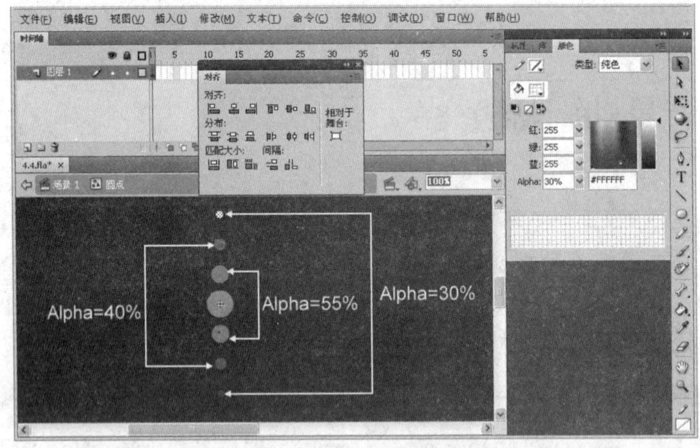

图4-38 绘制其他圆形并设置Alpha属性

03 选择【插入】|【新建元件】命令，打开对话框后设置元件名称和类型，单击【确定】按钮，接着将【库】面板内的【圆点】图形元件加入当前影片剪辑内，如图 4-39 所示。

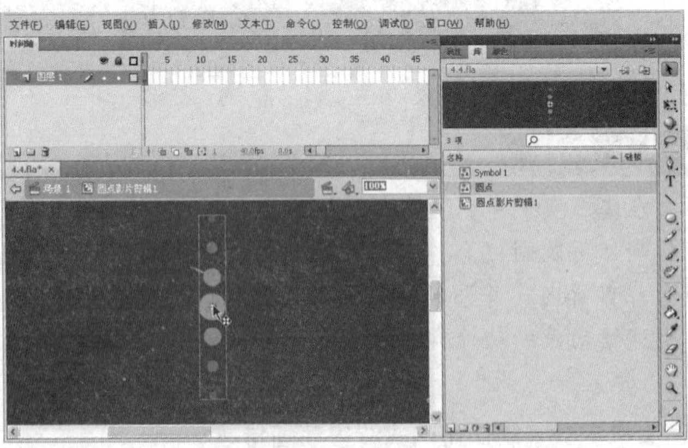

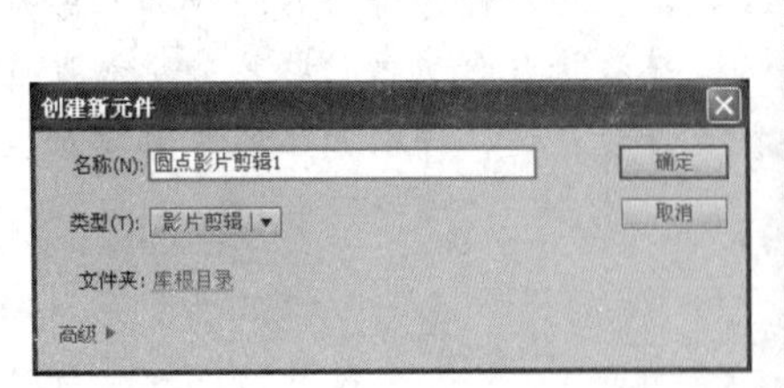

图4-39 创建影片剪辑元件并加入图形元件

04 选择【插入】|【新建元件】命令，打开对话框后设置元件名称和类型，单击【确定】按钮，接着将【库】面板内的【圆点影片剪辑 1】元件加入当前影片剪辑内，如图 4-40 所示。

05 在图层 1 的第 20 帧上插入关键帧，然后选择图层 1 第 1 帧，并缩小影片，接着打开【属性】面板，设置元件的 Alpha 为 0%，如图 4-41 所示。

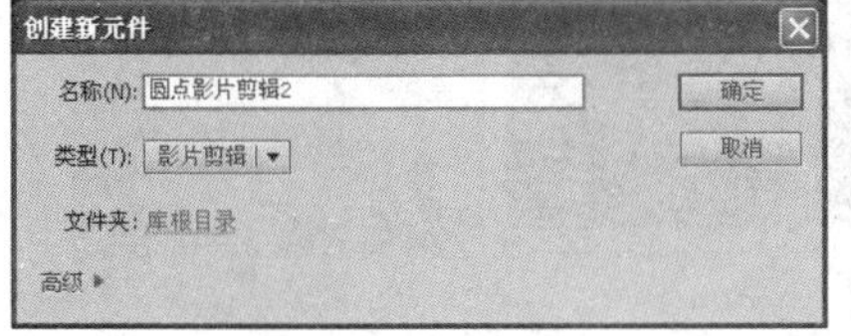

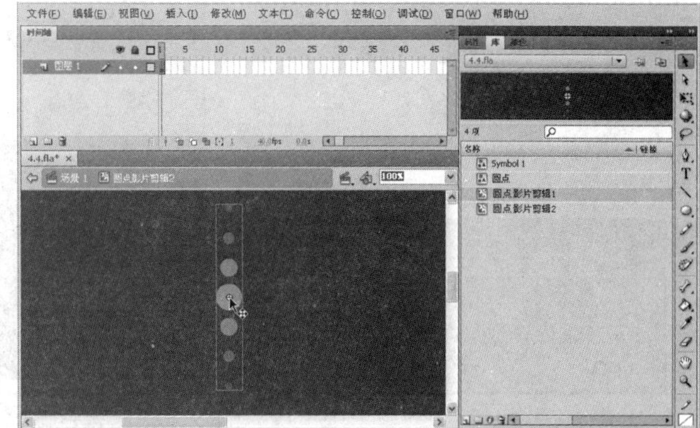

图4-40　再次创建影片剪辑元件并加入元件

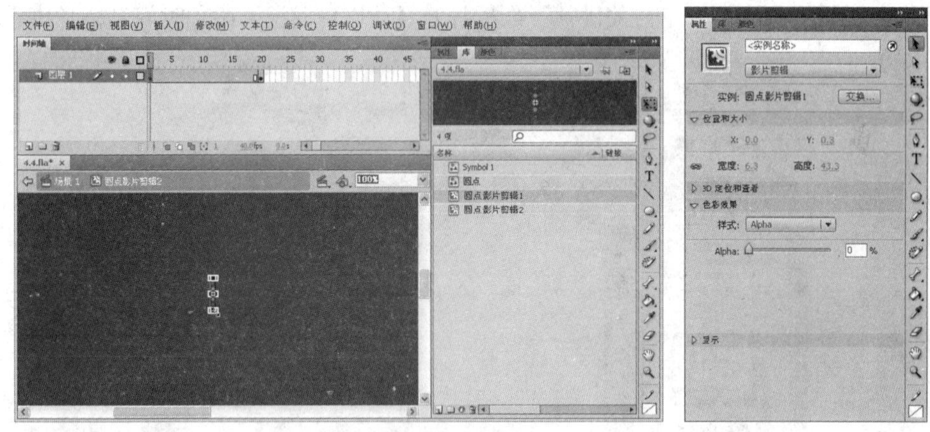

图4-41　插入关键帧并设置关键帧的元件属性

06 在图层 1 的第 23 帧上插入关键帧，然后在第 43 帧上插入关键帧，接着设置第 43 帧下元件的大小和 Alpha，最后选择关键帧之间的动画帧，单击右键并从打开的菜单中选择【创建传统补间】命令，如图 4-42 所示。

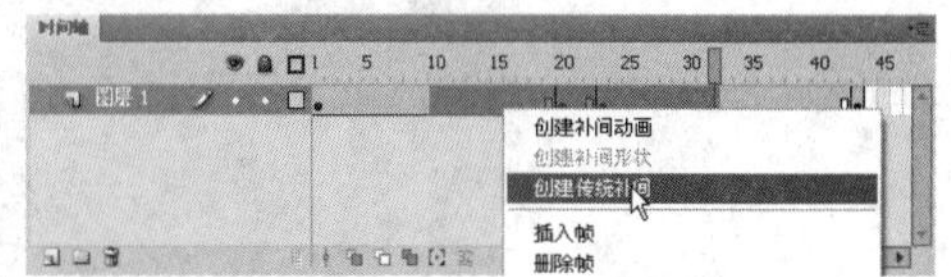

图4-42　设置关键帧的元件属性并创建传统补间动画

07 选择【插入】|【新建元件】命令，打开对话框后设置元件名称和类型，单击【确定】按钮，接着将【库】面板内的【圆点影片剪辑 2】元件加入当前影片剪辑内，如图 4-43 所示。

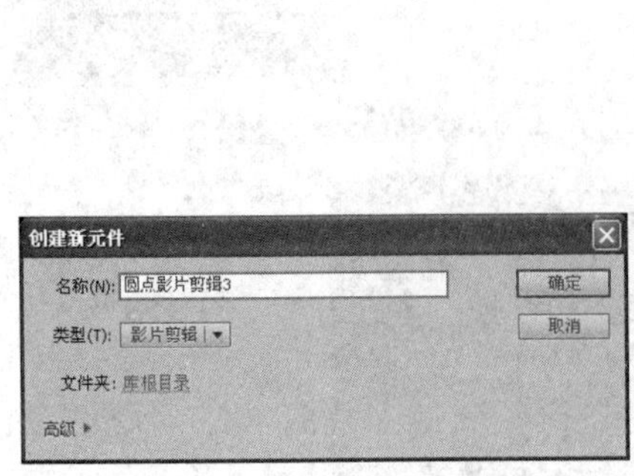

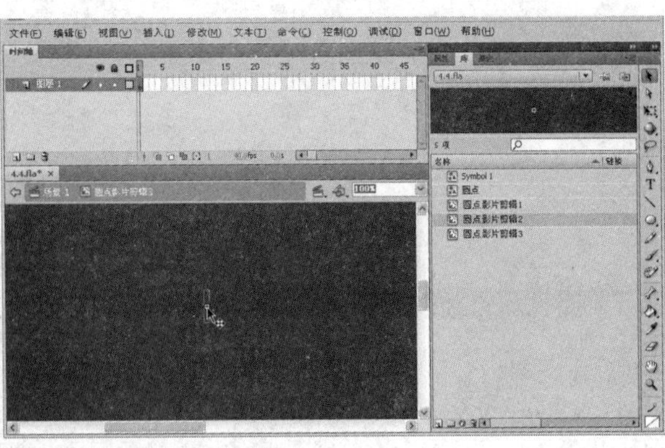

图4-43 创建新影片剪辑并加入其他元件

08 在当前影片剪辑的图层1第43帧上按下F5功能键插入动画帧，然后在图层1上插入图层2，并在图层2第43帧上插入空白关键帧，最后打开【动作】面板，添加时间轴播放脚本，如图4-44所示。

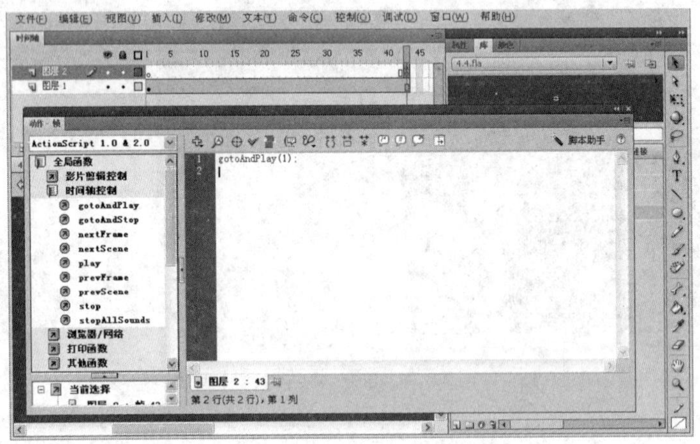

图4-44 插入动画帧和图层并添加动作脚本

09 返回场景1中，在图层1上插入图层2，并各自在两个图层的第2帧上插入动画帧，接着选择图层2，并将【圆点影片剪辑3】元件加入舞台的左边，再通过【属性】面板设置影片剪辑元件的实例名称为【mc】，如图4-45所示。

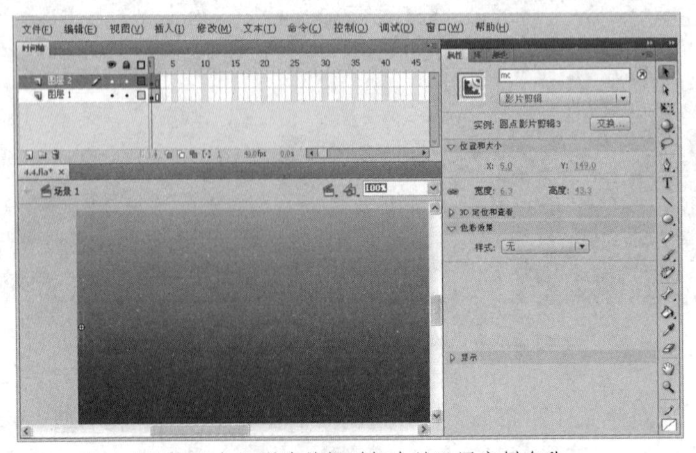

图4-45 加入影片剪辑到舞台并设置实例名称

10 在图层2上插入图层3，然后在第1帧上插入空白关键帧，并通过【动作】面板为帧添加让影片剪辑循环和在舞台排列播放的动作脚本，如图4-46所示。

```
setProperty("mc", _visible, "0");
i = i+1;
if (30<i) {
    stop();
}
x = x+30;
duplicateMovieClip("mc", "mc"+i, i);
setProperty("mc"+i, _x, x);
```

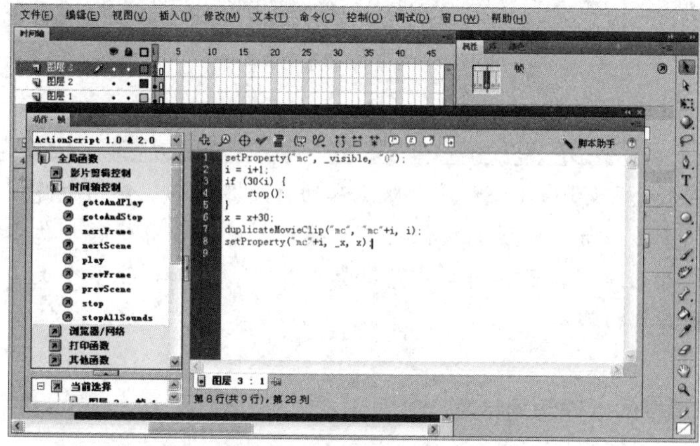

图4-46　为第1帧添加动作脚本

11 在图层3的第2帧上插入空白关键帧，在【动作】面板中添加“gotoAndPlay(1);”动作脚本，如图4-47所示。

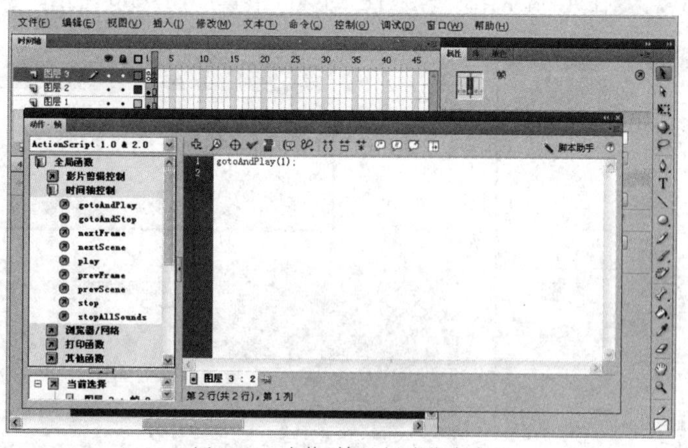

图4-47　为第2帧添加动作脚本

4.5　墙壁的水珠动画特效

制作分析

本例将制作一个从背景中渗出水珠的动画，当背景中渗出水珠后，浏览者将鼠标移到水珠上时，水珠即掉下，然后再从背景中渗出新水珠，如此一直循环，效果如图4-48所示。

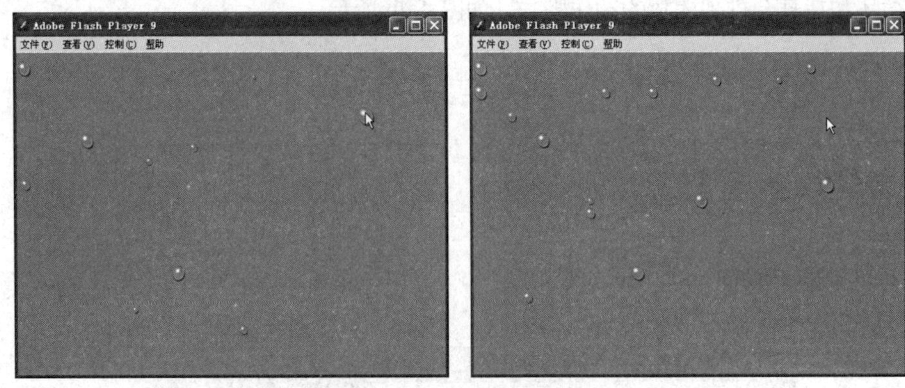

图4-48　墙壁的水珠动画特效

制作流程

在本实例中，首先设置好Flash播放器的版本和动作脚本版本，然后创建图形元件并制作水珠效果，再创建一个用于做鼠标感应区的按钮元件，接着创建影片剪辑并制作水珠变化动画，并通过【动作】面板设置开始时间，最后将影片剪辑加入舞台，添加产生多个大小不一的水珠的动作脚本和控制水珠动画播放的脚本。

上机实战　制作墙壁的水珠动画特效

01 打开光盘中的“..\Example\Ch04\4.5.fla”练习文件，选择【文件】|【发布设置】命令，打开对话框后选择【Flash】选项卡，设置播放器和脚本的版本，单击【确定】按钮，如图 4-49 所示。

02 选择【插入】|【新建元件】命令，打开对话框后设置元件名称和类型，单击【确定】按钮，接着使用【椭圆工具】在元件内绘制一个白色的椭圆形，如图 4-50 所示。

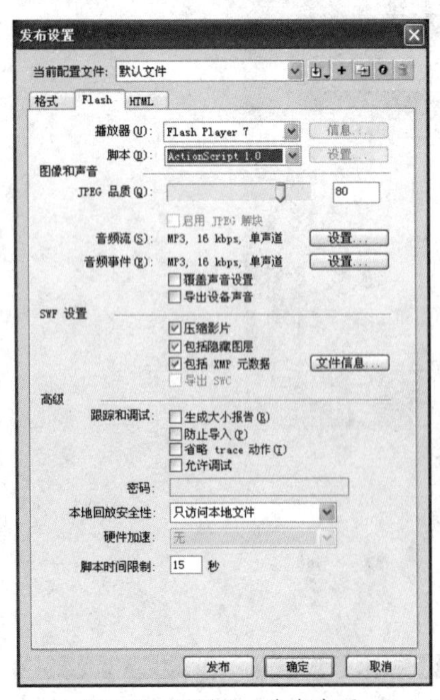

图4-49　设置Flash发布选项

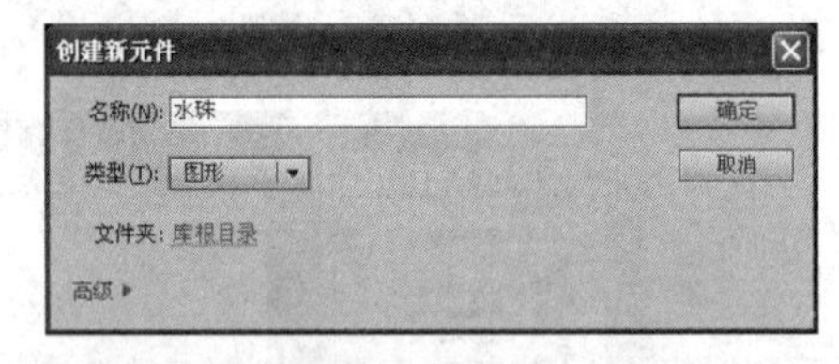

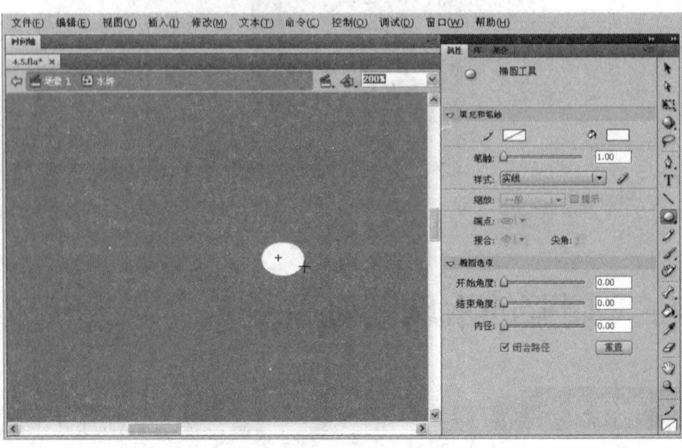

图4-50　创建图形元件并绘制圆形

03 选择椭圆形并打开【颜色】面板，设置颜色类型为【放射状】，接着通过颜色轴设置左边两个控制点的颜色为【黑色】，右边两个控制点的颜色为【白色】，其中最右端控制点颜色的 Alpha 为 0%，如图 4-51 所示。

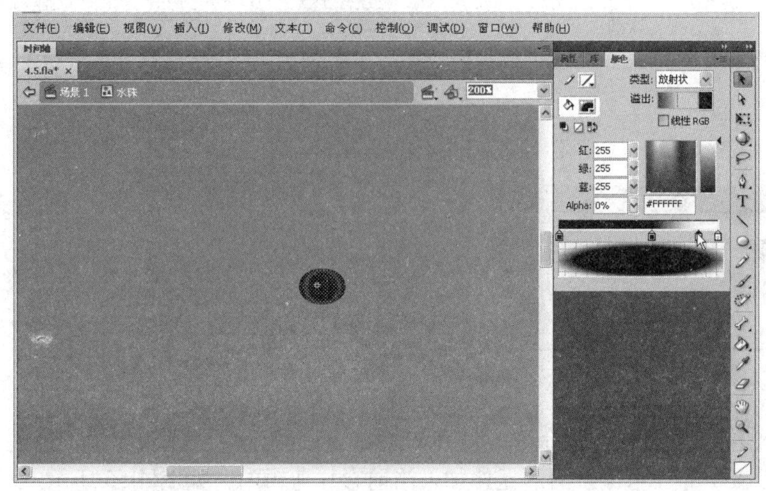

图4-51 调整图形的颜色效果

04 在工具箱中选择【任意变形工具】，然后按照顺时针方向倾斜椭圆形，接着选择【渐变变形工具】，调整椭圆形的渐变填充效果，如图 4-52 所示。

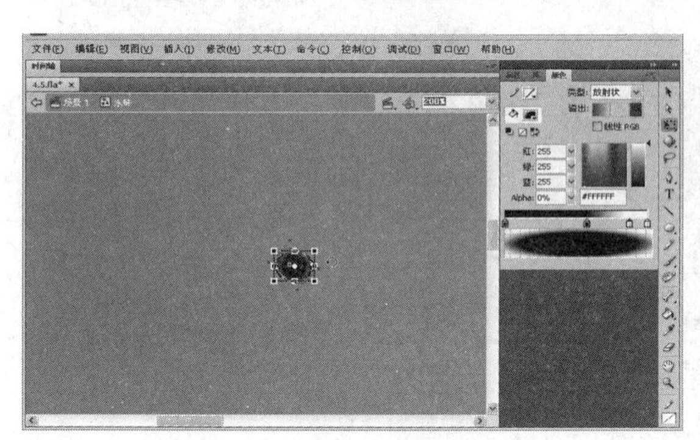

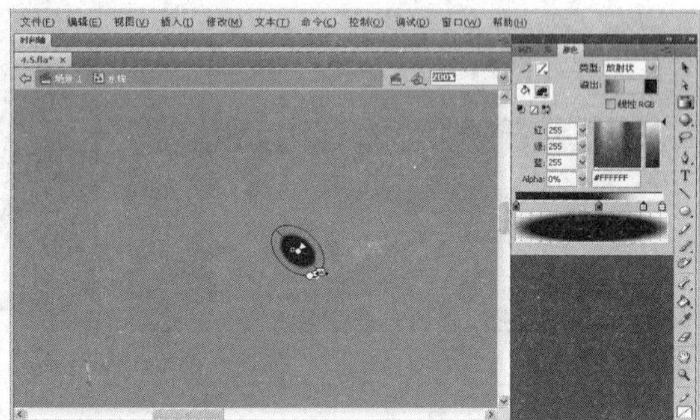

图4-52 调整椭圆形角度和填充效果

05 使用上述步骤的方法绘制多个椭圆形，然后通过【颜色】面板为图形调整为如图 4-53 所示的填充效果，最后将这些图形重叠在一起，制作出水珠的图形效果。

图4-53 绘制多个图形并制作成水珠

06 选择【插入】|【新建元件】命令，打开对话框后设置元件名称和类型，单击【确定】按钮，接着使用【椭圆工具】在【点击】状态帧上绘制一个圆形，如图 4-54 所示。

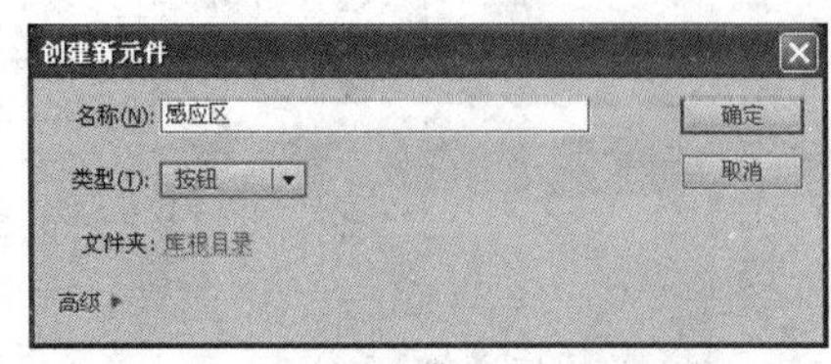

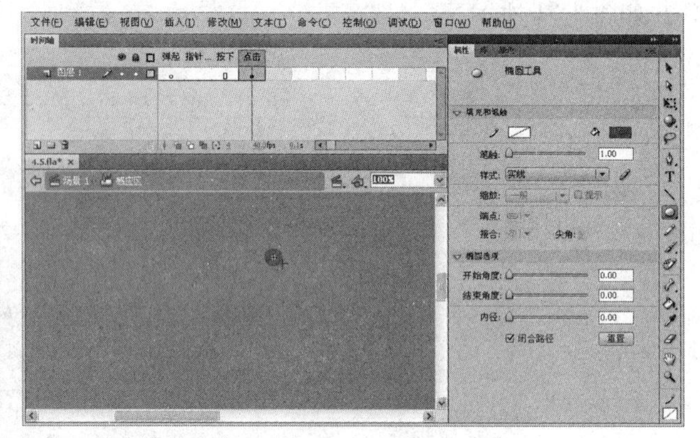

图4-54 创建按钮元件

07 选择【插入】|【新建元件】命令，打开对话框后设置元件名称和类型，单击【确定】按钮，接着将【库】面板中的【水珠】图形元件加入当前影片剪辑内，如图 4-55 所示。

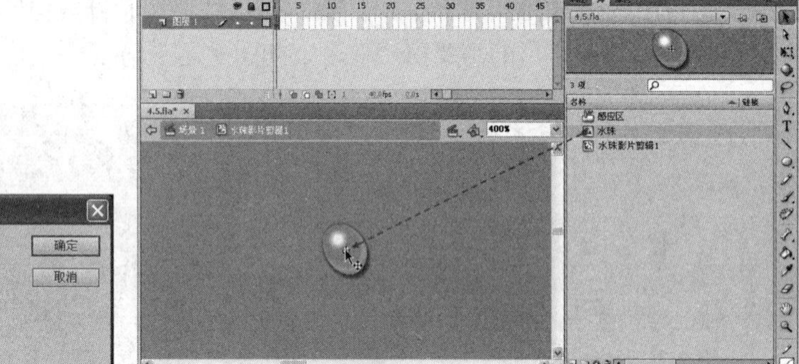

图4-55 创建影片剪辑并加入图形元件

08 在图层 1 的第 16 帧上插入关键帧，然后选择图层 1 的第 1 帧，再选择【任意变形工具】并缩小图形元件，如图 4-56 所示。

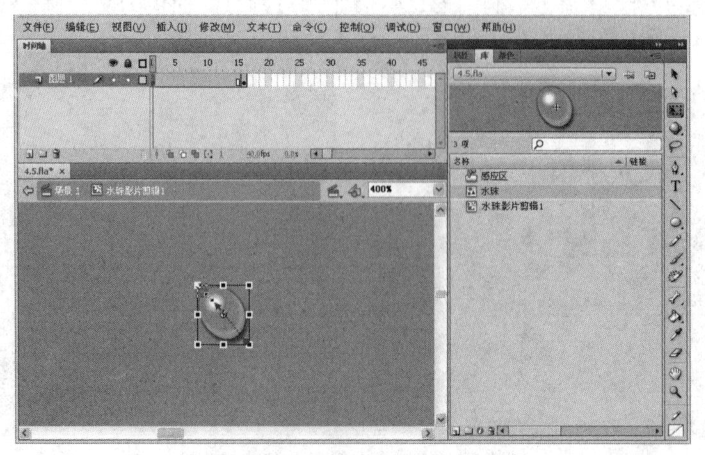

图4-56 插入关键帧并缩小图形元件

09 在图层1的第18帧上插入关键帧，然后选择【任意变形工具】，并按住图形元件上边缘水平向右移动，以向右倾斜图形元件，接着在图层1第19帧上插入关键帧，并继续使用【任意变形工具】向左倾斜图形元件。此时在第20帧上插入关键帧并向上倾斜图形元件，最后在第21帧上插入关键帧，并使用【任意变形工具】摆正图形元件，如图4-57所示。

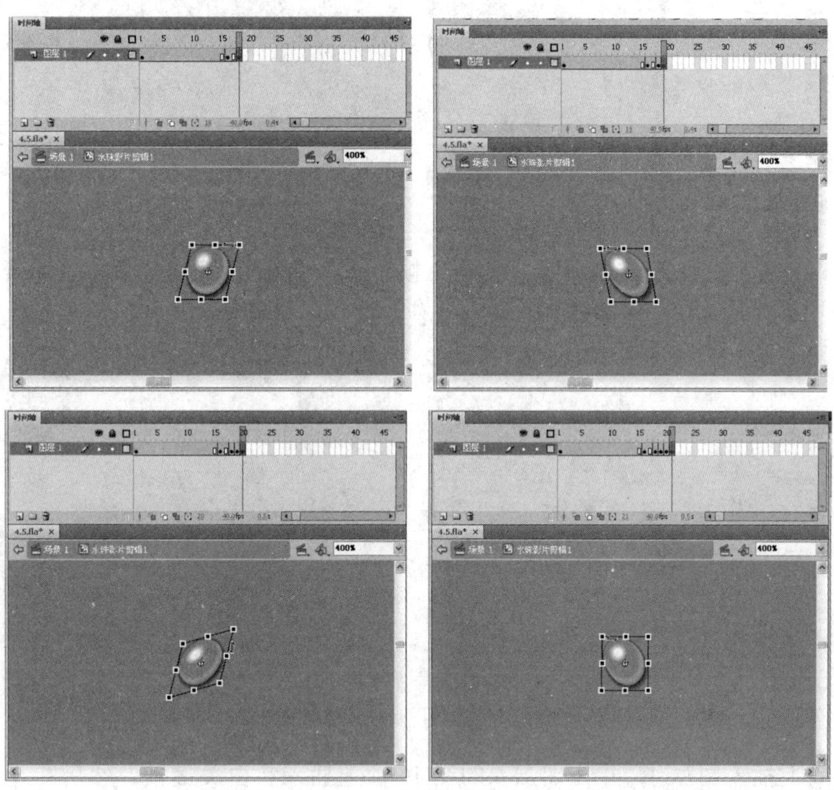

图4-57 插入多个关键帧并设置对应的元件状态

10 在图层1第37帧上插入关键帧，然后将图形元件垂直向下移动，接着设置显示比例为400%，并使用【任意变形工具】缩小图形元件，如图4-58所示。

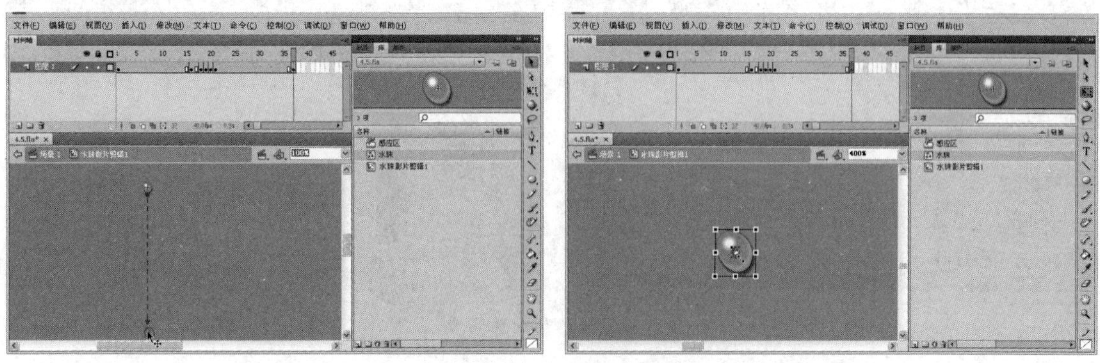

图4-58 插入关键帧并调整元件的位置和大小

11 在图层1上选择关键帧之间的部分动画帧，然后单击右键并从打开的菜单中选择【创建传统补间】命令，创建水珠渗出和滴落的补间动画，如图4-59所示。

12 在图层1上插入图层2，然后从【库】面板中将【感应区】按钮元件拖到水珠渗出的位置上，接着将第17帧后的所有动画帧删除，如图4-60所示。

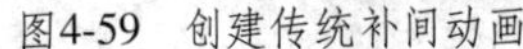

图4-59　创建传统补间动画

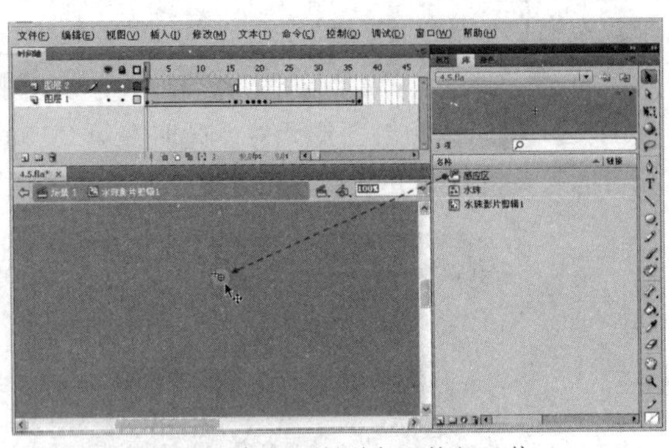

图4-60　插入图层并加入按钮元件

13 在图层 2 上插入图层 3，选择图层 3 的第 1 帧，通过【属性】面板设置标签为【start】，然后在图层 3 第 17 帧上插入空白关键帧，设置标签为【over】，如图 4-61 所示。

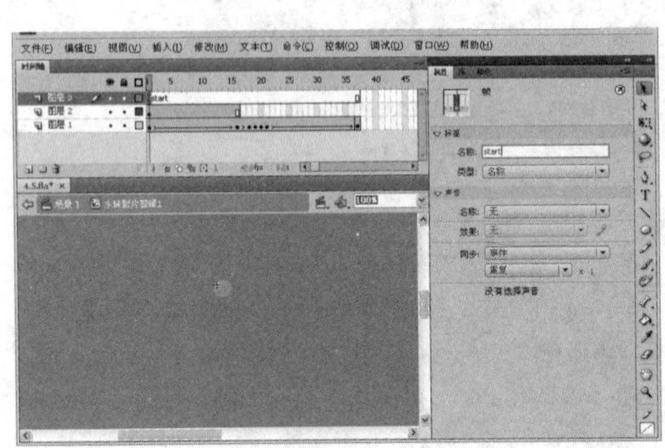

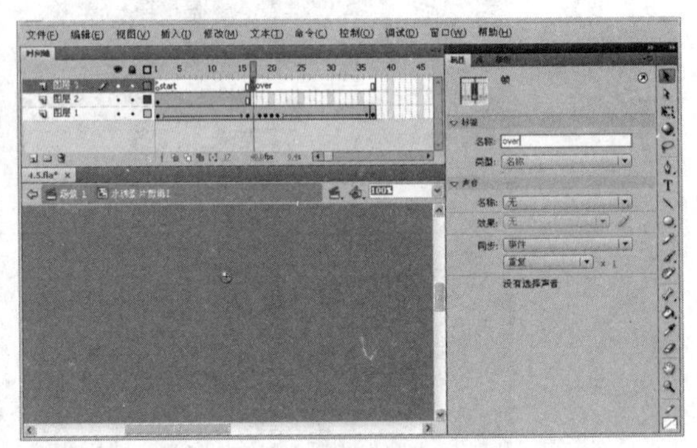

图4-61　插入图层并设置标签

14 在图层 3 上插入图层 4，并在图层 4 的第 16 帧上插入空白关键帧，然后在【动作】面板中添加停止的动作脚本，接着在图层 3 第 17 帧上插入空白关键帧，并在【动作】面板中添加“starttime = (getTimer()+8000)+radomtime;”脚本，如图 4-62 所示。

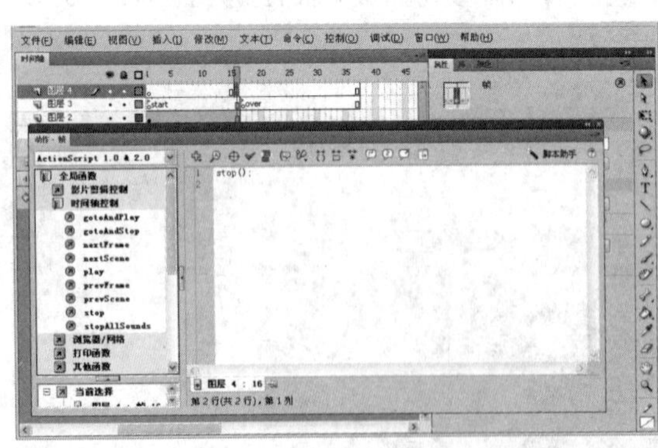

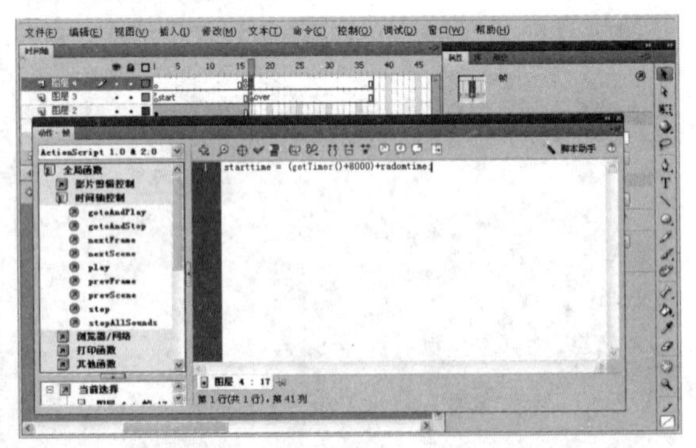

图4-62　添加动作脚本

15 返回场景 1 中，将【水珠影片剪辑 1】影片剪辑元件拖入工作区，并放置在舞台的右上角外，接着在图层 1 第 4 帧上按下 F5 功能键插入动画帧，如图 4-63 所示。

16 在图层 1 上插入图层 2，然后在第 1 帧上添加“i = 1;”脚本，以定义变量 i，接着在图层 2 第 2 帧上插入空白关键帧，并在【动作】面板中输入以下脚本，以设置舞台出现多个大小不一的水珠对象，如图 4-64 所示。

```
radomx = (random(25)*20)+10;
radomy = (random(20)*15)+20;
radomscale = (random(4)+2)*26;
duplicateMovieClip("drop", "drop"+i, i+1889);
setProperty("drop"+i, _x, radomx);
setProperty("drop"+i, _y, radomy);
setProperty("drop"+i, _xscale, radomscale);
setProperty("drop"+i, _yscale, radomscale);
i = i+1;
```

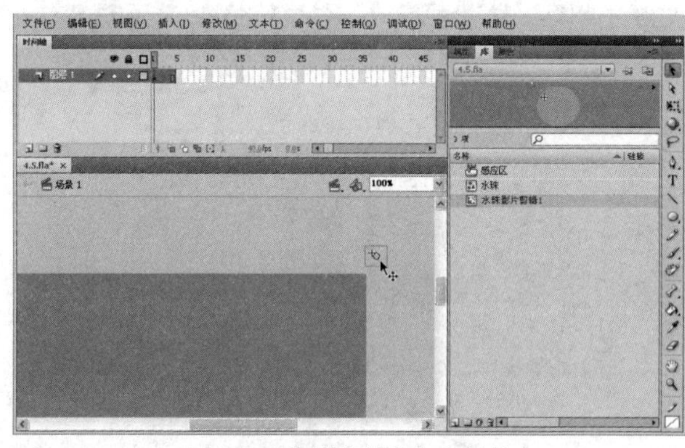

图4-63　将影片剪辑加入场景

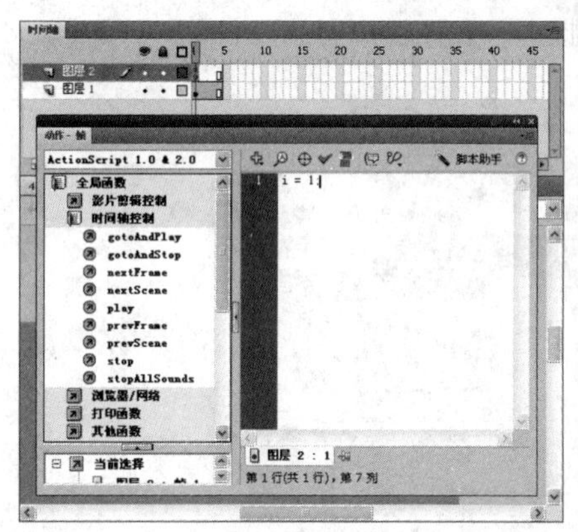

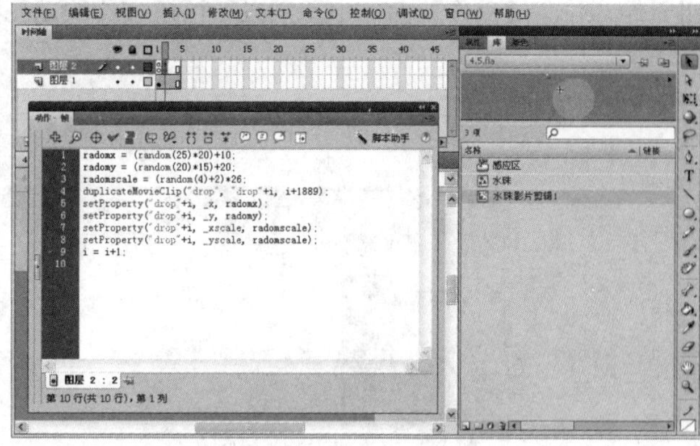

图4-64　为第1帧和第2帧添加动作脚本

17 在图层 2 第 4 帧上插入空白关键帧，然后在【动作】面板中添加以下脚本，如图 4-65 所示。

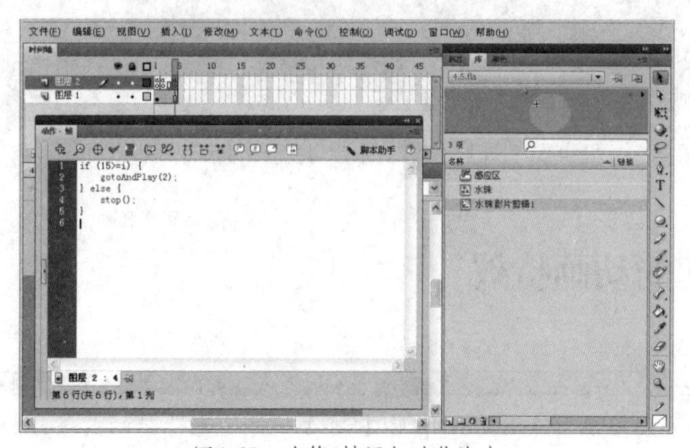

图4-65　为第4帧添加动作脚本

```
if (15>=i) {
    gotoAndPlay(2);
} else {
    stop();
}
```

18 选择工作区上的影片剪辑元件，然后在【属性】面板中设置元件的实例名称为【drop】，接着打开【动作】面板，在【脚本】窗格中为元件添加以下脚本，如图 4-66 所示。

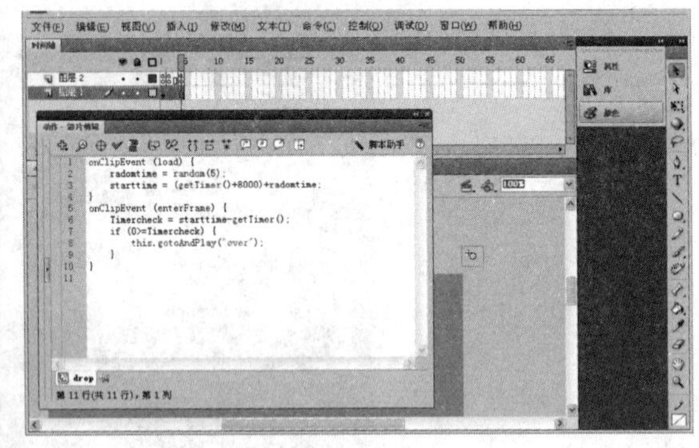

图4-66　为影片剪辑元件添加动作脚本

19 在【库】面板中双击【水珠影片剪辑 1】按钮，进入影片剪辑元件编辑窗口，选择窗口中的按钮元件，并在【动作】面板中添加以下按钮事件的动作脚本，如图 4-67 所示。

```
on (release, rollOver) {
    gotoAndPlay(17);
}
```

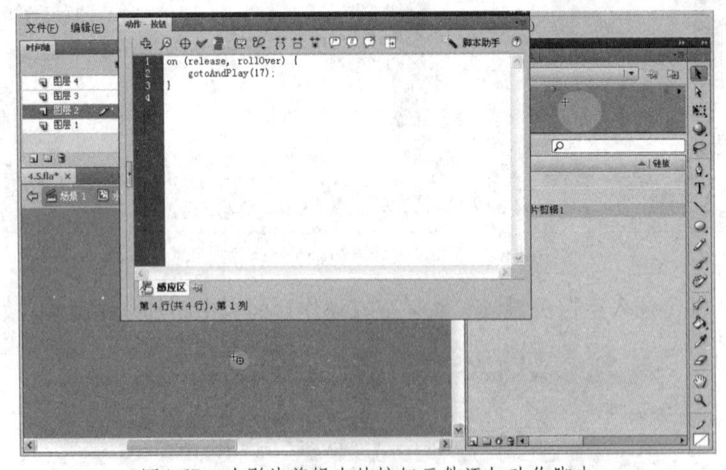

图4-67　为影片剪辑内的按钮元件添加动作脚本

4.6　气泡升起的动画特效

制作分析

在本例中，将利用引导层和ActionScript脚本制作一种气泡升起的效果，如图4-68所示。

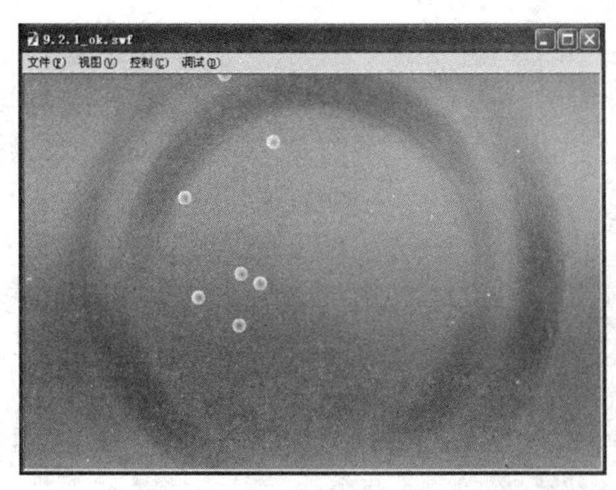

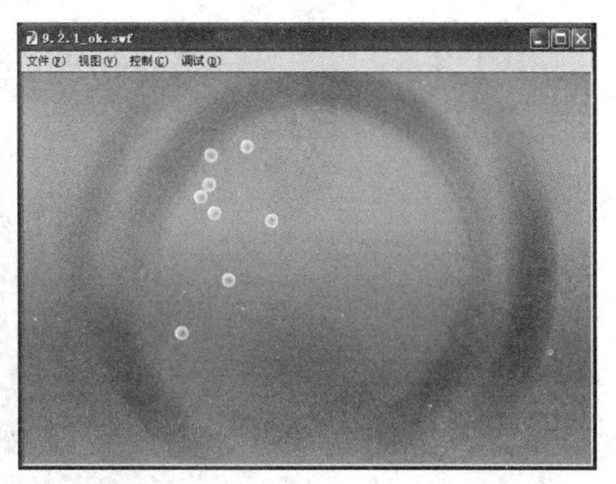

图4-68 气泡升起动画效果

制作流程

首先绘制一个类似气泡的图形，然后利用这个图形和引导层结合，制作图形沿着曲线向上运动的传统补间动画，接着将这个动画剪辑加入舞台，最后利用ActionScript脚本让舞台产生很多气泡沿着曲线向上运动的动画，从而形成一种气泡升起的效果。

上机实战 制作气泡升起动画效果

01 在光盘中打开“..\Example\Ch04\4.6.fla”练习文件，选择【插入】|【新建文件】命令，打开【创建新元件】对话框后，设置元件名称和类型，单击【确定】按钮，如图4-69所示。

02 创建影片剪辑元件后，在工具箱中选择【椭圆工具】，然后在【颜色】面板中设置填充类型为【放射状】，并在渐变列中设置左端点的Alpha为0%，最后在舞台上绘制一个圆形，作为气泡图形，如图4-70所示。

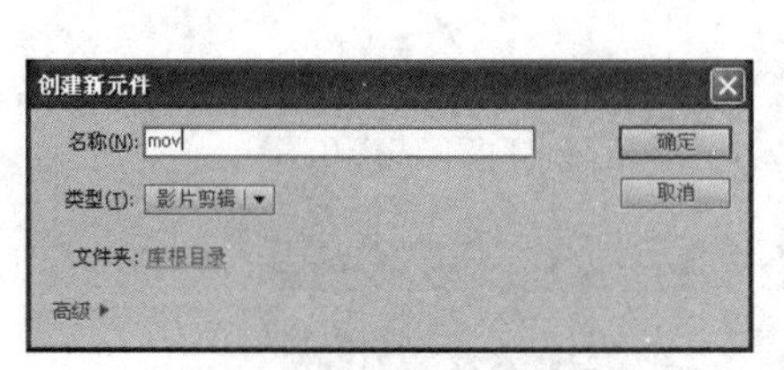

图4-69 创建影片剪辑

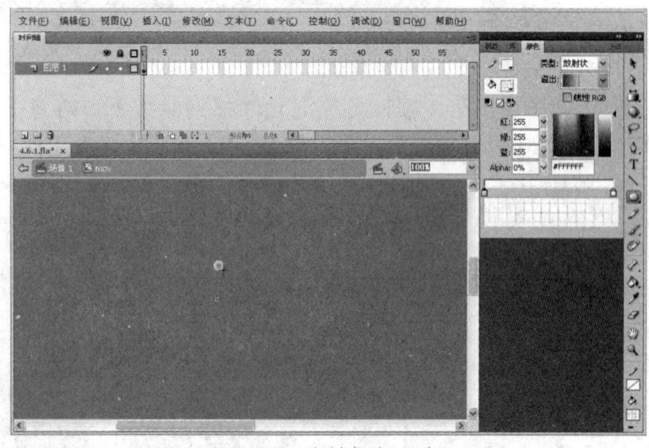

图4-70 绘制气泡图形

03 选择【插入】|【新建文件】命令，打开【创建新元件】对话框后，设置元件名称和类型，单击【确定】按钮，然后将【库】面板中的【mov】影片剪辑加入影片剪辑元件内，如图4-71所示。

04 在图层1上插入图层2，然后在两个图层的第40帧上插入动画帧，在工具箱中选择【铅笔工具】，在气泡元件上方绘制一条圆滑的曲线，如图4-72所示。

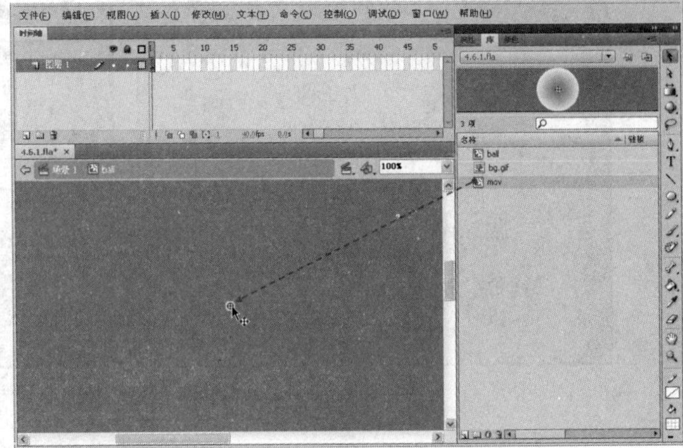

图4-71　创建影片剪辑并加入气泡

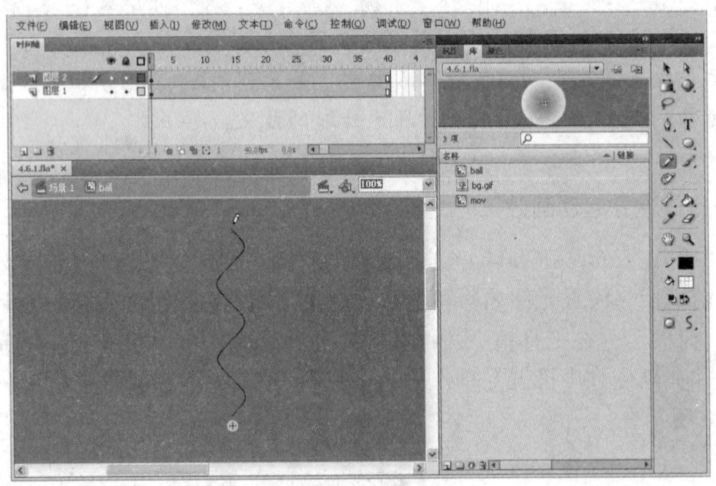

图4-72　绘制曲线

05 选择图层 1 第 1 帧，将气泡元件移到曲线下方端点上，将元件的中心放置在曲线上，接着在图层 1 第 20 帧上插入关键帧，将该关键帧下的气泡元件移动到曲线接近中央的位置，最后在图层 1 第 40 帧上插入关键帧，将该关键帧下的气泡元件移到曲线上端，完成后为图层 1 的关键帧创建传统补间，如图 4-73 所示。

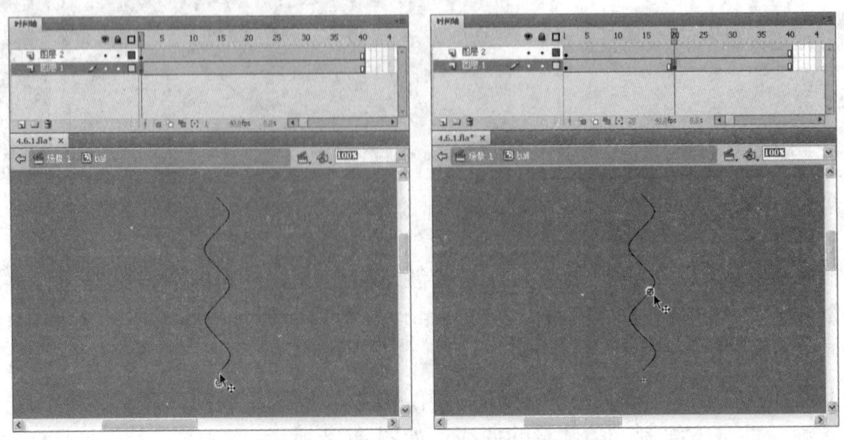

图4-73　制作气泡沿着曲线运动的动画

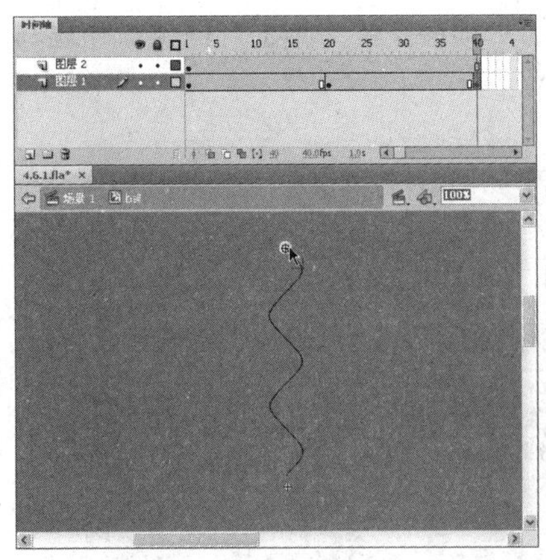

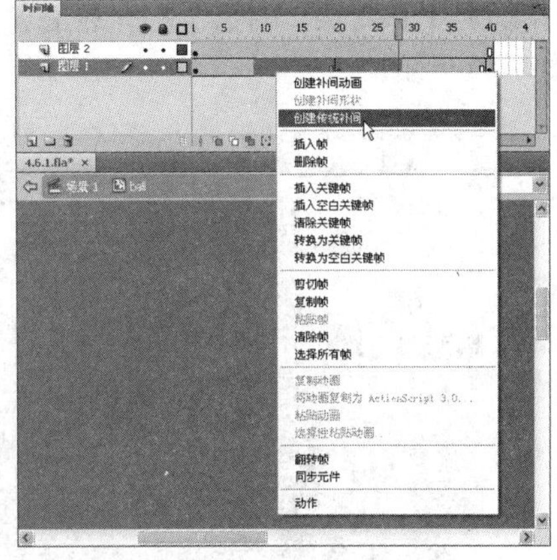

图4-73（续）

06 此时选择图层 2，在图层 2 上单击右键，然后在打开的菜单中选择【引导层】命令，将图层 2 转换为引导层，接着将图层 1 拖到引导层下，变成被引导层，如图 4-74 所示。

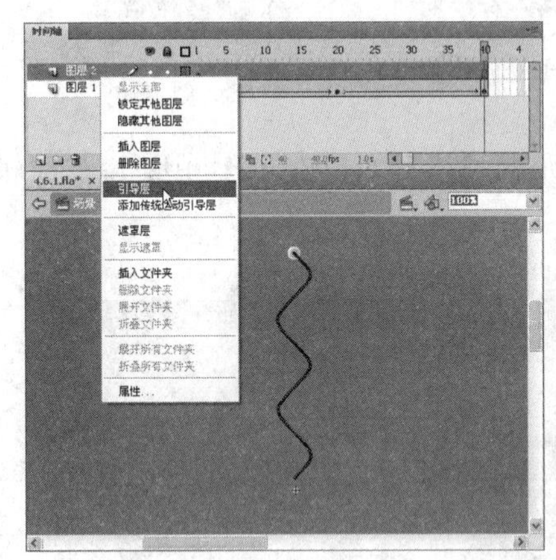

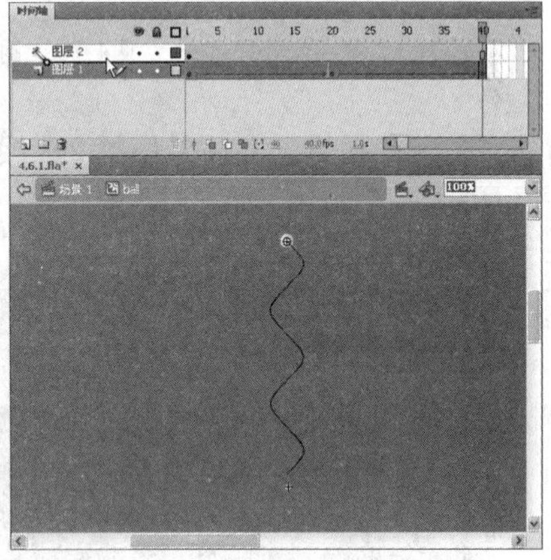

图4-74 转换为引导层

07 在图层 2 上插入图层 3，然后在图层 3 的第 41 帧上插入空白关键帧，接着在【动作】面板上添加动作脚本，如图 4-75 所示。

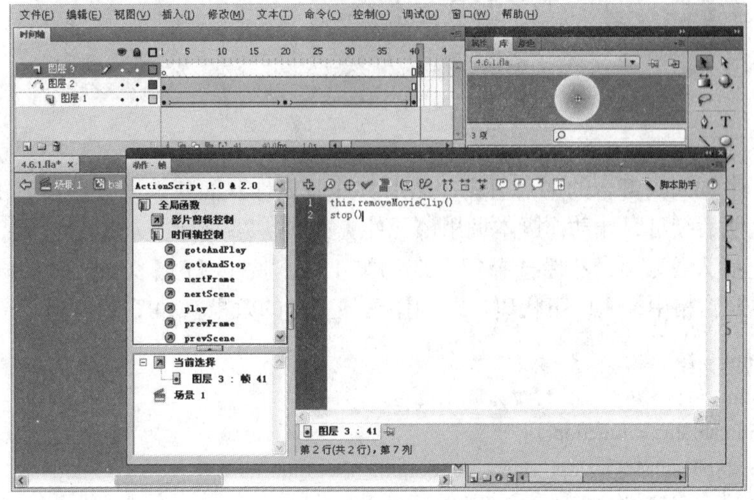

图4-75 插入图层和关键帧并添加动作脚本

08 同时选择图层 1 和图层 2 的第 1 帧，然后将第 1 帧移到第 2 帧上（保持引导层与被引导层的状态），如图 4-76 所示。

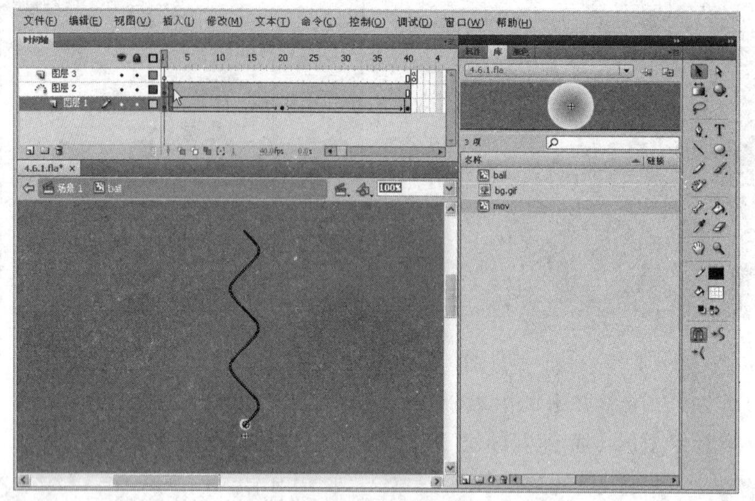

图4-76　调整帧的位置

09 返回场景 1 中，在图层 1 上插入图层 2，然后将【库】面板中的【ball】影片剪辑加入舞台上，如图 4-77 所示。

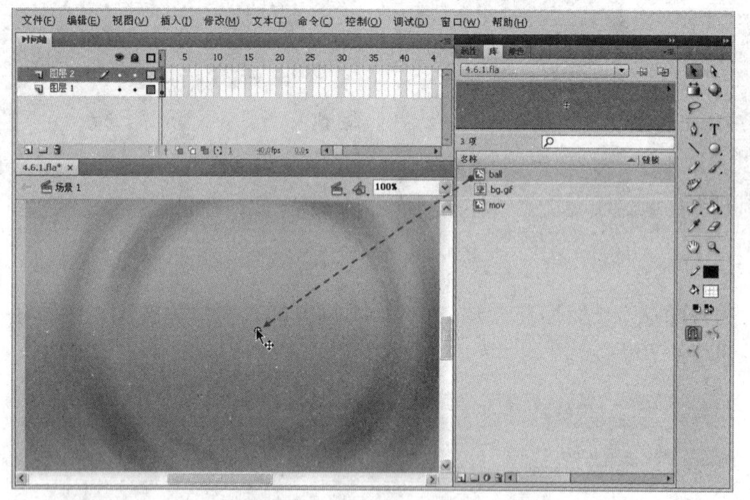

图4-77　插入图层并加入影片剪辑

10 选择步骤 9 中加入到舞台的影片剪辑，然后打开【属性】面板，设置影片剪辑元件的实例名称为【ball】，以便后续可以让动作脚本调用该元件，如图 4-78 所示。

11 在图层 2 上插入图层 3，然后选择图层 3 的第 1 帧，按下【F9】功能键打开【动作】面板，并在【动作脚本】窗格中输入以下代码，以制作气泡上升的效果，如图 4-79 所示。

```
_root.tnum = 1;
_root.snum = 1;
ball.onEnterFrame = function() {
    this.duplicateMovieClip("star"+_root.tnum, _root.tnum);
    this.rnum = Math.random()*100+10;
```

```
        _root["star"+_root.tnum]._x = Math.random()*100+150
        _root["star"+_root.tnum]._y = Math.random()*400
        _root.snum++;
        _root.tnum = _root.snum/4
};
```

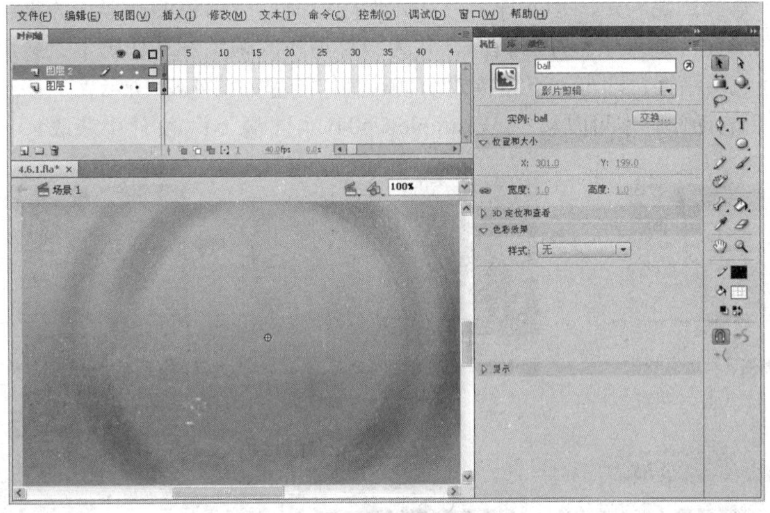

图4-78　设置影片剪辑元件的实例名称

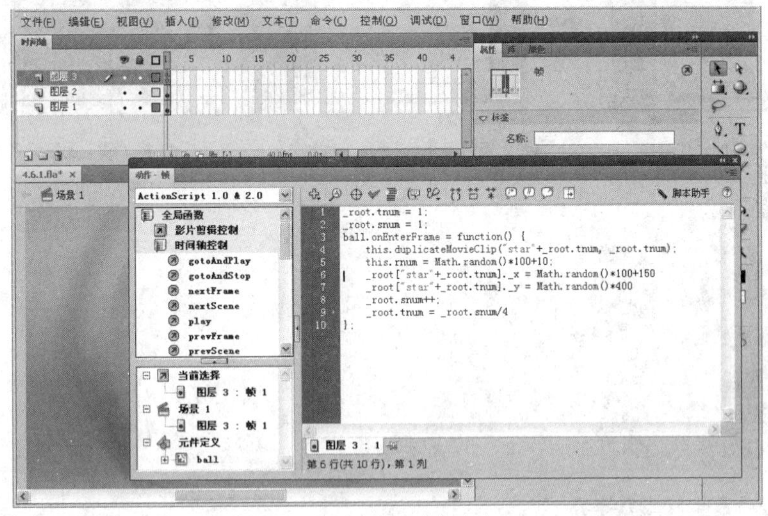

图4-79　添加动作脚本

经过上述操作后，气泡升起的动画就完成了，可以按下【Ctrl+Enter】快捷键测试动画效果。

4.7　本章小结

本章通过多个实例介绍了 Flash 在动画特效方面的设计应用，其中包括弩箭离弦效果、跟随鼠标的动画效果、烟花效果、奇幻背景效果、水珠渗出和滴落效果以及气泡升起的动画效果。通过对这些动画特效制作的学习，读者可以掌握更多的动画设计方法，以及动作脚本应用的技巧。

4.8 上机实训

实训要求：制作一个下雪的特效动画。

操作提示：首先创建一个图形元件，并在元件内绘制一个白色的圆形作为雪花，接着创建影片剪辑元件将图形元件加入该影片剪辑内，并为影片剪辑的帧添加动作脚本，最后将影片剪辑多次加入舞台，让它布满舞台即可。下雪特效动画的制作流程如图 4-80 所示。

（本例所用到的动作脚本可以从“..\Example\Ch04\ 实训题 .txt”文件中获取）

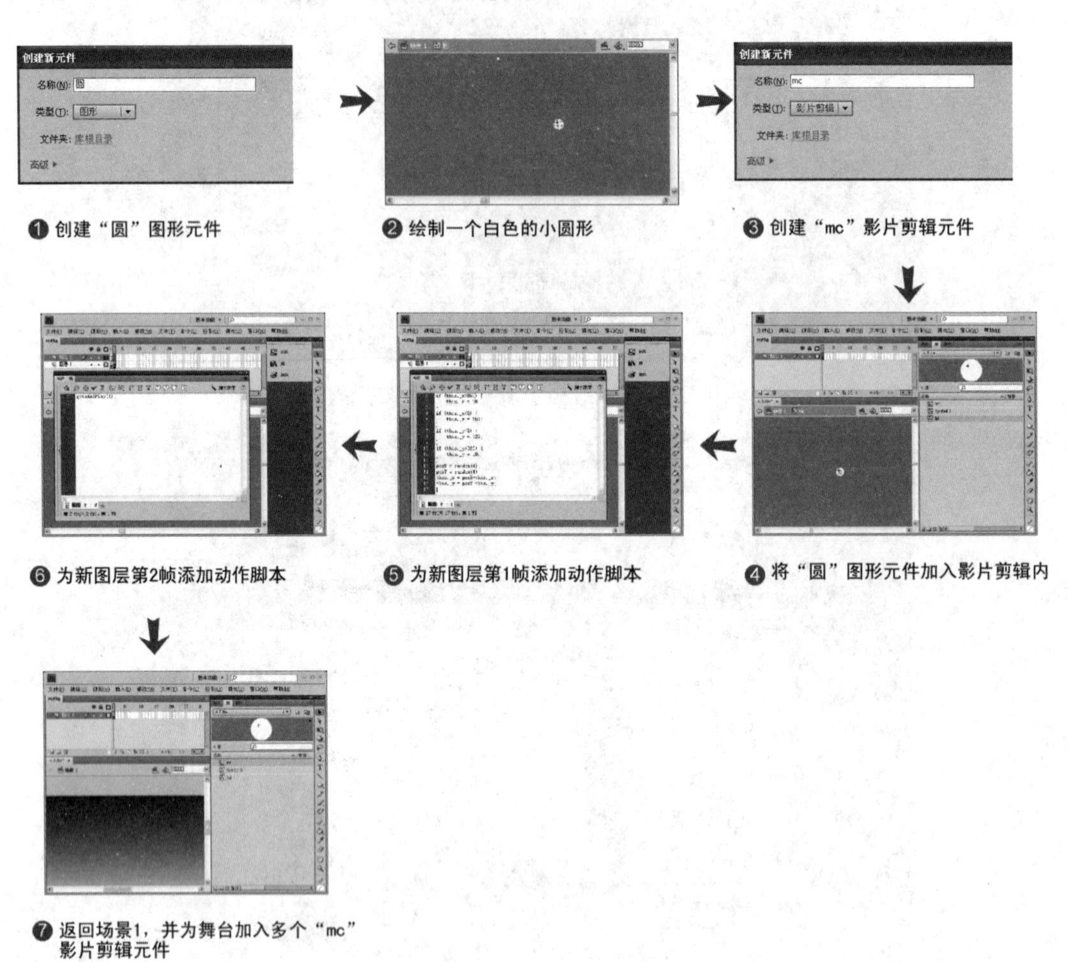

图4-80　下雪特效动画的流程

第 5 章　网站的Flash导航设计

在网站设计中，导航条是网站重要的元素之一，而动画式的导航条更加是网站设计价值的一个体现。本章将通过多个实例，为读者介绍使用 Flash CS5 的绘图、元件以及动作脚本等功能制作动画导航的方法和技巧。

5.1　跟随鼠标的导航设计

制作分析

本例制作的跟随鼠标移动的导航动画，其效果是当浏览者将鼠标移到导航按钮上时，导航按钮将在设置的范围内跟随鼠标移动。当导航按钮超出跟随鼠标移动范围，即自动返回原来的位置，整体效果非常有趣且有很大的吸引力。跟随鼠标的导航效果如图5-1所示。

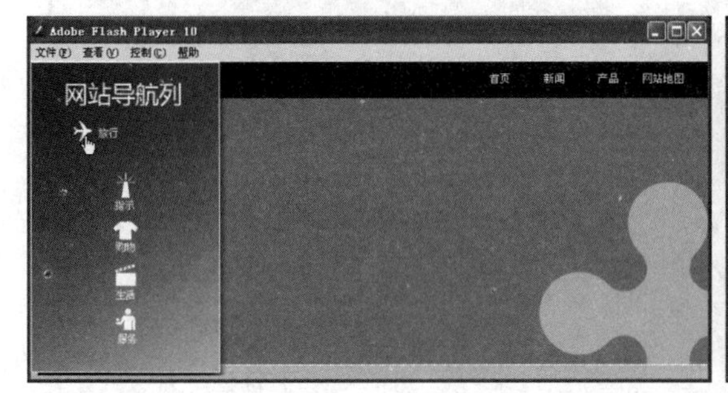

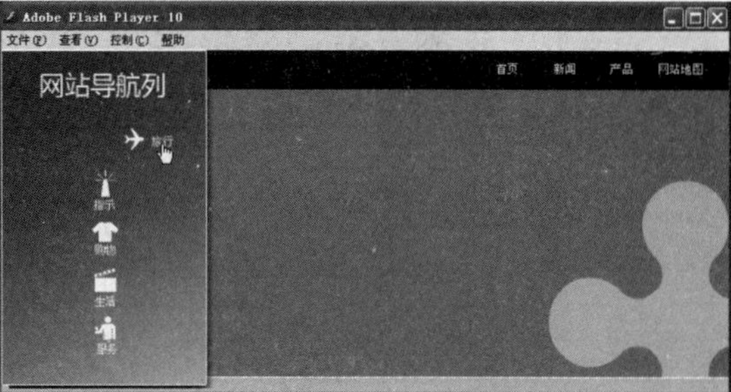

图5-1　导航按钮跟随鼠标移动的动画效果

制作流程

首先制作按钮元件，然后加入到场景上，接着制作用于激活特效的按钮区域，最后添加动作脚本，制作特效产生和特效失效的动画。

上机实战　跟随鼠标的导航动画

01 在光盘中打开“..\Example\Ch05\5.1.fla”练习文件，然后选择【插入】|【新建元件】命令，打开【创建新元件】对话框后，设置元件名称和类型，单击【确定】按钮。进入元件的编辑窗口后，将【icon1】按钮元件加入舞台，如图 5-2 所示。

02 在影片剪辑元件的时间轴上插入图层 2，然后将【旅行】影片剪辑元件拖入舞台，并放置在飞机按钮元件下方，如图 5-3 所示。

03 选择图层 1 和图层 2 第 15 帧，按下【F5】功能键插入动画帧，此时再选择图层 2 第 2 帧并插入关键帧，然后将【旅行】影片剪辑元件移到飞机按钮元件右边，接着在图层 2 第 11 帧上插入关键帧，并向右边稍微移动【旅行】影片剪辑元件，如图 5-4 所示。

图5-2　创建影片剪辑元件

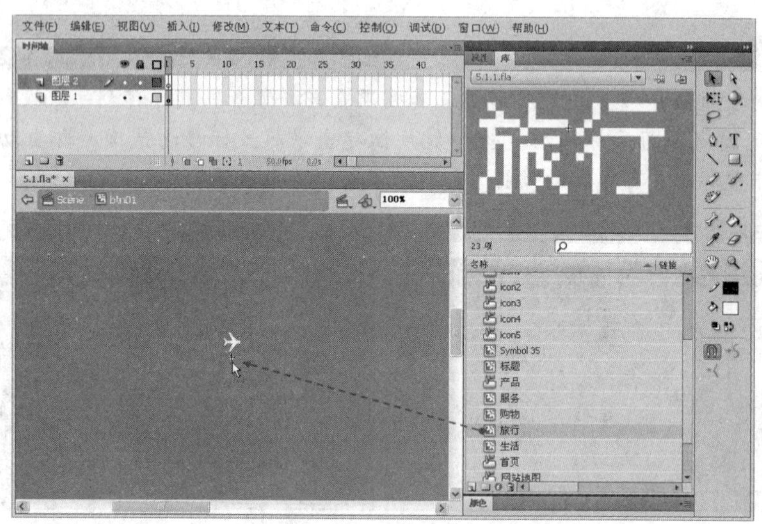

图5-3　加入【旅行】影片剪辑元件

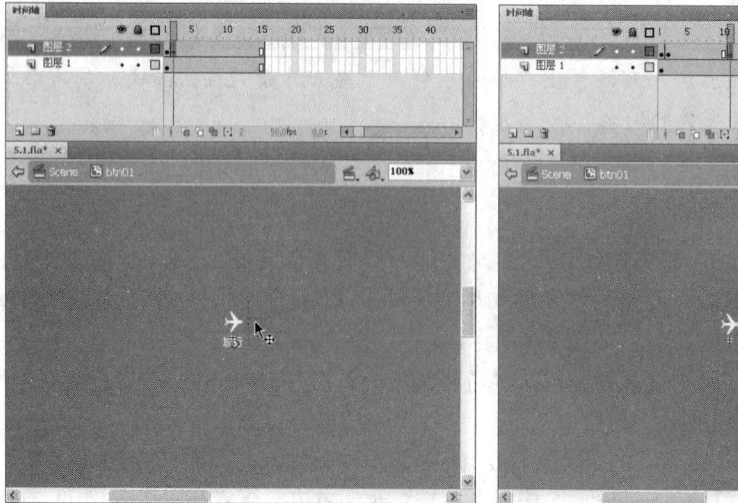

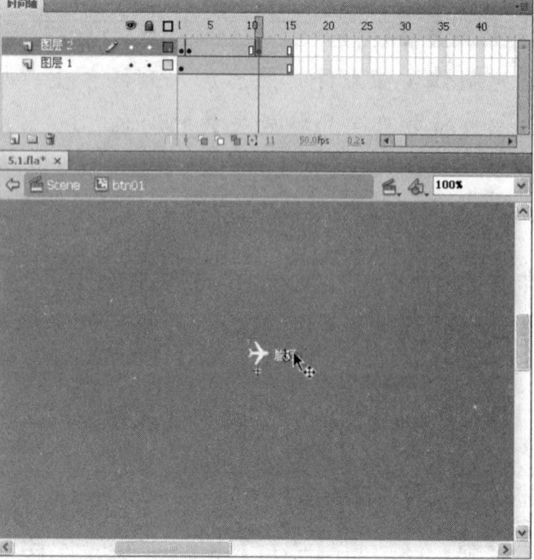

图5-4　插入关键帧并调整元件的位置

04 在图层 2 第 15 帧上插入关键帧，然后向左稍微移动【旅行】影片剪辑元件的位置，再选择图层 2 的第 2 帧，接着通过【属性】面板设置【旅游】影片剪辑元件的 Alpha 为 0%，如图 5-5 所示。

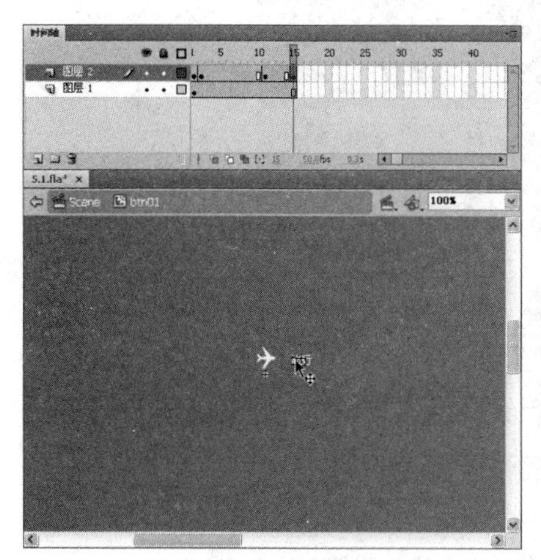

图5-5 设置关键帧下的元件状态

05 拖动鼠标选择图层 2 第 2 帧到第 15 帧之间的帧，然后在选定的帧上单击右键，并从打开的菜单中选择【创建传统补间】命令，创建传统补间动画，如图 5-6 所示。

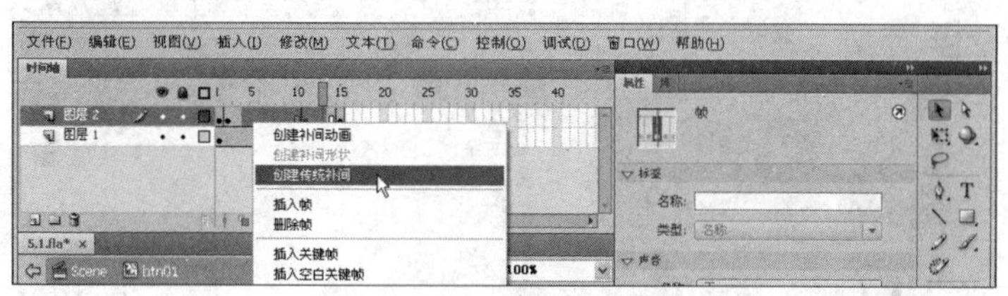

图5-6 创建传统补间动画

06 在图层 2 上插入图层 3，然后选择图层 3 第 1 帧，再打开【动作】面板，在【动作脚本】窗格上添加停止动作脚本，接着在图层 3 第 15 帧上插入关键帧，并通过【动作脚本】窗格添加停止动作脚本，如图 5-7 所示。

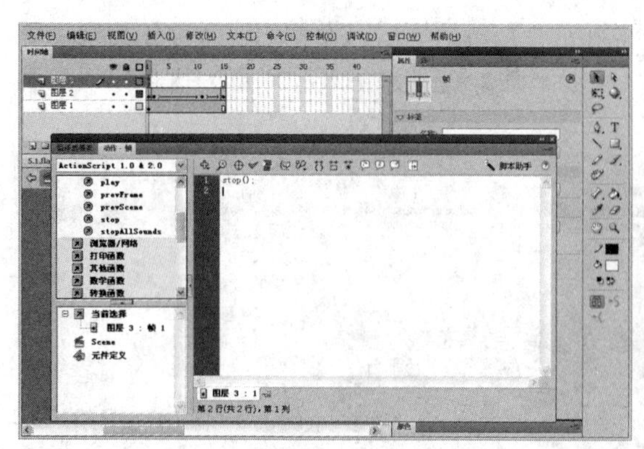

图5-7 添加停止动作

07 返回场景中，然后在时间轴上插入一个新图层并命名为【导航按钮】，接着将【btn01】影片剪辑加入到舞台的导航列上，如图 5-8 所示。

08 使用相同的方法制作其他导航影片剪辑元件（练习文件已经提供这些元件），然后将这些导航影片剪辑放置在导航列上，结果如图 5-9 所示。

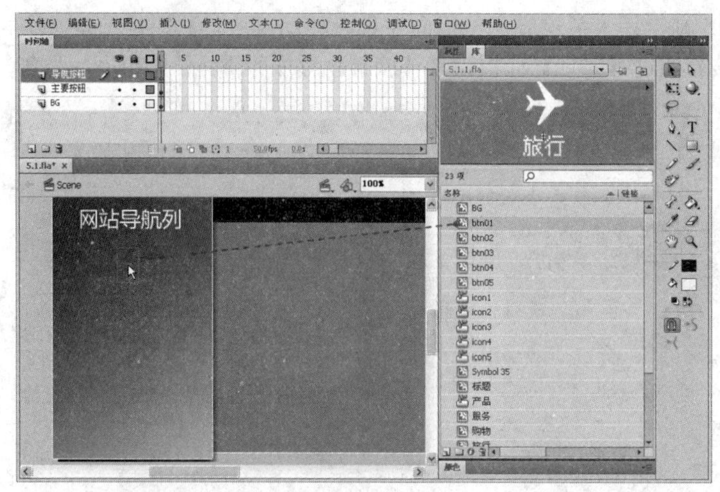

图5-8　插入图层并加入影片剪辑元件

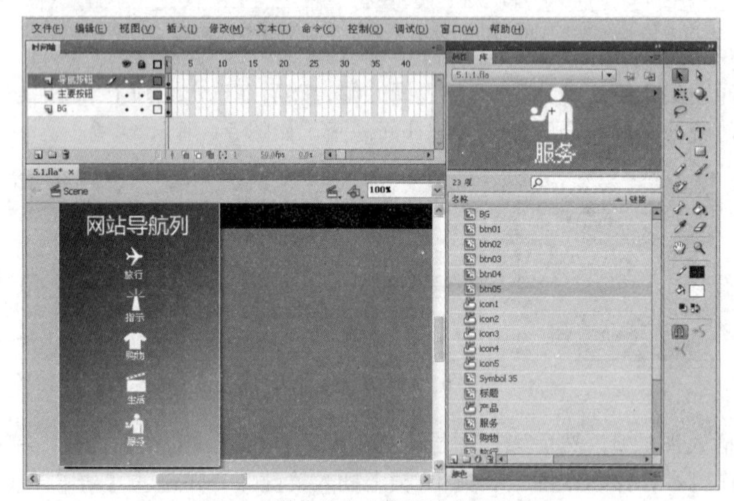

图5-9　制作其他导航影片剪辑元件

09 选择【插入】|【新建元件】命令，打开【创建新元件】对话框后，设置元件名称和类型，单击【确定】按钮。进入元件的编辑窗口后，选择【矩形工具】，然后在“点击”状态帧下绘制一个白色的矩形，如图5-10所示。

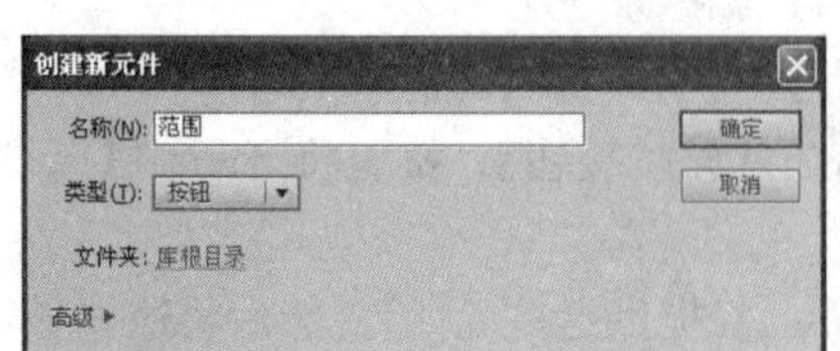

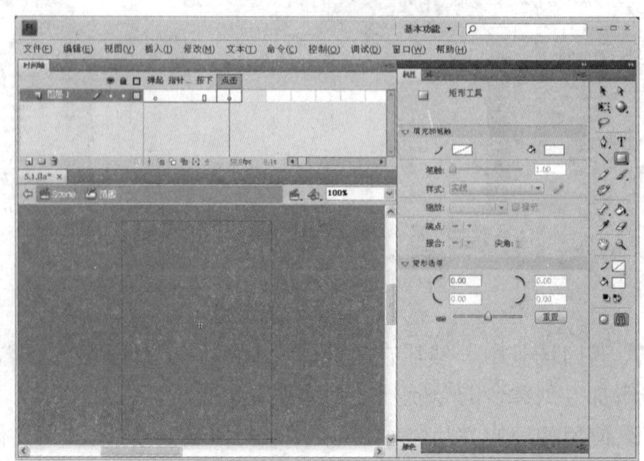

图5-10　创建元件并绘制矩形

10 选择【套索工具】，然后单击工具箱下方的【多边形模式】按钮，接着在矩形的中央位置建立一个矩形选区，并删除这个矩形选区的图形，使步骤 9 绘制的矩形中间镂空，如图 5-11 所示。

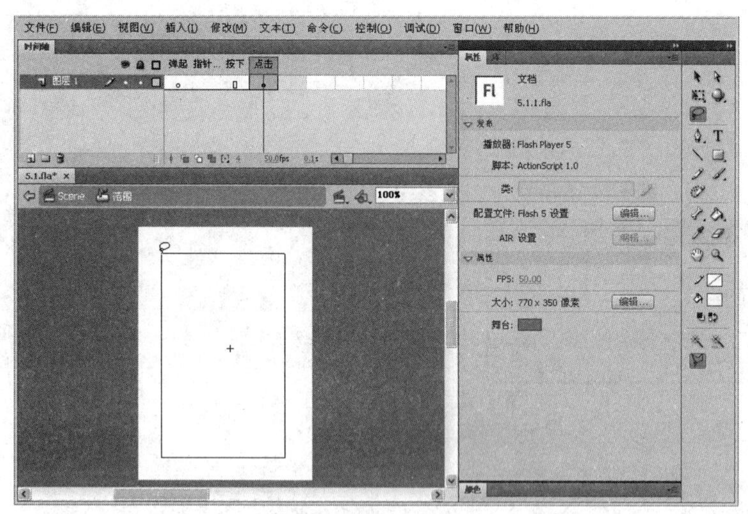

图5-11 制作镂空的矩形

11 返回场景中，然后在导航按钮图层上插入一个新图层并命名为【范围】，接着将【范围】按钮元件加入舞台，并放置在导航列上，如图 5-12 所示。

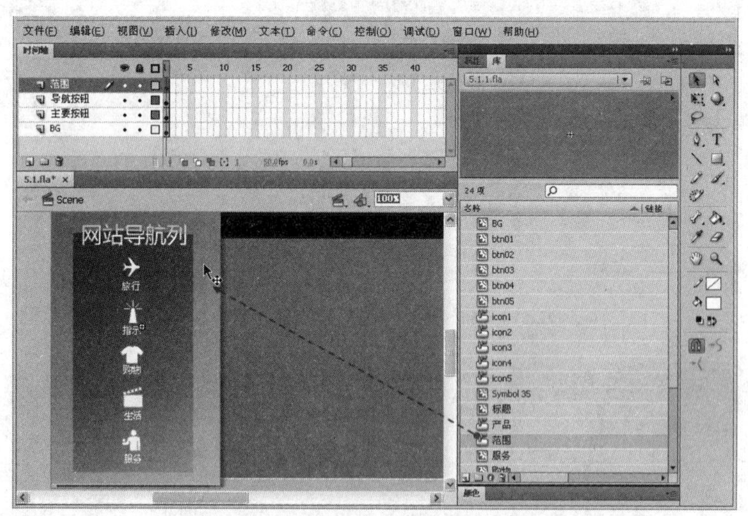

图5-12 插入新图层并加入【范围】按钮元件

12 选择【插入】|【新建元件】命令，打开【创建新元件】对话框后，设置元件名称和类型，单击【确定】按钮。进入元件的编辑窗口后，直接单击【Scene】按钮返回场景即可，如图 5-13 所示。

13 返回场景后，插入一个新图层并命名为【目标】，然后打开【库】面板，并将【目标】影片剪辑元件加入舞台，并分别放置在每个导航按钮上，如图 5-14 所示。

14 选择第一个加入舞台的【目标】影片剪辑元件，然后打开【属性】面板，设置该影片剪辑的实例名称为【target1】，如图 5-15 所示。使用相同的方法，分别设置其他导航按钮上的【目标】影片剪辑元件的实例名称分别为 target2、target3、target4、target5。

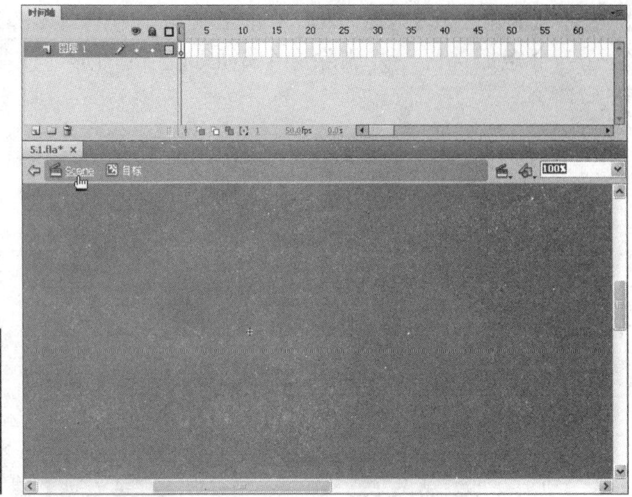

图5-13　创建【目标】影片剪辑元件

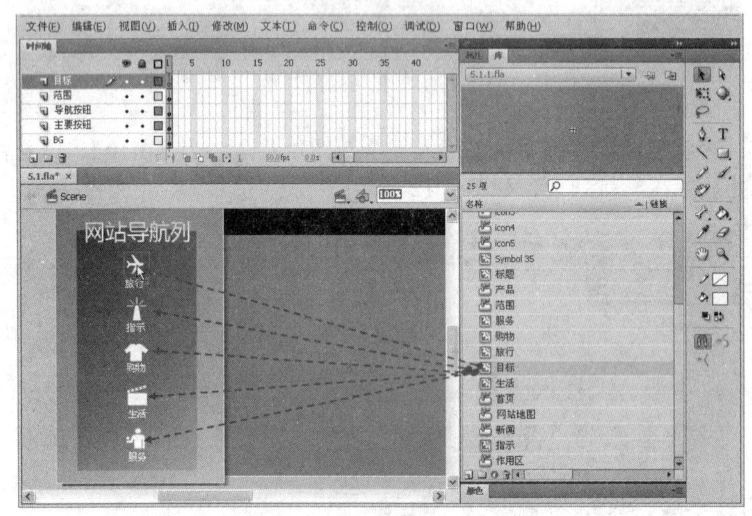

图5-14　将【目标】影片剪辑加入舞台

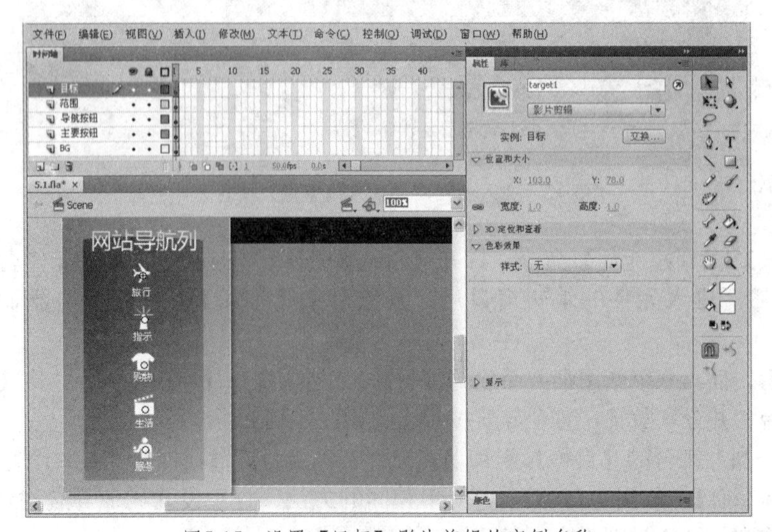

图5-15　设置【目标】影片剪辑的实例名称

15 在导航列上选择第一个导航影片剪辑【btn01】元件，然后在【属性】面板中设置该影片剪辑元件的实例名称为 a，如图 5-16 所示。使用相同的方法，分别设置其他导航影片剪辑元件的实例名称为 b、c、d、e。

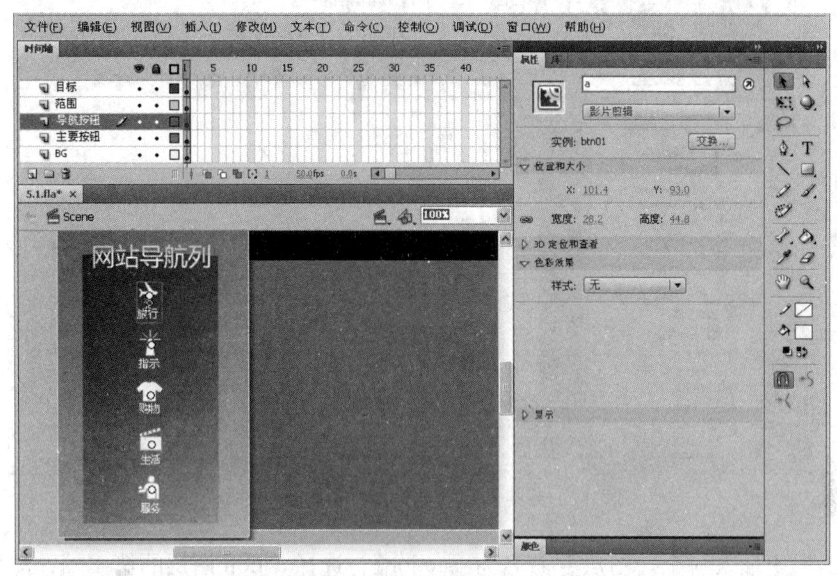

图5-16 设置导航影片剪辑的实例名称

16 选择第一个导航影片剪辑元件（实例名称为 a 的影片剪辑），打开【动作】面板，并在【动作脚本】窗格中输入以下脚本代码，如图 5-17 所示。然后使用相同的方法，为其他导航影片剪辑元件添加相同的动作脚本。

```
onClipEvent (enterFrame) {
    if (not (dragging)) {
        vx = this._x-_root["target"+_name]._x;
        vy = this._y-_root["target"+_name]._y;
        if (vx>0) {
            xaccel = -(vx*vx)/(_root.acceleration);
        } else {
            xaccel = (vx*vx)/(_root.acceleration);
        }
        vy = getProperty(" ", _y)-getProperty("/target" add _name, _y);
        if (Number(vy)>0) {
            yaccel = -(vy*vy)/(_root.acceleration);
        } else {
            yaccel = (vy*vy)/(_root.acceleration);
        }
        xspeed = (xspeed+xaccel)*_root.friction;
        yspeed = (yspeed+yaccel)*_root.friction;
        setProperty(this, _x, this._x+xspeed);
        setProperty(this, _y, this._y+yspeed);
    }
}
```

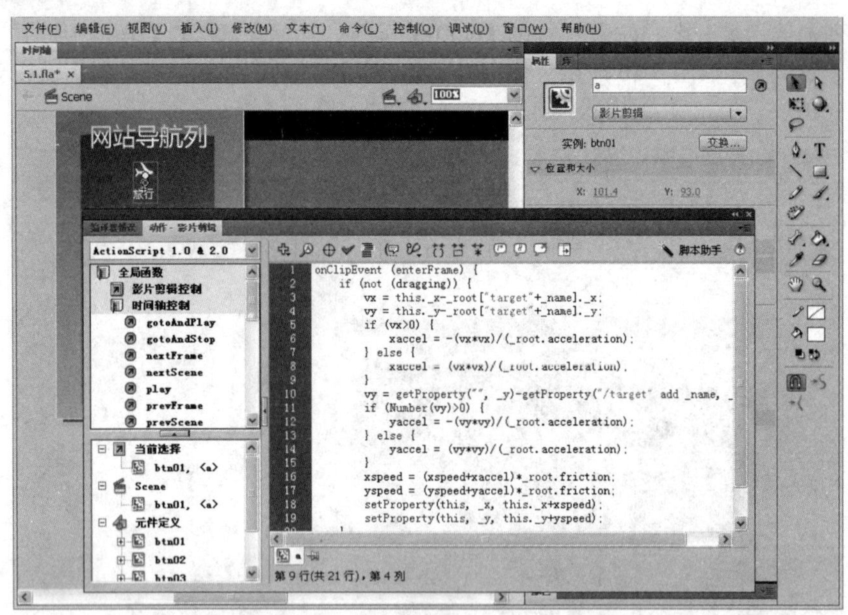

图5-17　为导航影片剪辑元件添加动作脚本

17 在目标图层上插入一个新图层并命名为【action】，选择 action 图层的第 1 帧，然后在动作面板中添加动作脚本，如图 5-18 所示。

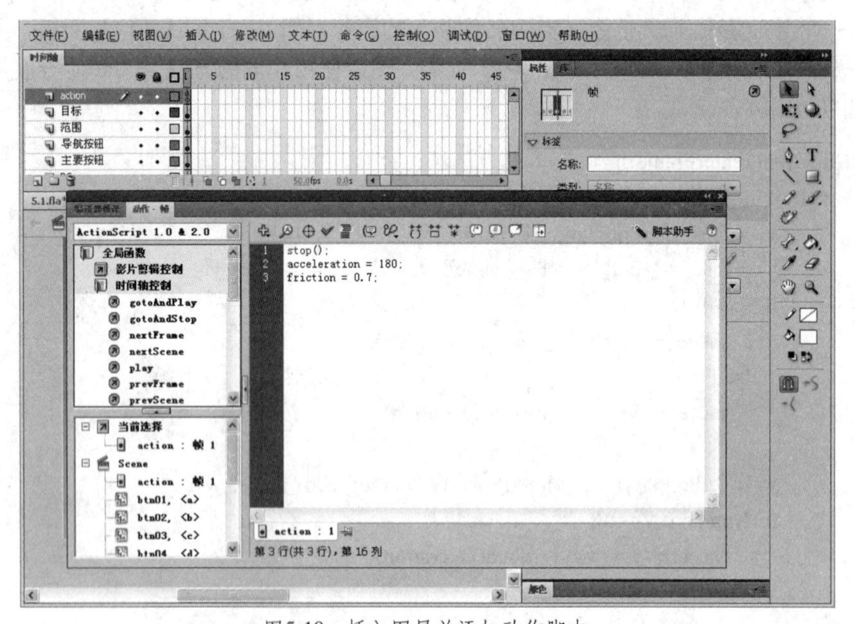

图5-18　插入图层并添加动作脚本

18 选择舞台上的【范围】按钮元件，然后在【动作】面板中为该元件添加动作脚本，以设置导航按钮跟随鼠标移动失效的范围，如图 5-19 所示。

19 在舞台上选择第一个导航影片剪辑（即【btn01】影片剪辑），然后双击该影片剪辑元件进入元件的编辑窗口，此时选择窗口舞台上的飞机按钮，接着在【动作】面板中添加以下按钮被鼠标触发而移动的动作脚本，如图 5-20 所示。最后使用相同的方法，分别为各个导航影片剪辑元件内的导航按钮添加相同的动作脚本。

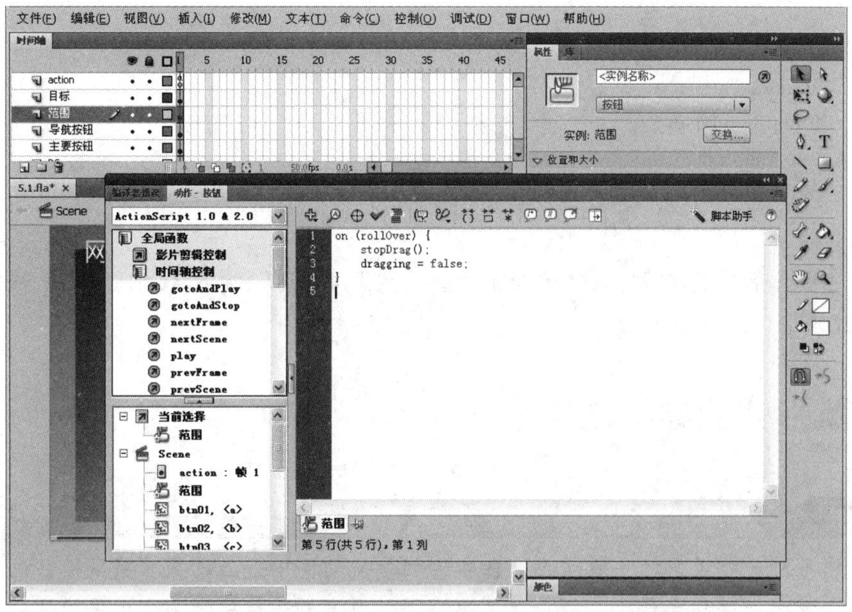

图5-19　为【范围】按钮添加动作脚本

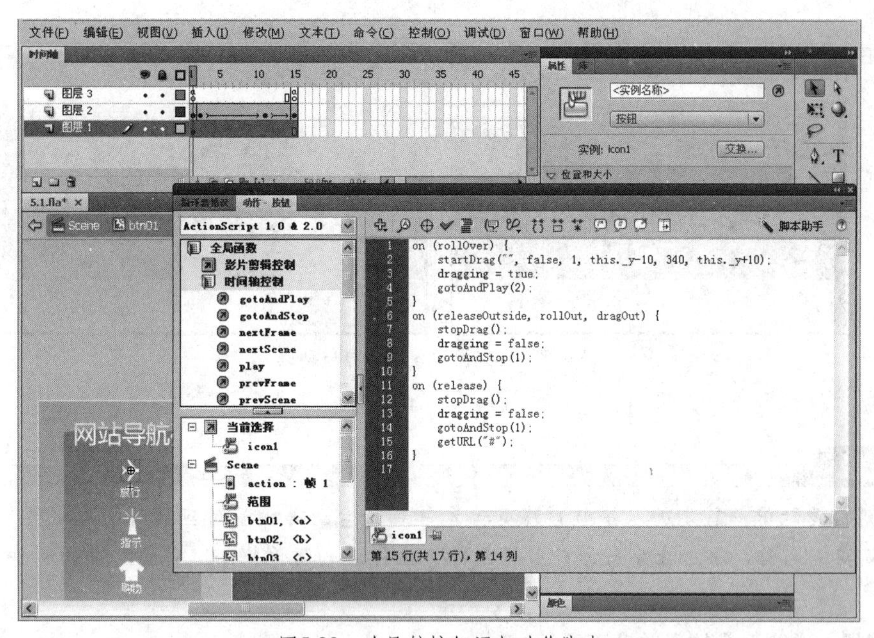

图5-20　为导航按钮添加动作脚本

```
on (rollOver) {
    startDrag(" ", false, 1, this._y-10, 340, this._y+10);
    dragging = true;
    gotoAndPlay(2);
}
on (releaseOutside, rollOut, dragOut) {
    stopDrag();
    dragging = false;
    gotoAndStop(1);
```

```
    }
    on (release) {
        stopDrag();
        dragging = false;
        gotoAndStop(1);
        getURL("#");
    }
```

经过上述操作后，跟随鼠标移动的导航动画就完成了，可以按下【Ctrl+Enter】快捷键打开播放器来测试效果。

5.2　弹跳形式的导航设计

制作分析

本例介绍另外一种效果的导航动画，在本例的导航动画中，当浏览者将鼠标移到某个导航按钮并单击时，该导航按钮将弹出二级导航菜单，同时所有的导航按钮都会出现短暂的弹跳效果，如图5-21所示。

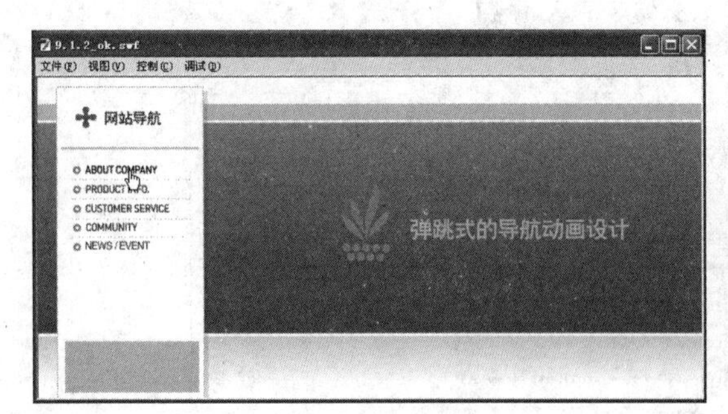

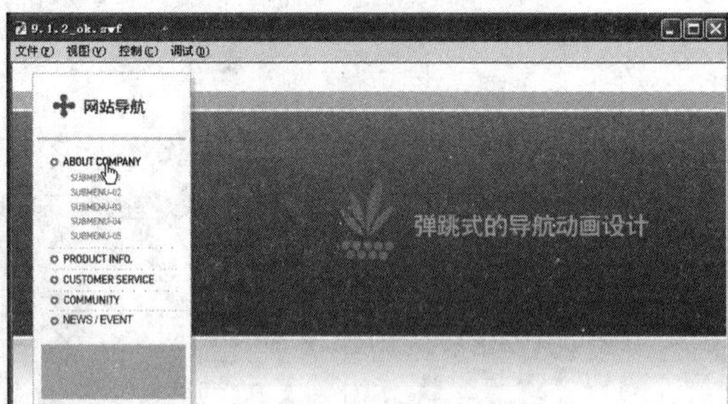

图5-21　具有弹跳效果的导航动画

制作流程

在本例的设计中，首先加入导航影片剪辑元件到舞台，并设置对应的时间轴位置，然后为影片剪辑设置实例名称，添加让导航影片剪辑元件产生弹跳的动作脚本，完成本例的制作。

上机实战　弹跳形式的导航动画设计

01 在光盘中打开“..\Example\Ch05\5.2.fla”练习文件，在bg图层上插入一个新图层并命名为【subs】，然后打开【库】面板，并将【line】影片剪辑元件加入导航列的位置上，结果如图5-22所示。

02 在subs图层上插入一个新图层并命名为【main】，接着分别将【库】面板中的menu1A、menu2A、menu3A、menu4A、menu5A影片剪辑元件加入导航列，如图5-23所示。

03 在所有图层的第30帧上按下【F5】插入动画帧，然后选择subs图层和main图层第2帧，按下【F7】功能键插入空白关键帧，接着选择subs图层第5帧插入关键帧，最后在导航列上加入sub1A、sub2A、sub3A、sub4A、sub5A影片剪辑和line影片剪辑，如图5-24所示。

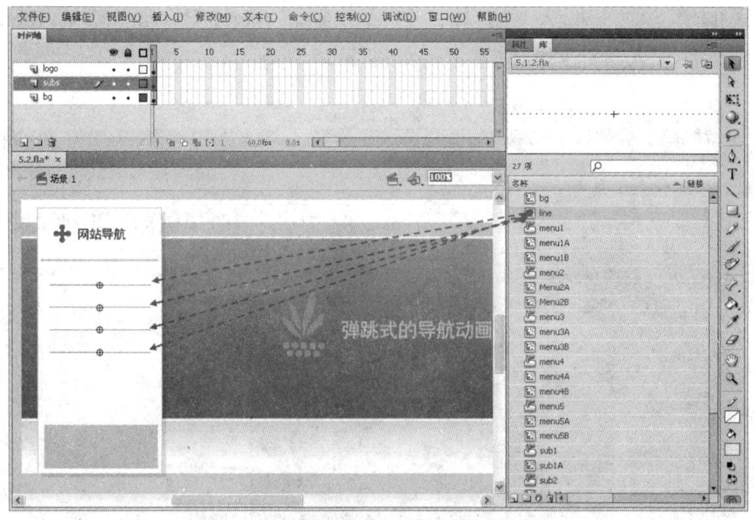

图5-22　加入【line】影片剪辑元件

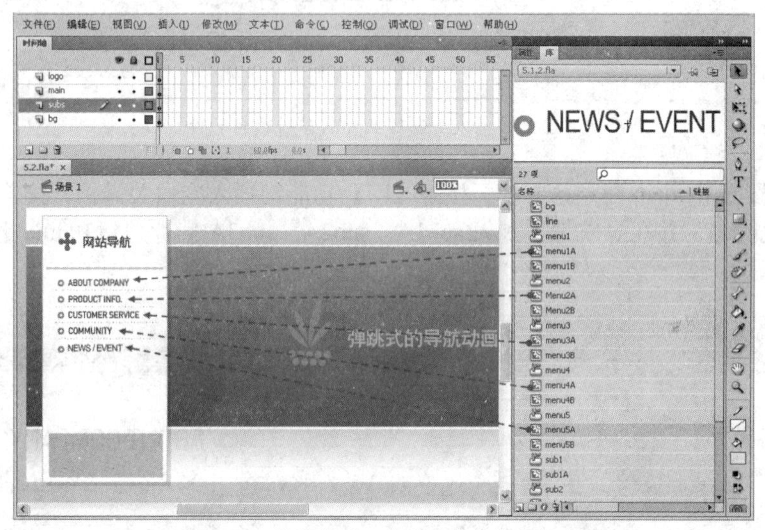

图5-23　将导航项目的影片剪辑加入舞台

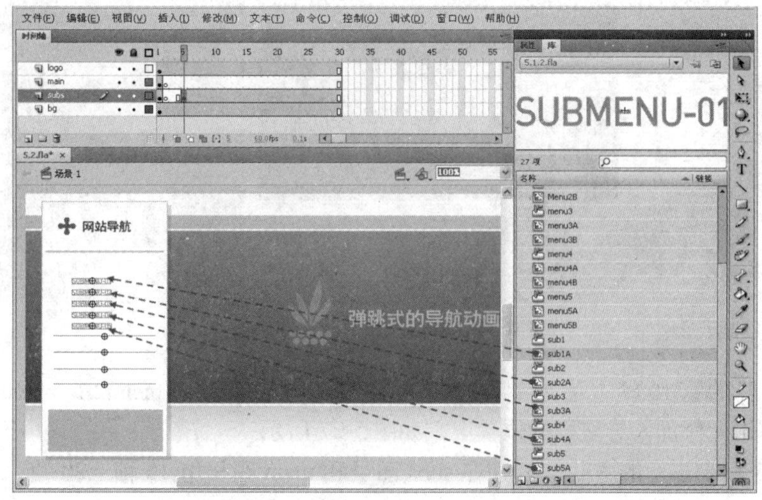

图5-24　插入关键帧并加入导航按钮和分割线元件

04 在 main 图层的第 5 帧上插入关键帧，然后分别将 menu1B、menu2A、menu3A、menu4A、menu5A 影片剪辑元件加入导航列的位置上，如图 5-25 所示。

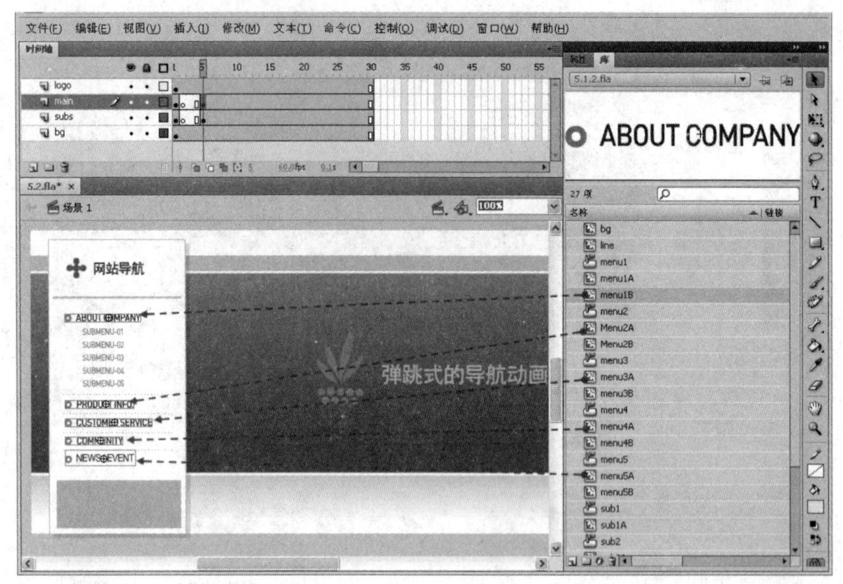

图5-25　插入关键帧并加入导航项目元件

05 选择 subs 图层和 main 图层第 6 帧，按下【F7】功能键插入空白关键帧，接着选择 subs 图层第 10 帧插入关键帧，并在导航列上加入 sub1A、sub2A、sub3A 影片剪辑和 line 影片剪辑，如图 5-26 所示。

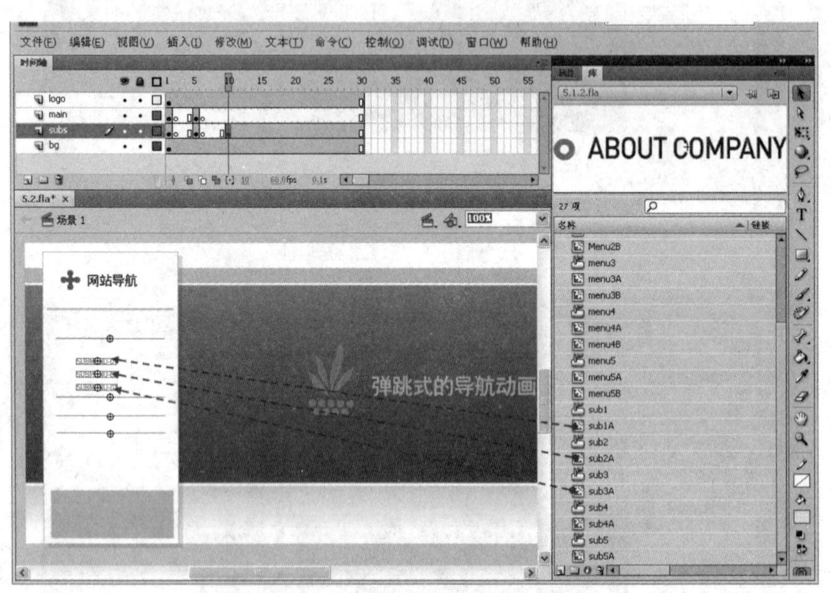

图5-26　插入关键帧并加入元件

06 在 main 图层的第 10 帧上插入关键帧，然后分别将 menu1A、menu2B、menu3A、menu4A、menu5A 影片剪辑元件加入导航列的位置上，如图 5-27 所示。

07 按照步骤 5 和步骤 6 的方法，分别在 subs 图层和 main 图层第 15 帧、20 帧、25 帧、30 帧上插入关键帧，并加入对应的导航元件，其中元件放置的位置如图 5-28 所示。

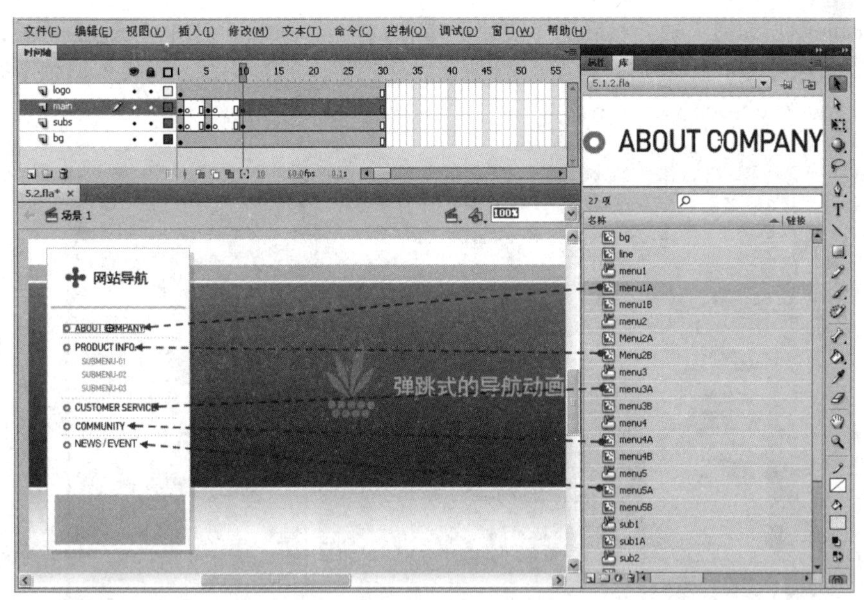

图5-27　插入关键帧并加入导航项目的影片剪辑元件

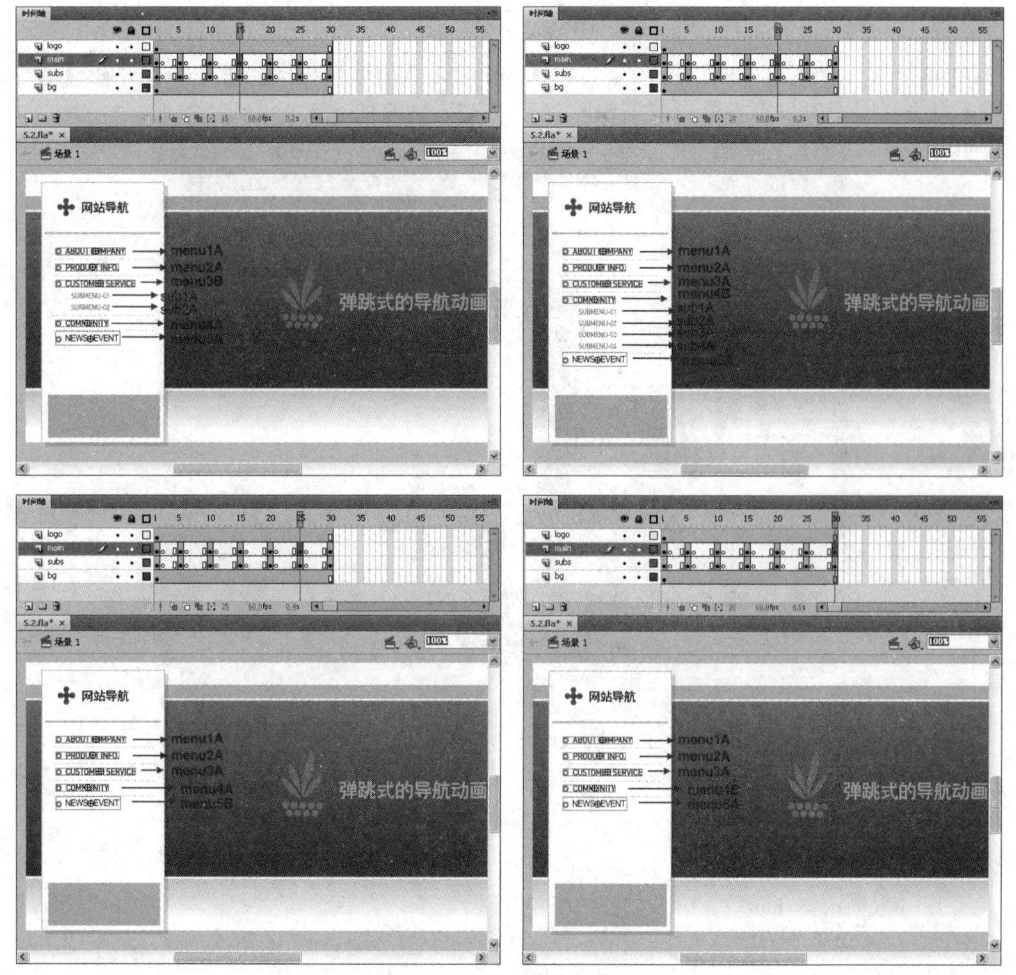

图5-28　制作其他帧的导航项目

08 选择 main 图层的第 1 帧，然后选择该帧下的第 1 个导航项目，打开【属性】面板，并设置影片剪辑元件的实例名称为【o1】，如图 5-29 所示。使用相同的方法，分别设置该帧下的其他导航项目的实例名称为 o2、o3、o4、o5。

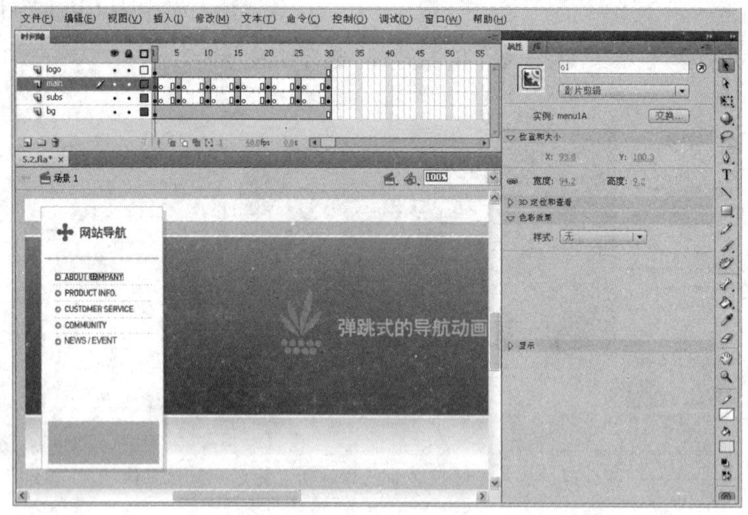

图5-29 设置第1帧的导航元件实例名称

09 在 main 图层上插入一个新图层并命名为【action】，然后选择该图层第 1 帧，并在【动作】面板上输入以下代码，以设置导航影片剪辑的状态，如图 5-30 所示。

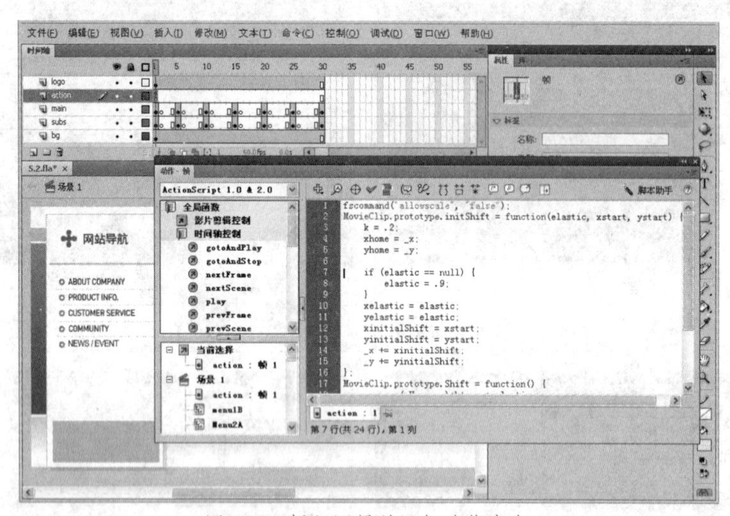

图5-30 插入图层并添加动作脚本

```
fscommand("allowscale", "false");
MovieClip.prototype.initShift = function(elastic, xstart, ystart) {
    k = .2;
    xhome = _x;
    yhome = _y;

    if (elastic == null) {
        elastic = .9;
    }
    xelastic = elastic;
```

```
        yelastic = elastic;
        xinitialShift = xstart;
        yinitialShift = ystart;
        _x += xinitialShift;
        _y += yinitialShift;
};
MovieClip.prototype.Shift = function() {
        xmov = (xHome-_x)*k+xmov*xelastic;
        ymov = (yHome-_y)*k+ymov*yelastic;
        _x += xmov;
        _y += ymov;
};
stop();
```

10 在 action 图层第 5、10、15、20、25、30 帧上插入关键帧，然后为这些关键帧添加停止动作，如图 5-31 所示。

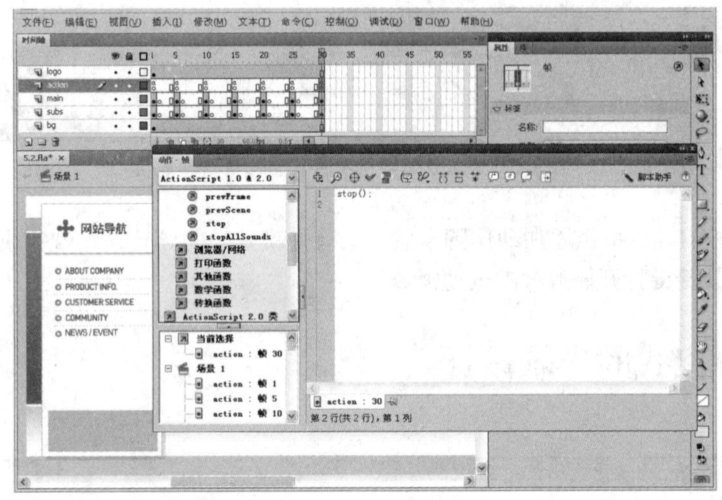

图5-31　插入关键帧并添加停止动作

11 将播放头移到时间轴的第 5 帧，然后选择第 5 帧下的第一个导航项目元件，在【动作】面板上输入设置导航项目位置的动作脚本，接着选择该导航项目二级菜单中的第一个导航按钮，并在【动作】面板上输入设置该导航按钮位置的动作脚本，如图 5-32 所示。

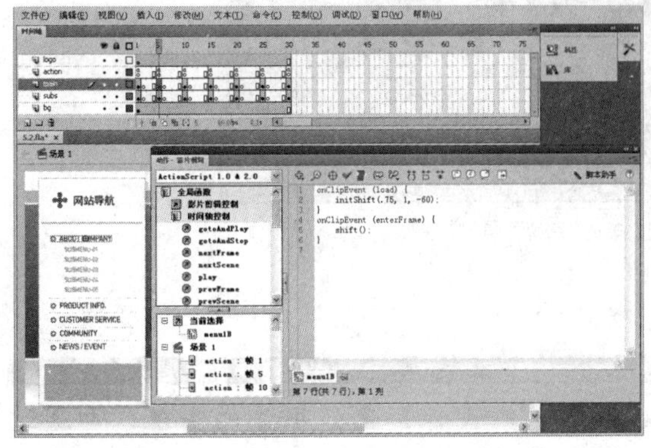

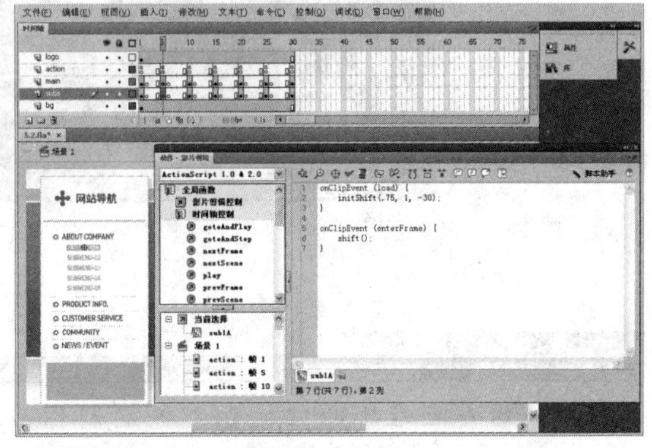

图5-32　添加导航项目和二级菜单按钮的位置动作脚本

12 此时将播放头移到时间轴第10帧，然后选择该帧下的第一个导航项目，在【动作】面板中添加设置导航项目位置的动作脚本，如图5-33所示。最后使用相同的方法，为各个关键帧下的导航项目和导航按钮添加设置位置的动作脚本，具体的动作脚本代码请打开“..\Example\Ch05\5.2_ok.fla”文件来查看，这里不再详细说明。

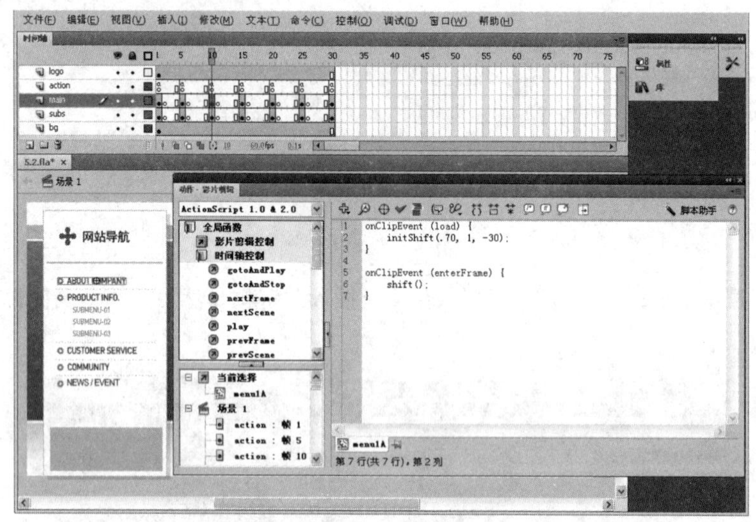

图5-33　添加设置导航项目位置的动作脚本

为所有关键帧的导航按钮添加动作脚本后，具有弹跳效果的导航动画就完成了，此时可以按下【Ctrl+Enter】快捷键打开播放器测试动画效果。

5.3　菜单弹出式的导航设计

制作分析

菜单式的导航动画是很常见的供浏览者选择的导航按钮。本例所介绍的导航动画不仅包含一般菜单式导航简单展开菜单的动作，而且还具有很动感的弹跳效果，当浏览者将鼠标移动到导航项目上，即弹出导航菜单，并在弹出后出现短暂的弹跳效果，如图5-34所示。

图5-34　菜单弹出式的导航动画

制作流程

本例的重点在于介绍按钮元件的制作，导航菜单的设计，鼠标事件的实现，即通过ActionScript语句实现导航菜单展开和收合。

上机实战 菜单弹出式的导航动画设计

01 在光盘中打开“..\Example\Ch05\5.3.fla”练习文件，按下【Ctrl+F8】快捷键打开【创建新元件】对话框，输入元件名称【点击】，类型为【按钮】，然后单击【确定】按钮，如图 5-35 所示。

02 进入元件编辑窗口后，在【点击】帧中插入关键帧，然后使用【矩形工具】在舞台中央绘制一个笔触颜色为【无】，填充颜色为【#FFFFFF】的矩形，如图 5-36 所示。

创建新元件
名称(N): 点击
类型(T): 按钮
文件夹: 库根目录
高级
确定
取消

图5-35 创建按钮元件

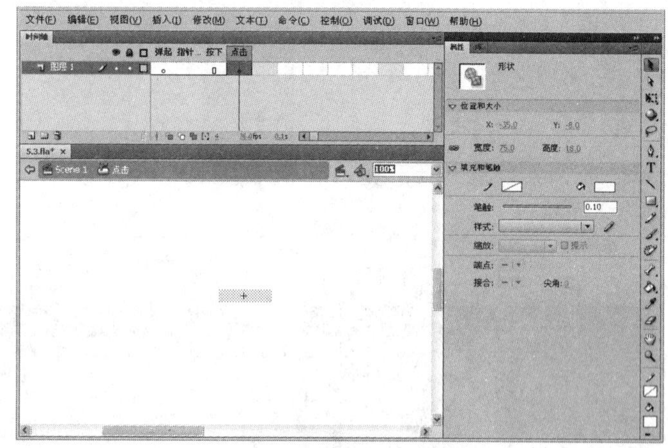

图5-36 绘制矩形

03 返回场景，再新建一个名为“菜单”的元件，并设置类型为【影片剪辑】，如图 5-37 所示。

04 进入元件编辑窗口后，在【颜色】面板中选择【线性】填充类型，接着选择面板下方颜色指示条左侧的颜色指针，设置颜色为【#785698】，再设置右侧颜色指针的颜色为【#CC98FE】，透明度为 50%，最后使用【矩形工具】在舞台中央绘制一个矩形，笔触颜色为【无】，使用【渐变变形工具】设置渐变为从下至上垂直变化，如图 5-38 所示。

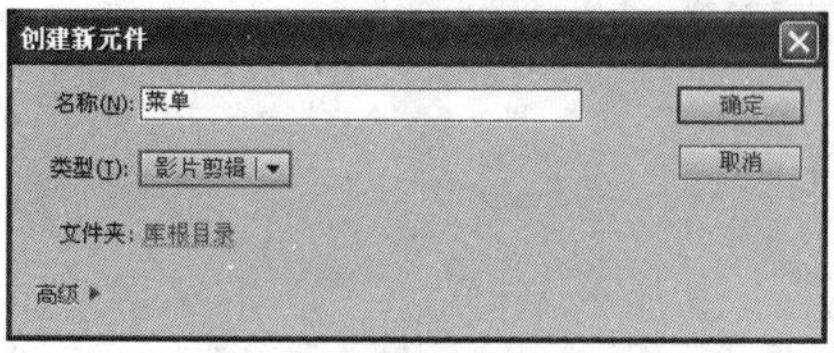

创建新元件
名称(N): 菜单
类型(T): 影片剪辑
文件夹: 库根目录
高级
确定
取消

图5-37 创建影片剪辑元件

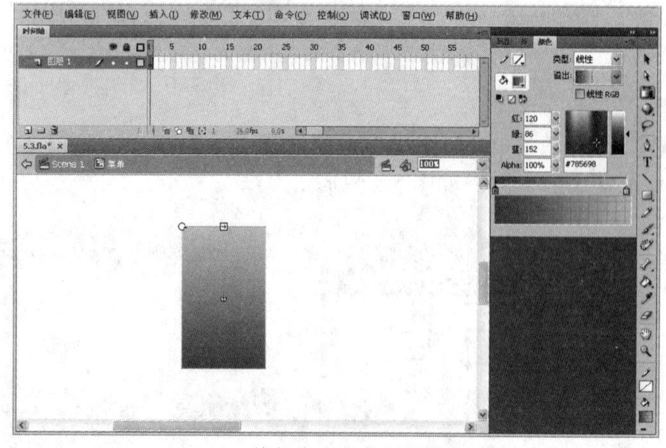

图5-38 编辑渐变颜色并绘制矩形

05 参照步骤 3 和步骤 4 的方法，在【颜色】面板中选择【线性】填充类型，将右侧颜色指针的透明度设置为 100%，然后在原有矩形下方绘制一个矩形，并设置渐变为从下至上垂直变化，如图 5-39 所示。

06 在原有图层上方新建【主菜单】、【子菜单 1】至【子菜单 5】图层，然后分别在各个图层中输入相应的文本内容，如图 5-40 所示。其中【主菜单】文本的字号为 15、颜色为【#000000】，所有子菜单的字号为 12、颜色为【#FFFFFF】，所有文本的字体为【黑体】。

图5-39　绘制菜单下方的矩形

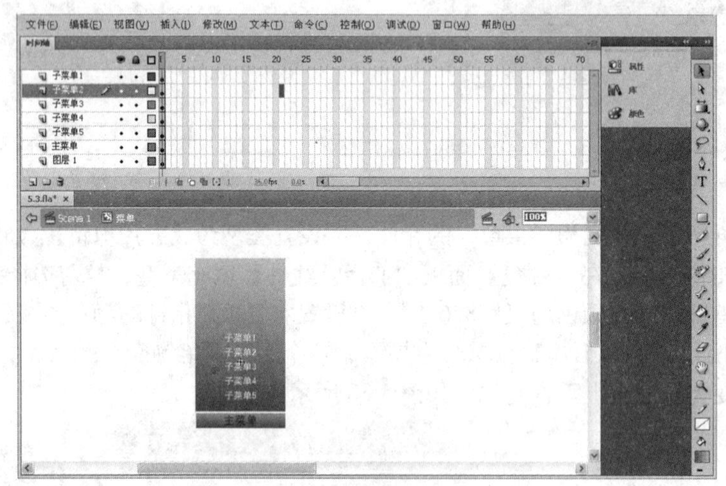

图5-40　制作菜单项目

07 在【子菜单1】图层上方新建【点击】图层，将【库】面板中的【点击】元件分别拖至各个菜单文本的上方，如图5-41所示。

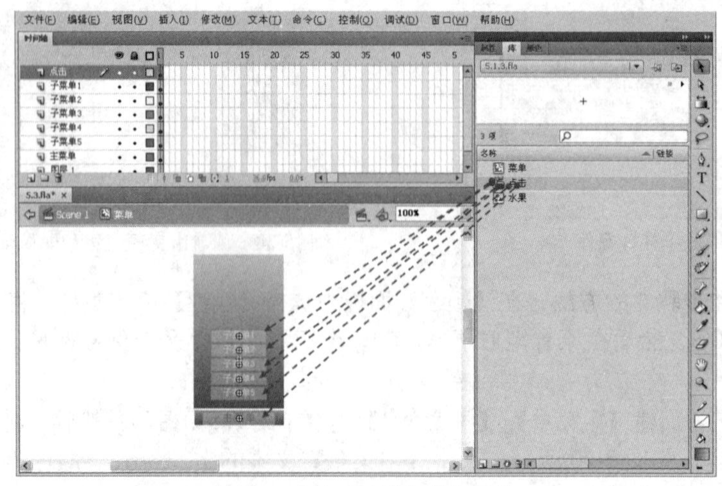

图5-41　加入【点击】按钮元件

08 返回场景编辑窗口，在【水果】图层上方新建【菜单 1】图层，然后将【库】面板中的【菜单】元件拖至舞台合适位置，并通过【属性】面板设置【实例名称】为【menu1】，如图 5-42 所示。

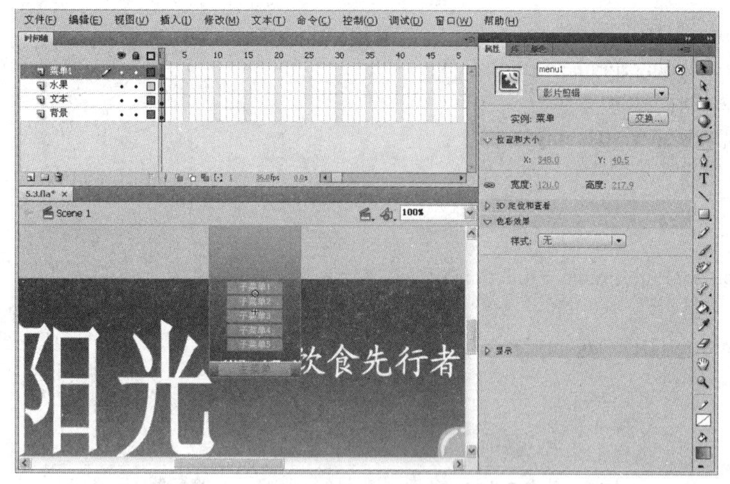

图5-42　将菜单加入舞台

09 参照步骤 8 的方法，新建【菜单 2】至【菜单 5】图层，并为每个图层添加一个【菜单】影片剪辑元件，分别设置实例名称为 menu2、menu3、menu4、menu5，如图 5-43 所示。

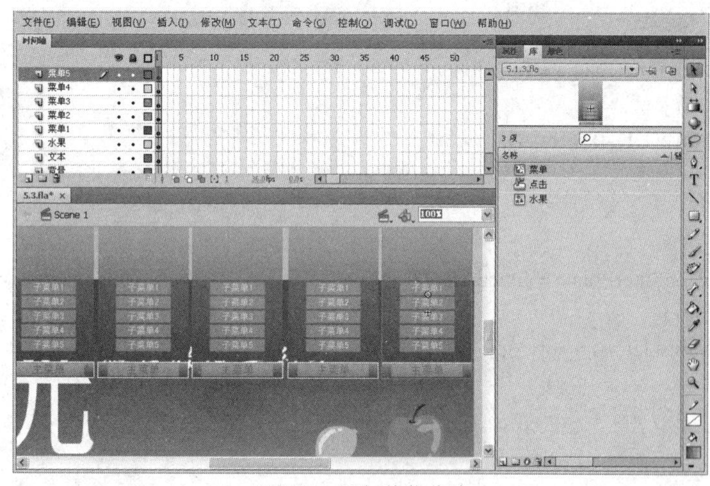

图5-43　添加其他菜单

10 在【菜单 5】图层上方新建【动作】图层，然后按下【F9】快捷键打开【动作】面板，接着输入以下代码（“//” 后面的内容为代码注释）。

```
MovieClip.prototype.eMove = function(a, b, ty) {// 制作菜单抖动效果
var tempy = this._y;
this._y = a*(this._y-ty)+b*(this.prevy-ty)+ty;
this.prevy = tempy;
};

var mty1 = -64;
var mty2 = -64;
var mty3 = -64;
```

```
var mty4 = -64;
var mty5 = -64;

var cputime = 100;
_root.menu1.onEnterFrame = function() {
if (cputime>0) {
	this.eMove(1.1, -0.6, mty1);
}
cputime--;
};
_root.menu2.onEnterFrame = function() {
if (cputime>0) {
	this.eMove(1.1, -0.6, mty2);
}
cputime--;
};
_root.menu3.onEnterFrame = function() {
if (cputime>0) {
	this.eMove(1.1, -0.6, mty3);
}
cputime--;
};
_root.menu4.onEnterFrame = function() {
if (cputime>0) {
	this.eMove(1.1, -0.6, mty4);
}
cputime--;
};
_root.menu5.onEnterFrame = function() {
if (cputime>0) {
	this.eMove(1.1, -0.6, mty5);
}
cputime--;
};

_root.menu1.hit.onRollOver = function() {		//制作下拉菜单效果
_root.cputime = 100;
_root.mty1 = 60;
_root.mty2 = -64;
_root.mty3 = -64;
_root.mty4 = -64;
_root.mty5 = -64;
};

_root.menu2.hit.onRollOver = function() {
_root.cputime = 100;
_root.mty2 = 60;
_root.mty1 = -64;
```

```
_root.mty3 = -64;
_root.mty4 = -64;
_root.mty5 = -64;
};

_root.menu3.hit.onRollOver = function() {
_root.cputime = 100;
_root.mty3 = 60;
_root.mty1 = -64;
_root.mty2 = -64;
_root.mty4 = -64;
_root.mty5 = -64;
};

_root.menu4.hit.onRollOver = function() {

_root.cputime = 100;

_root.mty4 = 60;
_root.mty1 = -64;
_root.mty2 = -64;
_root.mty3 = -64;
_root.mty5 = -64;
};

_root.menu5.hit.onRollOver = function() {

_root.cputime = 100;

_root.mty5 = 60;
_root.mty1 = -64;
_root.mty2 = -64;
_root.mty4 = -64;
_root.mty3 = -64;
};
```

新建图层并添加代码的结果如图5-44所示。至此，网站导航条制作完毕，按下【Ctrl+Enter】快捷键打开播放窗口，即可测试影片效果。

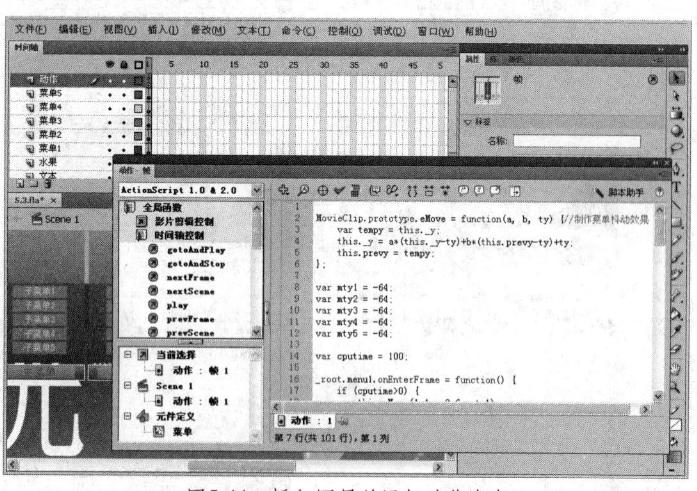

图5-44　插入图层并添加动作脚本

5.4　本章小结

本章通过跟随鼠标导航、弹跳形式导航和菜单弹出式导航3个实例，详细介绍了Flash在目前网站热门的导航动画设计中的应用。读者可以在这些例子上举一反三，将掌握的方法应用到实际设计中。

5.5 上机实训

实训要求：制作一个当鼠标移到导航按钮上方时，即在导航栏下方打开二级菜单的导航条动画。

操作提示：首先将导航条二级菜单项目加入舞台，并设置实例名称，然后加入按钮项目的图形动画元件（“box_cat”影片剪辑）并设置实例名称，接着添加导航按钮菜单项目，再加入按钮元件，最后通过为对象添加动作脚本，让导航条产生打开菜单的效果。导航条动画的制作流程如图5-45所示。

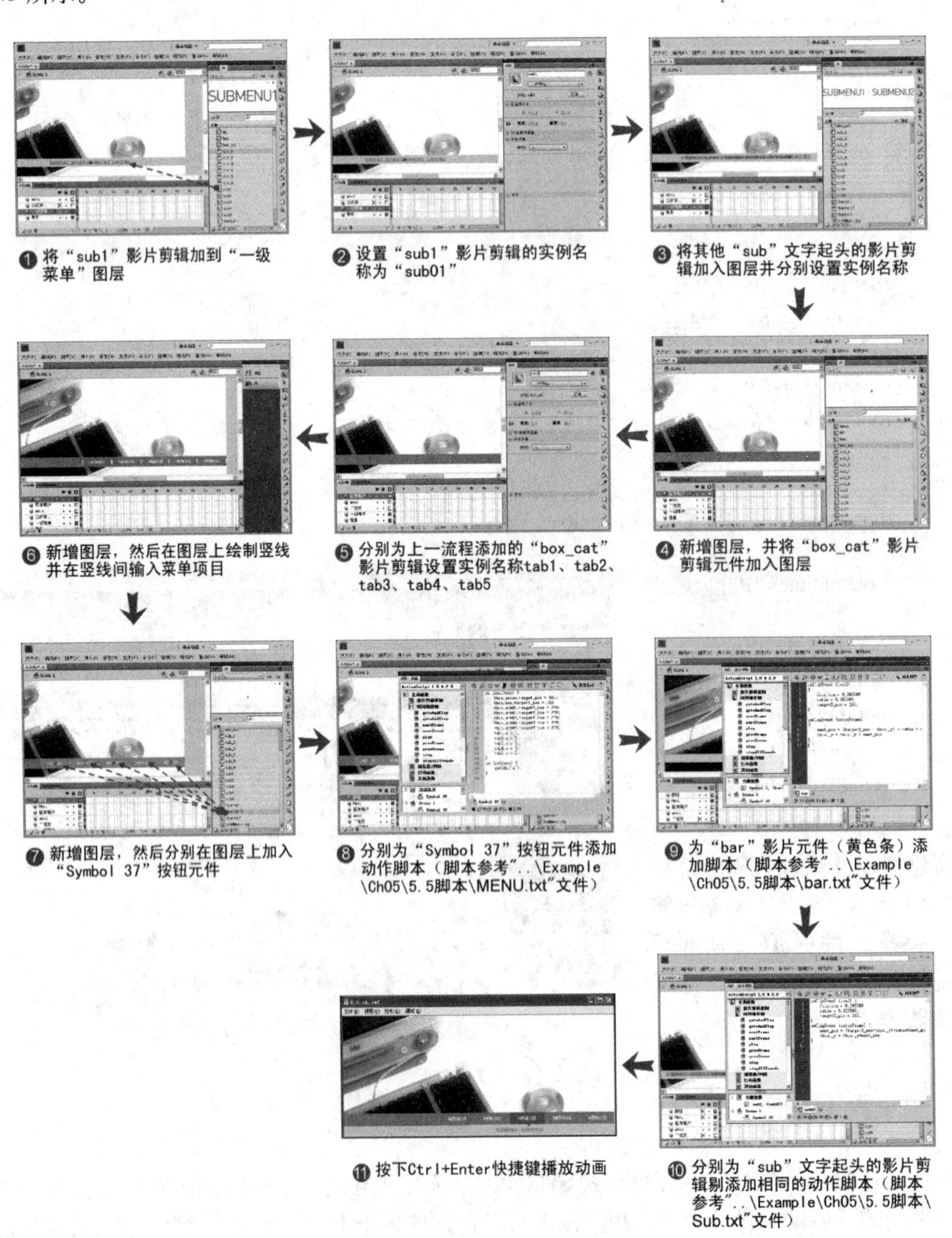

图5-45　导航动画制作流程

第 6 章　电子商务类网站——Pro Web2

从通俗角度来说，电子商务就是指利用计算机及互联网开展的各种商务活动。其中电子是手段，商务是目的，即通过网站的商务运作，达到企业经营和行销的目的。本章将通过电子商务网站——Pro Web2，详细讲解 Flash 在商务网站上的应用。

6.1　电子商务网站——ProWeb2概述

6.1.1　网站开发概述

1. 商务网站的内容

企业的电子商务网站建设是一个非常重要而且实施长远的工程，因此需要对电子商务网站进行很好的规划。那么，企业电子商务网站建设有什么内容和作用呢？

(1) 品牌推广

就品牌推广而言，电子商务网站需要做到：

① 让客户能够寻找到企业，并且通过网站了解你的企业。

② 让客户能够从网站认识到你的所有产品和产品信息，并产生购买欲望。

③ 让客户能够通过网站和你联系，提出他们的意见和建议。

④ 通过网站提升企业和企业产品的品牌影响力和美誉度。

⑤ 让客户能够通过网站，对企业产生信任、支持乃至忠诚感。

因此，要建设一个具有市场策动力的企业品牌商务网站，实现企业品牌形象的高效推广，最好能够具有以下 7 个方面的支持：

① 企业视觉识别系统。

② 信息发布系统。

③ 商品管理系统。

④ 企业短信系统。

⑤ 客户留言与反馈系统。

⑥ 网站内容管理系统。

⑦ 网站宣传规划管理。

(2) 网上行销

网上行销是以互联网为媒体，以新的方式、方法和理念实施行销活动，更有效地促成个人和组织交易活动的实现。网站处于 Internet 的一个公共空间，此空间可以说是一种能超越物理空间的信息空间。利用这种信息空间的电子商务具有巨大的固有潜力，不但能改变我们从事商业活动的途径，而且也能最终完全改变经济结构。

互联网有两大优势，一是互动能力强，二是资料收集能力强。前者可以通过互动产生关系，通过关系建立社群，从而关系行销、口碑行销成为可能；后者则可以帮助了解消费者的生活风格及消费习惯，而为其量身定做各式各样的商品与服务，发挥一对一行销的优势，善用这两大优势才是网上赢的策略。好的网上行销一定是发挥了互动与资料收集的优势，如果只是把网下世界的行销策略搬上网，一定会效率不彰。

2. 商务网站的服务体系

电子商务网站是以商务活动为中心的，而网站的盈利一般通过网站推销服务和产品而获得，所以电子商务网站的基本架构设计既要以商务活动的业务内容、流程、相关规则为基础，又要兼顾电子商务网站的服务体系。

就商务网站的服务推广而言，主要是服务销售和客户管理方面的内容：

① 打造直接面向客户的网络服务销售渠道。

② 向客户传达服务或产品的卖点和细节，让企业的新产品快速推广。

③ 通过客户分析，有效提升老客户的价值。

④ 打造客户互动平台，为企业带来全新增值空间。

⑤ 通过网络向客户提供售后服务，提升服务效率，降低成本。

⑥ 直接面向终端客户，了解客户需求，快速提升产品竞争力。

3. 商务网站的架构

了解了商务网站的服务体系，商务网站的架构将围绕这个服务体系来规划和开发。

（1）确定商务网站功能定位

构建商务网站首先要确定网站所涉及的商务活动的内容、流程。例如在进行网络营销服务网站的设计中，首先要考虑确定网络营销的种类，包括营销面向的对象、营销的流程和跟踪服务、营销的预期成果等信息。确定了商务内容后，将针对这些方面的内容规划网站的功能，例如提供各项详细的营销信息以及流程、提供客户对营销方案的反馈区等。

（2）确定网站的栏目和内容

确定网站的主要栏目和内容，包括网站的管理功能模块、网站的信息发布、网站商务活动以及网站导航栏等。

网站的功能栏目主要反映公司的服务信息和产品说明，以及网站为公司维护客户而设置的功能，例如会员系统、留言板等。

网站业务介绍栏目，内容应包括服务申请流程，网站运行规程等。该栏目使用户对网站的服务有一个明确的了解，是增加网站的会员用户数量和提高网站的使用率必不可少的。

网站的导航栏是网站整体功能的介绍，使用户对网站的功能有一个清晰的了解，也是网站不可缺少的栏目。

（3）商务网站的后台管理

在网站的基本功能和内容确定后，为了保证网站信息的准确性和有效性，应有完善的后台管理和维护系统，进行相关数据的审核，定期进行数据库的维护和备份，进行不同等级会员资格的管理，有效地保证网站的商务运作。

在电子商务网站开发过程中，网站的商业运作模式决定了网站系统设计，一个功能清晰的网站的设计，一定要从公司的经营理年和网站服务体系管理入手。

6.1.2 网站页面展示

对于电子商务类网站项目的开发，重点在于“用美学诠释营销哲学”的理念，如何做到这个理念呢？这就需要做好美学与营销这两点。

本章以一个名为“Pro Web2”的商务网站作为教学范例，该网站以提供网站建设和网络营销服务作为主经营业务，同时提供建站咨询、企业评估、网站系统开发等服务。为了体现这个IT与营销结合的网站主题，在设计上使用了偏向商务化的风格，采用银灰色作为主色调，配搭红色色系的设计，让网页营造出一种强烈的企业服务的感觉，并体现一种现代的美感。此外，网页上使用了多个出色的网站图示素材，加强了网站的商业和大气的风格。为了增强网站的动感，网页上的Logo和导航条均使用动画设计，同时配合一个大尺寸的广告动画效果，充分让网站在动静之间体现企业的营销概念，吸引客户来观摩，如图6-1所示。（本例网页文件为：“..\Example\Ch06\Pro Web2\Pro Web2.html）

图6-1 Pro Web2网站首页

6.1.3 网站页面设计

Pro Web2网站首页使用了传统网站的二分栏结构，并在个栏中细分出不同的信息区域，以便在有效的空间内呈现大量企业重要信息和广告内容。在整个网站首页的配色方面，主要采用了银灰色和红色为主，整体效果显得非常大气，并依照一些图标素材的点缀，让页面在简单的配色下依然有丰富的颜色效果。

1. 页面布局的规划

在设计网页时，可以根据内容的分类和信息的展示需求进行基本区域划分，当基本区域划分后，再进行更加详细的一、二次界面规划。让页面各个区域各司其职，并以最佳的布局呈现，如图 6-2 所示。

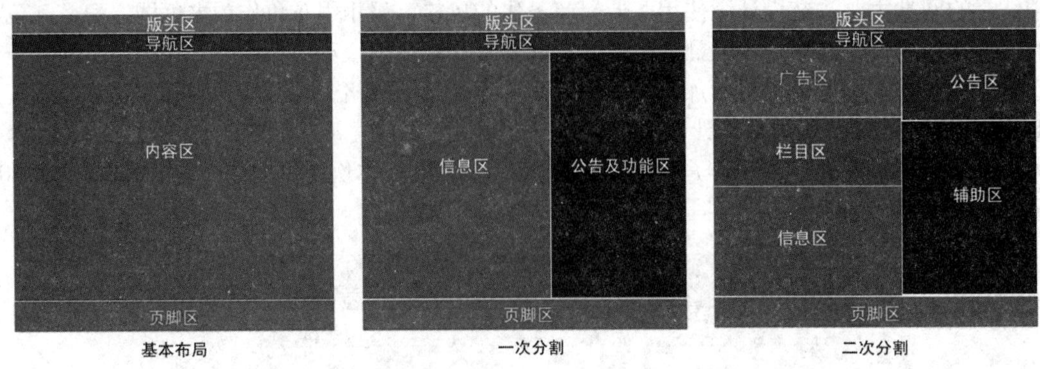

图6-2　页面布局规划

2. 页面的设计

规划好页面后，即可使用图像处理软件设计网页模板。本例首页的内容主要围绕建站服务和网络营销服务展开，在页面的分栏栏目中以对应的图标并配合简介的文字说明来呈现。其中页面上还包括网站广告、最新动态和相关功能链接，方便网友了解企业的重要信息。如图 6-3 所示为使用 Photoshop 设计的 Pro Web2 网站首页。

图6-3　页面内容的编排

3. 页面的切割

设计好网页模板后，还需要将模板进行切割处理，即将整个模板分成多个切片。如图 6-4 所示为网页模板在 Photoshop 中划分切片的效果；如图 6-5 所示为将模板保存成网页后切片自动生成的图片。

图6-4　切割网页模板

图6-5　将模板保存成网页后切片自动生成的图片

6.1.4　网站动画特效

为了增强网站的动感，本例网站首页上的 Logo、导航条以及广告均使用动画设计，充分让网站在动静之间体现企业的营销概念。本例制作的 Flash 动画均以独立的形态构成，每个动画由多个元素构成一个影片，而这些元素需要与页面整体效果相衬，因此在制作过程中需要考虑整体协调性。

要顾及动画与页面的整体协调性，最简单的方法是从设计页面的模板中取材，例如 Logo 动画的背景、Logo 图片；或者导航条的背景、分隔线等，这些素材都可以从页面的设计模板中获得。

获得的方法是将设计好的页面模板进行切片（如图 6-6 所示），然后将一些需要作为 Flash 动画元素的预先保存，例如 Logo 切片中的 Logo 文字可以先保存为背景透明的图片（PNG 或 GIF 格式），接着将 Logo 的背景图再保存成另一图片，后续即可以将 Logo 文字图和背景图导入 Flash，通过 Flash 进行制作。如图 6-7 所示将 Logo 背景和 Logo 文字分成两个图片，并导入 Flash 中制作成动画。

同理，制作其他动画效果前，先从网页模板中获取必要的素材，然后将素材导入到 Flash，通过 Flash 进行组织和添加动画特效。本例的 Flash 动画效果如图 6-8 所示。

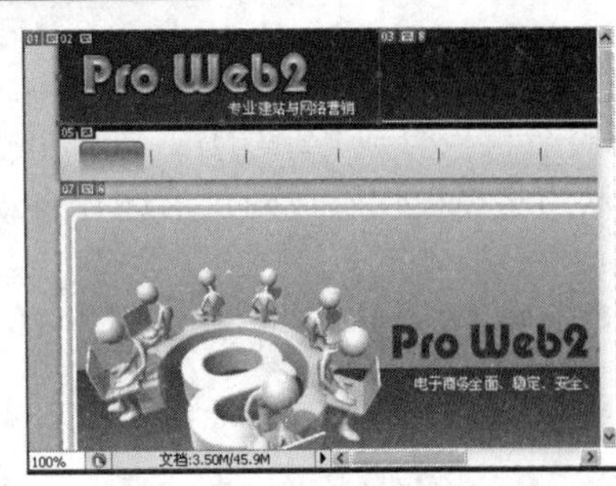
图6-6　网页模板的切片处理

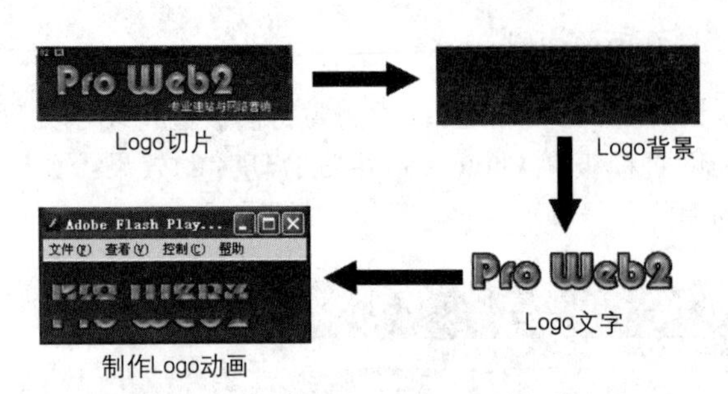

图6-7　获取素材并利用素材制成动画

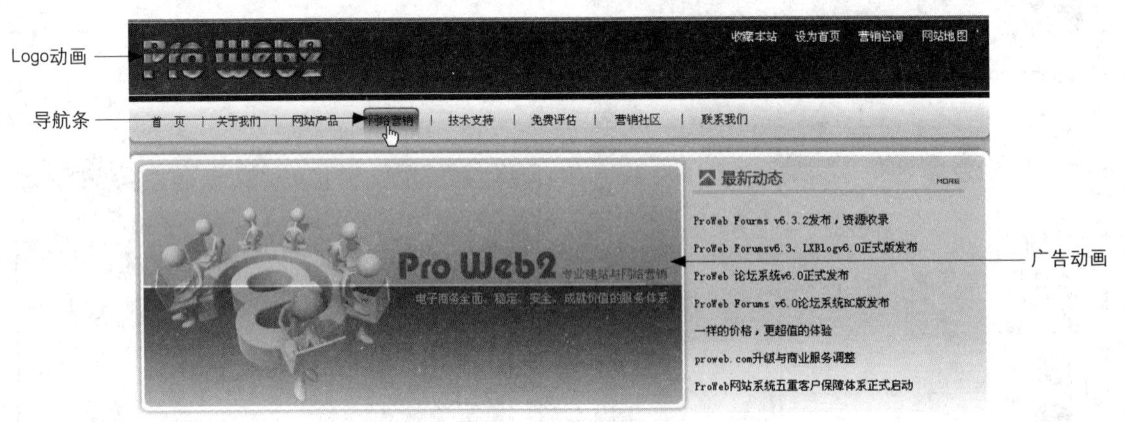

图6-8　本例的Flash动画效果

6.2　按钮弹出并发声的导航条

制作分析

本例制作一个包含多个按钮的导航条动画，其中按钮在默认状态下只在背景下显示按钮文字，当鼠标移到按钮文字上时，就会从下而上弹出一个圆角矩形图形，并同时发出“咻”的声音。导航条的效果如图6-9所示。

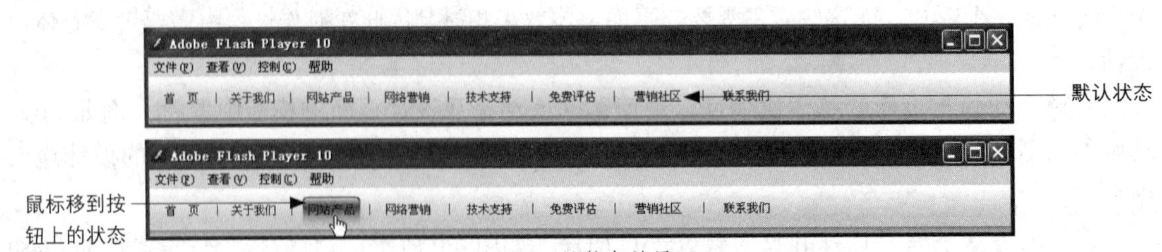

图6-9　导航条效果

制作流程

首先绘制与设置按钮弹出的图形，然后通过按钮的不同状态设置，让按钮的图形随着鼠标不同的状态而产生不同的效果，最后在按钮上添加声音。整个导航条动画制作的过程如图6-10所示。

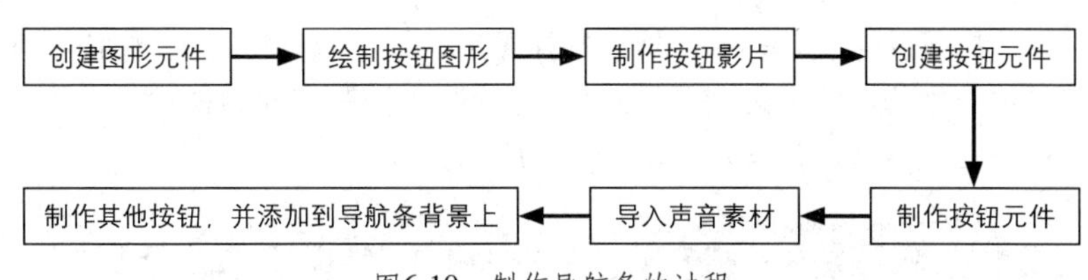

图6-10　制作导航条的过程

上机实战　制作导航条动画

01 在本书光盘中打开“..\Example\Ch06\6.2\6.2.fla”练习文件，然后选择【插入】|【新建元件】命令，打开【创建新元件】对话框后，设置元件名称并选择元件类型为【图形】，最后单击【确定】按钮，如图6-11所示。

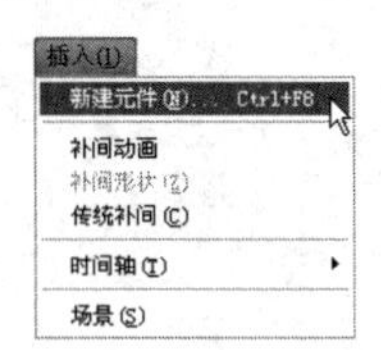

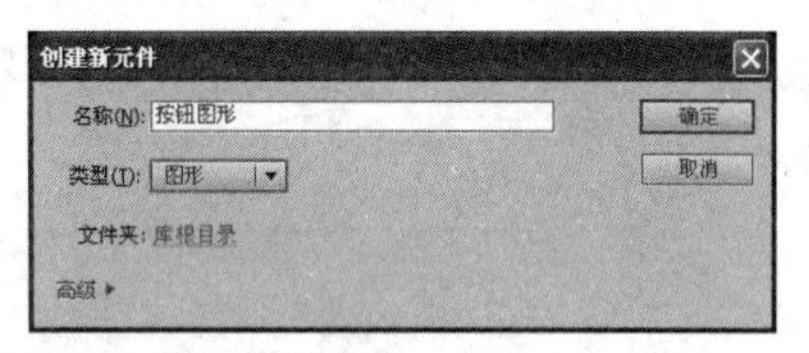

图6-11　创建图形元件

> **提示** 按下【Ctrl+F8】快捷键也可以打开【创建新元件】对话框。

02 创建图形元件后将直接进入该元件的编辑窗口，在工具箱中选择【矩形工具】，打开【属性】面板，设置矩形选项中的半径为5，填充颜色为【深红色】，接着在舞台上绘制一个圆角矩形，如图6-12所示。

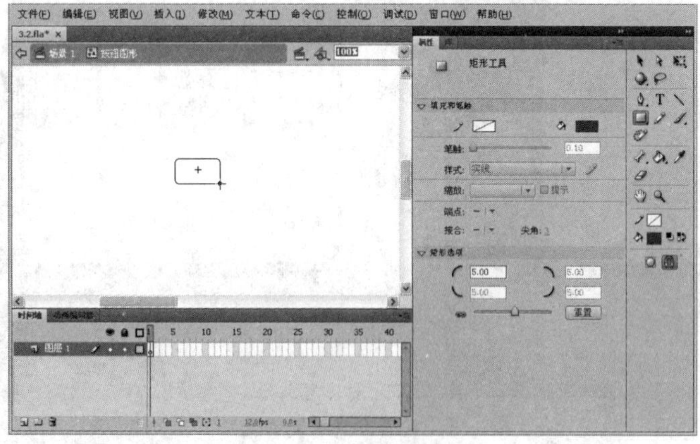

图6-12　绘制圆角矩形

> **提示** 元件是指在Flash创作环境中创建的图形、按钮或影片剪辑。元件一旦被创建，就可以在Flash文件中重复使用。同时，任何元件在创建后都会被自动添加到【库】面板中。
>
> (1) 图形元件主要用于静态图形。
>
> (2) 按钮元件用于创建响应鼠标事件（弹起、指针经过、按下等）的交互式按钮。
>
> (3) 影片剪辑用来创建独立于主时间轴的动画片断。

03 绘制图形后，选择【选择工具】，然后选择图形，按下【Shift+F9】快捷键打开【颜色】面板，设置图形的颜色类型为【线性】，将颜色轴左边的颜色控制点向右移动，再选择颜色轴右边的控制点，设置该点颜色的 Alpha 为 0%，如图 6-13 所示。

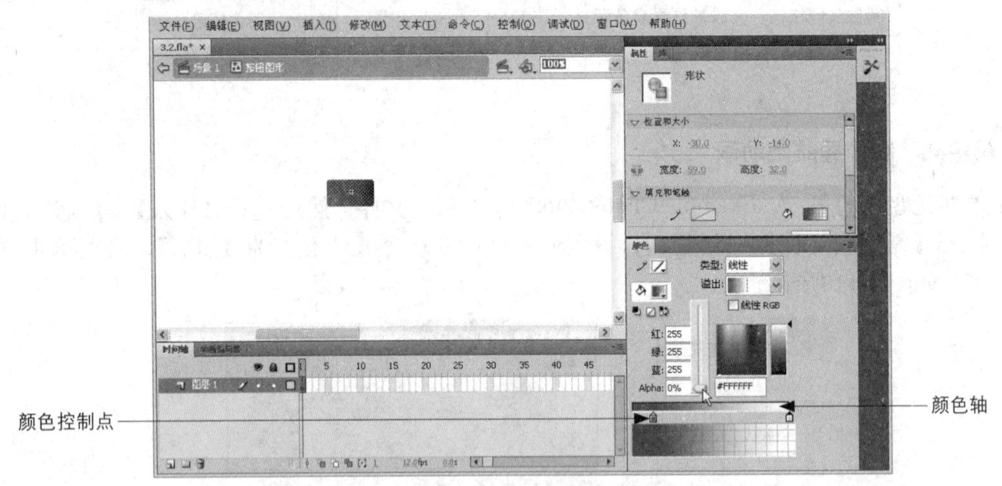

图6-13　更改图形的填充颜色

04 在工具箱中选择【渐变变形工具】，选择图形，此时将出现变形控制点。用鼠标按住圆形的变形控制点，旋转 90°，让红色到透明的渐变效果从上到下变化，接着按住方形的变形控制点，向上移动，缩小图形渐变的高度，如图 6-14 所示。

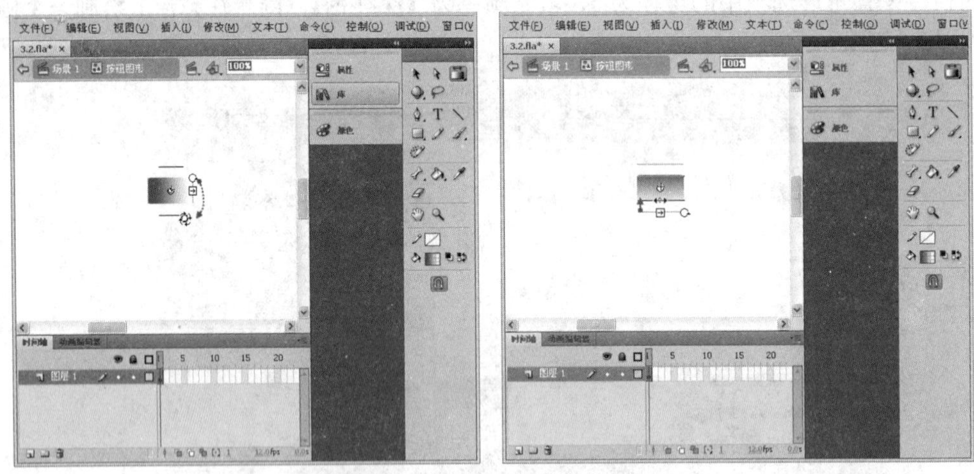

图6-14　调整图形渐变填充效果

05 在【时间轴】面板左下方单击【插入图层】按钮，插入图层 2，接着选择【矩形工具】，设置矩形边角半径为 5、填充颜色为【深红色】，然后在舞台上绘制一个圆角矩形，如图 6-15 所示。

06 绘制圆角矩形后，使用【选择工具】选择图形，然后打开【颜色】面板，更改图形的填充颜色为【白色】、填充类型为【线性】，接着选择颜色轴右边的控制点，设置该点颜色的 Alpha 为 0%，如图 6-16 所示。

07 按照步骤 4 的方法，将圆角矩形的渐变填充效果更改为从上往下由白色到透明填充，然后将图形移到步骤 2 绘制的圆角矩形上，制作成具有水晶效果的按钮图形，如图 6-17 所示。

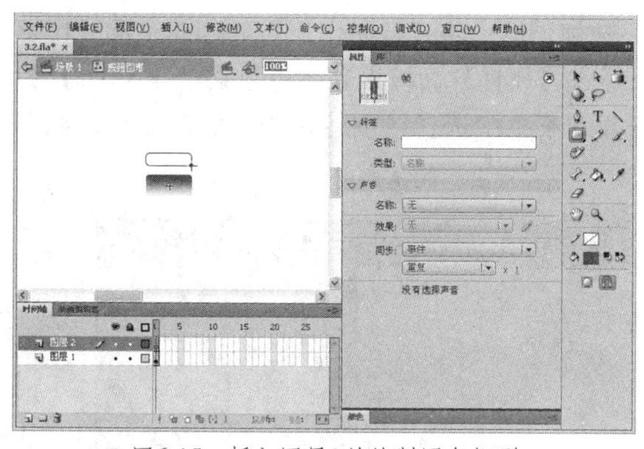

图6-15 插入图层2并绘制圆角矩形

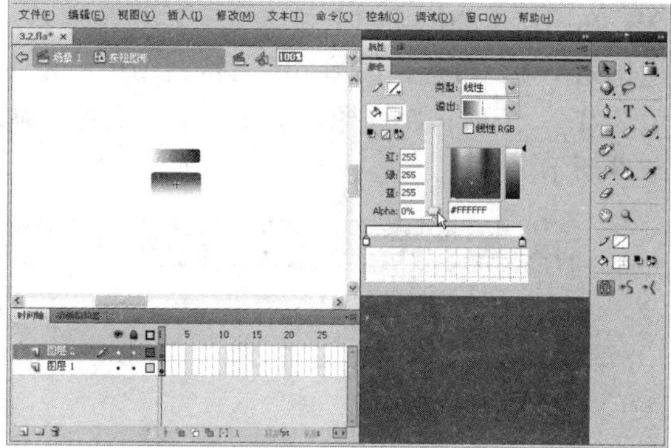

图6-16 更改图形颜色

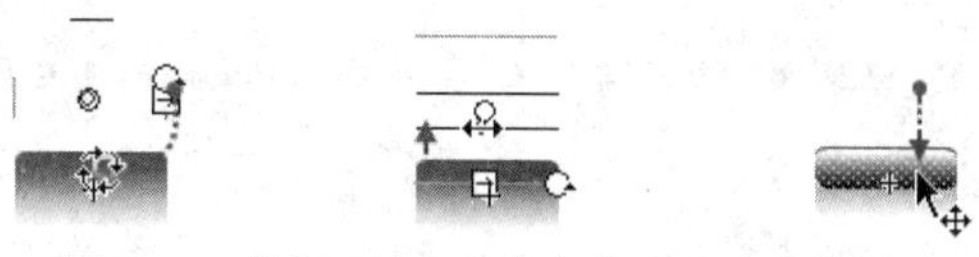

图6-17 调整图形渐变填充效果并移动图形

提示 【渐变变形工具】主要用于变形渐变效果，包括调整渐变的范围、宽度、方向和渐变中心的位置。在工具箱中选择【渐变变形工具】(或者在英文输入状态下按下【F】键)，然后单击使用了渐变填充的图形，即会出现渐变控制点，如图 6-18 所示。

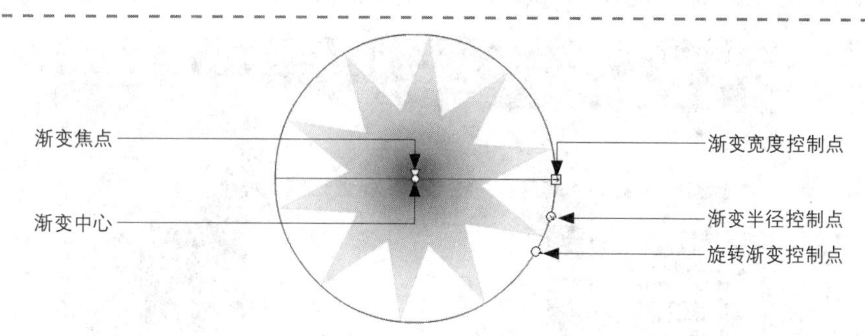

图6-18 渐变控制点

08 选择【插入】|【新建元件】命令，打开【创建新元件】对话框后，设置元件名称并选择元件类型为【影片剪辑】，然后单击【确定】按钮。接着按下 Ctrl+L 快捷键打开【库】面板，将【按钮图形】元件拖入舞台上，如图 6-19 所示。

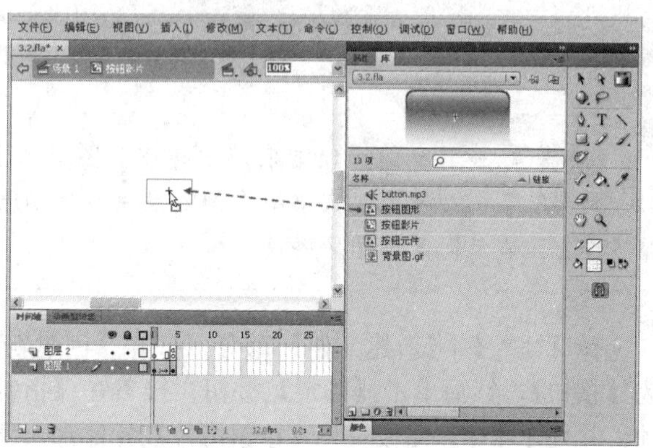

图6-19 创建影片剪辑元件并加入按钮图形

09 在图层 1 的第 4 帧上按下【F6】功能键插入关键帧，然后将【按钮图形】元件向上移，接着选择第 1 帧，再选择该帧下的【按钮图形】元件，通过【属性】面板设置颜色效果中【Alpha】数值为 0%，最后再次选择第 1 帧，单击右键，从打开的菜单中选择【创建传统补间】命令，如图 6-20 所示。

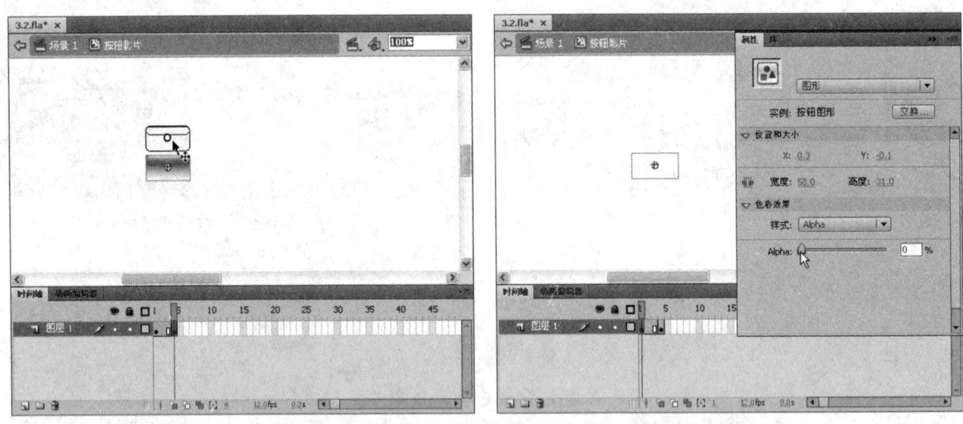

图6-20　插入关键帧并调整元件位置和颜色，最后创建传统补间动画

10 在【时间轴】面板左下方单击【插入图层】按钮，插入图层 2，然后在图层 2 第 4 帧上按下 F7 功能键插入空白关键帧，接着按下【F9】功能键打开【动作】面板，并在【动作】列表中双击【stop】动作，为空白关键帧添加“stop();”动作，如图 6-21 所示。

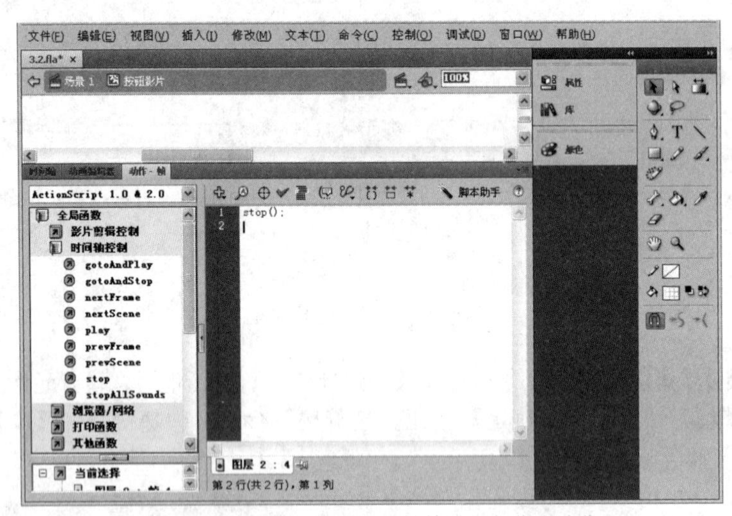

图6-21　插入图层和空白关键帧并添加停止动作

提示　步骤 9 的操作结果是创建按钮图形向上移动的补间动画，即后续当鼠标移到导航条的按钮上时弹出图形的效果。步骤 10 的目的是让时间轴播放到第 4 帧上即停止，避免时间轴循环播放。

11 选择【插入】|【新建元件】命令，打开【创建新元件】对话框后，设置名称为【首页】、类型为【按钮】，然后单击【确定】按钮，接着在【指针经过】帧上按下【F7】功能键插入空白关键帧，并打开【库】面板，将【按钮影片】元件加入到舞台，如图 6-22 所示。

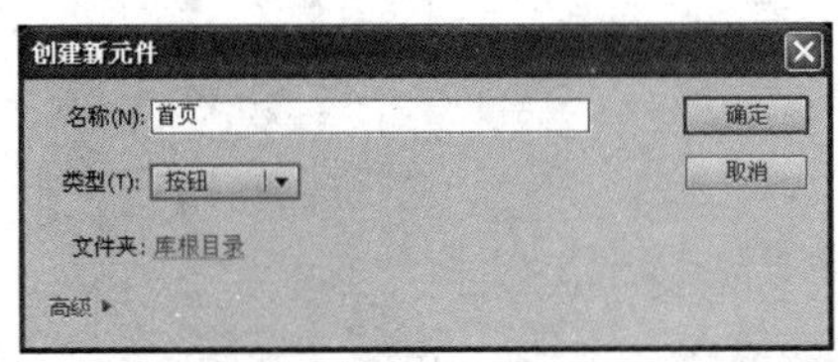
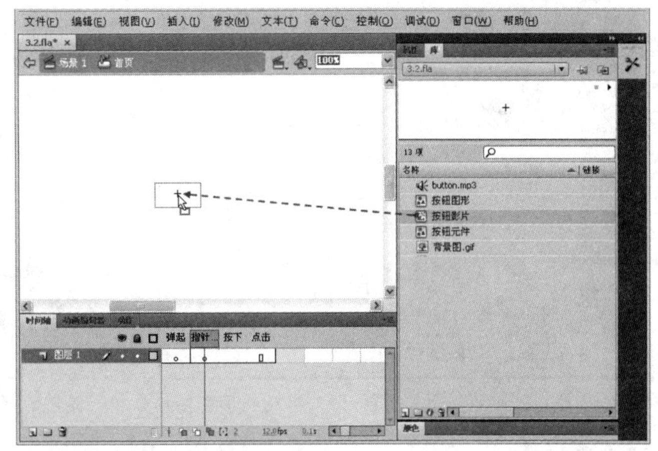
图6-22 创建按钮元件并加入影片剪辑

12 在按钮元件的时间轴的【点击】帧上插入空白关键帧，然后选择【矩形工具】，在舞台上绘制一个圆角矩形图形，作为点击按钮的激活区，如图 6-23 所示。

提示 绘制圆角矩形时必须注意，该图形应该与【按钮影片】元件内的按钮图形向上移动的最后位置一致（即在舞台上的【按钮影片】元件的 Y 轴中偏上的位置），以便可以让鼠标移到圆角矩形区域中时即让按钮弹出步骤 7 所制作的图形。

13 在【时间轴】面板左下方单击【插入图层】按钮，插入图层 2，然后在【点击】帧的图形位置上输入按钮文字，并设置如图 6-24 所示的属性。

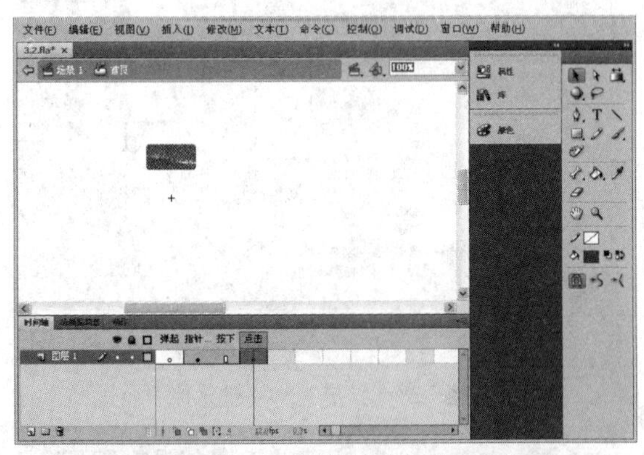
图6-23 插入空白关键帧并绘制圆角矩形

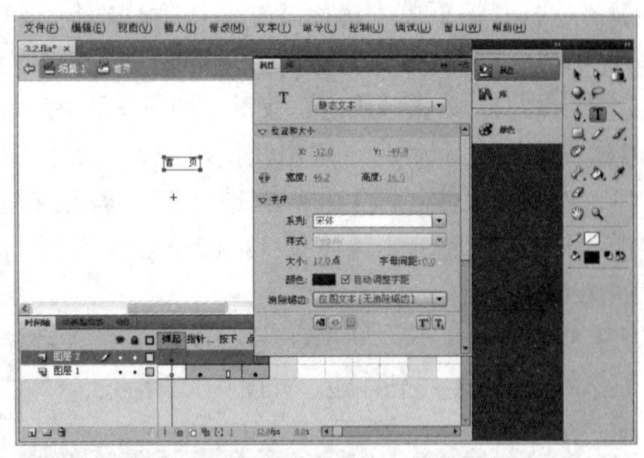
图6-24 插入图层并输入按钮文字

14 选择【文件】|【导入】|【导入到库】命令，打开【导入到库】对话框后，在本书光盘的“..\Example\Ch06\6.2\”文件夹中选择声音素材，单击【打开】按钮，接着在按钮元件的时间轴上插入图层 3，在【指针经过】帧上插入空白关键帧，最后选择该空白关键帧，通过【属性】面板为该帧设置声音，如图 6-25 所示。

15 在按钮元件时间轴的【按下】帧上单击右键，从打开的菜单中选择【清除关键帧】命令，清除该帧，如图 6-26 所示。

16 在按钮元件编辑窗口中单击【场景 1】按钮返回场景 1，然后在时间轴上插入图层 2，并从【库】面板中将【首页】按钮加入到导航条左边，如图 6-27 所示。

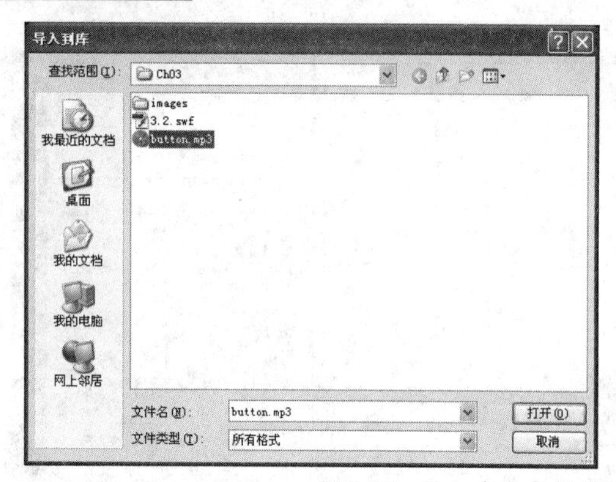

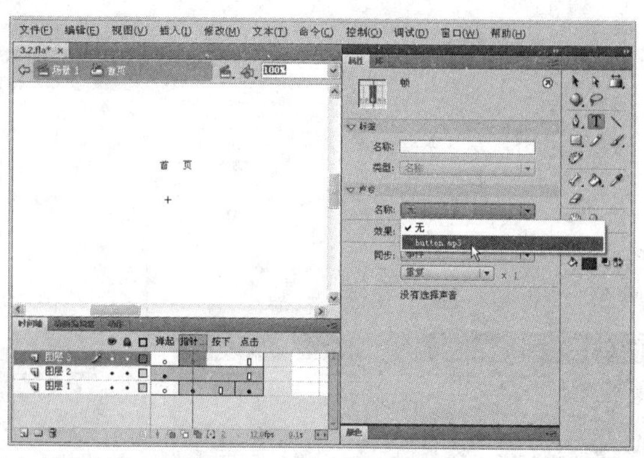

图6-25　导入声音素材并添加到按钮的【指针经过】帧上

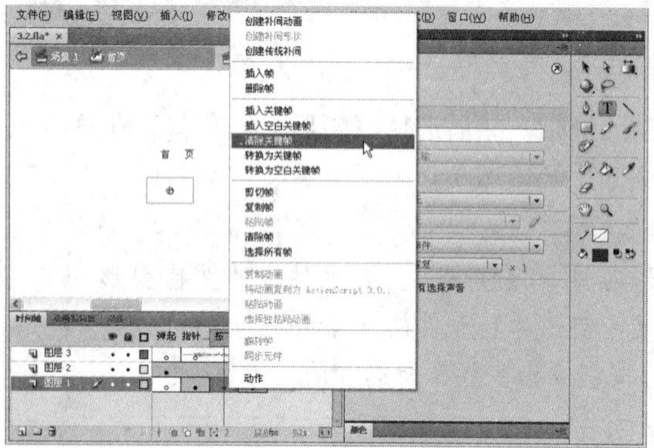

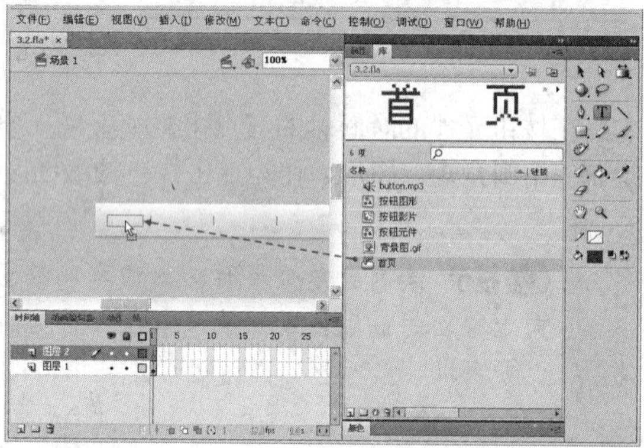

图6-26　清除关键帧

图6-27　返回场景并添加导航条按钮

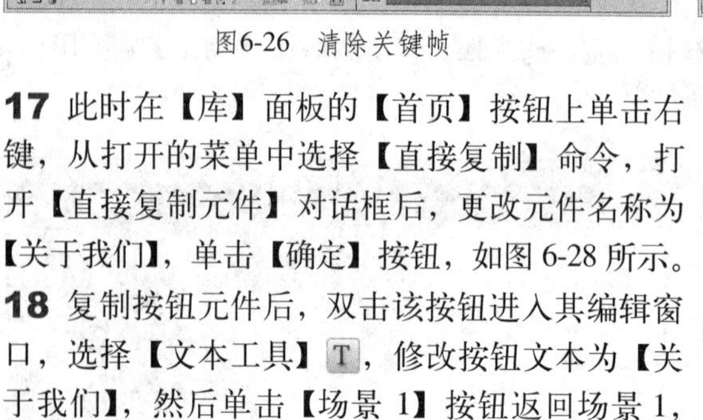

17 此时在【库】面板的【首页】按钮上单击右键，从打开的菜单中选择【直接复制】命令，打开【直接复制元件】对话框后，更改元件名称为【关于我们】，单击【确定】按钮，如图 6-28 所示。

18 复制按钮元件后，双击该按钮进入其编辑窗口，选择【文本工具】T，修改按钮文本为【关于我们】，然后单击【场景 1】按钮返回场景 1，如图 6-29 所示。

19 返回场景 1 后，将【关于我们】按钮拖入到导航条的【首页】按钮右边，如图 6-30 所示。

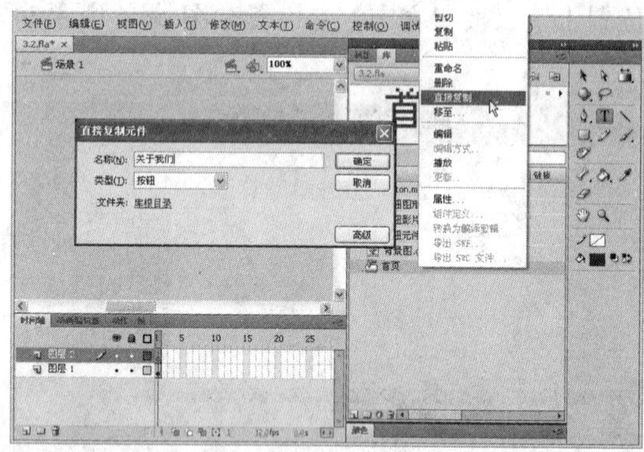

图6-28　直接复制按钮元件

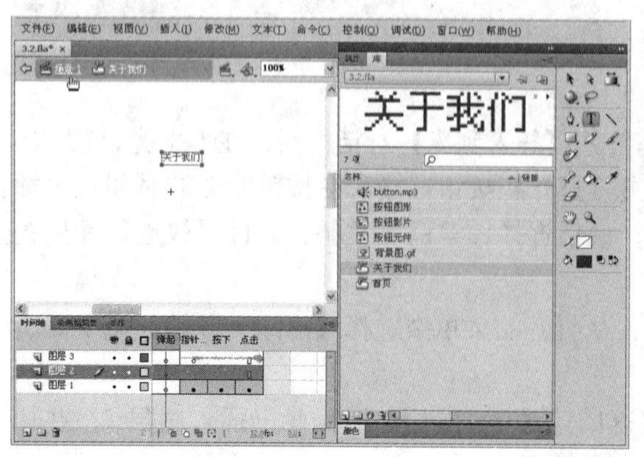

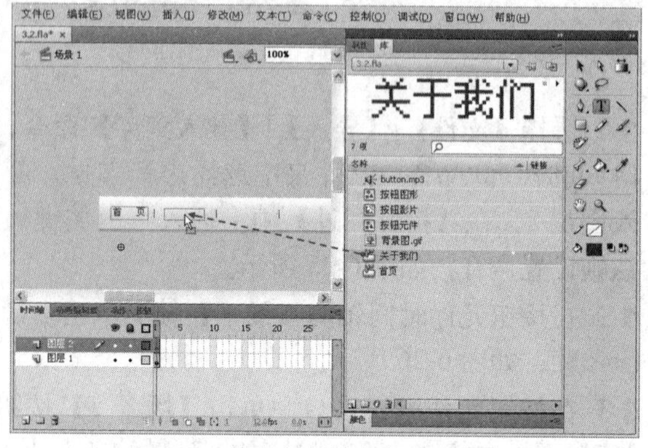

图6-29　更改按钮文字

图6-30　将复制的按钮加入导航条上

20 按照步骤 17 到步骤 19 的方法，直接复制多个按钮，然后根据导航条的制作需求修改各个按钮的文字，并将按钮添加到导航条上，结果如图 6-31 所示。

21 设置好导航条按钮后，即可将文件发布成动画。首先选择【文件】|【发布设置】命令，打开【发布设置】对话框后，在【格式】选项卡中选择【Flash】格式，接着在【Flash】选项卡上设置发布选项，如图 6-32 所示，最后单击【发布】按钮。

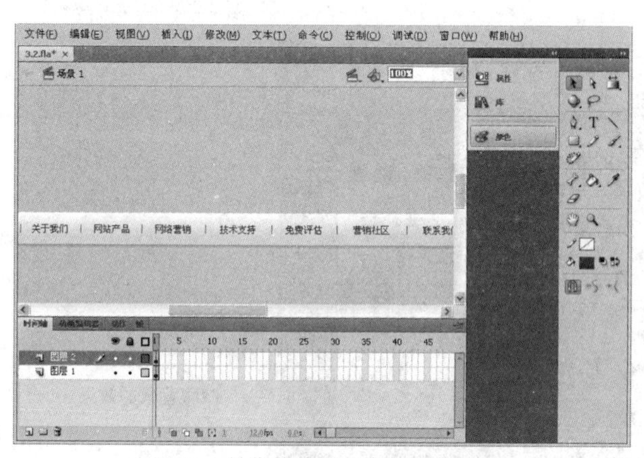

图6-31　制作其他导航条按钮的结果

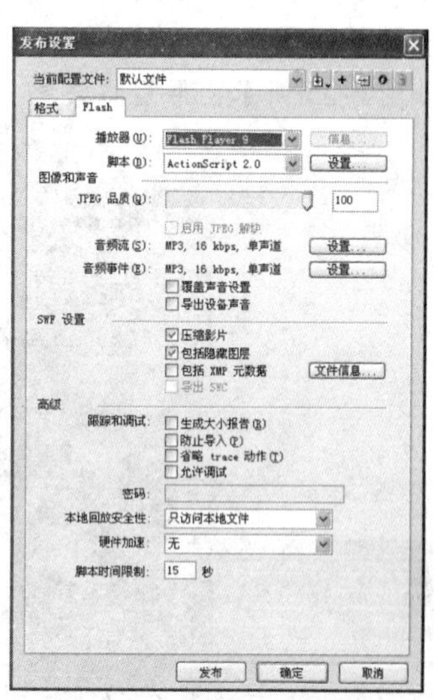

图6-32　发布Flash动画

6.3　分层变化组合的网站Logo

制作分析

本例制作一个分层变化最后组合在一起的Logo动画。所谓分层组合是指将Logo文字从水平方向分成几块，然后分别为各文字块制作动画，最后将文字块依照正确的Logo文字图形依序组合起来，形成一个完整的Logo文字效果。分层变化组合的网站Logo效果如图6-33所示。

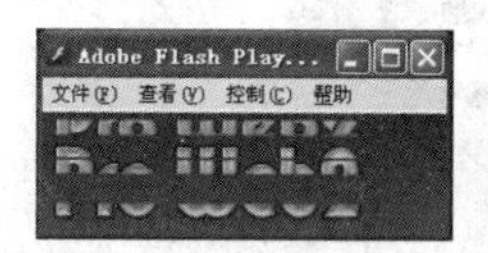

图6-33　分层变化最后组合的Logo动画

制作流程

首先将Logo背景和文字图片导入到Flash，将Logo文字图片分离成图形，并分成几部分，然后将各部分图形转换成图形元件，并通过时间轴分别为元件制作补间动画，接着将动画影片剪辑加入Logo背景上，再制作Logo图形下的宣传文字动画，最后测试动画并将动画发布。制作过程如图6-34所示。

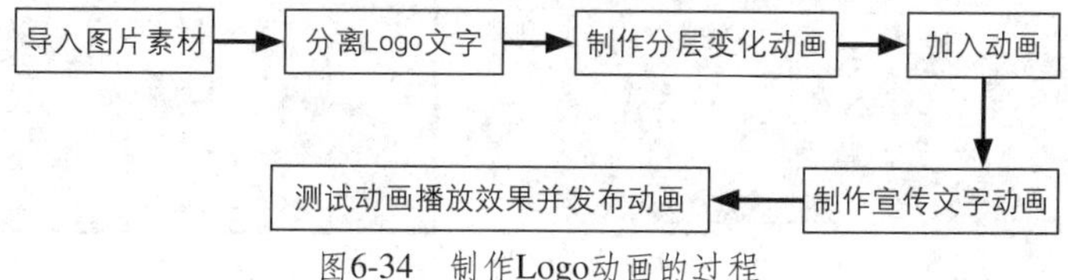

图6-34　制作Logo动画的过程

上机实战　制作Logo动画

提示　本例制作的Logo动画的素材包括Logo背景和Logo文字，其中Logo文字需要进行去背景处理，以便后续在Flash中不会产生多余的背景效果。Logo文字去背景处理很简单，只要将文字在Photoshop中移到一个新文档，然后隐藏背景图层，如图6-35所示，最后将文档保存为PNG或GIF格式的图片即可。

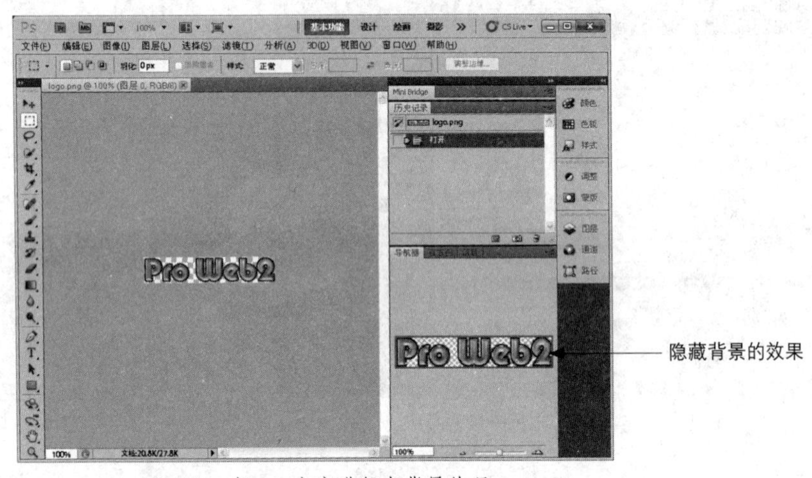

图6-35　对Logo文字进行去背景处理

01 在本书光盘中打开“..\Example\Ch06\6.3\6.3.fla”练习文件，然后选择【文件】|【导入】|【导入到舞台】命令，打开【导入】对话框后，选择光盘“..\Example\Ch06\6.3”文件夹的“Logo背景图.jpg”图片，单击【打开】按钮，如图6-36所示。

图6-36　导入Logo背景图到舞台

02 在工具箱中选择【选择工具】，然后选择Logo背景图，在【属性】面板中设置X、Y位置为0，接着单击【编辑】按钮，并在打开的【文档设置】对话框中设置尺寸为251像素×74像素，最后单击【确定】按钮，如图6-37所示。

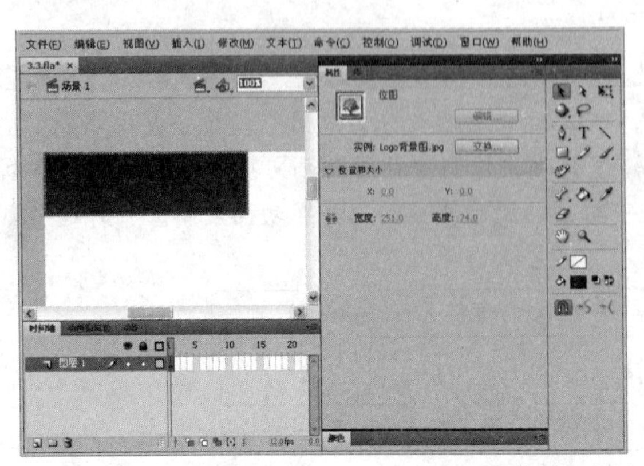
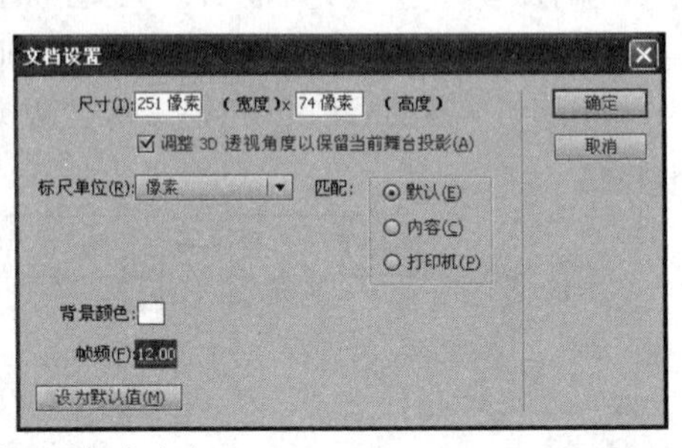

图6-37　调整背景图位置并设置舞台大小

03 选择【文件】|【导入】|【导入到舞台】命令，打开【导入】对话框后，选择“Logo.png”图片，单击【打开】按钮，将Logo图片导入到舞台。然后选择导入的Logo图片，选择【修改】|【分离】命令，将图片分离成为填充图形，如图6-38所示。

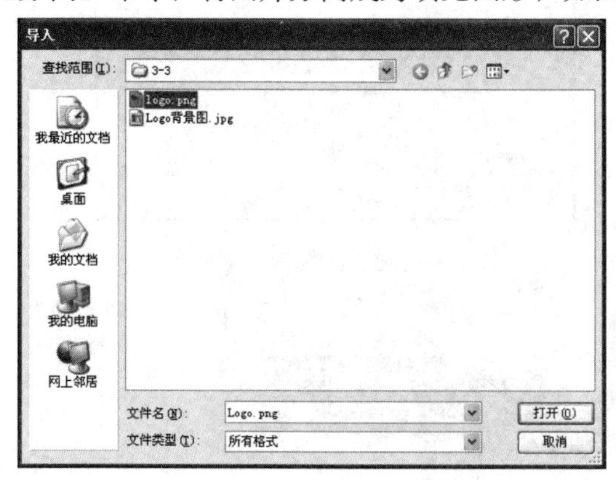

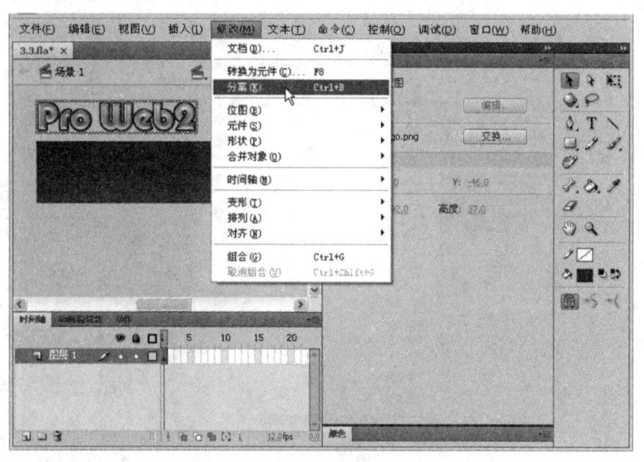

图6-38　导入Logo并分离Logo图片

04 在工具箱中选择【选择工具】，然后在Logo文字上方拖出一个矩形选框，该选框将包含Logo文字上面一部分内容，接着使用【选择工具】将被选中的图形往上移动，使之与原来的Logo文字分开，如图6-39所示。

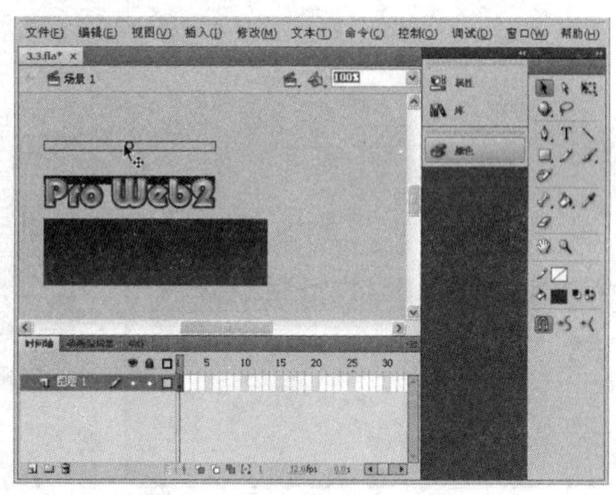

图6-39　分割logo文字图形

05 按照步骤4的方法，将其余的Logo文字分成几个部分，并分别将各部分移开，避免它们连接在一起，结果如图6-40所示。

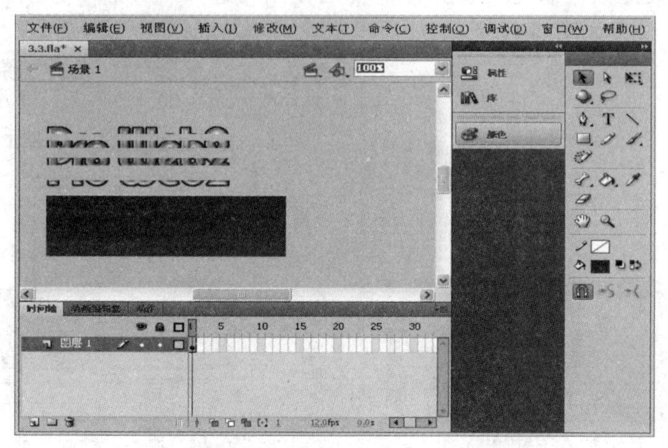

图6-40　分割logo文字图形

06 选择第1个被分割出来的Logo文字图形，单击右键，从打开的菜单中选择【转换为元件】命令，打开【转换为元件】对话框后，设置元件名称和元件类型，单击【确定】按钮。最后按照相同的方法，将其他部分的Logo文字图形转换成为图形元件，如图6-41所示。

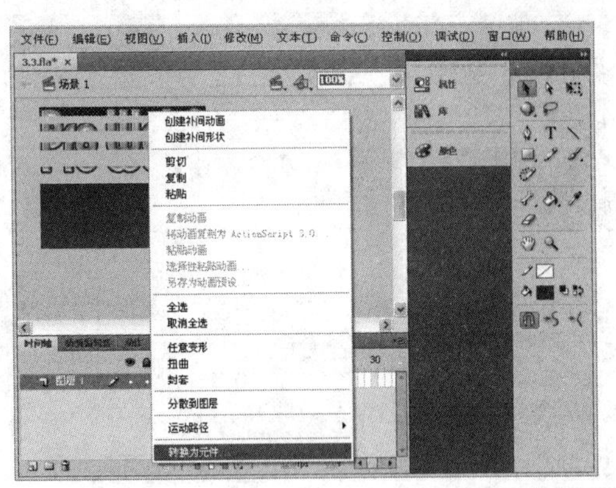

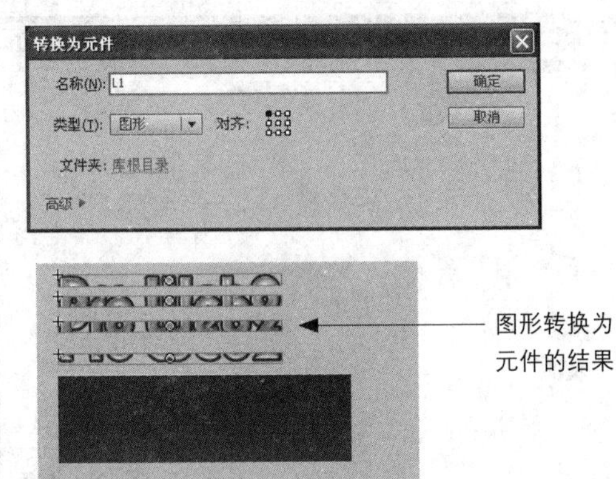

图6-41　将图形转换成为元件

07 选择【插入】|【创建新元件】命令，打开【创建新元件】对话框后，设置元件名称为【Logo动画】、类型为【影片剪辑】，单击【确定】按钮，接着将步骤6生成的图形元件依次加入影片剪辑内，并分别放在不同图层上，如图6-42所示。

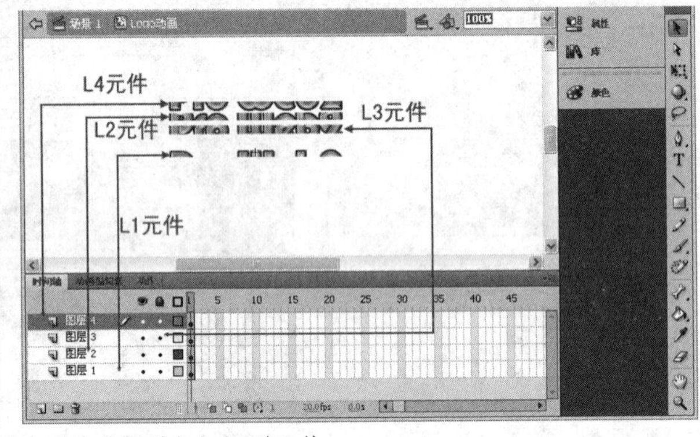

图6-42　创建影片剪辑并加入图形元件

08 将图形元件加入到影片剪辑后，分别在图层1第8帧、图层2第12帧、图层3第16帧、图层4第20帧上插入关键帧，如图6-43所示。然后使用【选择工具】分别调整各个图形元件在该关键帧下的位置，结果如图6-44所示。

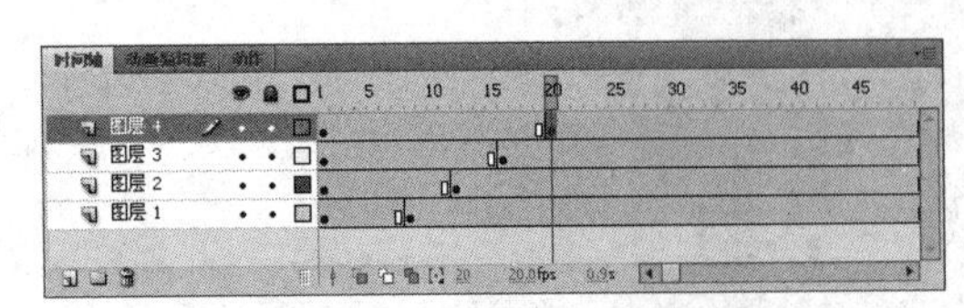

图6-43　在各图层上插入关键帧

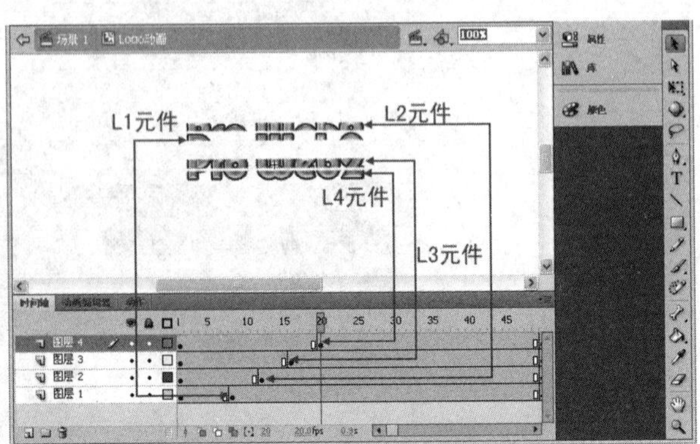

图6-44　调整关键帧下的各元件位置

09 分别在图层 1 第 28 帧、图层 2 第 26 帧、图层 3 第 33 帧、图层 4 第 31 帧上插入关键帧，然后调整各个关键帧下图形元件的位置，结果如图 6-45 所示。

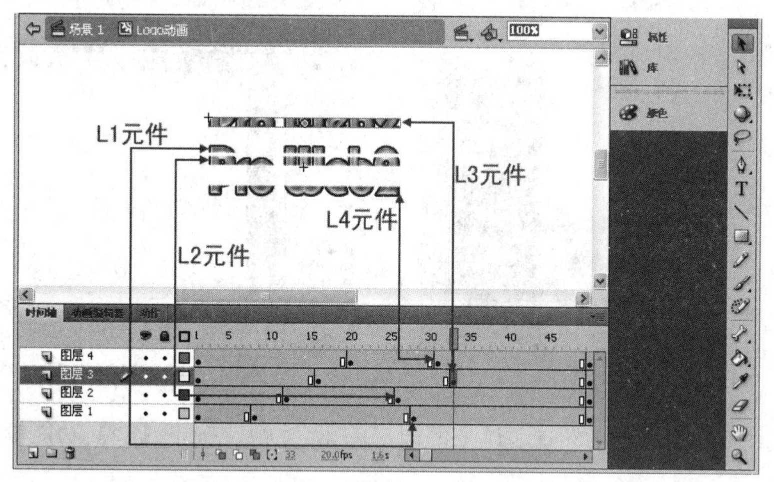

图6-45　插入关键帧并调整元件位置

10 在各个图层的第 50 帧上插入关键帧，然后分别调整各个图层图形元件的位置，使它们组合成 logo 文字的图形，结果如图 6-46 所示。

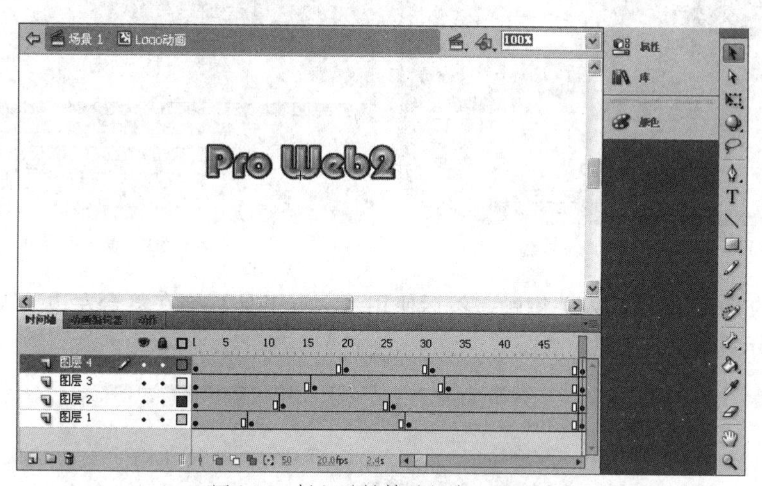

图6-46　插入关键帧并组合logo图形

> **提示** 在本例步骤 8 到步骤 10 中，必须在维持水平方向坐标不变的情况下移动图形元件位置，即只让图形元件在垂直方向上移动。

11 按住【Shift】键，同时拖动鼠标选择各关键帧之间的相关帧，单击右键，从打开的菜单中选择【创建传统补间】命令，创建传统补间动画，如图 6-47 所示。

12 在时间轴上插入图层 5，在第 50 帧上按下【F7】功能键插入空白关键帧，并按下【F9】功能键打开【动作】面板，为空白关键帧添加“stop();”动作，如图 6-48 所示。此操作的目的是让播放指针到第 50 帧时停止。

13 单击【场景 1】按钮返回场景 1，然后在时间轴上插入图层 2，打开【库】面板，将【Logo 动画】影片剪辑拖入舞台的左上方，如图 6-49 所示。

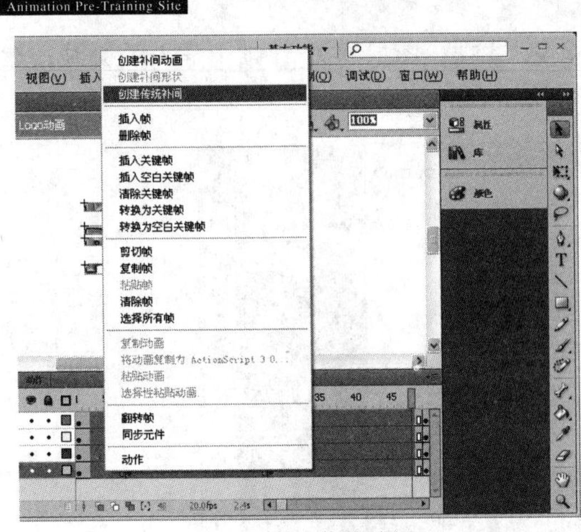

图6-47　创建传统补间

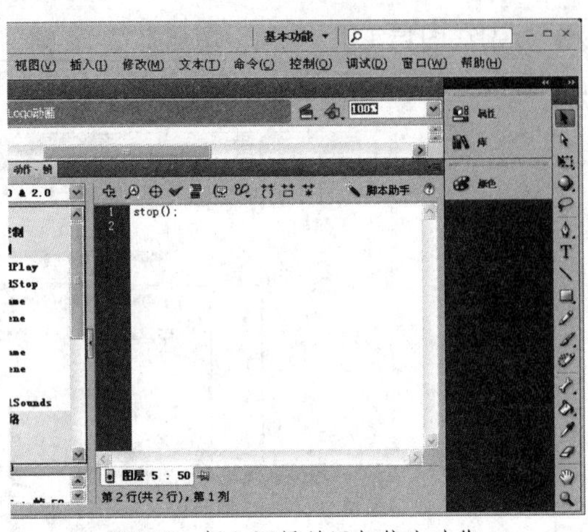

图6-48　插入图层并添加停止动作

14 在时间轴上插入图层 3，然后选择全部图层的第 75 帧，按下【F5】功能键插入帧，如图 6-50 所示。

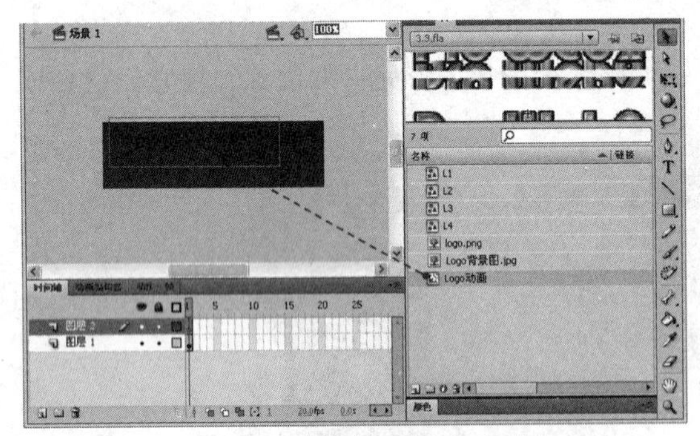

图6-49　将影片剪辑加入舞台

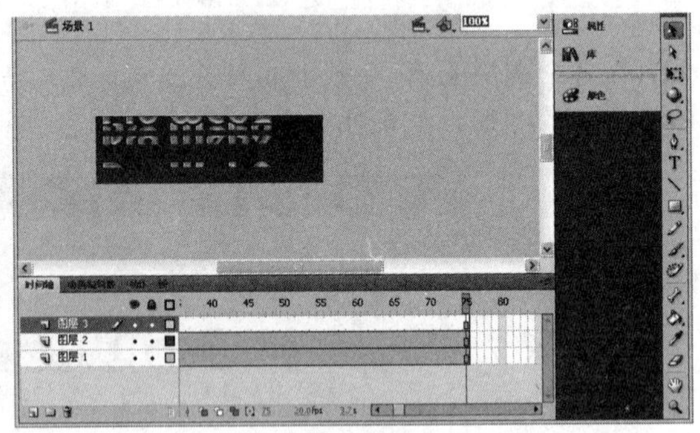

图6-50　插入图层和帧

15 在图层 3 的第 51 帧上插入关键帧，然后使用【文本工具】T 在舞台左边输入宣传标语，并按如图 6-51 所示设置文字属性。

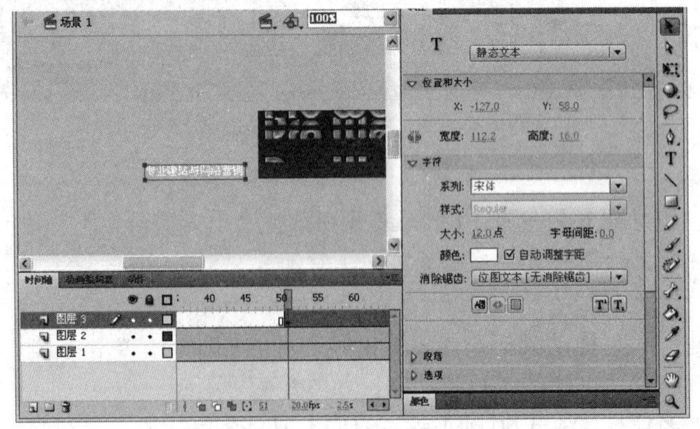

图6-51　输入宣传标语

16 选择宣传标语，单击右键从打开的菜单中选择【转换为元件】命令，打开对话框后设置元件名称和类型，单击【确定】按钮，接着在图层 3 第 58 帧上插入关键帧，调整宣传标语的水平位置，如图 6-52 所示。

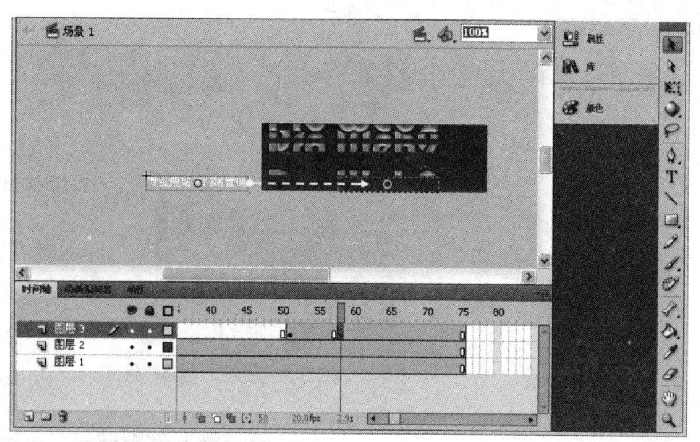

图6-52　转换元件并调整元件的位置

17 在图层3第75帧上插入关键帧，然后将宣传标语移到舞台右边，接着选择图层3关键帧之间的帧，单击右键，从打开的菜单中选择【创建传统补间】命令，创建宣传标语水平飞入舞台的动画，如图6-53所示。

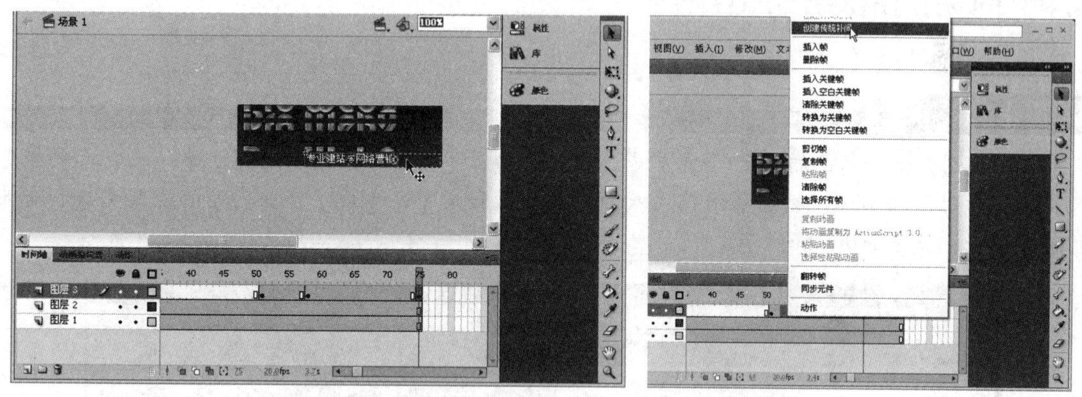

图6-53　插入关键帧和调整元件位置，并创建传统补间动画

18 在时间轴上插入图层4，然后在图层4第75帧上按下【F7】功能键插入空白关键帧，打开【动作】面板，为空白关键帧添加“stop();”动作，如图6-54所示。

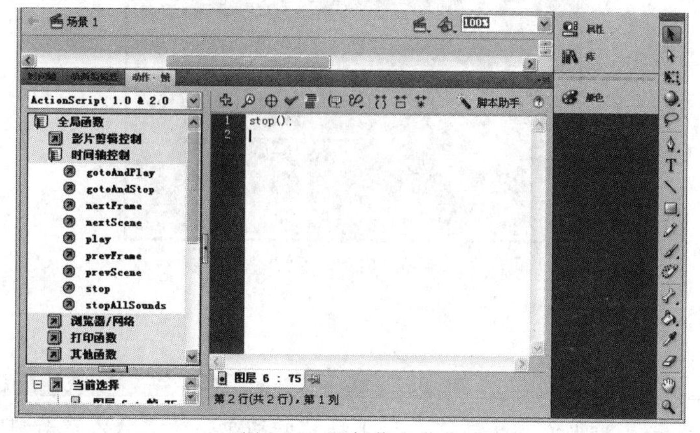

图6-54　添加停止动作

19 完成上述操作后，Logo动画基本完成，此时可以选择【控制】|【测试影片】命令，测试动画的播放效果，最后将动画发布即可，如图6-55所示。

按下此快捷键
也可测试影片

图6-55　测试影片

6.4　简易的Flash动画广告

制作分析

本例将制作一个简易的Flash动画广告，该广告由上下两个背景色块组成，并以一个3D的概念人物办公素材作为主体，搭配从两端飞入的广告标题和文字，体现了企业网站的经营主旨和专业的服务理念，效果如图6-56所示。

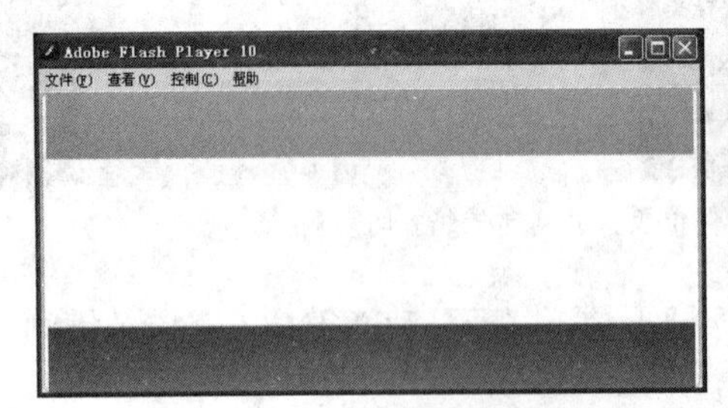

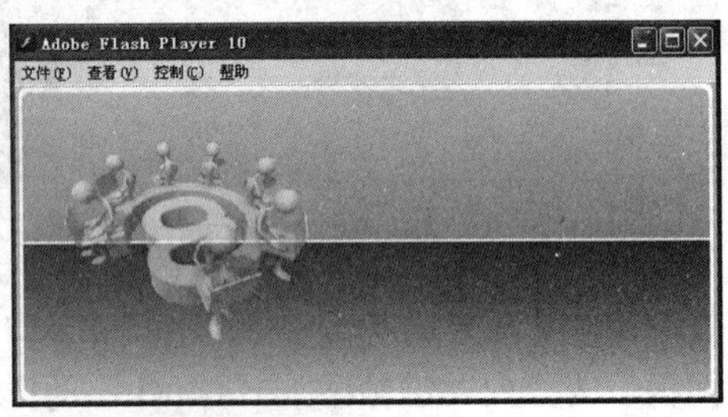

图6-56　Flash动画广告

制作流程

首先将作为广告背景的两个色块制作成上下移动的动画，使之飞入广告舞台内，然后绘制一条白色直线，并制作直线延伸的动画，接着为3D的概念人物办公素材制作由小变大再闪烁的影片剪辑动画，将该影片剪辑加入广告左边，最后分别制作广告的标题和宣传标语水平移动的动画。本例Flash广告动画的制作过程如图6-57所示。

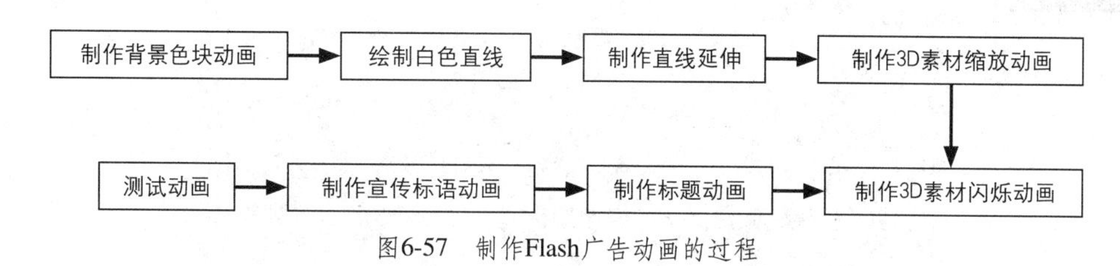

图6-57 制作Flash广告动画的过程

上机实战 制作广告动画

01 在本书光盘中打开“..\Example\Ch06\6.4\6.4.fla”练习文件，然后在时间轴上插入图层2，从【库】面板中将【top】图形元件加入到舞台上方，接着插入图层3，从【库】面板中将【down】图形元件加入到舞台下方（两个元件需要在垂直方向对齐），如图6-58所示。

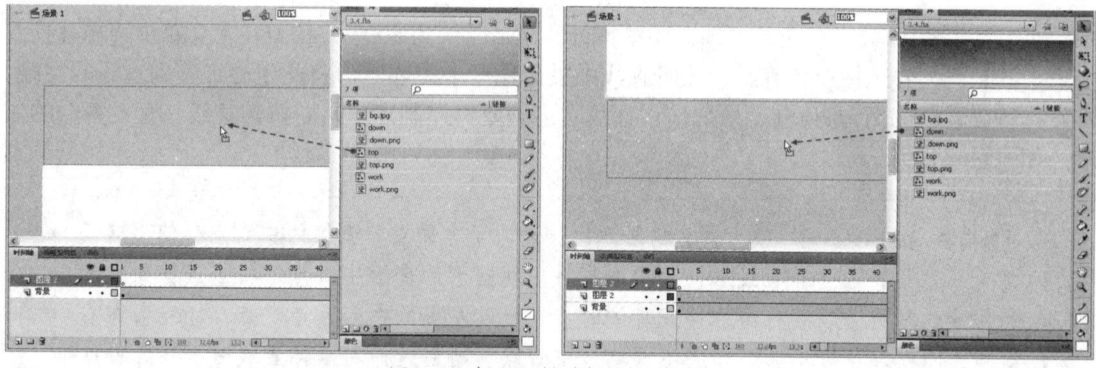

图6-58 插入图层并加入图形元件

02 分别在图层2和图层3的第10帧上按下【F6】功能键插入关键帧，然后分别将两个图层的图形元件移入舞台的上下方，结果如图6-59所示。

03 拖动鼠标选择图层2和图层3关键帧之间的帧，单击右键，从打开的菜单中选择【创建传统补间】命令，创建两个背景色块飞入舞台的补间动画，如图6-60所示。

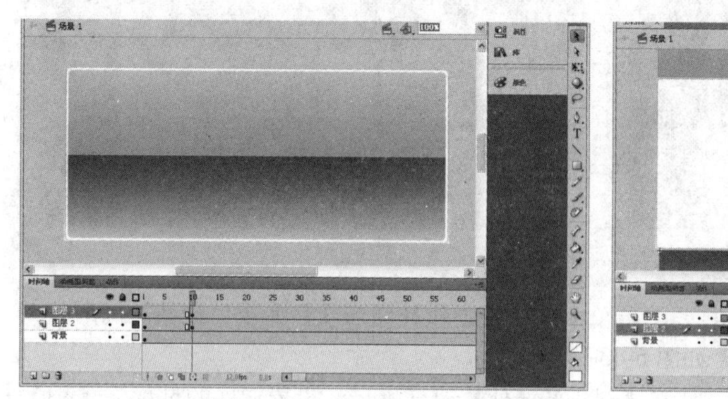

图6-59 插入关键帧并调整元件位置

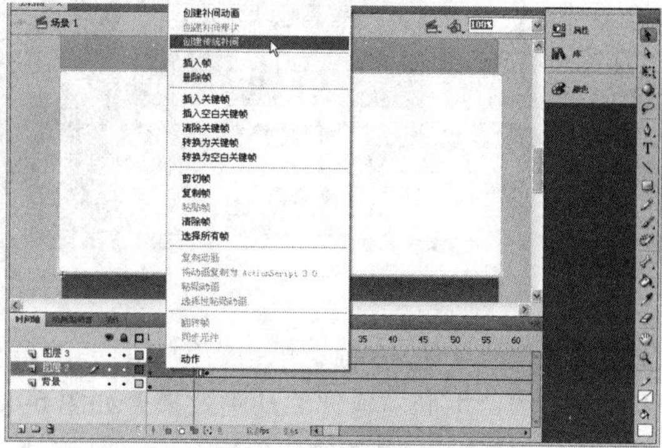

图6-60 创建补间动画

04 在时间轴上插入图层4，并在第10帧上插入空白关键帧，然后在工具箱中选择【线条工具】，并在舞台左端两个图形交界处绘制一条很短的白线，设置直线的笔触大小为2，如图6-61所示。

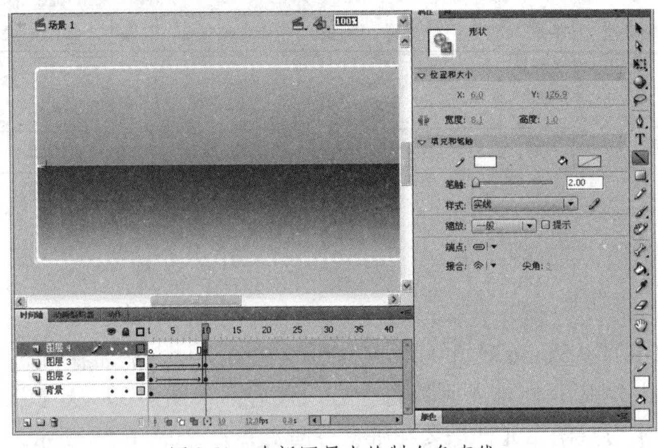
图6-61　在新图层上绘制白色直线

05 在图层4第25帧上插入关键帧，调整舞台的显示比例为800%，接着在工具箱中选择【任意变形工具】，并选择白色直线，此时直线中央出现一个中心点，将此中心点移到直线的左端，再设置舞台显示比例为100%，最后按住直线右边的变形控制点，向右拉伸直线，直至舞台的右端，如图6-62所示。

> **提示** 在步骤5中，放大舞台的显示比例是为了方便查看直线的中心点。使用【任意变形工具】选择直线后，直线中央将出现圆形的变形中心点。将该点移到直线的左端，是为了后续将向右伸长直线时，直线以左端的中心点为定点，让线条向右延伸，而左端位置不变。如果不调整该中心点，则后续向右延伸直线时，直线将以直线中央的中心点为定点，往左右两边延伸。

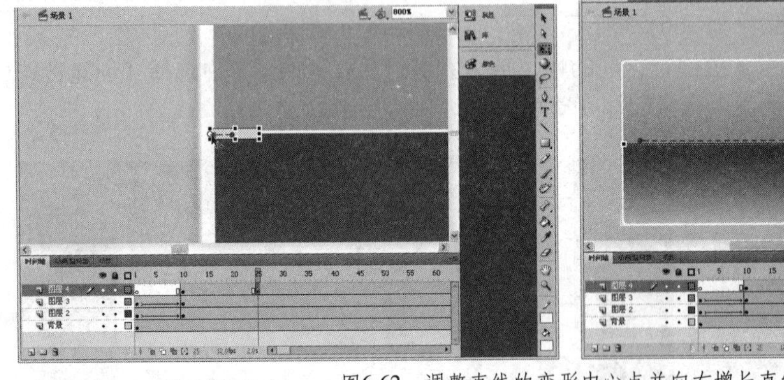

图6-62　调整直线的变形中心点并向右增长直线

06 选择图层4第10帧，单击右键从打开的菜单中选择【创建补间形状】命令，创建补间形状动画，使直线产生向右延伸的动画效果，如图6-63所示。

07 选择【插入】|【新建元件】命令，打开【创建新元件】对话框后，设置元件的名称为【w1】、元件类型为【影片剪辑】，单击【确定】按钮，接着打开【库】面板，将【work】图形元件加入影片剪辑内，如图6-64所示。

08 在影片剪辑图层1的第15帧上插入关键帧，再选择图层1第1帧，在工具箱中选择【任意变形工具】，然后选择舞台中的图形元件并按住【Shift】键缩小元件，接着选择图形元件，通过【属性】面板设置元件的Alpha为0%，如图6-65所示。

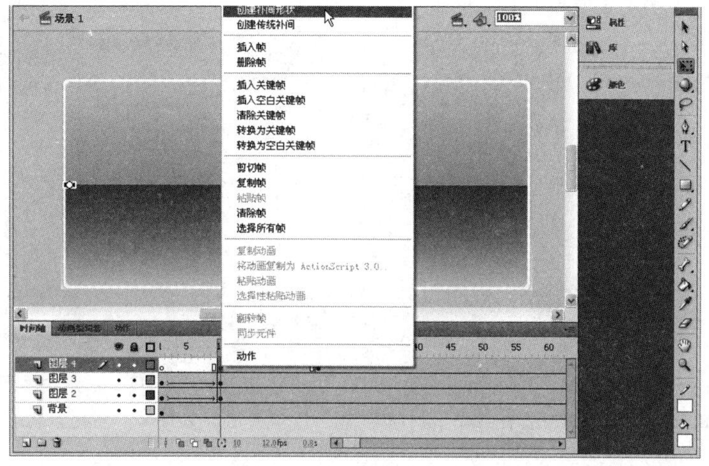

图6-63　创建补间形状动画

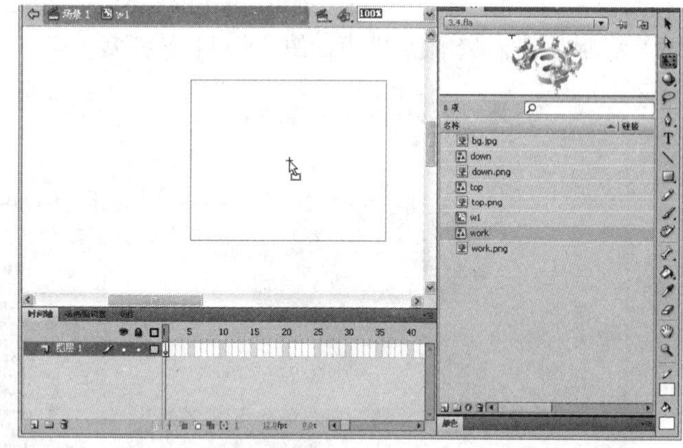

图6-64　创建影片剪辑并加入图形元件

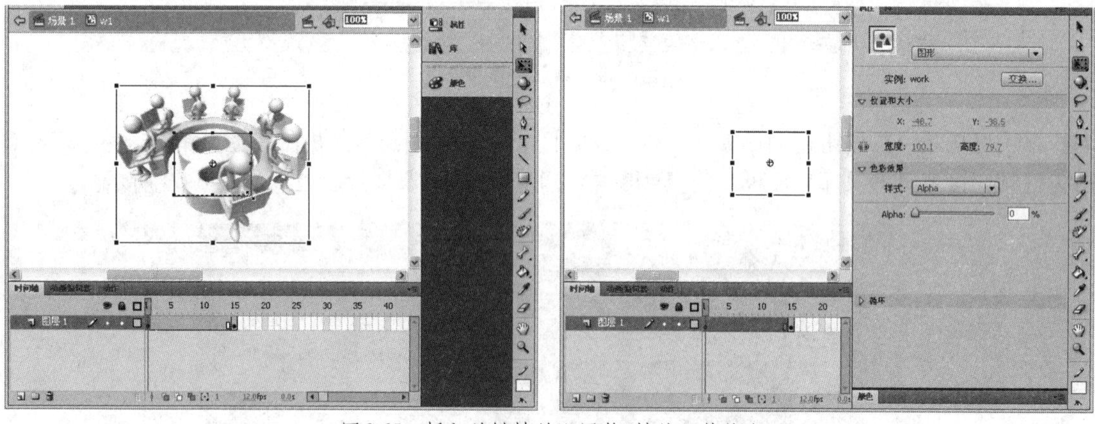

图6-65　插入关键帧并设置第1帧的元件状态

09 在影片剪辑图层 1 第 50 帧、57 帧、64 帧上插入关键帧，并选择第 57 帧，再选择舞台上的图形元件，设置该元件的 Alpha 为 50%，如图 6-66 所示。

10 拖动鼠标选择图层 1 的后 3 个关键帧之间的帧，然后按住【Ctrl】键选择第 1 和第 2 个关键帧之间的某一帧（目的是同时选择到各个关键帧之间的帧），接着单击右键，从打开的菜单中选择【创建传统补间】命令，创建传统补间动画，如图 6-67 所示。

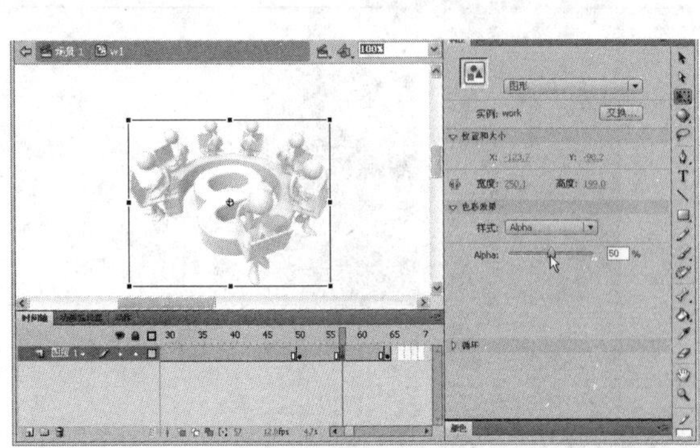

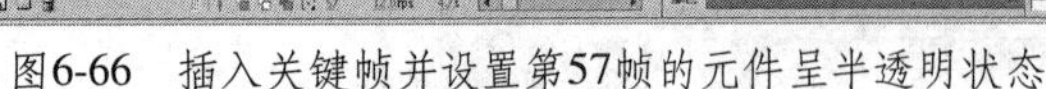

图6-66　插入关键帧并设置第57帧的元件呈半透明状态

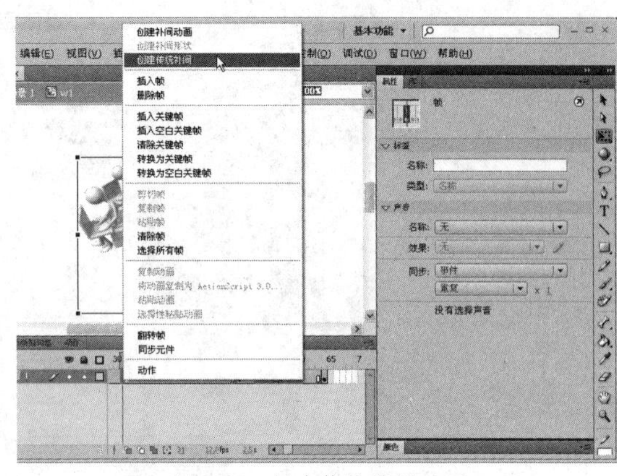

图6-67　创建传统补间动画

11 在时间轴上插入图层 2，然后在第 75 帧上插入空白关键帧，接着按下【F9】功能键打开【动作】面板，为空白关键帧添加“gotoAndPlay(15);”指令，如图 6-68 所示。本步操作的目的是让播放指针播放到第 75 帧后即返回第 15 帧开始播放。

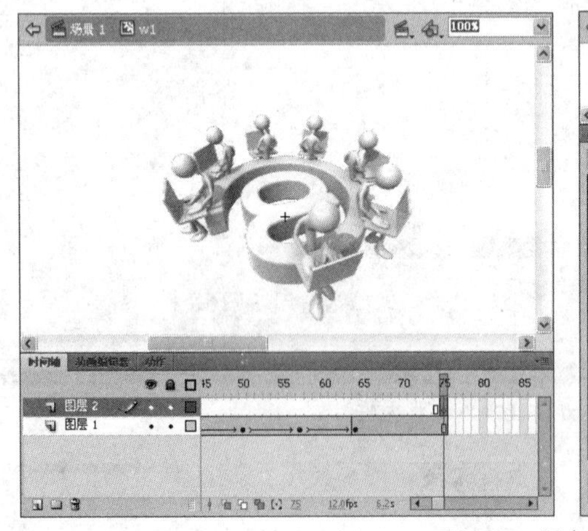

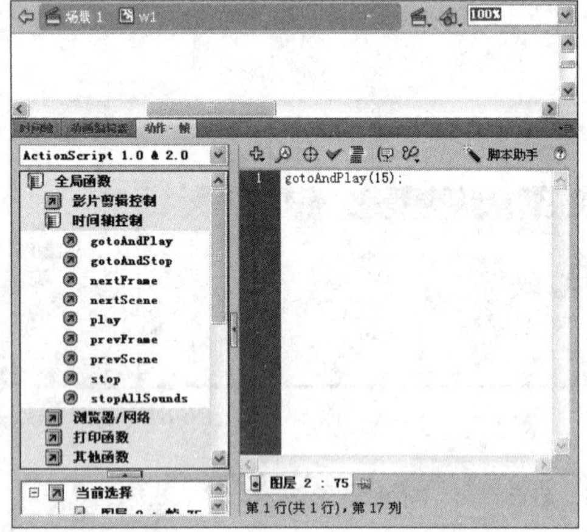

图6-68　添加动作指令

12 单击【场景 1】按钮返回场景 1，然后在时间轴上插入图层 5，并在该图层第 25 帧上插入空白关键帧，接着打开【库】面板，将【w1】影片剪辑元件拖入舞台左边，如图 6-69 所示。

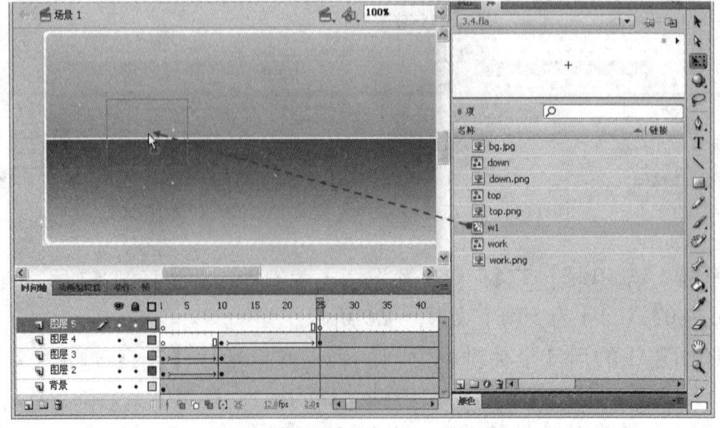

图6-69　插入图层并加入影片剪辑元件

13 在图层 5 上方插入一个图层 6，并在图层 6 的第 45 帧处插入关键帧，然后使用【文本工具】T在舞台左边输入标题文字，接着在图层 6 的第 55 帧上插入关键帧，并将文字移到舞台的右边，如图 6-70 所示。

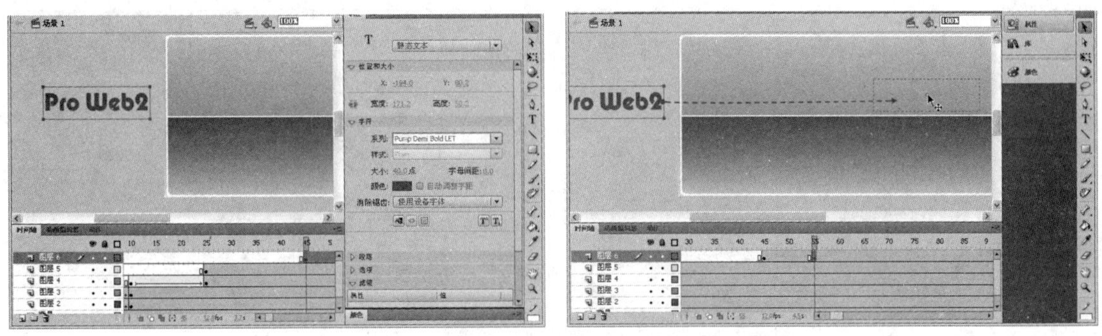

图6-70 设置新图层中标题在关键帧下的设置

14 选择图层 6 第 45 帧，创建传统补间动画，接着在该图层第 75 帧上插入关键帧，并向右稍移标题文字的位置，最后选择第 55 帧，创建传统补间动画，如图 6-71 所示。

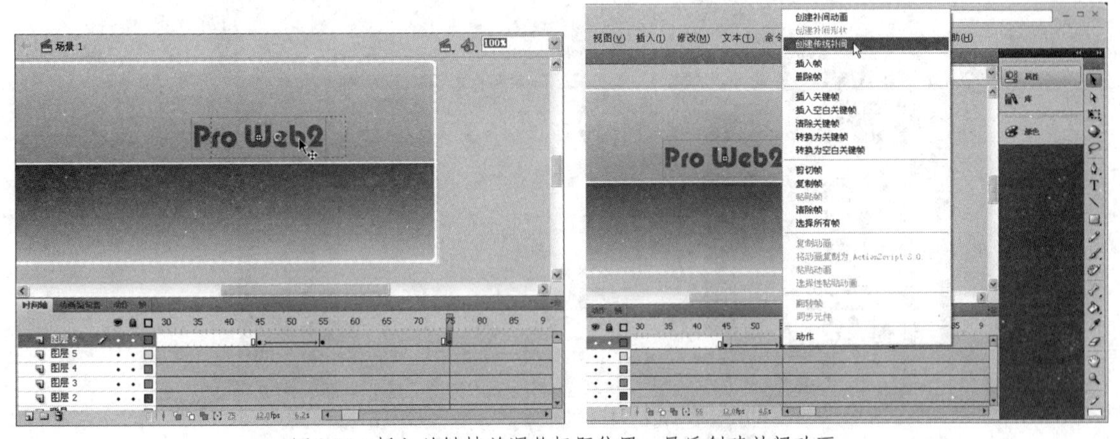

图6-71 插入关键帧并调整标题位置，最后创建补间动画

15 在时间轴上插入图层 7，并在该图层第 45 帧上插入关键帧，然后在舞台后边输入文字，接着在该图层第 55 帧上插入关键帧，将文字移入舞台，最后在第 75 帧上插入关键帧，向左稍移文字的位置，并为关键帧创建传统补间动画，如图 6-72 所示。

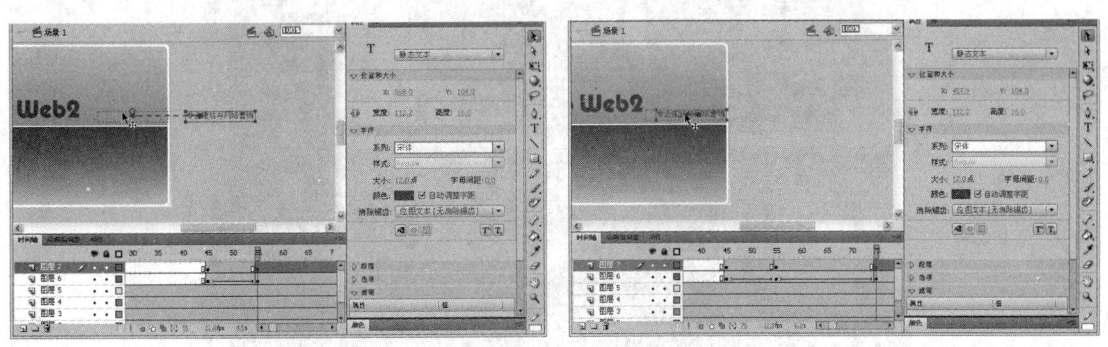

图6-72 制作Logo标语的补间动画

16 按照步骤15的方法，插入图层8，并在该图层第75帧上插入关键帧，输入文字（该帧的文字位置位于舞台右边），接着在该图层第85帧上插入关键帧，将文字移入舞台，最后在第105帧上插入关键帧，向左稍移文字的位置，并为关键帧创建传统补间动画，如图6-73所示。

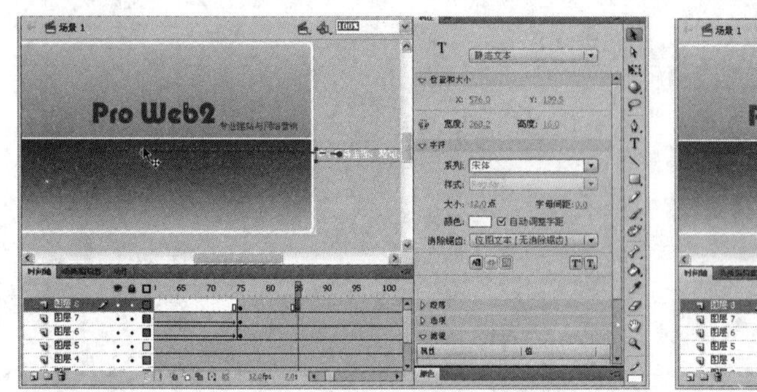

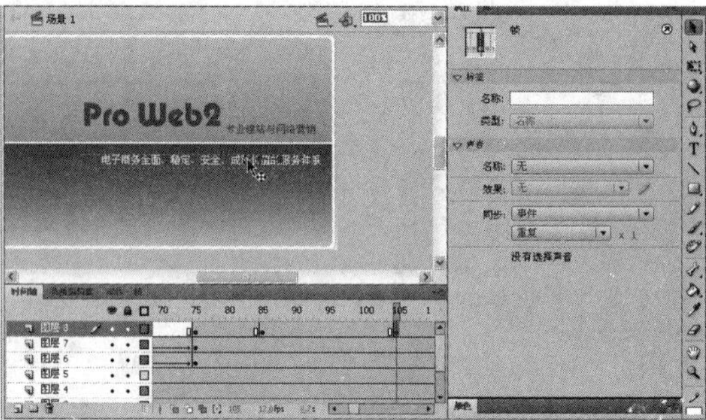

图6-73　创建广告宣传标语的传统补间动画

17 在时间轴上插入一个图层9，并在该图层第105帧上插入空白关键帧，然后打开【动作】面板，为空白关键帧添加停止动作，如图6-74所示。

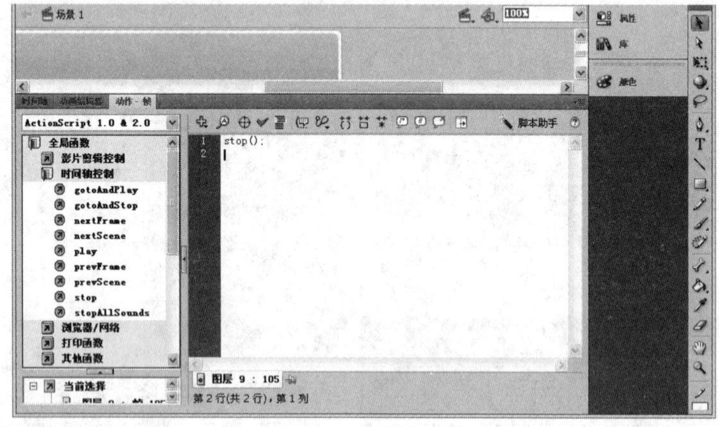

图6-74　添加停止动作

18 此时拖动鼠标选择所有图层的第105帧后的其余动画帧，按下【Shift+F5】快捷键，清除这些帧，如图6-75所示。

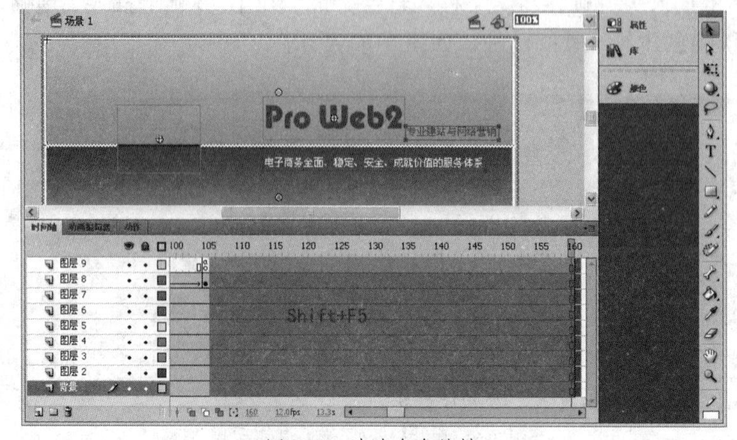

图6-75　清除多余的帧

19 完成上述操作后，广告动画基本完成，此时可以选择【控制】|【测试影片】命令，测试动画的播放效果，最后将动画发布即可，如图 6-76 所示。

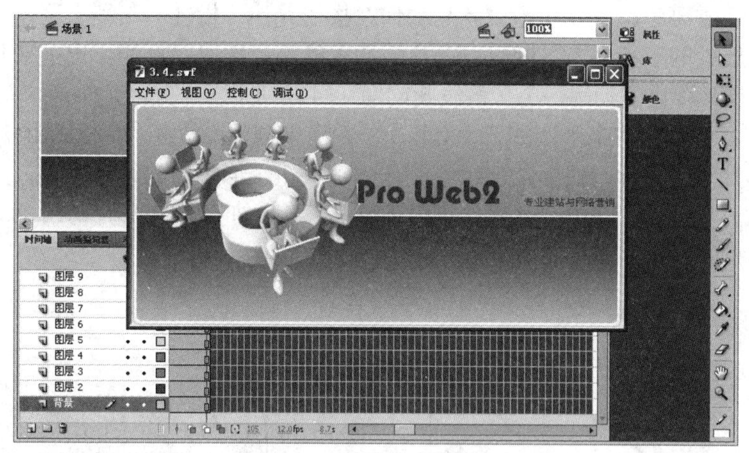

图6-76 测试并发布动画

6.5 学习扩展

本章针对电子商务网站 Pro Web2 的首页设计了导航条、Logo 动画以及页面广告动画 3 个 Flash 实例。因为 Pro Web2 网站以提供网站建设和网络营销服务作为主经营业务，同时提供建站咨询、企业评估、网站系统开发等服务，所以在页面设计上采用了非常强烈的商务风格。因此页面中的 Flash 动画要在原页面风格的基础上制作动画效果，以便当 Flash 动画插入页面后，不会影响页面的整体风格，同时增强页面的动态效果。

6.5.1 导航条动画的按钮制作要点

导航条动画的设计要点在于制作一个让按钮图形弹出并在弹出时发出声音的按钮。要制作这样的效果，就要充分了解按钮元件的特性。

在 Flash 中，按钮元件在默认的状态有“弹起”、“指针 ...”、“按下”、“点击” 4 个帧，这些帧称为状态帧，如图 6-77 所示。按钮元件的帧具体说明如下。

- 弹起：是指鼠标指针没有移到按钮上的状态，也是按钮默认显示的状态。
- 指针 ...：是指鼠标指针移到按钮或者点击区域上的状态。
- 按下：是指鼠标移到按钮或点击区域上并按下的状态。
- 点击：该帧专门提供用户设置关于按钮的作用区域。只需要在该帧下绘制一个图形，该图形所在的位置即按钮的作用区域。

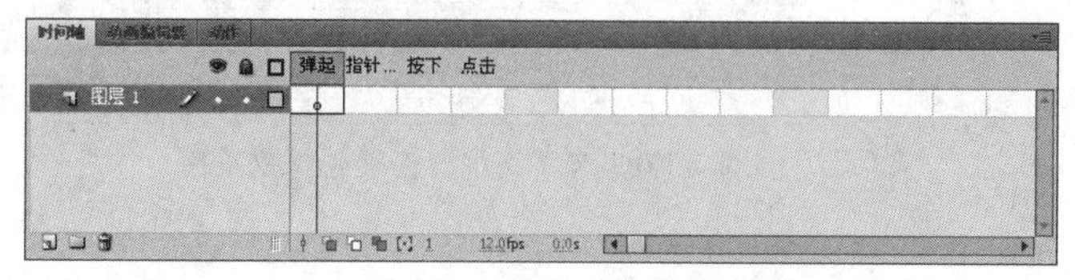

图6-77 按钮元件的帧

由于按钮元件的状态帧特性，可以在按钮“弹起”帧上设置一个默认的按钮状态，然后在

“指针 ...”帧上制作按钮图形弹出的动画，并在此帧上插入声音效果，如此即可让鼠标移到按钮上时，出现按钮图形弹出和发生声音的效果。

此外制作时还需要考虑一个问题，就是如何在按钮元件“指针 ...”帧上制作按钮图形弹出的动画。因为按钮元件的“指针 ...”帧只有一格，并不能设置按钮图形的弹出前后状态，即无法直接在该帧上制作图形弹出的动画。为了解决此问题，可以利用影片剪辑元件。

影片剪辑可以看作为一个小型的 Flash 影片，它用来创建独立于主时间轴的动画片断。因此可以创建一个影片剪辑元件，在影片剪辑中制作一个按钮图形弹出的动画效果，然后将此影片剪辑加入到按钮的“指针 ...”帧中，这样就可以让鼠标移到按钮时播放影片剪辑，即让按钮图形弹出。整个按钮效果的制作如图 6-78 所示。

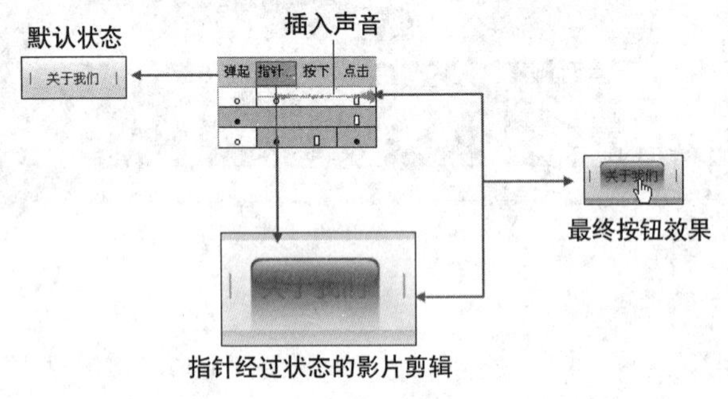

图6-78　制作按钮效果的方式

6.5.2　Logo动画的制作要点

Logo 动画的设计要点在于将 Logo 文字图片分离成图形，然后将它分成几个部分，并将各自部分转换成图形元件，接着将各个元件制作不同位置的补间动画，最后制作 Logo 宣传标语的动画效果。

在制作前，Logo 文字图片是点阵图（PNG 格式），不能在 Flash 中分割，因此在操作中要先将 Logo 文字点阵图分离成 Flash 的填充图形，然后使用【选择工具】将该图形分割成几部分。另外，Logo 文字被分成几部分后，在制作补间动画时要注意以下几点：

（1）各部分 Logo 文字图形在动画的关键帧下要处于不同的位置，以产生位置移动的效果。

（2）各部分 Logo 文字图形的移动需要在垂直方向中进行，即不能有水平方向的偏差，否则移动效果将显得很混乱。

（3）各部分 Logo 文字图形需在不同的图层内，而且不同状态的关键帧帧数不相同，以便让 Logo 文字图形在移动过程中有快有慢，不按照规则变化，如图 6-79 所示。

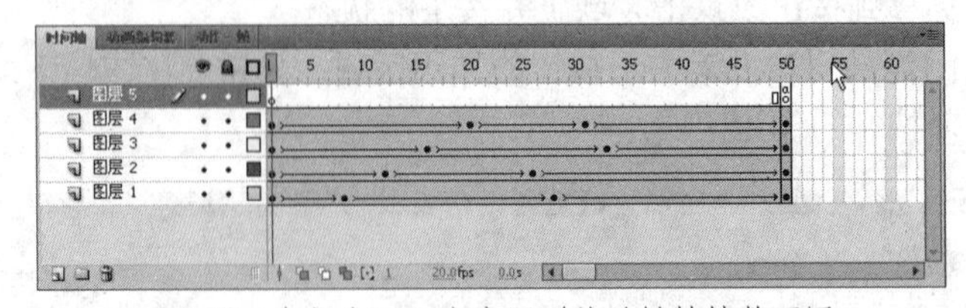

图6-79　各部分Logo文字图形的关键帧帧数不同

6.5.3　广告动画的补间动画分析

本例广告动画在制作上难度不大，重点在于制作广告背景的两个色块（上下两个渐变色块）

的移动动画、直线的延伸动画以及广告文字的移动动画。其中难点在于制作直线的延伸动画。该动画制作应用了“补间形状”类型的动画制作。

> **提示** Flash 采用关键帧技术制作动画，因此在创建动画时会自动在关键帧之间插入补间帧，所以 Flash 制作的动画又称为补间动画。

在 Flash 的补间动画中，根据不同的特性分为“补间动画”、“传统补间”以及“补间形状”3种类型，对它们说明如下。

- 补间动画：使用补间动画可以设置对象的属性，如帧中对象的位置和 Alpha 透明度。创建补间动画后，Flash 在关键帧之间插入补间帧的属性值，从而让对象可以根据补间帧的属性变化而形成连续动画。补间动画在时间轴中显示为连续的帧范围，默认情况下可以作为单个对象进行选择，如图 6-80 所示。

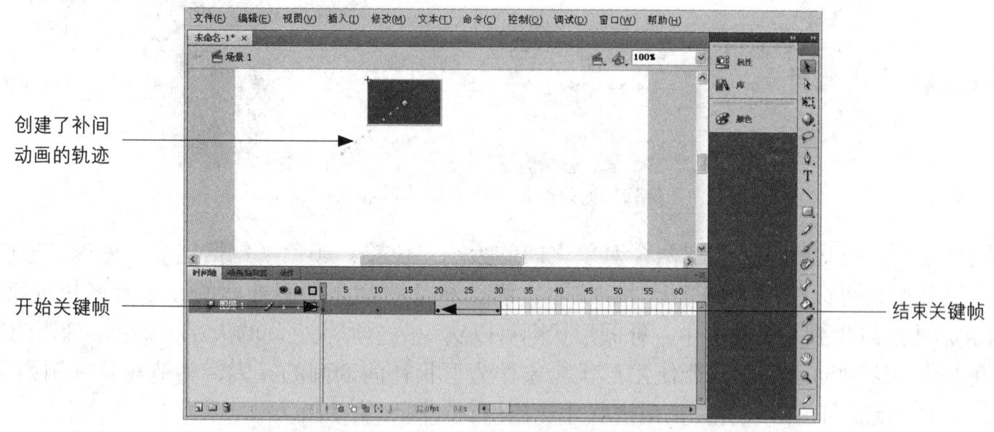

图6-80　更改对象属性的补间动画过程

- 传统补间：传统补间与补间动画类似，但是创建起来更复杂。传统补间允许一些特定的动画效果，使用基于范围的补间不能实现这些效果。从原理上来说，在一个特定时间定义一个实例、组、文本块、元件的位置、大小和旋转等属性，然后在另一个特定时间更改这些属性。当两个时间进行交换时，属性之间就会随着补间帧进行过渡，从而形成动画，这种补间帧的生成就是依照传统补间功能来完成的，如图 6-81 所示。

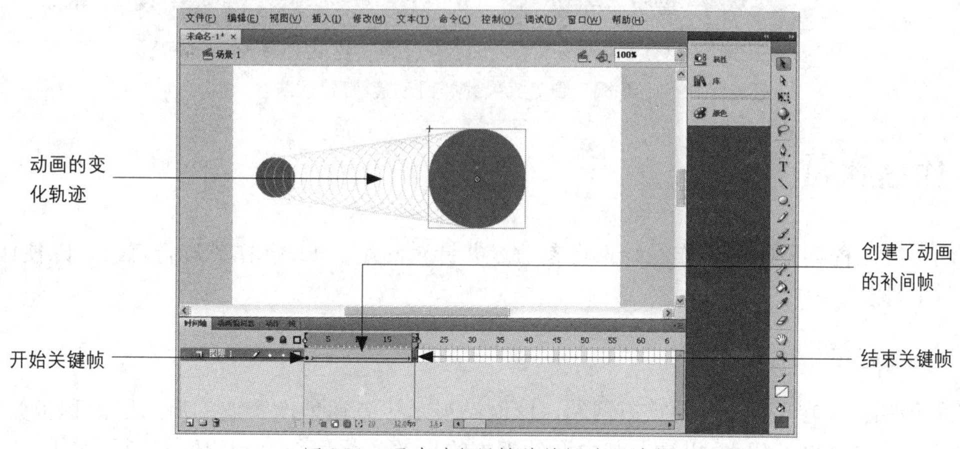

图6-81　更改对象属性的补间动画过程

- 补间形状：在补间形状中，在一个特定时间绘制一个形状，然后在另一个特定时间更改该形状或绘制另一个形状，创建补间形状后，Flash 会自动插入二者之间的帧的值或形状来创建动画，这样就可以在播放补间形状动画中，看到形状逐渐过渡的过程，从而形成形状变化的动画，如图 6-82 所示。

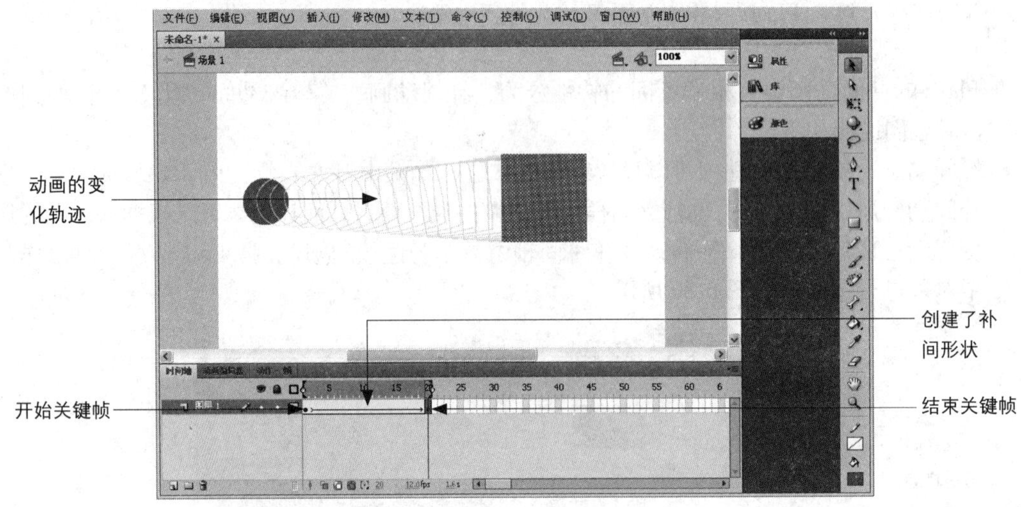

图6-82　更改图形形状的补间形状过程

换言之，补间动画可以实现两个对象之间的大小、位置、颜色（包括亮度、色调、透明度）变化。这种动画可以使用实例、元件、文本、组合和位图作为动画补间的元素，形状对象只有“组合”后才能应用到补间动画中。补间形状则可以实现两个形状之间的大小、颜色、形状和位置的相互变化。这种动画类型只能使用形状对象作为形状补间动画的元素，其他对象（例如实例、元件、文本、组合等）必须先分离成形状才能应用到补间形状动画。

因此，在本例的直线延伸动画制作中，首先使用【线条工具】绘制一段直线，直线为形状，所以符合了补间形状动画作用对象的条件，然后使用【任意变形工具】增长直线，这又满足了改变形状大小的动画变化条件，最后将一小段直线沿伸的动画效果以“补间形状”类型来创建动画，如图 6-83 所示。

图6-83　创建直线的补间形状动画

6.6　作品欣赏

下面介绍几种典型的网站作品给读者参考，并针对网站的 Flash 作品进行点评，以便让读者在设计时学习借鉴。

1. 万通上游国际

万通上游国际是万通地产的官方网站，该网站展示了万通地产企业的房产展评和相关服务。在网站上，整站使用了 Flash 设计，其中网站下方的导航条采用与本例相似的制作方法，即将鼠标指针移到按钮上时即可产生变化效果，如图 6-84 所示。

提示 万通上游国际网站的网址为：http://www.u-park.com.cn/。

图6-84 万通上游国际网站

2. KRONOS WATCHES

KRONOS WATCHES 是一个手表主题网站，该站的设计风格极具特性化。在整体配色上，使用了银黑色和白色搭配，反映出一种非常贴合精钢手表的一种质感。在页面中央是一个 Flash 广告动画，该动画从各方面展示了手表的特色、做工以及功能，并通过模特来展示手表的配搭效果，如图 6-85 所示。

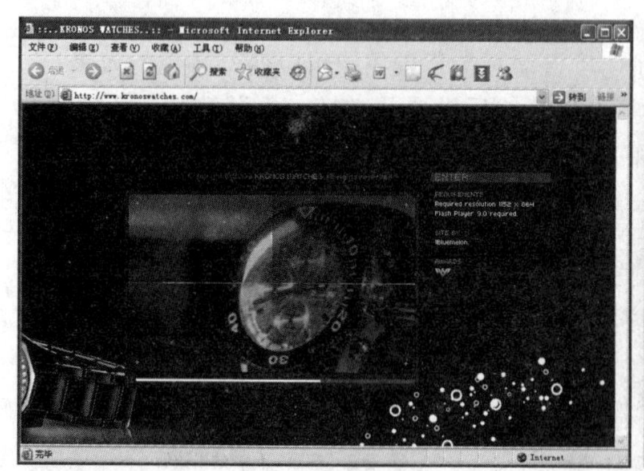

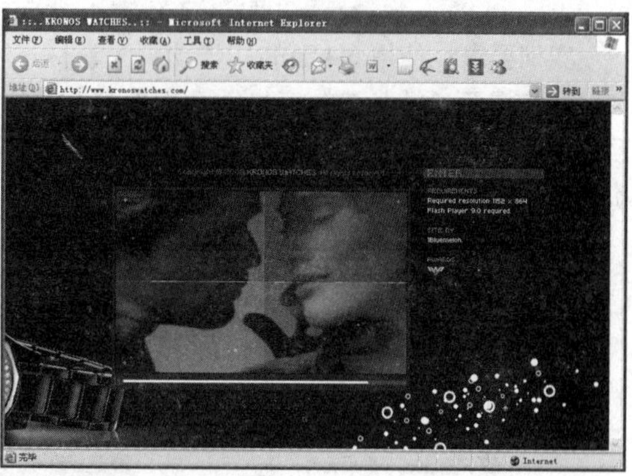

图6-85 KRONOS WATCHES网站

提示 KRONOS WATCHES 网站的网址为：http://www.kronoswatches.com/。

3. Sanrio Town网站

Sanrio Town 是一个童话主题的游乐园展示网站，此网站设计呈现一种强烈的童话风格。其中网站的 Logo 以 Hello Kitty 形象为主，制作了相关的 Flash 动画效果。例如当鼠标移到 Logo 上时，Hello Kitty 图像将点头并眨眼，同时 Logo 文字出现彩色闪烁的效果，如图 6-86 所示。

图6-86 Sanrio Town网站

> **提示** Sanrio Town 网站的网址为：http://www.sanriotown.co.kr/。

6.7 本章小结

本章以“ProWeb2”的商务网站为例，介绍了发声按钮导航条、变化的LOGO动画、补间动画广告等Flash动画的制作方法。

6.8 上机实训

实训要求：使用6.4节的广告动画为素材，制作广告动画中背景色块可以变幻颜色的效果。

操作提示：首先选择广告动画上部分背景图形元件，然后设置关键帧，再调整结束关键帧的颜色效果，并创建传统补间动画，最后使用相同的方法制作广告动画下部分背景图形元件的变色动画。制作流程如图6-87所示。

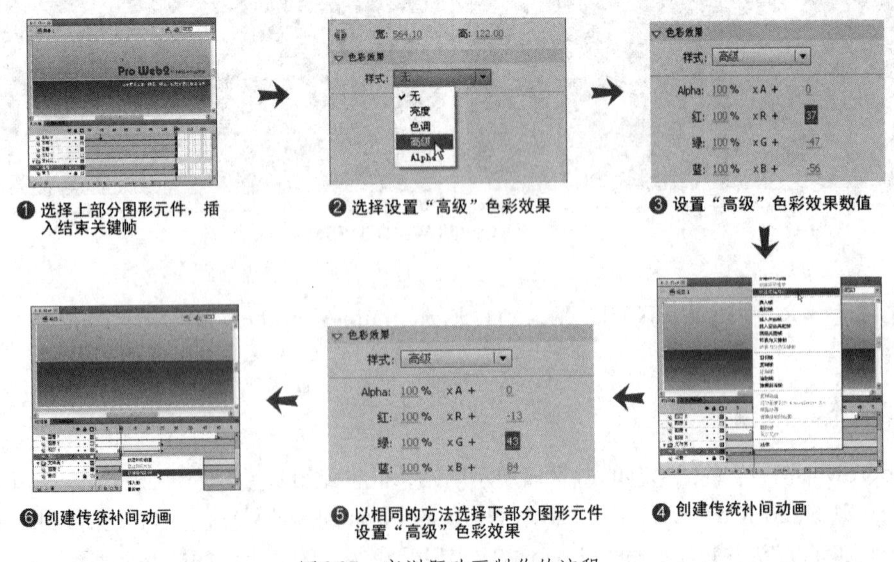

图6-87 实训题动画制作的流程

第 7 章 企业展示类网站——Viable

本章以企业展示类网站 Viable 为教学范例，详细讲解 Flash 在企业网站上的应用。

7.1 企业展示网站——Viable概述

7.1.1 网站开发概述

如何实施企业发展的网络化进程，是每个企业都要面对的问题，在过去的几年里，网络经济发展飞快，网络技术和应用都是成功的，于是很多成功的企业网站陆续出现。

1. 企业建站的目的和作用

互联网的优势主要表现在两个方面，一方面是企业宣传和推广范围大，另一方面是便于企业的管理，任何一个企业，都可以轻易地通过网络取得市场管理、开发等方面的利益，要实现最大化的网络市场营销，最简单直接的方法就是建立自己的网站，让网站作为企业面向互联网的门户，展示企业的信息和产品，并通过优质的服务基础，利用网站进行市场营销。企业建站的主要作用如下。

（1）企业推广：为企业建立一个网上展示厅，将产品放到更广阔的平台上供客户观摩选择。

（2）市场开拓：全面超越传统的商场，在商机潜伏的互联网上为企业开辟全新的市场，捕捉更多的商机。

（3）产品销售：互联网是一个庞大的市场，具有最大的潜在客户群，只要捕捉到销售渠道，即可为企业打开新思路，寻找到更宽广的销售渠道。

2. 企业网站的分类

企业品牌网站可细分为以下 3 类。

（1）企业形象网站：塑造企业形象，传播企业文化，推介企业业务，报道企业活动，展示企业实力等。

（2）品牌形象网站：当企业拥有众多品牌，且不同品牌之间市场定位和营销策略各不相同，企业可根据不同品牌建立其品牌网站，以针对不同的消费群体。

（3）产品形象网站：针对某一产品的网站，重点在于产品的体验，例如很多汽车厂商每上市一款新车就建立一个新车形象网站；有些手机厂商推出新款手机时，也同时推出一个配合该款手机的形象网站。

3. 企业建站的要求

网站是企业面向公众的脸面，企业网站建设要求体现企业综合实力、企业 IS 和品牌理念。企业网站非常强调创意，对于美工设计要求较高，精美的 Flash 动画是常用的表现形式。网站内容组织策划，产品展示体验方面也有较高要求。网站常利用多媒体交互技术，动态网页技术，针对目标客户进行内容设计，以达到品牌推广营销的目的。

提示 CI是英文Corporate Identity的缩写。Corporate是指一个公司、一个团体、一个企业。Identity在此是指身份、标识等。CI的基本释义为“企业识别”。所谓企业识别，就是一个企业借助于直观的标识符号和内在的理念等，证明自身性与内在同一性，其显著的特点是同一性和差异性，回答“我是谁”的问题。
CIS即英文Corporate Identity System的缩写。一般译为企业识别系统或企业形象统一战略。

4. 设计和制作要点

(1) 基本概念：从企业经营理念出发，利用出色的设计和有效的技术，建立一个优秀的企业形象网站。

(2) 网页设计：设计需要结合企业CI风格和要求，网站首页能够体现网站的大体设计效果，并具有足够的互动性和信息量，以便展示企业形象，方便客户在线了解企业的最新信息。另外，内容页需要精心制作，设计风格须与首页一致，页面内容编排到位。

(3) 专业美工设计：网站需能体现高素质的企业形象，通过典雅的风格设计提供给潜在客户高质量的信息。另外，企业网站不宜设计得过于复杂，整体设计需简洁、便于操作，并能体现公司的专业形象。最后网站的图像素材制作必须精致，同时要压缩到最小的文件尺寸，方便用户浏览。

(4) 不可见元素：网页不可见元素是指隐藏在网页代码中的一些元素，是构成网页不可缺少的部分，虽然不可见元素是完全看不见的，但是它所起的作用是至关重要的，甚至比可见的元素更加重要。例如设置网站关键字，可以让所有的搜索引擎，以及绝大多数的潜在客户通过这些不可见的网站关键字元素获得网页的信息。

(5) 门户页的制作：将一个网站的内容，针对产品特点和不同搜索引擎的算法，进行专门设计，制作大量相应的门户网页，这些门户网页符合引擎的规定，能极大程度地提高被查询到的机会。

(6) 动画特效的应用：对于企业网站而言，适当加入一些动画特效可以增强网站的动感，更吸引客户的眼光。目前，很多企业网站都直接使用Flash来设计。

7.1.2 网站页面展示

本章将利用一个品牌为Viable的科技产品网站为教学范例，该品牌名称Viable的含义是“能生活的”，充分体现公司为客户享受优质生活而提供各类科技产品的经营理念，产品包括笔记本电脑、平板电脑、智能手写字典等等多种数码产品。

由于公司是销售科技类产品的企业，网站在设计风格上采用了简洁的方式，整个首页只使用了简单的几个配色，连网站Logo和页面内容的处理都没有过多的装饰，给人一种很现代和舒服的感觉。此外，首页上使用了一个大横幅动画广告作为亮点，不仅避免了整个页面过于单调，同时展现出很强烈的广告效果，让浏览者进入网站，即被广告动画吸引，并有效地接收广告传达的内容，如图7-1所示。(本例网页文件为：“..\Example\Ch07\Viable\viable.html)。

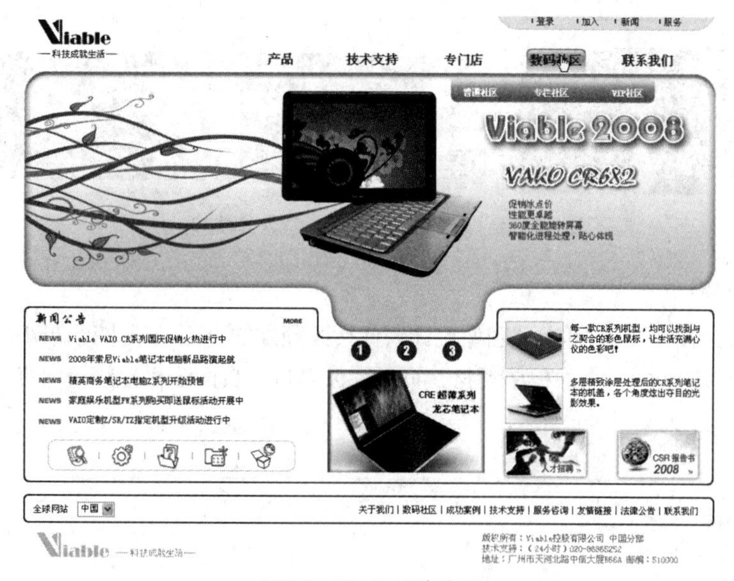

图7-1　Viable网站首页

7.1.3　网站页面设计

Viable 网站是展示销售科技类产品的企业网站，整体设计非常简洁，体现优雅的风格，网站首页在布局上采用了通栏结构并配合简单的配色。

1. 页面的结构

通栏结构版式一般是使用页面水平（或垂直）大范围来显示网页内容，这种版式通常用于展示公司形象、产品特色等，如图 7-2 所示。

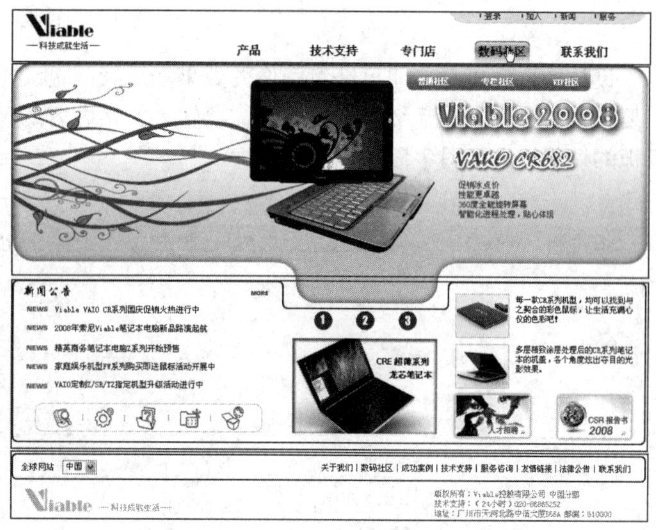

图7-2　通栏结构

提示　在网页设计的分栏版式上，可以针对网页特点分为通栏结构、二分栏结构、三分栏结构、四分栏结构等，如图 7-3 所示。

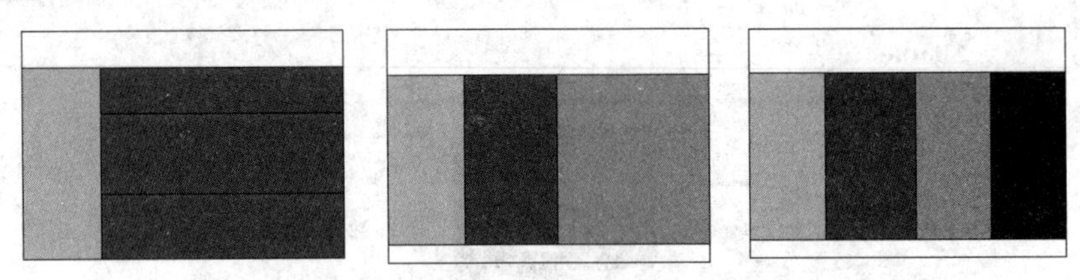

图7-3　二分栏、三分栏与四分栏结构

2. 模板的设计与切割

规划好页面的结构后，即可通过图像设计软件按照预期的页面效果来设计网页模板。网页模板设计的内容包括网站Logo、页面板块素材、页面图像素材、页面分栏框线等内容，如图7-4所示。

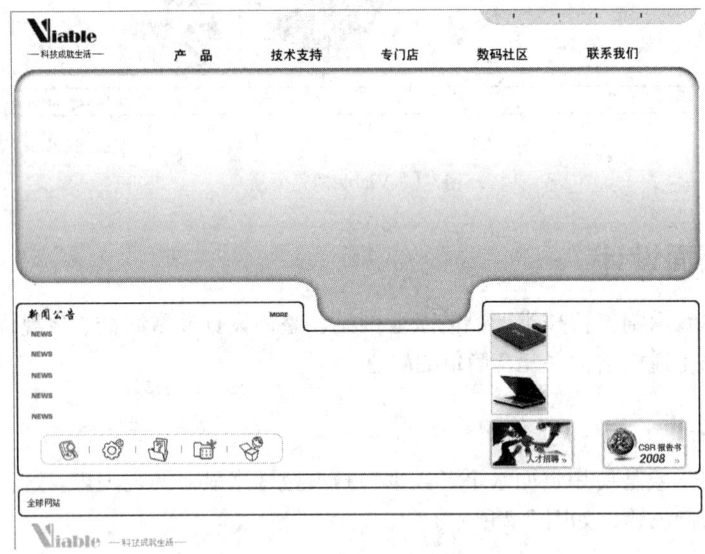

图7-4　设计网页模板

设计网页模板后，即可针对图像的效果和后续网页编排的需要进行切割，例如独立的图片素材要切成一个切片，后续编排网页时需要输入文字内容的区域也要切割成独立的切片。本例网页模板的切割效果如图7-5所示。

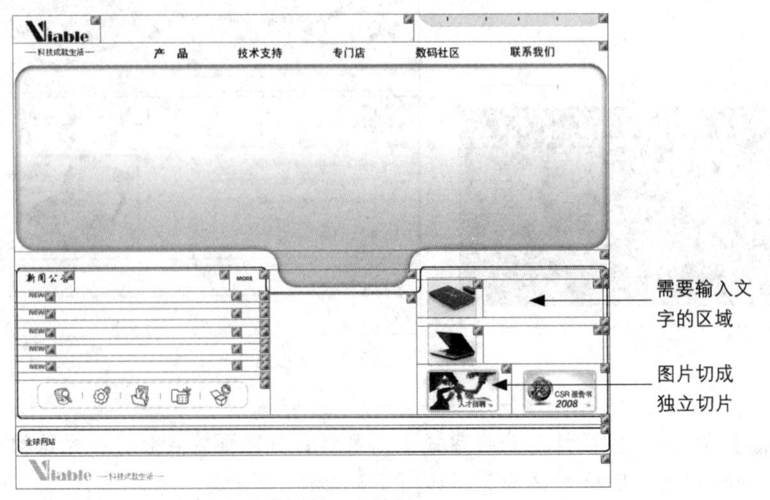

图7-5　切割网页模板

3. 网页的编排

切割网页模板后，将模板保存成 Web 使用的格式，即可保存为网页，然后将网页在网页编辑软件中（例如 Dreamweaver）打开，此时可看到网页模板的图片已经用表格固定好。用户可以将需要输入文字区域上的图片删除，然后输入文字内容，并作适当的编排，结果如图 7-6 所示。

图7-6 编排网页内容

7.1.4 网站动画特效

因为 Viable 的页面设计风格简洁，所以需要为页面添加一些亮点，以避免单调的感觉。本例为 Viable 首页设计了两个 Flash 动画，即大横幅广告动画和小尺寸的变换动画。

其中大横幅动画除了使用较大尺寸的区域显示动画内容外，还包含了网站的导航条。当浏览者将鼠标移到动画的导航文字上，即会在导航文字上弹出一个按钮图形，同时在广告区域内弹出导航菜单，如图 7-7 所示。当浏览者将鼠标移开导航文字，导航按钮图形和导航菜单即会收起来。

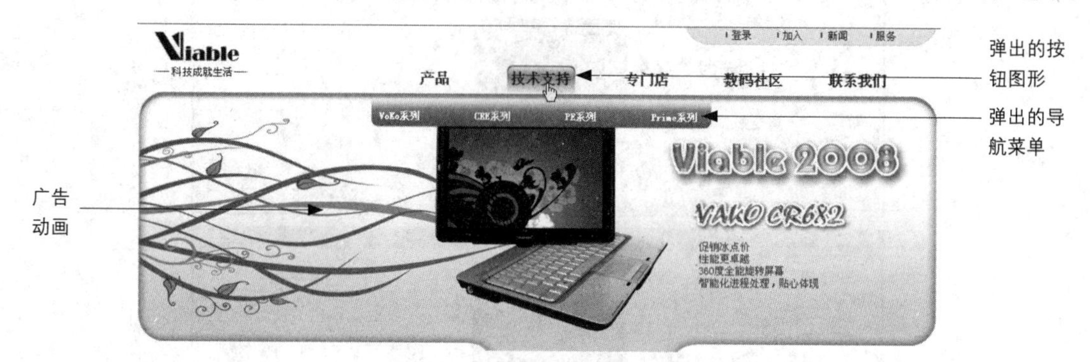

图7-7 包含导航条的广告动画

小尺寸的变换动画采用了目前最流行的图片变换设计方法，将 3 个图片素材对应到 3 个有编号的按钮上，当浏览者将鼠标移到某个编号的按钮上，即显示该编号下的广告图片，如图 7-8 所示。

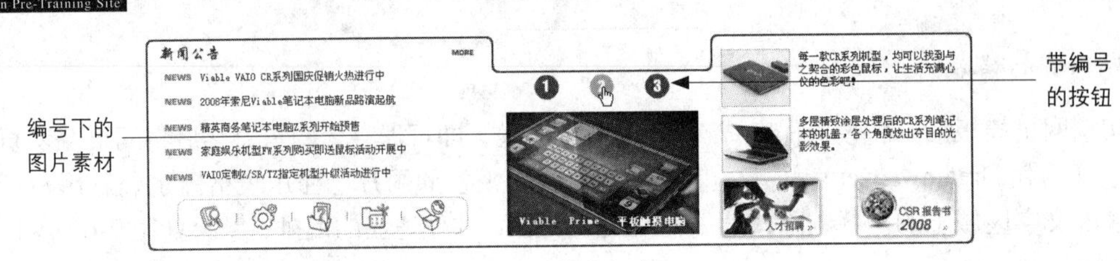

图7-8　变换广告动画

7.2　横幅广告动画

制作分析

本例制作一个大尺寸横幅广告动画，该广告动画有以下3部分动画效果。

(1) 广告左边的花纹出现动画。网页打开后，花纹图案将从广告背景的左边逐一延伸出现，这种花纹出现效果在制作上运用了遮罩和补间动画的技术。

(2) 广告中央的笔记本电脑出现动画。广告动画的花纹图案出现后，广告中央的笔记本电脑图案将从小到大、从透明到完全显示的方式出现，并在出现过程中按照顺时针旋转。

(3) 广告右边的文字动画。广告动画的笔记本动画完成后，关于笔记本品牌和型号文字将从广告右边飞出，而性能的说明文字将从广告下方飞出。

本例制作的广告动画效果如图7-9所示。

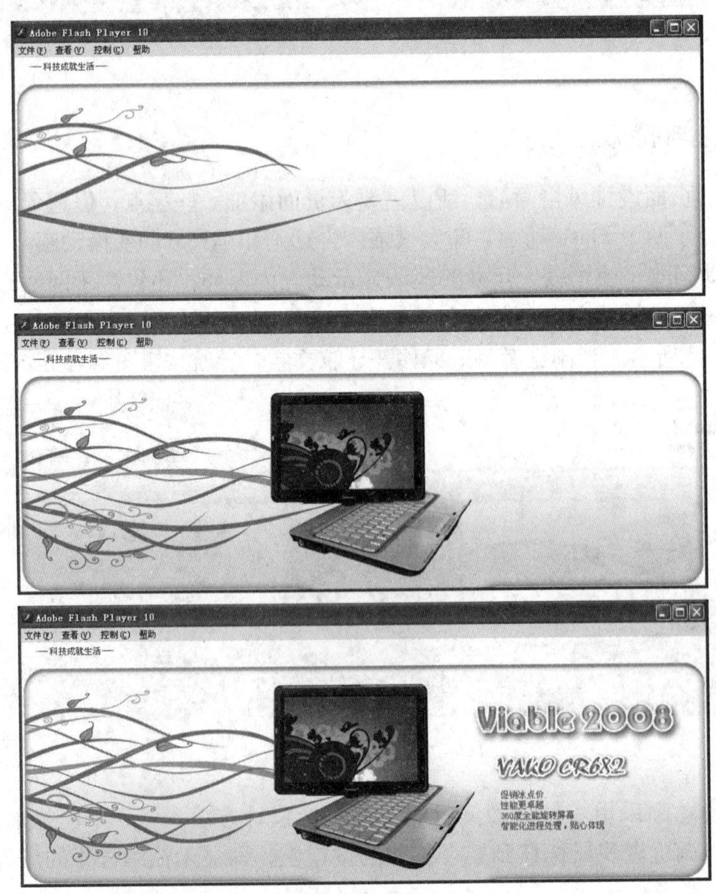

图7-9　横幅广告动画

制作流程

在制作横幅广告动画时，3个动画效果分别处理。首先为一个花纹素材制作遮罩动画，让花纹出现向右边延伸出现的效果，再按照相同的方法制作其他花纹出现动画，然后将花纹影片剪辑排放在广告背景图上；接着加入笔记本电脑素材，制作素材从小到大、从透明到完全显示的旋转动画；最后分别制作标题图片的从右飞入广告的动画，以及笔记本电脑特性文字内容从下飞入广告的动画。整个横幅广告动画的制作过程如图7-10所示。

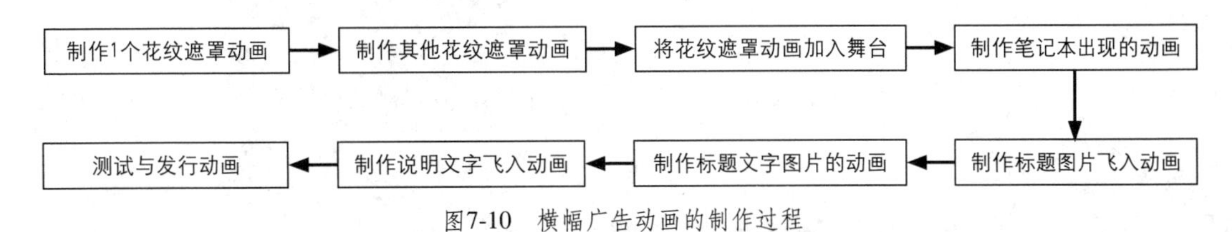

图7-10　横幅广告动画的制作过程

上机实战　制作横幅广告动画

01 在光盘中打开“..\Example\Ch07\7.2\7.2.fla”练习文件，然后选择【插入】|【新建元件】命令，打开【创建新元件】对话框后，设置元件名称并选择元件类型为【影片剪辑】，最后单击【确定】按钮，如图 7-11 所示。

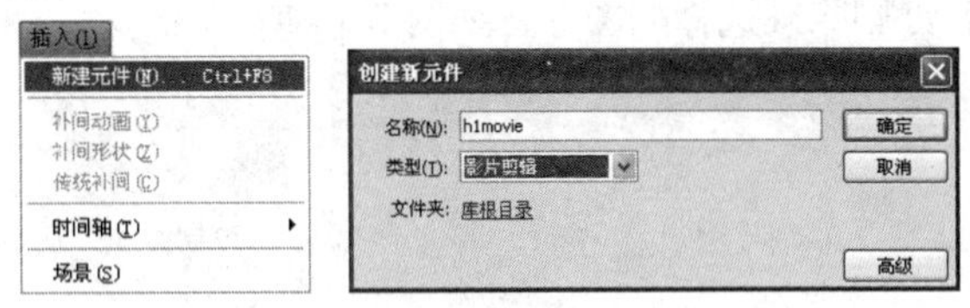

图7-11　创建影片剪辑元件

02 按下【Ctrl+L】快捷键打开【库】面板，将【h1】图形元件加入影片剪辑元件编辑区内，如图 7-12 所示。

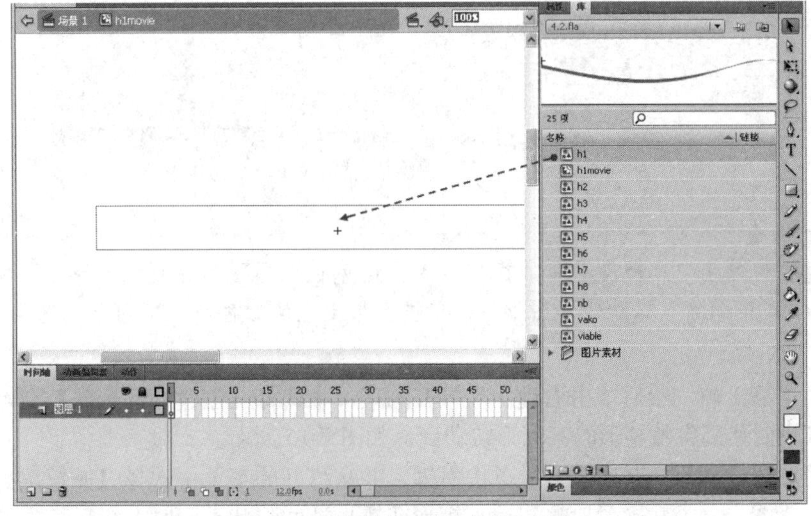

图7-12　将【h1】图形元件加入元件内

03 选择图层1第10帧，按下【F5】功能键插入动画帧，接着在图层1上插入图层2，并在工具箱中选择【矩形工具】，设置填充颜色为【红色】，然后在花纹图案上绘制一个完全遮挡花纹的矩形，如图7-13所示。

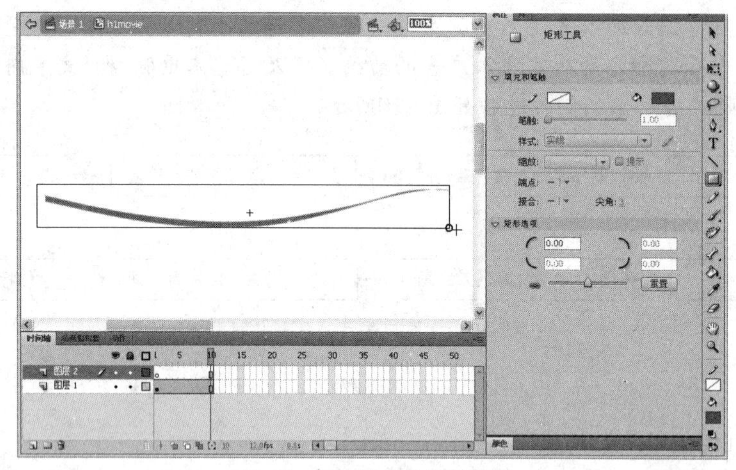

图7-13　插入图层并绘制矩形

04 在图层2第10帧上按下【F6】功能键插入关键帧，然后选择该图层第1帧，并隐藏图层1，接着使用【选择工具】在舞台上选择矩形右边的绝大部分图形（必须在左边剩余矩形的一小部分），最后按下【Delete】键删除被选择的图形，如图7-14所示。

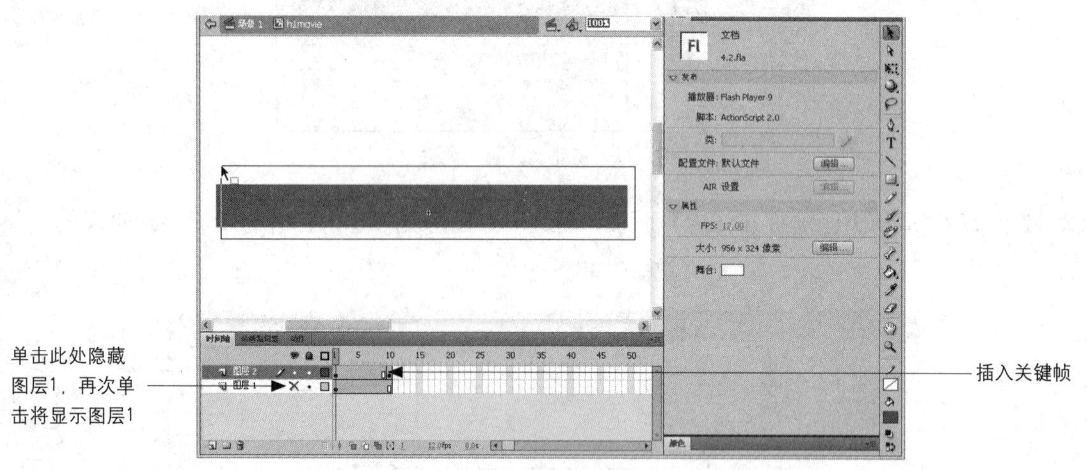

图7-14　插入关键帧并删除第1帧的大部分矩形图形

> **提示** 步骤4中隐藏图层1的操作是为了避免在选择图形并删除图形时，将图层1的花纹图案删除。删除矩形图形后，单击图层1上的✕图标，即可显示图层1。

05 选择图层1第1帧，然后单击右键，从打开的菜单中选择【创建补间形状】命令，为剩余的小部分矩形创建变化到完整矩形的补间形状动画，如图7-15所示。

06 创建补间形状动画后，在图层2上单击右键，并从打开的菜单中选择【遮罩层】命令，将图层2转换为遮罩图层。当转换为遮罩层后，矩形在播放补间形状动画时，矩形下方的花纹即逐渐显示出来，如图7-16所示。

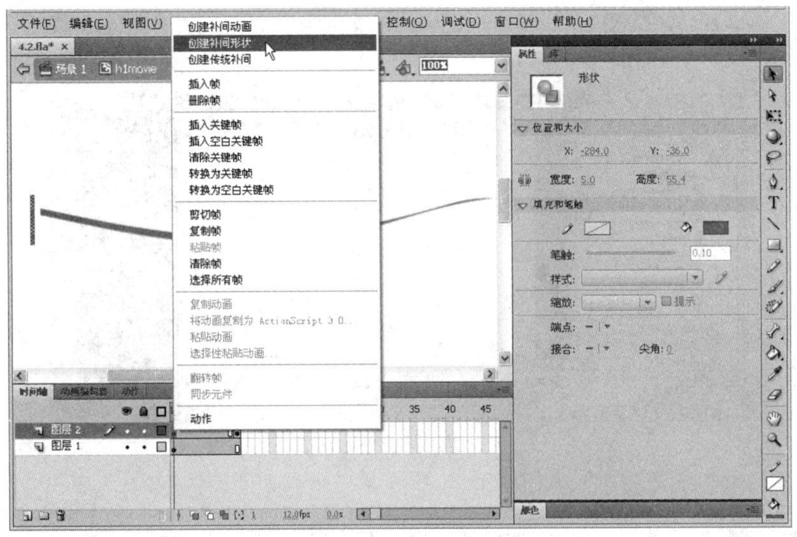

图7-15 创建补间形状动画

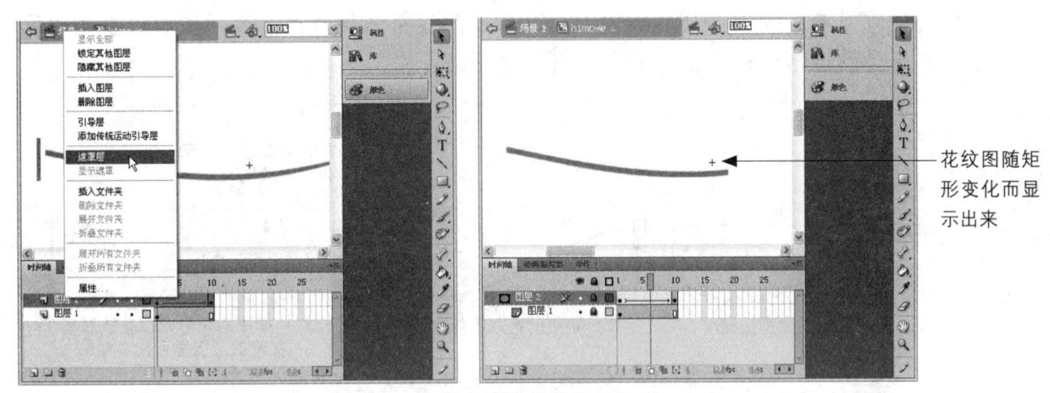

图7-16 转换成遮罩层并播放效果

提示 遮罩层是一种可以挖空被遮罩层的特殊图层，可以使用遮罩层来显示下方图层中图片或图形的部分区域。换言之，在被遮罩层中，与遮罩层项目重叠的区域是可见的，其他区域是不可见的（关于遮罩层的详细讲解，可参阅本章“学习扩展”）。通过遮罩层的特性，可以了解到制作延伸花纹动画效果的实质。即在图层的第1帧上，花纹在遮罩层项目（剩余的小部分矩形）外，所以不可见。当矩形从小部分向完整矩形延伸变形（步骤5的制作结果），花纹就逐渐被矩形遮挡，即花纹逐渐处于遮罩项目（矩形）内，也就是说花纹逐渐可见，如此即产生花纹随着矩形延伸而逐渐出现的效果。

07 为避免影片剪辑循环播放，所以在影片剪辑的图层2上插入图层3，并在该图层第10帧上插入空白关键，然后通过【动作】面板为空白关键帧添加停止动作，如图7-17所示。

08 按照上述步骤1到步骤7的方法，分别为其他花纹素材创建影片剪辑元件，加入花纹元件，并制作遮罩层动画，最后为影片剪辑添加停止动作。由于制作其他花纹显示动画的方法与上述操作相同，在此不再详细说明。

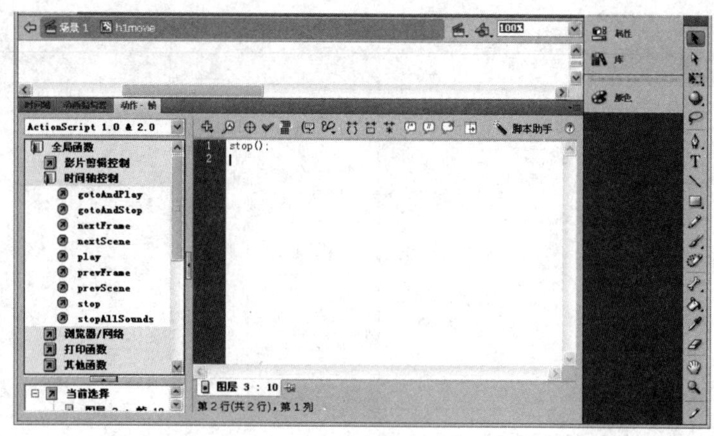

图7-17　添加停止动作

> **提示**　在制作时需要注意两个要点：(1) 作用遮罩项目的矩形必须完全遮挡花纹，如图 7-18 (a) 所示；(2) 在矩形补间形状动画的开始状态（即第 1 帧）中，矩形不能与花纹重叠（如图 7-18 (b) 所示），否则后续将图层转换为遮罩层后，重叠的区域将会显示出花纹的图案，如图 7-18 (c) 所示。

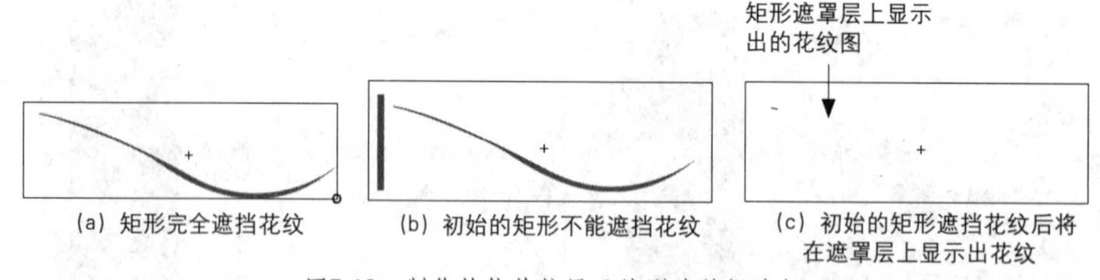

图7-18　制作其他花纹显示的影片剪辑片断

09 返回场景 1，选择图层 2，打开【库】面板，并将【h1movie】影片剪辑加入到舞台左边，如图 7-19 所示。

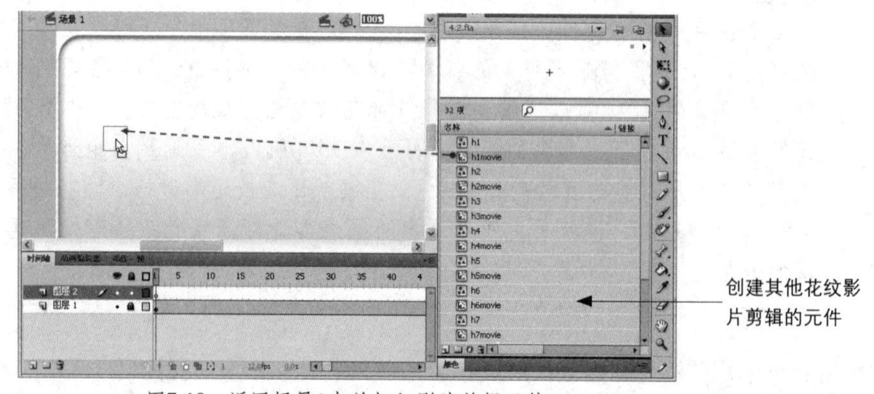

图7-19　返回场景1中并加入影片剪辑元件

10 在制作本例横幅广告动画中，要将花纹紧贴广告背景的图形边框，以便让花纹有从图形中开始向右延伸出现的效果。为此，将花纹的影片剪辑加入舞台后，还需要精确地调整花纹所处的位置。但影片剪辑中的花纹被遮罩层隐藏了，加入到场景舞台后并不能直接看出花纹的位置，此时可以在影片剪辑上双击鼠标，进入影片剪辑编辑窗口，然后取消遮罩层和被遮罩层的锁定状态即可显示出花纹，如图 7-20 所示。了解花纹的位置后，返回场景 1 中按照花纹与广告背景边框的差距，逐渐调整影片剪辑的位置，最后将花纹的左端靠在广告背景图的左边框上。

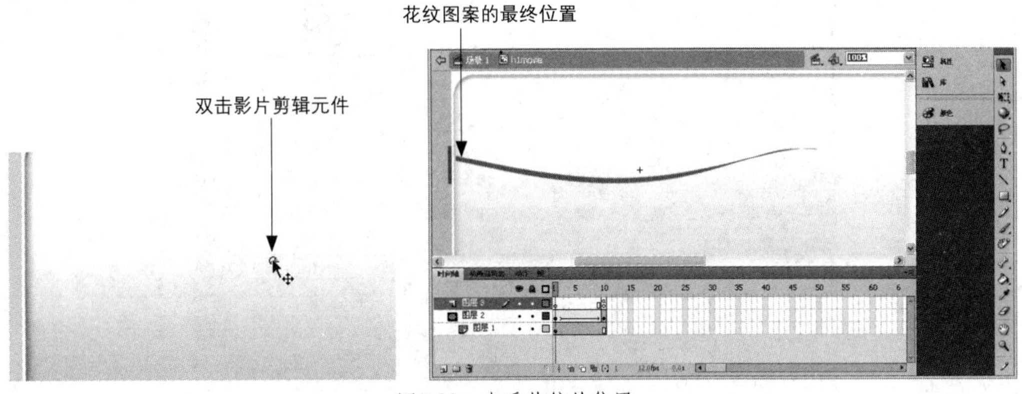

图7-20　查看花纹的位置

11 在场景 1 的时间轴上插入图层 3，在该图层第 10 帧插入空白关键帧，接着从【库】面板中加入【h2movie】影片剪辑元件，并进入该影片剪辑的编辑窗口，根据花纹图案的位置调整影片剪辑元件在舞台上的位置，如图 7-21 所示。

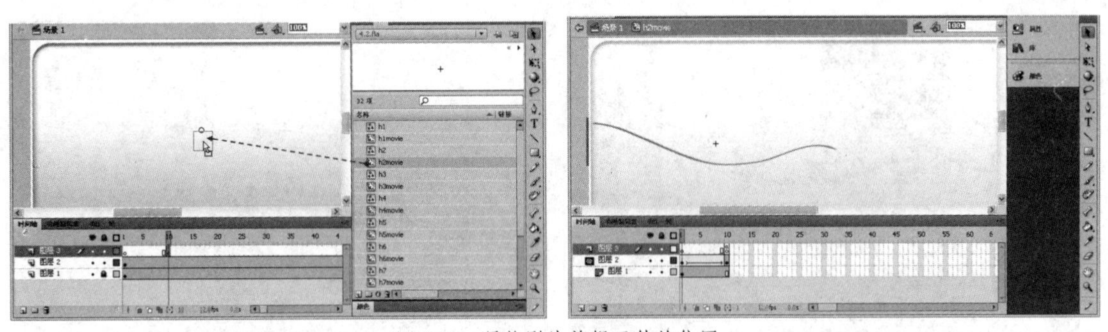

图7-21　调整影片剪辑元件的位置

12 按照步骤 11 的方法，将其他关于花纹的影片剪辑元件加入到独立的图层上，并根据花纹的形状排列，如图 7-22 所示。

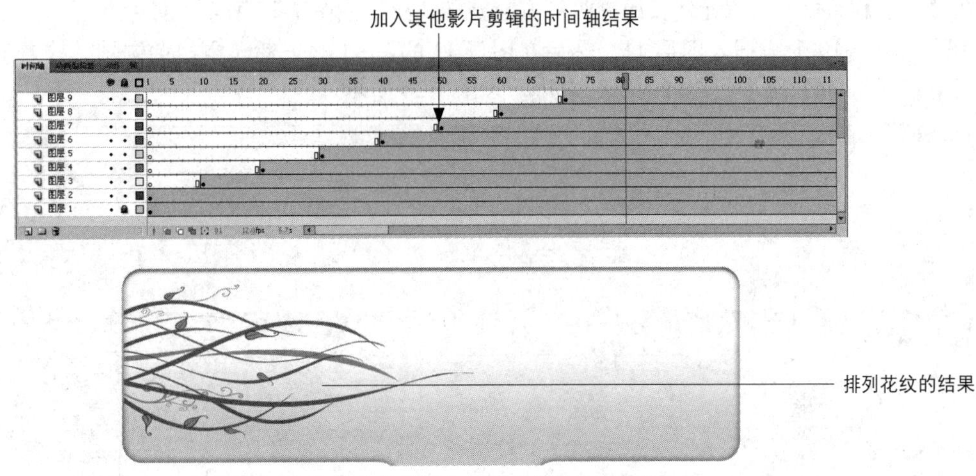

图7-22　加入其他花纹影片剪辑元件并排列花纹

13 插入一个新图层（图层 10），然后在第 80 帧上按下 F6 功能间插入关键帧，接着在【库】面板中将【nb】图形元件加入舞台中央，如图 7-23 所示。

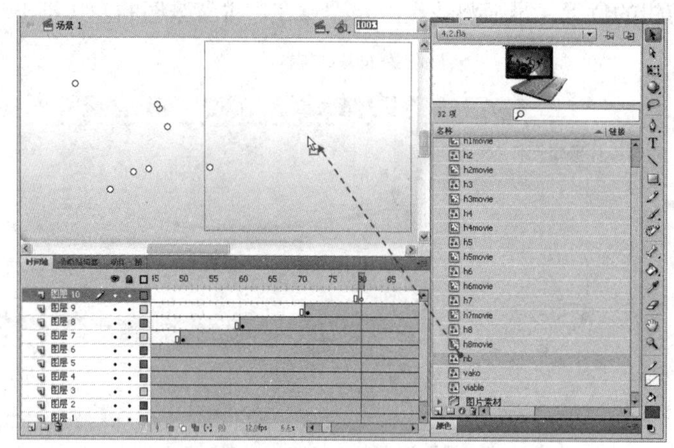

图7-23　插入图层并加入笔记本图形元件

14 在图层 10 第 90 帧上插入关键帧，然后选择该图层第 80 帧，再使用【任意变形工具】并按住【Shift】键缩小元件，接着选择被缩小的元件，通过【属性】面板设置元件的 Alpha 为 0%，如图 7-24 所示。

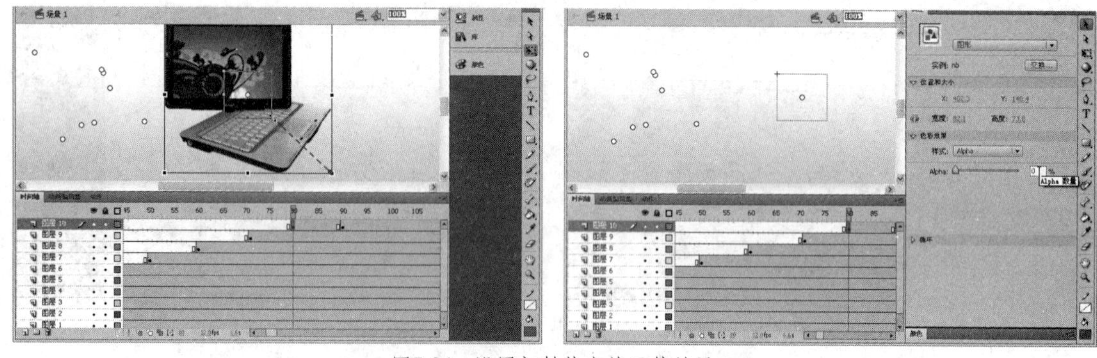

图7-24　设置初始状态的元件效果

15 选择图层 10 的第 80 帧，然后单击右键，从打开的菜单中选择【创建传统补间】命令，接着在【属性】面板上设置元件按照顺时针方向旋转 2 次，如图 7-25 所示。

16 在图层 10 上方插入图层 11，然后在图层 11 的第 91 帧上插入空白关键帧，接着从【库】面板中将【viable】图形元件加入舞台右边，如图 7-26 所示。

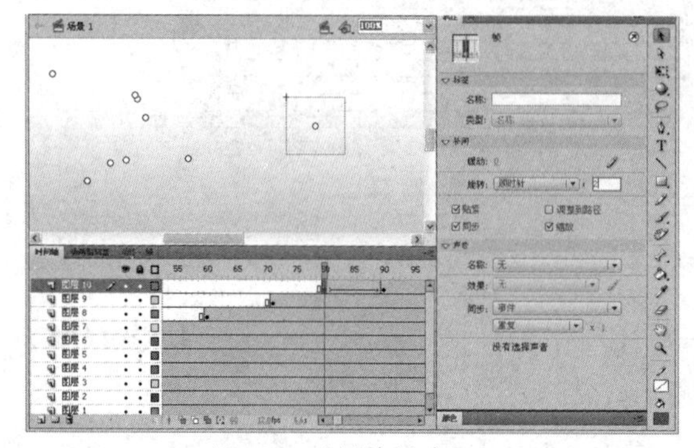

图7-25　设置补间动画

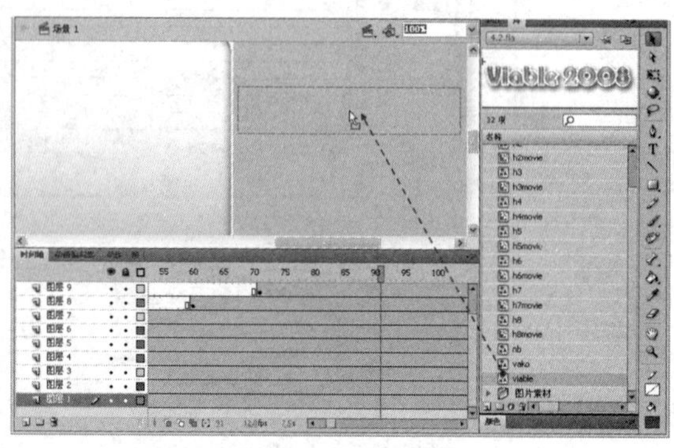

图7-26　插入图层并加入图形元件

17 在图层 11 的第 93 帧上插入关键帧，然后将【viable】图形元件拖入舞台右方，接着在图层 11 第 100 帧上插入关键帧，并向右稍微移动【viable】图形元件，如图 7-27 所示。

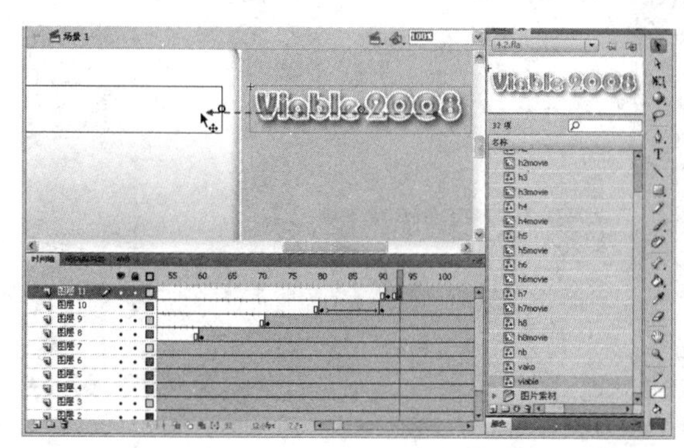
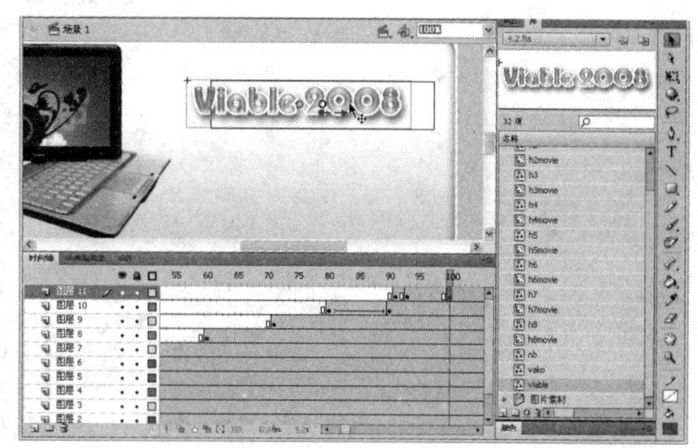

图7-27 插入关键帧并调整【viable】图形元件的位置

18 在图层 11 中拖动鼠标选择关键帧之间的帧，然后单击右键，从打开的菜单中选择【创建传统补间】命令，为【viable】图形元件创建传统补间动画，如图 7-28 所示。

19 在图层 11 上方插入图层 12，然后在第 100 帧上插入空白关键帧，并从【库】面板中将【vako】图形元件加入到舞台右边，接着在图层 12 的第 103 帧上插入关键帧，并将【vako】图形元件向左拖入舞台右方，如图 7-29 所示。

20 在图层 12 的第 110 帧上插入关键帧，然后稍微向右移动【vako】图形元件，接着选择该图层关键帧之间的动画帧，再单击右键，从打开的菜单中选择【创建传统补间】命令，如图 7-30 所示。

图7-28 创建补间动画

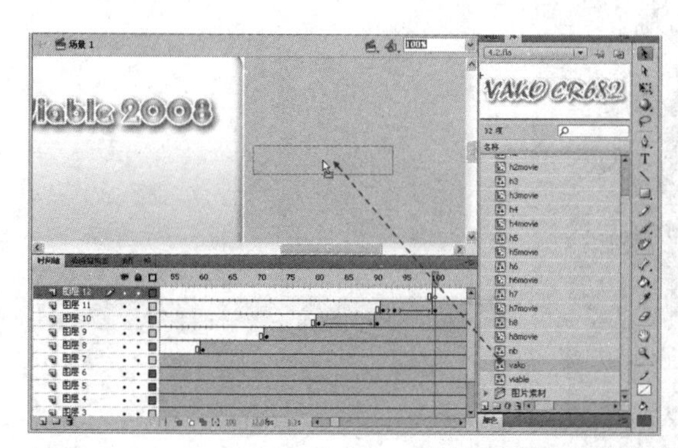
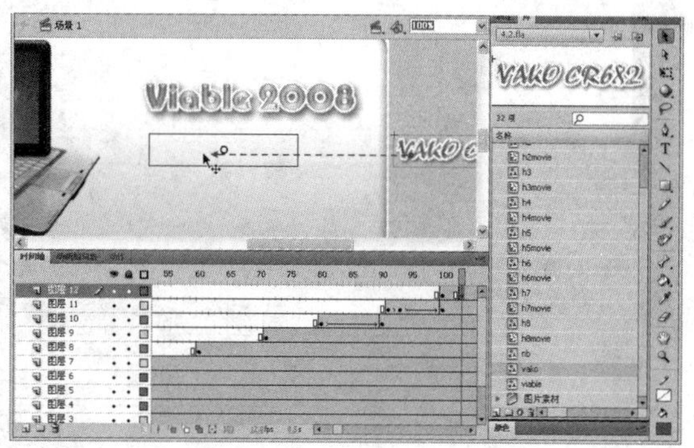

图7-29 插入关键帧并加入【vako】图形元件

21 在图层 12 上插入图层 13，并在该图层第 110 帧上插入空白关键帧，然后在工具箱中选择【文本工具】T，并在舞台右下方输入笔记本电脑的说明文字，如图 7-31 所示。

22 选择文本再单击右键，从打开的菜单中选择【转换为元件】命令，打开对话框后，设置元件名称，选择元件类型为【图形】，单击【确定】按钮，将文本转换为图形元件，如图 7-32 所示。

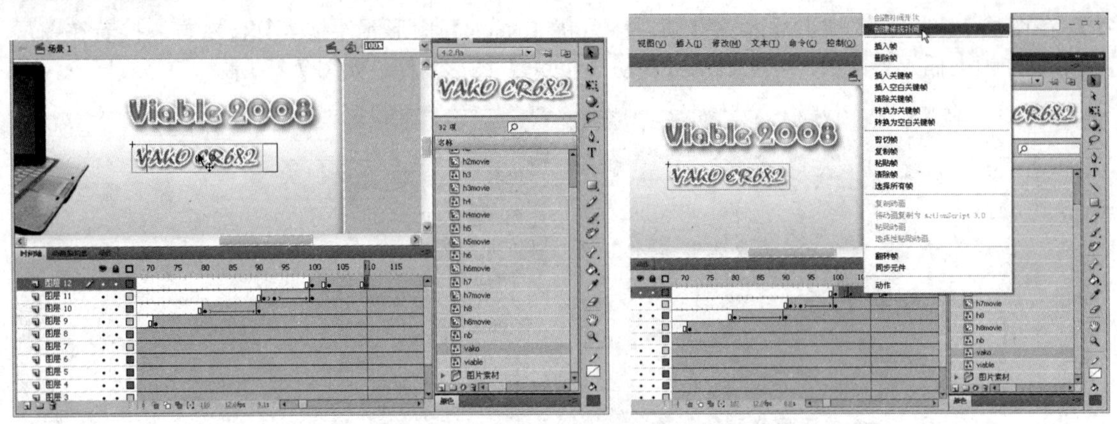

图7-30　设置【vako】图形元件的最终状态并创建补间动画

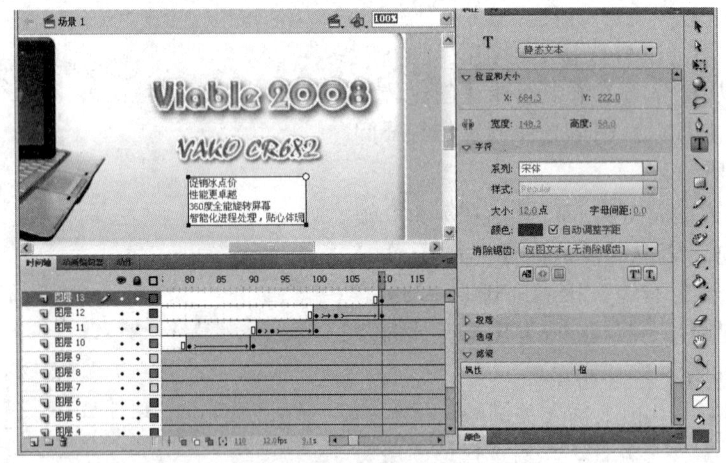

图7-31　插入图层并输入文字

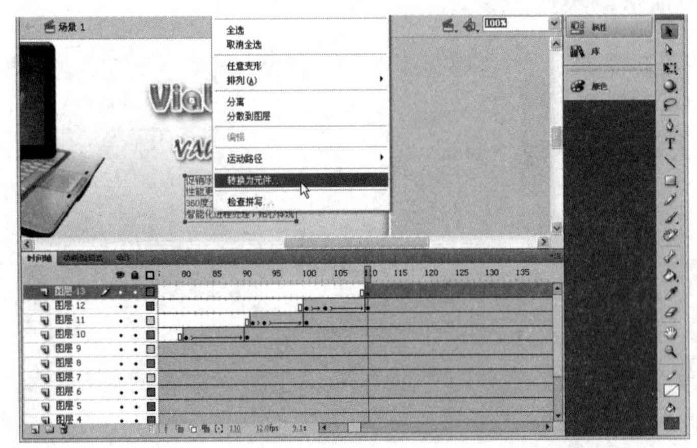

图7-32　将文本转换为图形元件

23 在图层 13 的第 125 帧上按下【F6】功能键插入关键帧，再选择该图层第 110 帧，然后选择文本图形元件，将该元件移到舞台下方，打开【属性】面板，设置 Alpha 为 0%，如图 7-33 所示。

24 选择图层 13 的第 110 帧，然后单击右键，从打开的菜单中选择【创建传统补间】命令，再通过【属性】面板设置【缓动】为 100，如图 7-34 所示。

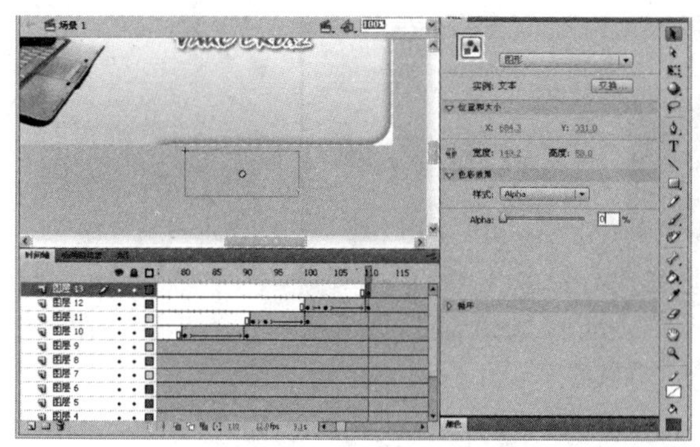

图7-33 插入结束关键帧并设置开始关键帧下的元件状态

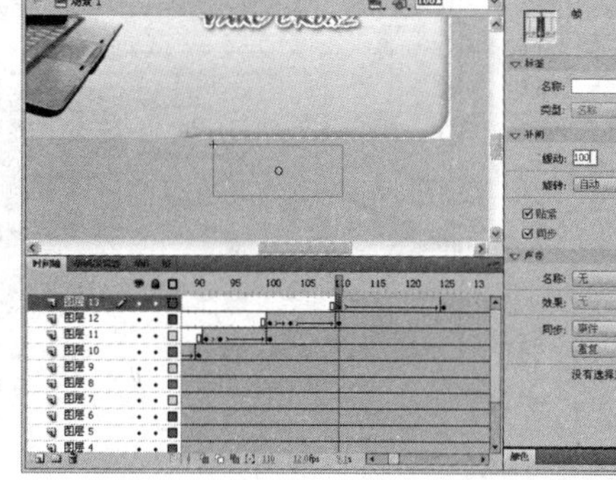

图7-34 创建文本图形元件的补间动画

提示 步骤24中设置的补间动画缓动选项是为了让文本飞入舞台时由慢到快。如果缓动设置为负数，则元件飞入舞台时由快到慢。

25 此时在图层13上插入图层14，然后在图层14的第200帧上按下【F7】功能键插入空白关键帧，并按下【F9】功能键打开【动作】面板，输入“gotoAndPlay(90);”代码，如图7-35所示。本步骤的目的是让时间轴播放到第200帧时返回时间轴第90帧开始播放。

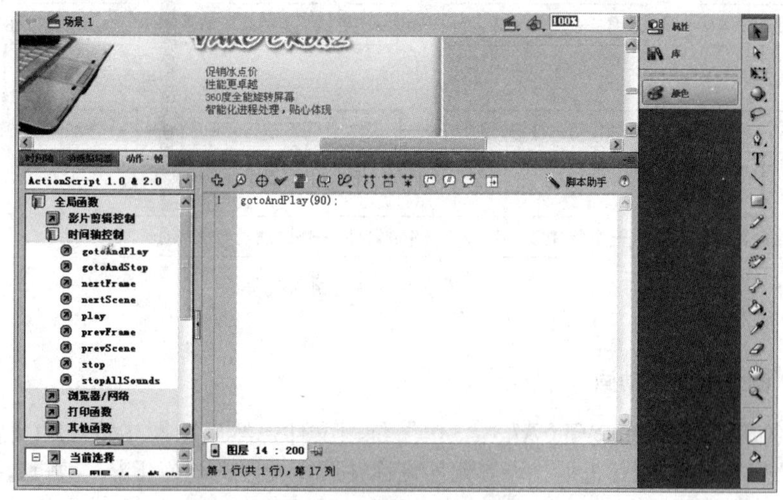

图7-35 添加跳转播放的动作

26 完成上述操作后，按下【Ctrl+Enter】快捷键测试动画，最后将动画发布即可。

7.3 自动展开与收合的导航条

制作分析

本例制作一个感应鼠标自动展开和收合的导航条动画。当浏览者将鼠标移到按钮上时，按钮将弹出一个图形，然后在横幅广告框内弹出该按钮项目的导航菜单；当浏览者将鼠标移开按钮时，按钮的图形和该按钮项目的导航菜单将自动收起来，如图7-36所示。

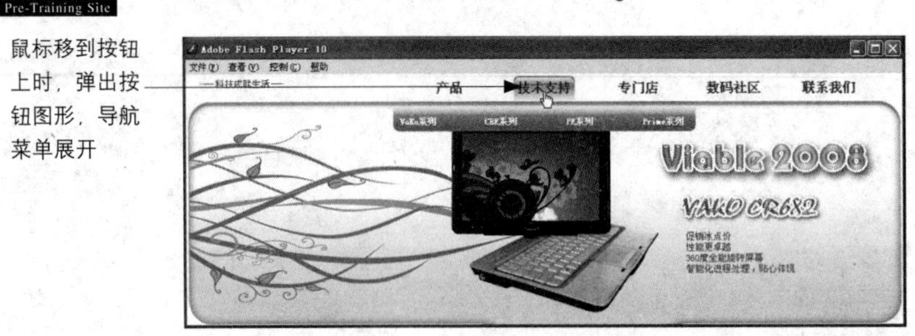

图7-36　导航条的效果

制作流程

首先创建一个用于制作导航按钮变化动画的影片剪辑，然后制作按钮图形向上移动的动画，并在按钮图形最终位置上添加遮罩层，再制作导航菜单图形向下移动的动画，并在最终的位置上添加遮罩层，接着创建用于激活导航按钮的按钮元件，并放置在导航按钮图形上，再添加激活时间轴播放的动作，接下来创建一个作用区按钮元件，将作用区中央掏空并放置在按钮和导航菜单图形上（按钮和导航菜单图形在掏空区域内），再为作用区按钮添加时间轴播放的动作，最后在场景中输入导航按钮文字，并将开始创建的影片剪辑放置在按钮文字上，并依照相同的方法制作其他导航影片剪辑。整个导航条制作的过程如图7-37所示。

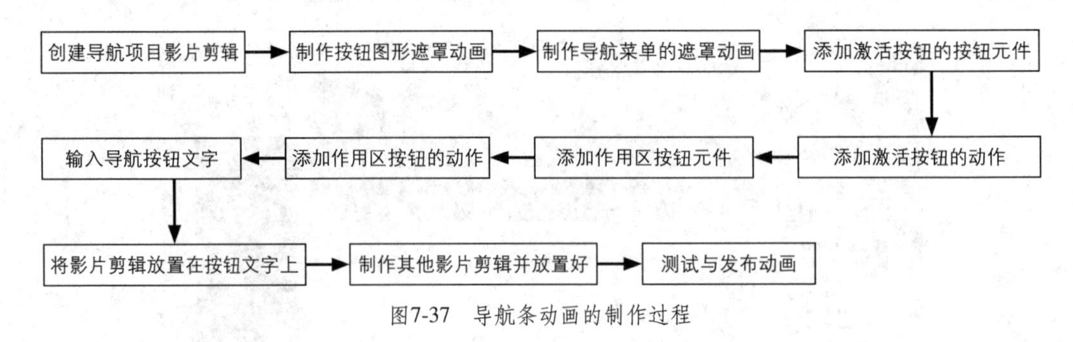

图7-37　导航条动画的制作过程

上机实战　制作导航条动画

01 在光盘中打开“..\Example\Ch07\7.3\7.3.fla”练习文件，然后选择【插入】|【新建元件】命令，打开【创建新元件】对话框后，设置元件名称并选择元件类型为【影片剪辑】，单击【确定】按钮，接着将【库】面板中的【按钮图形 1】元件加入影片剪辑内，如图 7-38 所示。

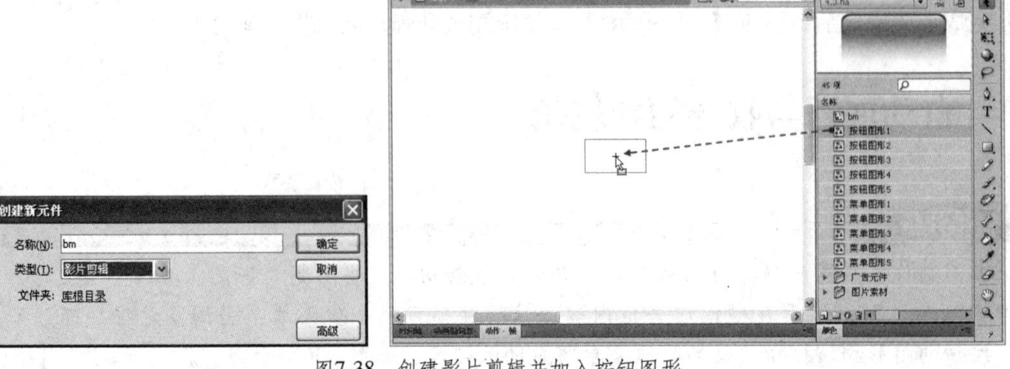

图7-38　创建影片剪辑并加入按钮图形

02 在图层1第9帧上按下【F6】功能键插入关键帧，然后在该图层第5帧上插入关键帧，并向上移动按钮图形，如图7-39所示。

03 在图层1上插入图层2，然后在工具箱中选择【矩形工具】，并选择图层2的第5帧，接着参考该帧下的按钮图形，绘制一个矩形，该矩形需要有足够大的尺寸来覆盖按钮图形，如图7-40所示。

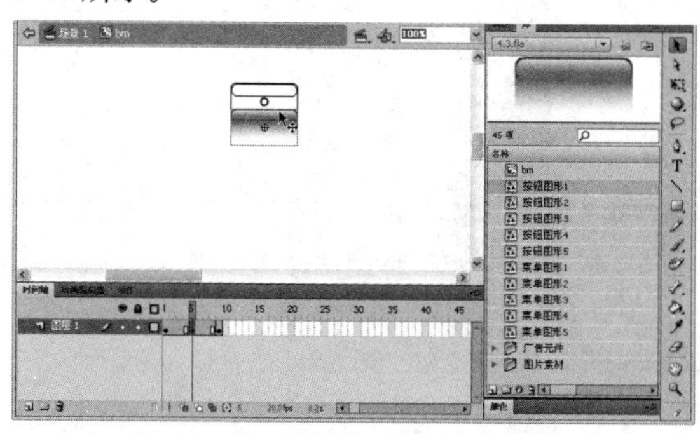

图7-39 插入关键帧并移动按钮图形

图7-40 插入图层并绘制矩形

04 使用鼠标选择图层1和图层2的第1帧，然后将第1帧的关键帧移到第2帧，接着选择图层1上关键帧之间的所有帧，单击右键，从打开的菜单中选择【创建传统补间】命令，如图7-41所示。

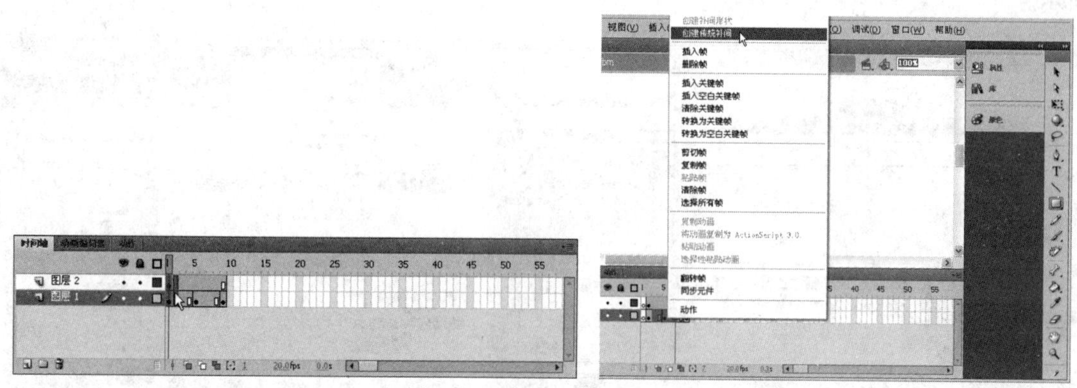

图7-41 移动第1帧关键帧的位置并创建传统补间动画

05 在图层2上单击右键，并从打开的菜单中选择【遮罩层】命令，将图层2转换为遮罩层，如图7-42所示。

06 当将图层2转换为遮罩层后，按钮图形不在遮罩层的矩形时不可见。但为了后续操作的方便，先解除遮罩层与被遮罩层的锁定状态，让遮罩层的矩形和按钮图形先显示出来，如图7-43所示。

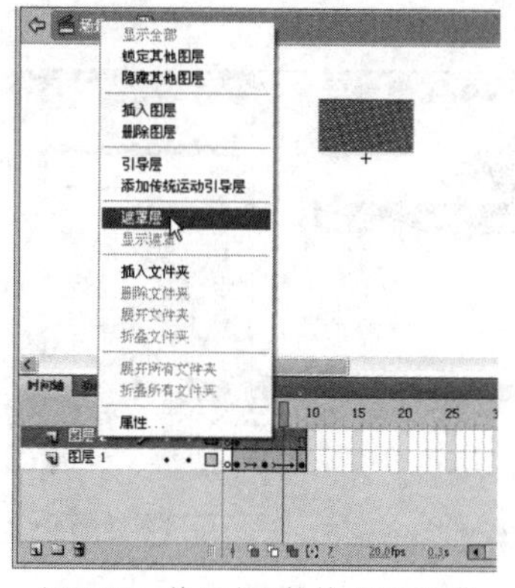

图7-42 将图层2转换成遮罩层

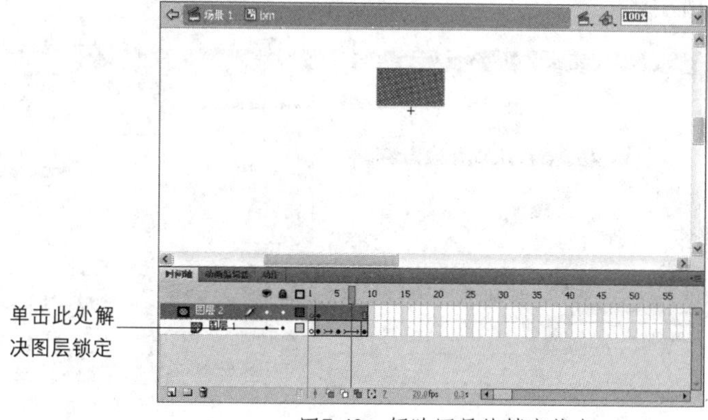

图7-43 解除图层的锁定状态

07 在图层 2 上插入图层 3，然后在第 3 帧上插入关键帧，并将【库】面板的【菜单图形 1】图形元件加入影片剪辑内，放置在按钮图形上方，如图 7-44 所示。

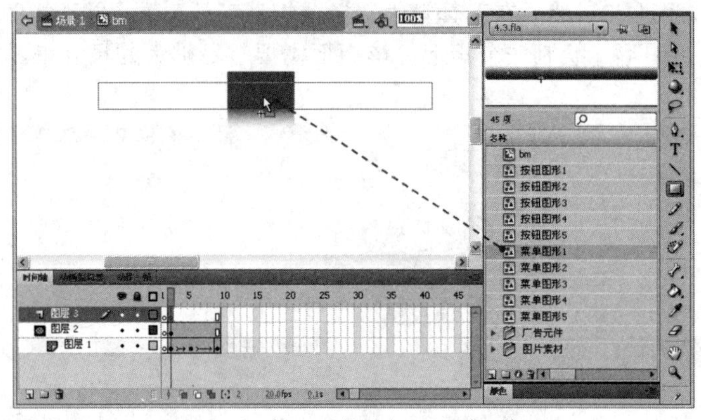

图7-44　插入图层并加入图形元件

08 在图层 3 第 9 帧上按下【F6】功能键插入关键帧，然后在该图层第 5 帧上再插入关键帧，接着将菜单图形向下移动，最后选择图层 3 关键帧之间的帧，并创建传统补间动画，如图 7-45 所示。

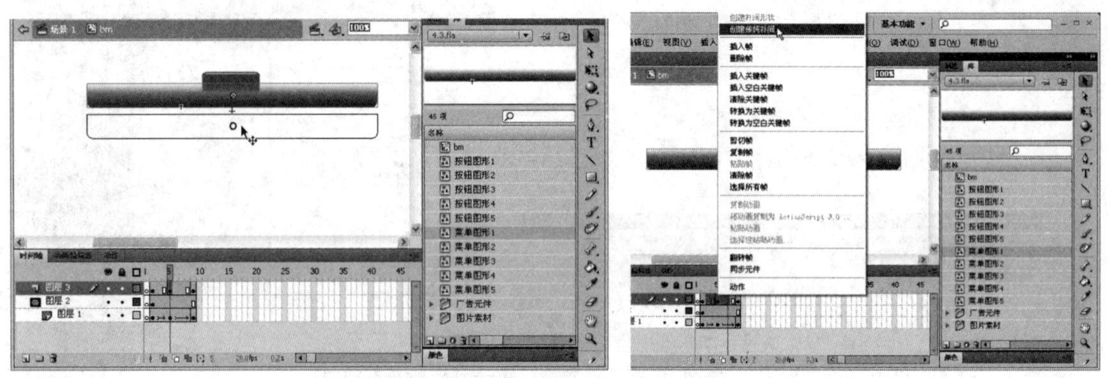

图7-45　插入关键帧再调整菜单图形位置，并创建传统补间动画

09 在图层 3 上插入图层 4，然后在图层 4 的第 2 帧上插入空白关键帧，接着在工具箱中选择【矩形工具】，再选择图层 2 第 5 帧，并在菜单图形上绘制一个可以完全遮盖【菜单图形 1】图形元件的矩形，最后将图层 4 转换成为遮罩层，将绘制的矩形作为遮罩层的遮罩项目，如图 7-46 所示。

图7-46　制作遮罩层

提示 本例步骤2到步骤9的操作是为了制作导航按钮的图形展开与收合效果。在此操作中，首先制作按钮图形向上移动的动画，然后再利用遮罩层，显示按钮图形向上移动的最终状态，最后形成按钮图形弹出的效果。同理，制作菜单图形向下移动的动画，然后利用遮罩层显示向下移动的最终状态，产生菜单图形向下展开的效果，如图7-47所示。当按钮图形和菜单图形移出遮罩层后即不可见，这样就产生了收合并隐藏的效果。

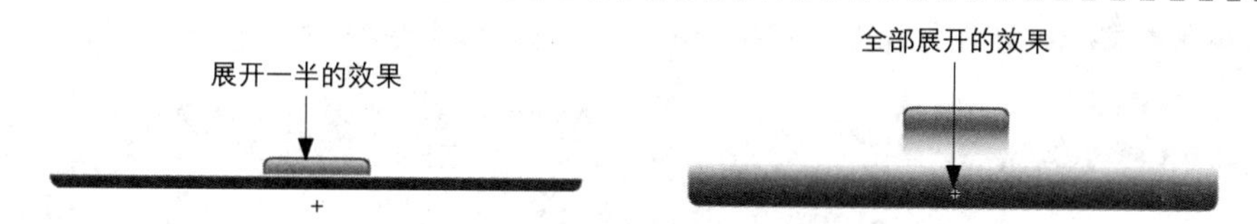

图7-47　按钮图形和菜单图形展开的效果

10 在图层4上插入图层5，然后在图层5的第5帧上插入关键帧，并使用【文本工具】在菜单图形上输入菜单项目文本，接着选择图层5中第6帧到第9帧之间的帧，点击右键删除这些帧，如图7-48所示。

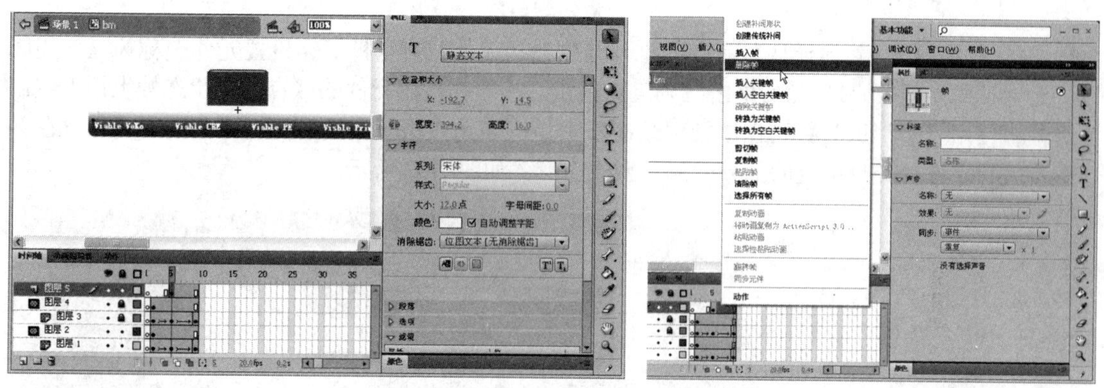

图7-48　添加菜单项目并删除多余的帧

11 选择【插入】|【新建元件】命令，打开【创建新元件】对话框后，设置元件名称为【激活】，元件类型为【按钮】，然后单击【确定】按钮，接着在按钮元件的【点击】状态帧上插入空白关键帧，再使用【矩形工具】在该帧下绘制一个矩形作为点击区，如图7-49所示。

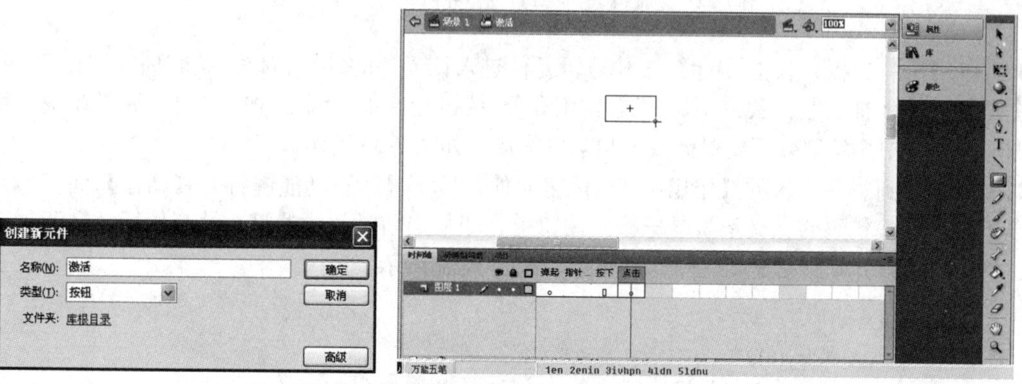

图7-49　创建按钮元件并设置【点击】状态帧

12 打开【库】面板，双击【bm】影片剪辑元件进入该元件的编辑窗口，接着插入图层6，并将【激活】按钮元件加入到影片剪辑内，放置在按钮图形上，如图7-50所示。

13 选择加入到影片剪辑的【激活】按钮元件，按下【F9】功能键打开【动作】面板，并输入以下的代码。代码的意义是当鼠标移到按钮上，即从当前时间轴的第2帧开始播放，如图7-51所示。

```
on (rollOver) {
    this.gotoAndPlay( “2” );
}
```

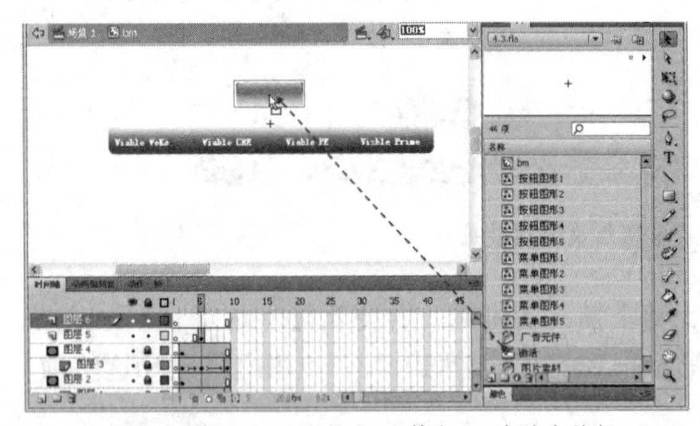
图7-50 将【激活】按钮元件加入到影片剪辑

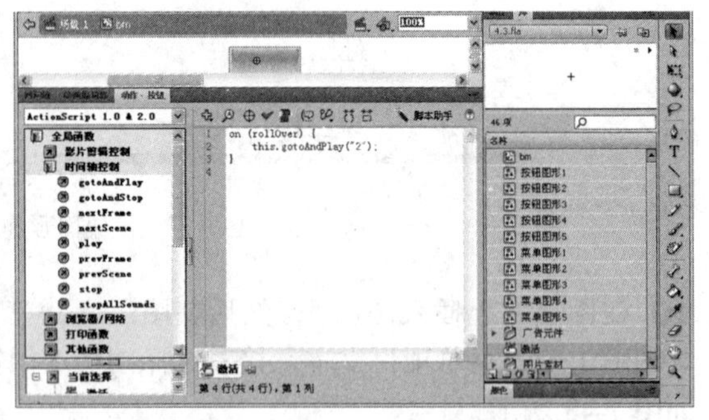
图7-51 为【激活】按钮元件添加动作

14 选择【插入】|【新建元件】命令，打开【创建新元件】对话框后，设置元件名称为【作用区1】，元件类型为【按钮】，然后单击【确定】按钮。接着在按钮元件的【点击】状态帧上插入空白关键帧，使用【矩形工具】在该帧下绘制一个矩形作为点击区，然后使用【套索工具】在多边形模式下选择矩形中央的部分图形，删除图形，如图7-52所示。

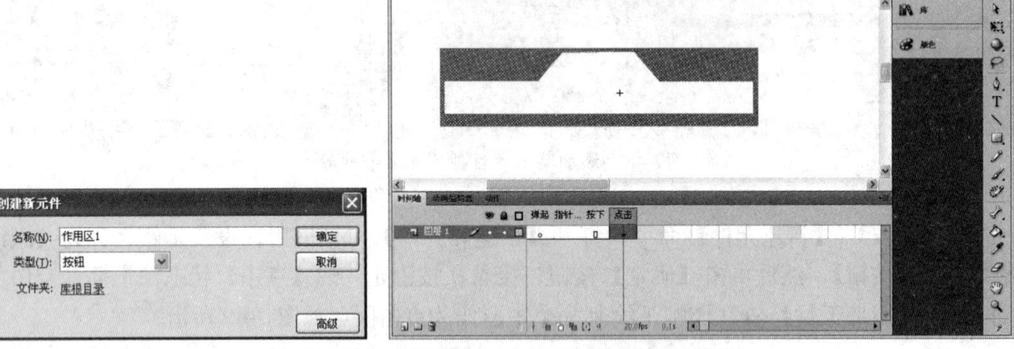

图7-52 创建【作用区1】按钮并制作掏空的作用区

15 打开【库】面板，双击【bm】影片剪辑元件进入该元件的编辑窗口，接着插入图层7，并在该图层第5帧上插入空白关键帧，将【作用区1】按钮元件加入到影片剪辑内，放置在按钮和菜单图形上，其中掏空部分不要覆盖按钮和菜单图形，如图7-53所示。

16 选择加入到影片剪辑的【作用区1】按钮元件，按下【F9】功能键打开【动作】面板，并输入以下的代码。代码的意义是当鼠标移到按钮上，即从当前时间轴的第6帧开始播放。添加动作后，将图层7第6帧到第9帧之间的帧删除，如图7-54所示。

```
on (rollOver) {
    gotoAndPlay(6);
}
```

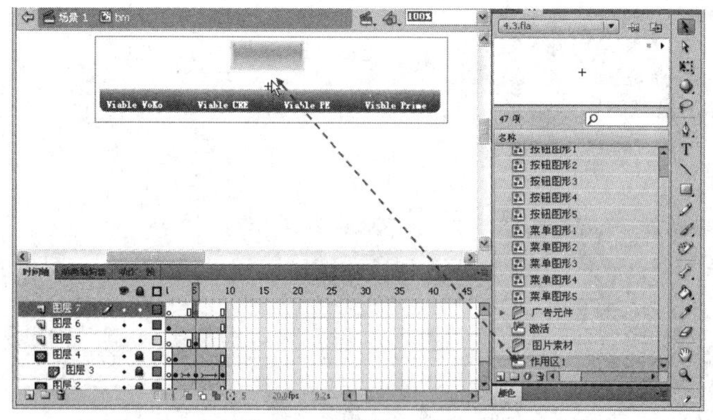
图7-53　将【作用区1】按钮元件加入到影片剪辑

图7-54　添加动作并删除多余的帧

17 在图层 7 上插入图层 8，然后在图层 8 的第 1 帧上添加停止的动作，在第 5 帧上插入空白关键帧，并添加停止动作，如图 7-55 所示。

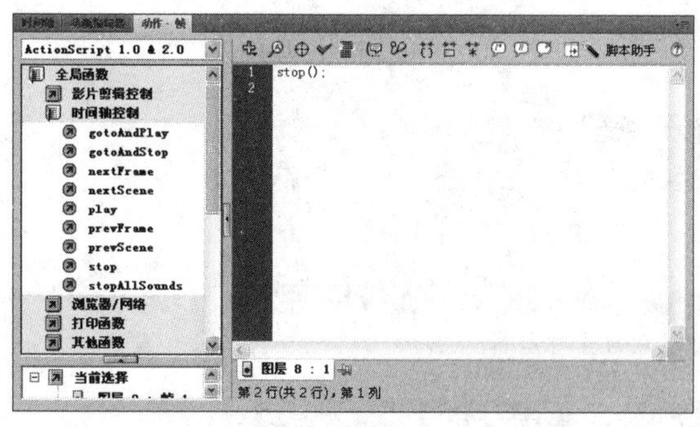
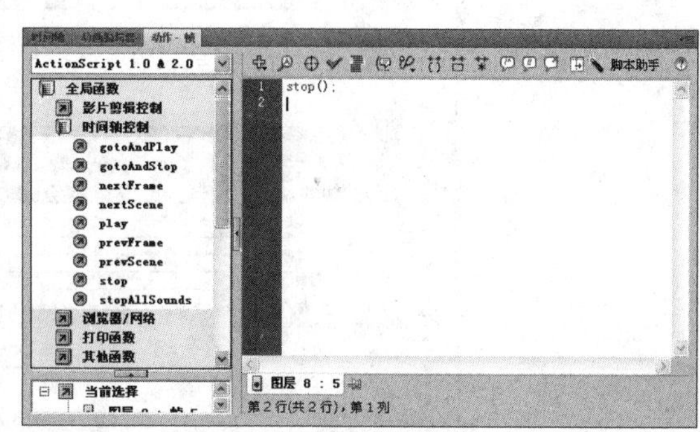
图7-55　插入图层并添加停止动作

18 返回场景 1，在图层 14 上插入图层 15，再使用【文本工具】T在舞台右上方输入导航项目文字，其属性设置如图 7-56 所示。

19 在时间轴上插入图层 16，然后将该图层移到图层 15 下，接着打开【库】面板，并将【bm】影片剪辑元件加入第 1 个导航项目文字上，如图 7-57 所示。

20 使用上述操作方法，分别制作其他导航项目的影片剪辑元件（本例中的 bm2、bm3、bm4、bm5），然后分别加入到导航项目文字上，结果如图 7-58 所示。

21 打开【属性】面板，修改帧频为 20fps，以加快 Flash 动画的播放速度，如图 7-59 所示。完成上述操作后，即可测试动画，并将动画发布。

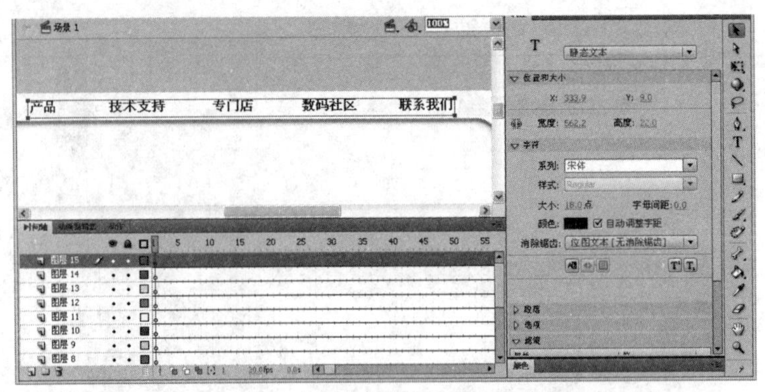

图7-56　在舞台上输入导航项目文字

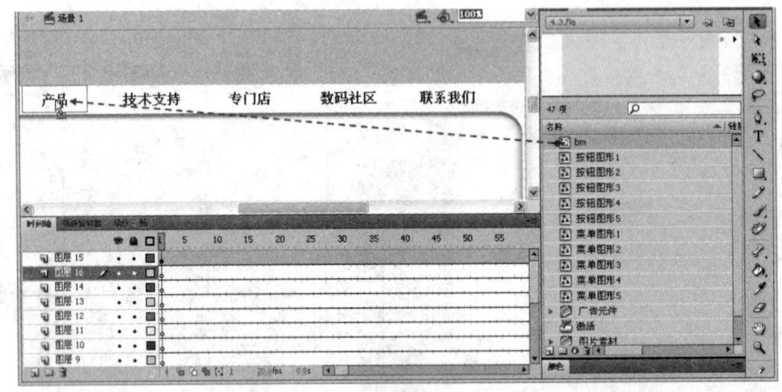

图7-57　插入图层并将【bm】影片剪辑加入舞台

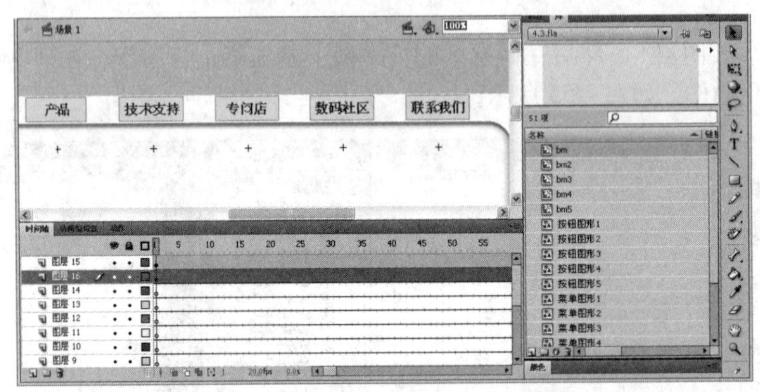

图7-58　制作其他导航项目影片剪辑

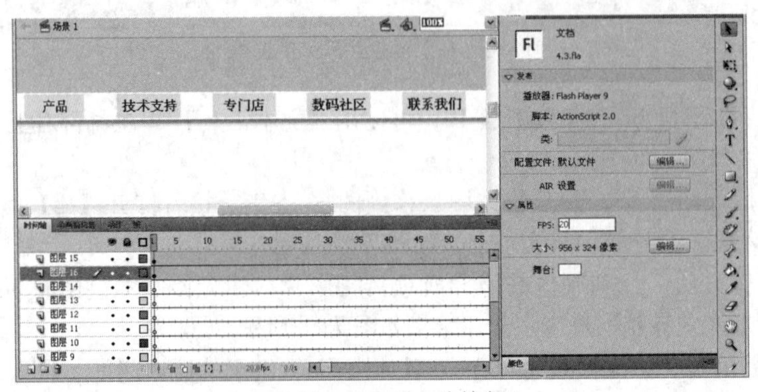

图7-59　更改Flash的帧频

提示 每一秒内播放的帧数就是帧率，利用帧率可以计算出一个Flash动画作品的时间长度。Flash CS4默认的帧率是12帧/s，也就是在一秒内播放12帧画面。

7.4 自动且可控的变换图动画

制作分析

本例制作一个广告图片变换的动画。此动画包含3个广告图片，它们会依照固定的时间自动变换。这3个广告图片分别有对应编号的按钮，当鼠标移到某个图片对应编号的按钮上，即显示该图片。例如，当鼠标移到“2”这个按钮上时，即显示第2个广告图片；鼠标移到“3”这个按钮上时，即显示第3个广告图片，如图7-60所示。

图7-60 可自动变换图片且可控制变换图片的动画

制作流程

首先创建一个编号为1的按钮元件，并设置“弹起”和“指针经过”的状态，再创建一个影片剪辑元件，将编号为1的按钮元件加入影片剪辑内，然后创建编号为2和编号为3的按钮元件，并加入影片剪辑内，接着将影片剪辑加入场景的舞台，并在舞台上加入广告图片，再将图片转换为影片剪辑，然后为图片编号，最后为带编号的按钮添加行为，再测试影片并发布动画。整个变换图动画制作的过程如图7-61所示。

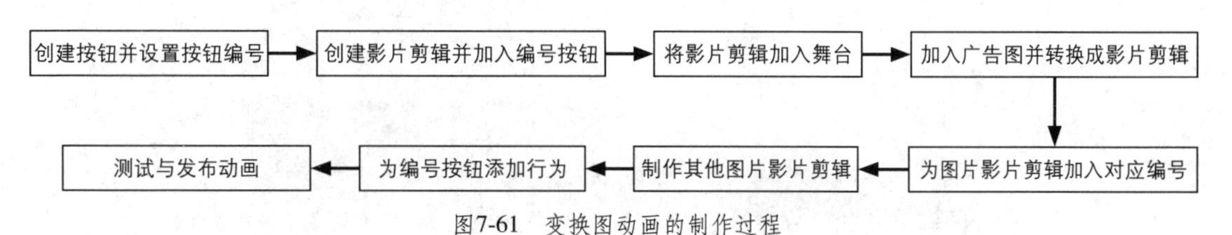

图7-61 变换图动画的制作过程

上机实战 制作变换动画

01 在光盘中打开“..\Example\Ch07\7.4\7.4.fla”练习文件，然后选择【插入】|【新建元件】命令，打开【创建新元件】对话框后，设置元件名称为【1】，类型为【按钮】，单击【确定】按钮，接着在按钮的【弹起】帧上绘制一个蓝色的圆形，如图7-62所示。

图7-62　创建按钮并绘制圆形

02 在按钮的【按下】帧上插入关键帧，然后在【指针经过】帧上再插入关键帧，接着使用【选择工具】选择圆形，并更改图形的填充颜色为浅蓝色（#33CCFF），如图 7-63 所示。

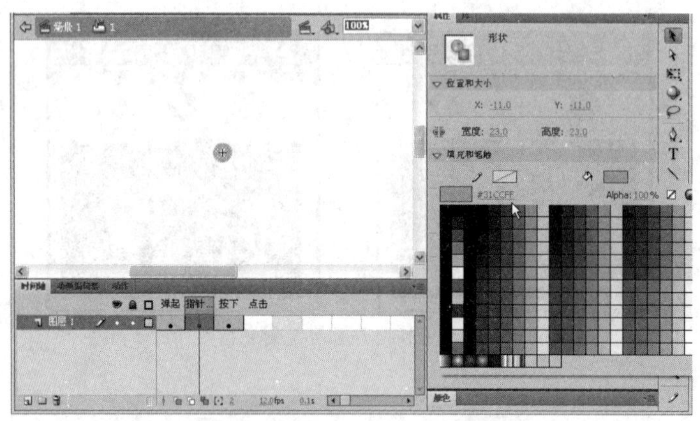

图7-63　插入关键帧并更改圆形的填充颜色

03 在图层 1 上插入图层 2，然后使用【文本工具】T在圆形上输入编号 1，并设置如图 7-64 所示的文本属性。

图7-64　插入图层并输入编号

04 选择【插入】|【新建元件】命令，打开【创建新元件】对话框后，设置元件名称为【123】，类型为【影片剪辑】，单击【确定】按钮，接着从【库】面板中将【1】按钮元件加入影片剪辑内，如图 7-65 所示。

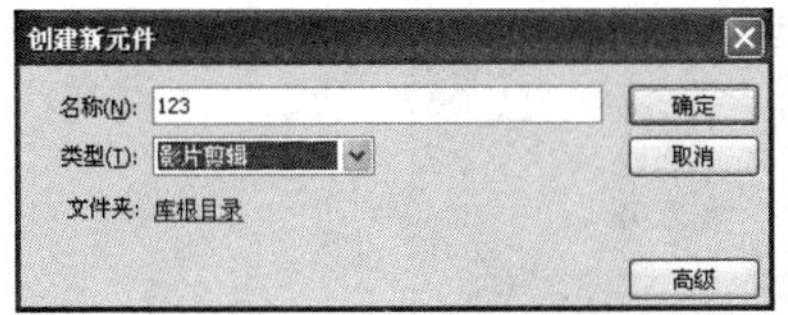

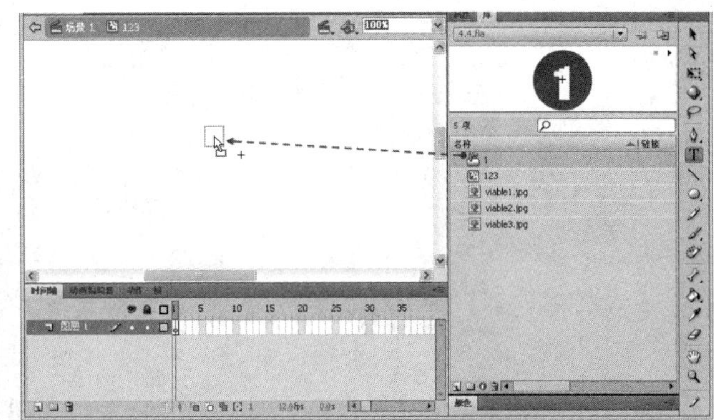

图7-65　创建影片剪辑并加入编号按钮

05 按照步骤1到步骤3的方法，创建编号为2和3的两个按钮元件，并输入编号，然后将两个按钮元件加入到【123】影片剪辑内，结果如图7-66所示。

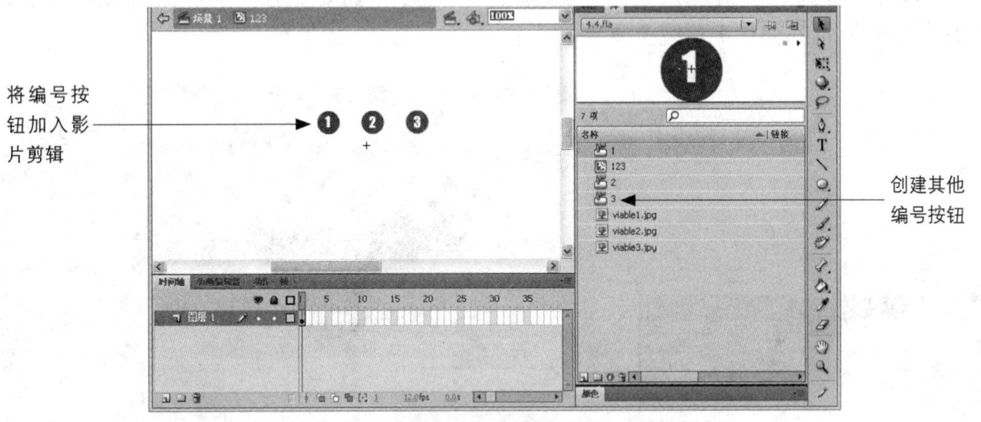

图7-66　创建其他编号按钮并将它们加入影片剪辑

06 返回场景1中，将【123】影片剪辑元件加入到舞台上方中央处，如图7-67所示。

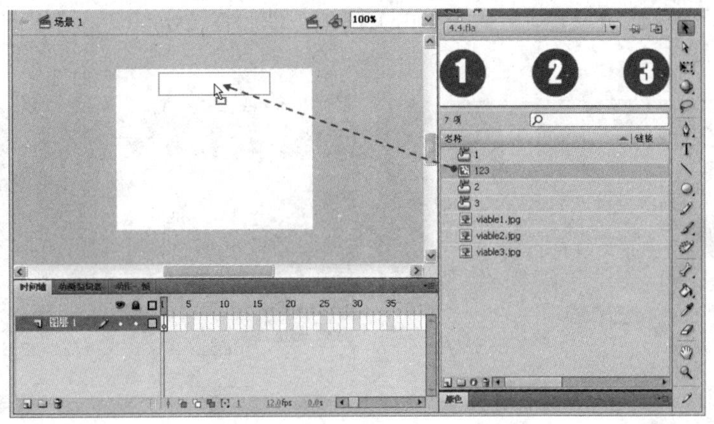

图7-67　将影片剪辑加入舞台

07 在图层1上插入图层2，然后将【库】面板中的【vaible1.jpg】点阵图加入舞台，放置在【123】影片剪辑元件下方，如图7-68所示。

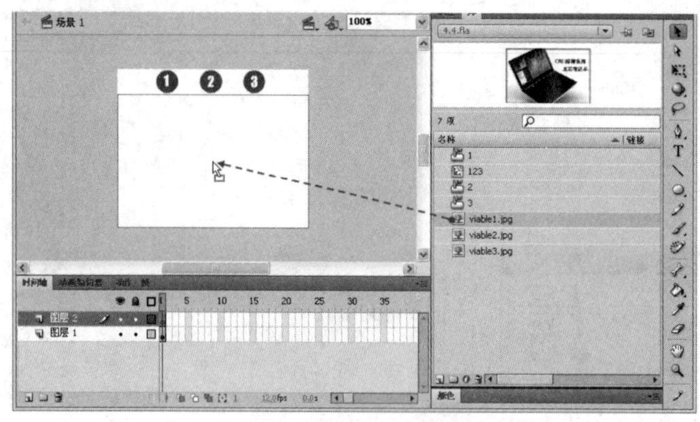

图7-68　将点阵图加入舞台

08 选择加入舞台的点阵图，单击右键，从打开的菜单中选择【转换为元件】命令，接着在打开的对话框中设置元件名称和元件类型，单击【确定】按钮，然后双击转换生成的影片剪辑，进入其编辑窗口，插入图层2，并输入编号1，如图7-69所示。需要注意，本步骤输入的编号1与舞台上影片剪辑所显示的编号1要完全重叠。

图7-69　将点阵图转换为影片剪辑并输入编号

09 返回场景1，选择图层1和图层2的第150帧，按下【F5】功能键插入动画帧，接着在图层2第50帧上插入关键帧，第51帧上插入空白关键帧，最后将【viable2.jpg】点阵图加入到舞台下方，如图7-70所示。

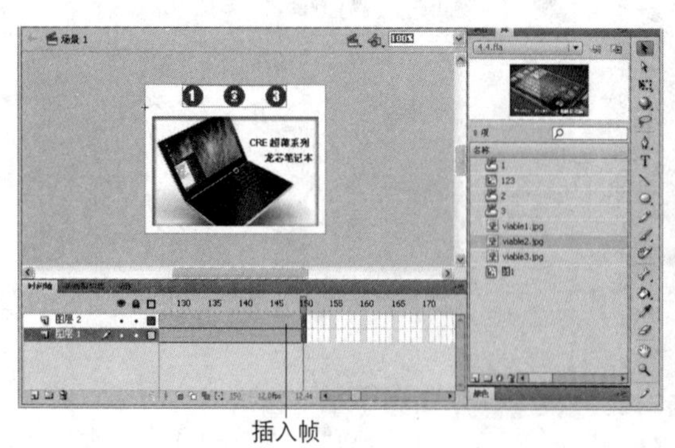

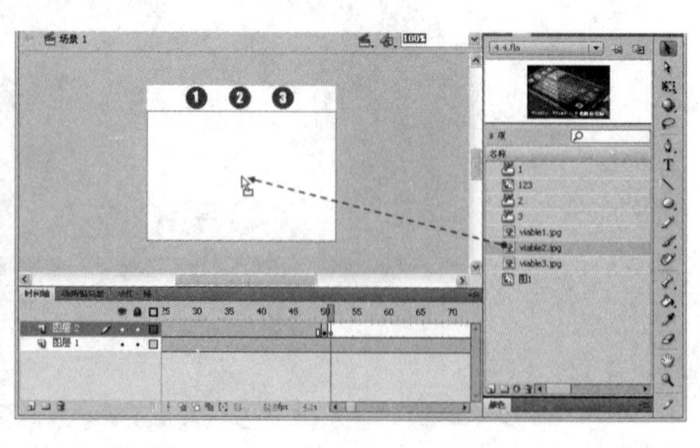

图7-70　将点阵图加入舞台

10 选择加入舞台的点阵图，单击右键，从打开的菜单中选择【转换为元件】命令，接着在打开的对话框中设置元件名称和元件类型，并单击【确定】按钮，最后双击转换生成的影片剪辑，进入其编辑窗口，插入图层 2，并输入编号 2，如图 7-71 所示。

图7-71 将点阵图转换为影片剪辑并输入编号

11 按照步骤 9 和步骤 10 的方法在图层 2 第 100 帧上插入关键帧，在图层 2 第 101 帧上插入空白关键帧，并将【viable3.jpg】点阵图加入到舞台下方，然后将点阵图转换成为【图 3】影片剪辑，并输入编号 3，结果如图 7-72 所示。

图7-72 编辑【图3】影片剪辑

12 在【库】面板中双击【123】影片剪辑进入编辑窗口，然后选择编号 1 按钮元件，再按下【Shift+F3】快捷键打开【行为】面板，单击【添加行为】按钮，从打开的菜单中选择【影片剪辑】|【转到帧或标签并在该处播放】命令，打开对话框后，选择【_root】项目，并在文本框中输入 1，最后单击【确定】按钮，如图 7-73 所示。

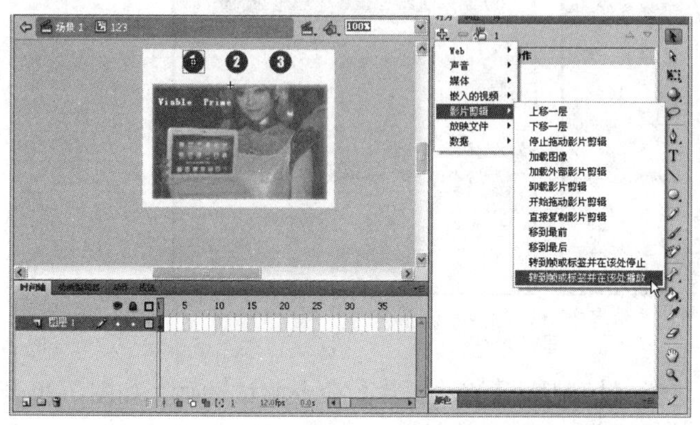
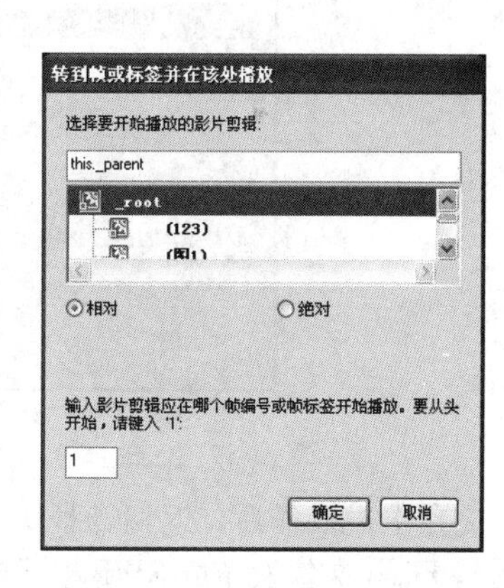

图7-73 为编辑1按钮添加行为

提示 步骤12为按钮添加行为的目的是当对按钮作用时，即从影片剪辑时间轴的第1帧开始播放。

13 单击【事件】按钮，在默认的状态下，添加行为的事件为“释放时”，即按下对象并释放鼠标时。本步骤将行为的事件更改为【移入时】，即让鼠标移到编号按钮上时，即让“转到帧或标签并在该处播放”的动作产生作用，如图7-74所示。

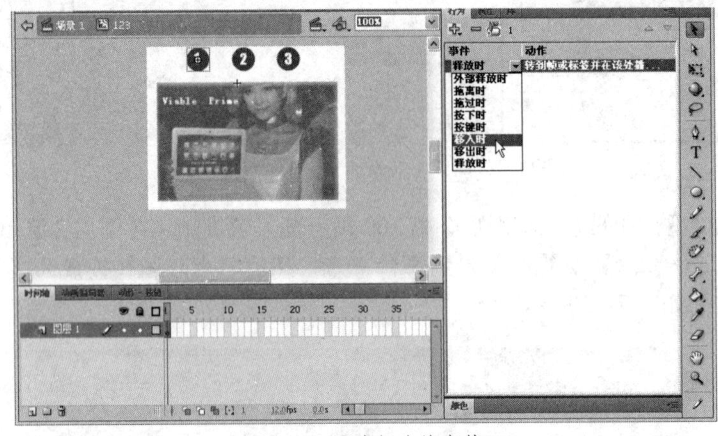

图7-74　更改行为的事件

提示 在Flash中，行为由事件和动作组成，当一个事件发生时，就会触发动作的执行。行为是一些预定义的ActionScript函数，用户可以将它们附加到Flash文件的对象上，而无需自己编写ActionScript代码。行为提供了预先编写的ActionScript功能，例如帧导航、加载外部SWF文件或者JPEG、控制影片剪辑的堆叠顺序，以及影片剪辑拖动功能等。

14 按照步骤12的方法，分别为编号2和编号3按钮元件添加【转到帧或标签并在该处播放】行为，并分别设置如图7-75所示的行为选项，最后均更改行为事件为【移入时】。

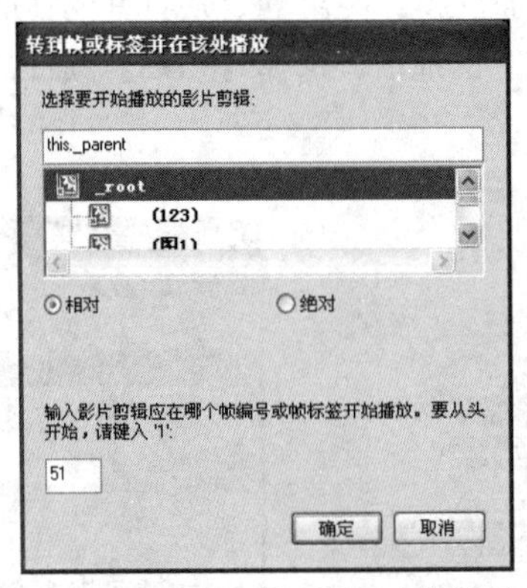

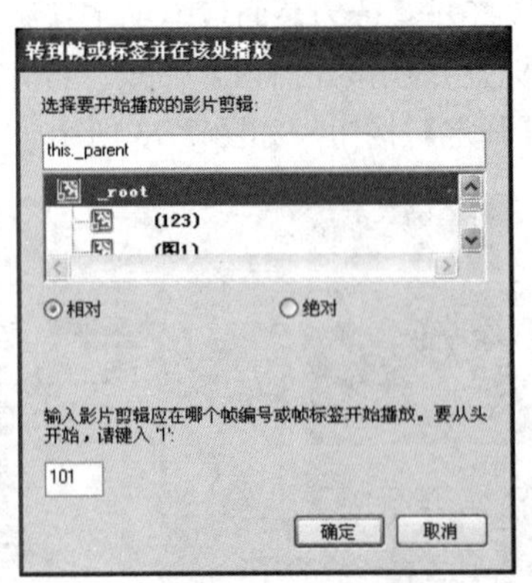

图7-75　为编号2和编号3按钮添加行为

15 完成上述操作后，返回场景1，选择【控制】|【测试影片】命令测试动画，如图7-76所示。最后将Flash文件发布成SWF格式的动画即可。

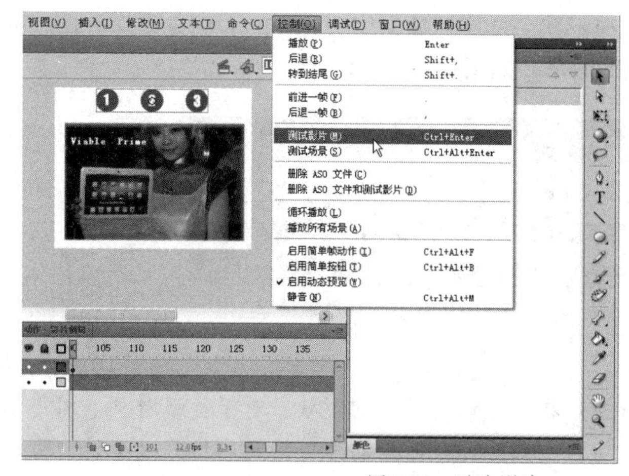

图7-76 测试影片

7.5 学习扩展

本章针对企业展示网站 Viable 的首页设计了大尺寸的横幅广告动画、导航条和小尺寸的广告图变换动画 3 个实例。其中，大尺寸的横幅广告动画除了有广告动画效果外，还包括导航条动画；而小尺寸广告图变换动画具有自动变换广告图和控制变换广告图的功能。

7.5.1 横幅广告动画的遮罩技术

本例横幅广告动画包含了花纹、笔记本电脑、标题文字 3 个对象，其中花纹动画效果是制作的重点。花纹动画效果主要使用了 Flash 的遮罩功能，以制作出让花纹向右延伸出现的特效。下面针对遮罩动画进行详细的讲解。

遮罩层是一种可以挖空被遮罩层的特殊图层，可以使用遮罩层来显示下方图层中图片或图形的部分区域。例如图层 1 上是一张图片，可以为图层 1 添加遮罩层，然后在遮罩层上添加一个椭圆形，那么图层 1 的图片就只会显示与遮罩层的椭圆形重叠的区域，椭圆形以外的区域无法显示，如图 7-77 所示。

综合图 7-77 的效果分析，可以将遮罩层理解成一个可以挖空对象的图层，即遮罩层上的椭圆形就是一个挖空区域，当从上往下观察图层 1 的内容时，就只能看到挖空区域的内容，如图 7-78 所示。

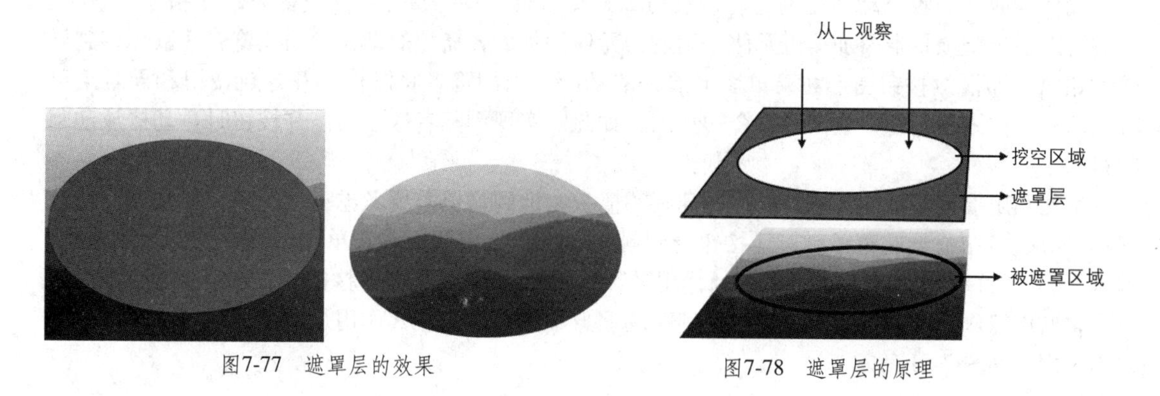

图7-77 遮罩层的效果

图7-78 遮罩层的原理

遮罩层上的遮罩项目可以是填充形状、文字对象、图形元件的实例或影片剪辑。可以将多个图层组织在一个遮罩层下创建复杂的效果，如图 7-79 所示。

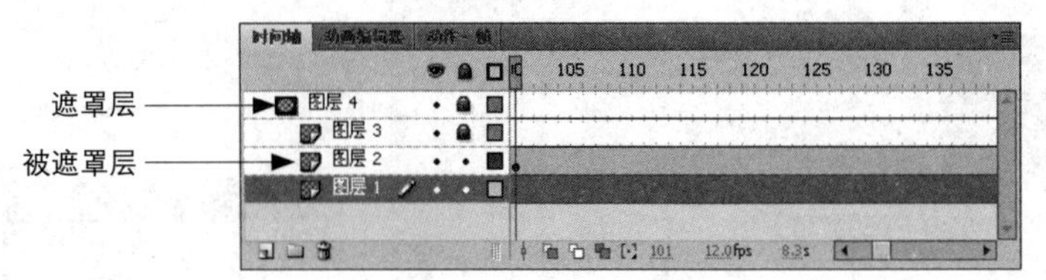

图7-79　将多个图层组织在一个遮罩层下

提示 对于用作遮罩的填充形状，可以使用补间形状；对于类型对象、图形实例或影片剪辑，可以使用补间动画。另外，当使用影片剪辑实例作为遮罩时，可以让遮罩沿着运动路径运动。

7.5.2　导航条动画的制作原理

本例的导航条动画设计主要应用了遮罩动画和动作两个重要的功能。其中遮罩动画的应用是先制作按钮图形和菜单图形分别向上下移动的动画，然后在它们移动的最终位置上创建了遮罩层，如此当按钮图形和菜单图形在移动时，慢慢移入遮罩项目内，即慢慢显示出来，也就实现了展开图形的效果。同样，使用相同的原理，实现按钮图形和菜单图形收合并隐藏的效果。遮罩动画的原理如图 7-80 所示。

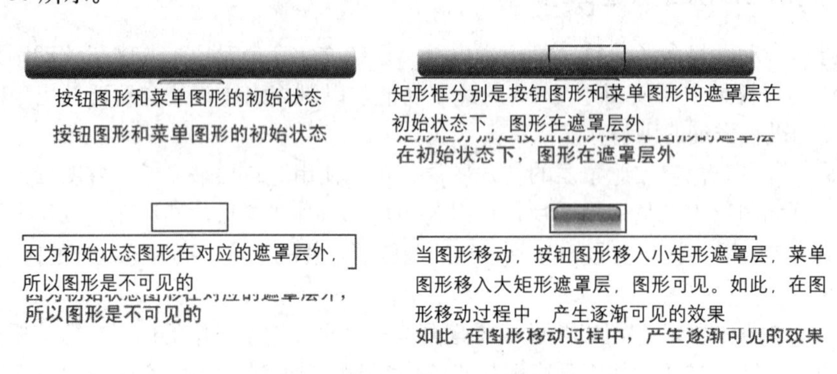

图7-80　遮罩动画的原理

如何让展开与收合动画在浏览者接触与离开按钮时自动播放呢？这就需要动作指令来解决。我们可以在导航项目上添加按钮元件，然后为元件添加跳转播放的动作，当浏览者将鼠标移到导航按钮时，即播放按钮图形和菜单图形展开的动画；当浏览者将鼠标移开导航按钮和导航菜单时，即播放按钮图形和菜单图形收合的动画，如此即实现浏览者接触与离开按钮时自动播放动画的目的。

虽然利用按钮并添加动作可以控制动画的播放，但到这里需要考虑一个问题，就是如何让鼠标移开导航按钮或导航菜单时，让按钮受到触发以播放按钮图形和菜单图形收合的动画。为此，本例在导航项目的影片剪辑内加入了【作用区】按钮元件。【作用区】按钮放置在整个导航项目菜单上，其中【作用区】按钮的【点击】帧下的图形中央被掏空，其作用是避免导航项目菜单处于作用区内，如图 7-81 所示。

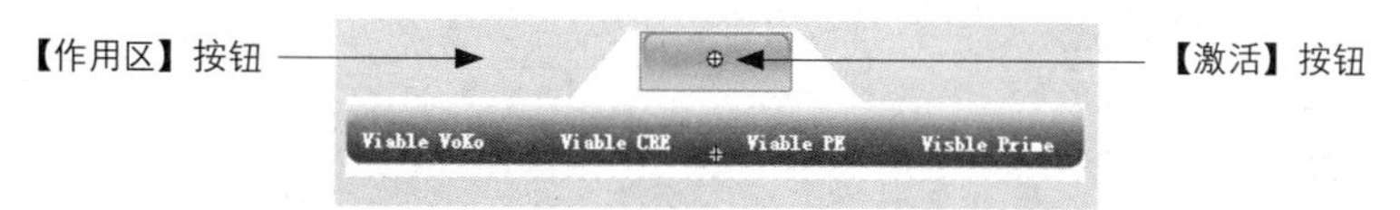

图7-81 影片剪辑内的【激活】和【作用区】按钮

当浏览者将鼠标移到【作用区】按钮上时，即可触发按钮播放按钮图形和菜单图形收合的动画。为了避免鼠标从导航按钮移到导航菜单时接触到【作用区】按钮，该按钮的作用区图形中央部分被掏空，这样鼠标移向导航菜单时就不会让导航图形收起来了，如图 7-82 所示。

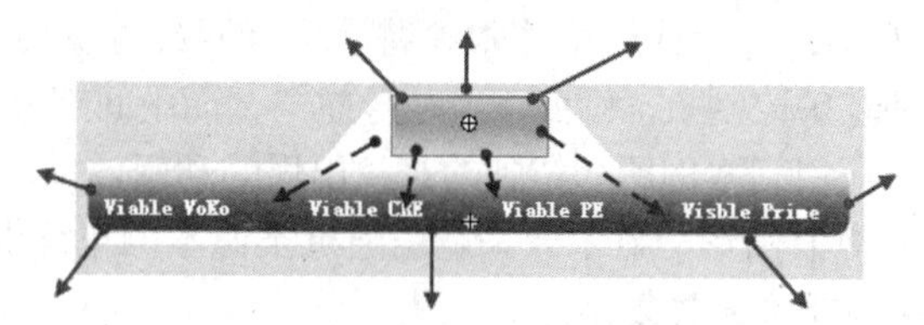

图7-82 沿蓝色虚线箭头移动鼠标不会触发按钮，沿红色实线箭头移动鼠标则触发按钮

7.5.3 变换图动画的制作原理

本例制作的变换图动画在技术角度来看并不复杂，首先制作几个带有编号的按钮，接着分别为变换图加入对应的编号，并与按钮的编号重叠在一起，如图 7-83 所示。接下来为按钮添加跳转播放的动作，如此即可实现本例变化动画的效果。具体的制作原理如图 7-84 所示。

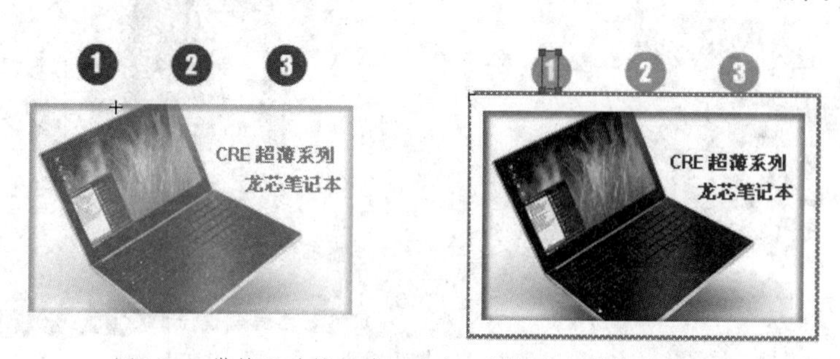

图7-83 带编号的按钮在图上方，图编号与按钮编号重叠

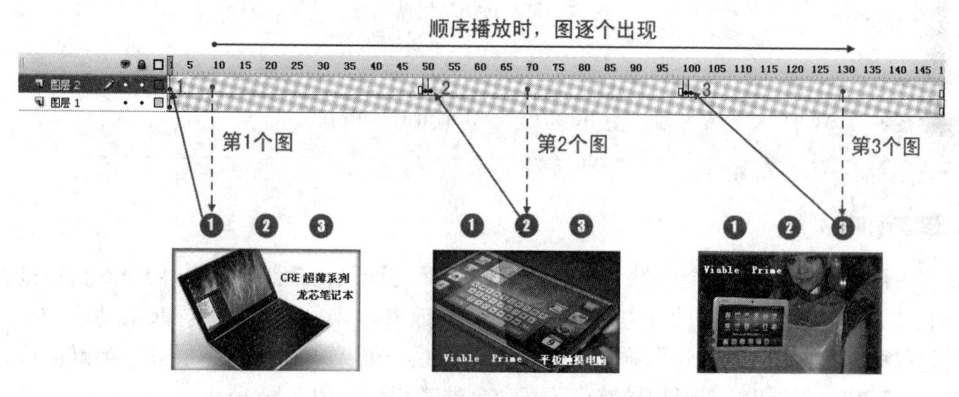

图7-84 变换图动画制作原理

7.6 作品欣赏

下面介绍几个典型的网站的 Flash 作品供读者参考，并进行点评，以便让读者在设计时进行借鉴。

1. FARM网站

FARM 是巴西的一个网站，其设计风格非常独特。登录网站首页后，页面将显示整个 Flash 动画画面，其中画面上方是音乐控制条，画面下方是导航条，而中间部分则显示网站的主要内容。在主要内容显示方式上，就应用到本例所介绍到的花纹出现的动画效果。如图 7-85 所示的从花丛中延伸到整个画面的公路和海浪图形的显示效果就是通过类似本例花纹出现的方法制作的，不同之处在于该网站的动画效果更精致、更复杂。

图7-85　FARM网站

提示 FARM 网站的网址为：http://www.farmrio.com.br/。

2. HS官方网站

HS 官方网站是韩国的一个网站，整个网站的页面设计风格都跟本例的 Viable 网站接近，特别是页面上的导航条动画，其设计方法与呈现出来的效果，几乎跟本例的导航条动画一样。当浏览者将鼠标移到按钮上时，按钮即弹出一个图形，然后导航菜单在按钮下展开。当鼠标移开导航按钮或导航菜单时，按钮的图形和导航菜单都会自动隐藏，如图 7-86 所示。

提示 HS 官方网站的网址为：http://www.hsbiopharm.co.kr/。

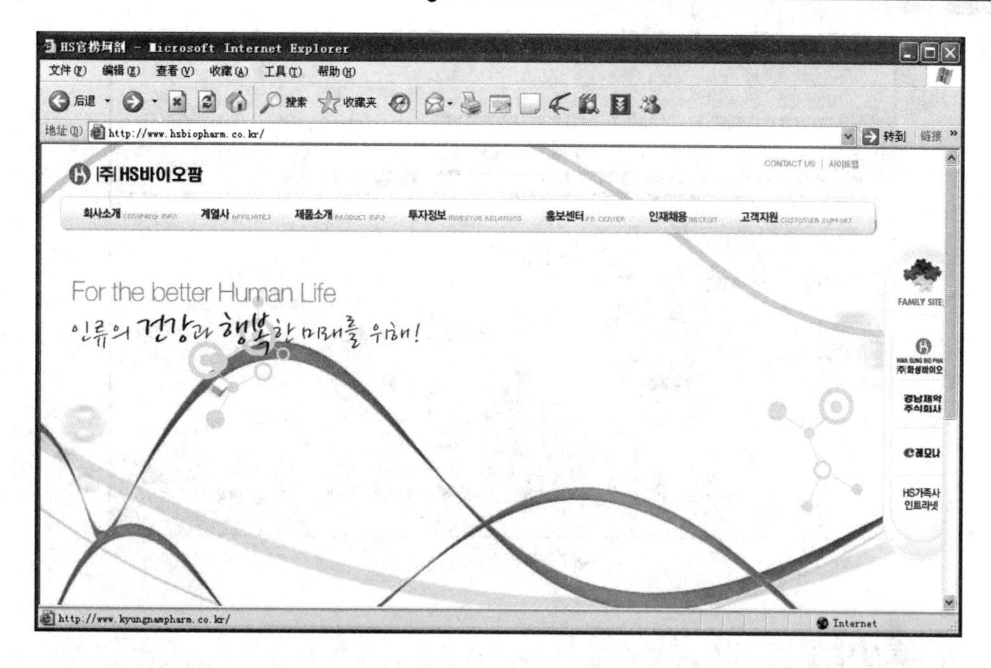

图7-86　HS官方网站导航条效果

3. XPEED网站

XPEED 网站是韩国的一个提供数码输出服务的专业网站，其设计风格偏向广告宣传形式。在该网站上，页面左上方有一个与本例变换动画类似的广告动画。这个广告动画在固定时间内发布不同的广告图片，同时每张广告图都有对应的编号，当浏览者将鼠标移到编号上时，即显示该编号对应的广告图，如图 7-87 所示。

> **提示** XPEED 网站的网址为：http://imory.xpeed.com/。

图7-87　XPEED网站首页

7.7　本章小结

本章以企业展示类网站“Viable”为例，介绍了Flash在网站设计中的应用，其中包括制作横幅广告动画、网站导航条动画、可以控制的变换动画等内容。

7.8　上机实训

实训要求： 以7.2节的成果动画文件为练习素材，制作广告动画中笔记本图形元件逐渐透明再逐渐显示的效果。

操作提示： 选择笔记本图形元件，在该元件所在图层的第125帧、150帧、175帧、200帧中插入关键帧，再设置第125帧的不透明度为50%、175帧的不透明度为40%，接着为各个关键帧创建传统补间动画即可。制作流程如图7-88所示。

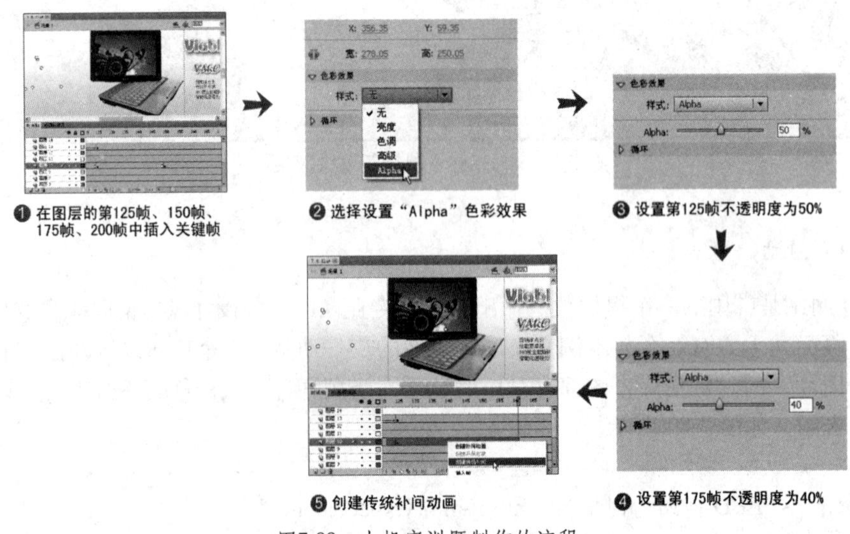

图7-88　上机实训题制作的流程

第 8 章　化妆品类网站——CLARANS

目前，很多化妆品公司都为不同系列的化妆品建立独立的展示网站，以便进一步扩大化妆品与客户的互动性，完善产品展示功能，达到产品推广的目的。本章以化妆品增强类网站 CLARANS 为例，介绍 Flash 在化妆品网站设计上的应用。

8.1　化妆品网站——CLARANS动画首页

8.1.1　网站开发概述

化妆品行业属于精细化工类的行业，主要通过对原材料进行混合、分离、粉碎、加热等物理或化学方法，使原材料增值。化妆品公司通过建立独立的展示网站，可以达到宣传产品、吸引顾客和提高服务的目的。

1. 化妆品网站的作用

(1) 树立全新企业形象

对于一个化妆品企业而言，企业的品牌形象至关重要。特别是对于互联网技术高度发展的今天，大多客户都是通过网络来了解企业产品、企业形象及企业实力，因此，企业网站的形象往往决定了客户对企业产品的信心，建立具有国际水准的网站能够极大的提升企业的整体形象。如图 8-1 所示为巴黎欧莱雅化妆品网站。

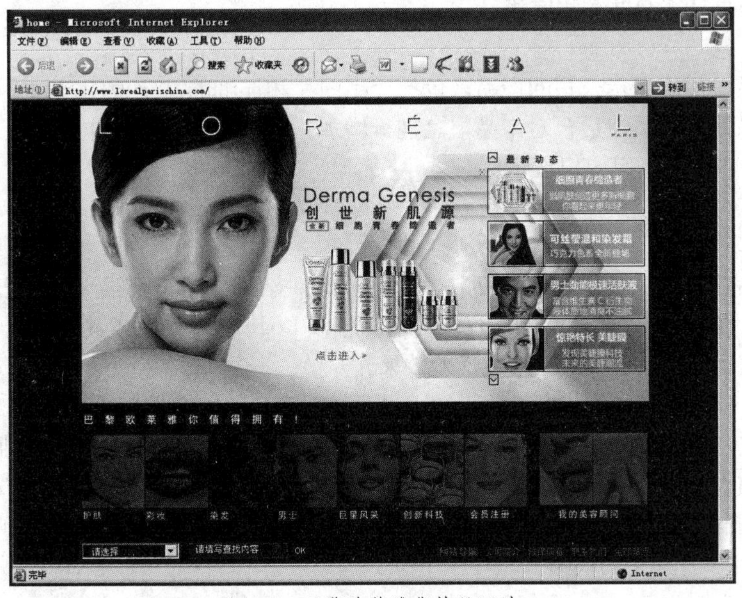

图8-1　巴黎欧莱雅化妆品网站

（2）实现企业管理平台

企业网站的建设将会为企业内部管理带来一种全新的模式。网站是实现这一模式的平台，在降低企业内部资源损耗，减低成本，加强员工与员工、企业与员工之间的联系和沟通等方面发挥巨大作用，最终使企业的运营和运作达到最大的优化。

（3）产品信息的传播

由于互联网具有“一对一”的特性，目标对象能自主地选择对自己有用的信息。信息的传播不是强加给消费者，而是由消费者有选择地主动吸收。网站既有报纸信息量大的优点，又结合了电视声、光、电的优势，可以牢牢地吸引住目标对象。因此，通过网站的设计，产品信息就可以通过网站传递给消费者，以至产品信息传播的有效性将远远提高，更大范围地提高产品的销售力。

（4）提高附加值

产品的附加值越高，在市场上就越有竞争力，就越受消费者欢迎。因此，企业要赢得市场就要千方百计地提高产品的附加值。为此，为消费者提供便捷、有效、即时的24小时网上服务，是一个全新体现项目附加值的方向。通过创建网站，让世界各地的客户在任何时刻都可以下载自己需要的资料，在线提交自己的问题，在线获得疑难解答。

2. 化妆品网站必要栏目

化妆品网站的建设必须考虑要有哪些必要的栏目信息，栏目规划要充分考虑到公司展示企业形象、扩大知名度的需要。化妆品网站内容应以公司的基本情况、技术实力、文化理念、服务、产品、售后服务等信息为主，全方位地宣传、提升企业的整体形象。

（1）网站首页

网站首页是企业网站的第一窗口，决定客户对企业文化第一印象和认知度，为此，网站首页设计成功与否，关系到网站的整体设计价值。其中页面的布局和设计风格，对网站整体定位又起着决定性的作用。本章的示范CLARANS网站的首页使用Flash设计，极具动感，并且在配色上非常富有女性特质，能够强烈吸引女性消费者。

（2）企业介绍

企业介绍栏目主要功能是宣传企业，通过对企业的基本情况、文化理念、服务、产品的介绍，使化妆品公司被更多客户熟悉和信赖。

（3）产品信息

产品信息栏目用于展示公司的产品，包括产品图片和详细的文字说明。如果网站具有管理产品的功能，可以让管理员在后台对产品信息进行增加、删除、修改等操作，并且可以定义该产品是否为新品或推荐产品，以突出展示。

3. 化妆品网站设计要点

（1）化妆品行业对颜色要求非常高，一个化妆品网站的成功与否很大程度上由颜色来决定。因此，网站设计颜色可根据Logo的主色来变化，辅以Logo的辅助色或其他颜色，以相近颜色达到过渡效果或相反的颜色达到对比形成反差效果。

（2）网站设计可以产品的代言人为主题，也可根据产品的寓意思想展开设计，以形象、大方、流畅为表现形式，辅以细腻标志为点缀，展现一种形象、气质、美丽为主题的行业网站设计效果。

（3）在网站设计时，可以多用Flash来表现网页的效果，以便让网站更富有动感。同时可以使用DIV+CSS排版，DIV+CSS在各大搜索引擎中自然排名是非常高的，这样可以弥补网站以Flash技术为主和图片为主的缺陷。

8.1.2 动画首页展示

本章将以一个品牌为 CLARANS 的化妆品网站首页作为教学范例，该网站品牌 CALRANS 的中文翻译是“克兰蕾诗”，该品牌专门提供各类高级化妆品和护肤品，并以女性客户为主。

本例将使用 Flash 设计 CLARANS 化妆品网站的首页，鉴于 CLARANS 化妆品以女性客户为主，在颜色的使用上，采用粉红色为主，同时配搭白色与红色的配色方案，充分体现一种温柔的淑女情怀。在首页的整体设计上，采用半弧形和圆形为主，呈现出强烈的时尚风格。在动画的效果处理上，各种图形通过不同的动画出现，其中背景的圆形还具有循环出现变化的效果，让人有一种富有动感的视觉体验。CLARANS 化妆品网站的首页效果如图 8-2 所示。（网页文件为：“..\Example\Ch08\CLARANS\clarans.html）

图8-2 CLARANS化妆品网站首页

8.1.3 网站首页制作

CLARANS 化妆品网站的首页使用 Flash 来制作，所以在整个页面上只有一个 Flash 动画元素。关于 Flash 动画首页的制作将在后文中介绍，这里先讲解如何将动画应用在网页上。

1. 网页背景的获取

本例网站首页动画的背景色是渐变颜色，可以使用截图工具在制作好的 Flash 动画中通过截图获取这个渐变背景。如图 8-3 所示。

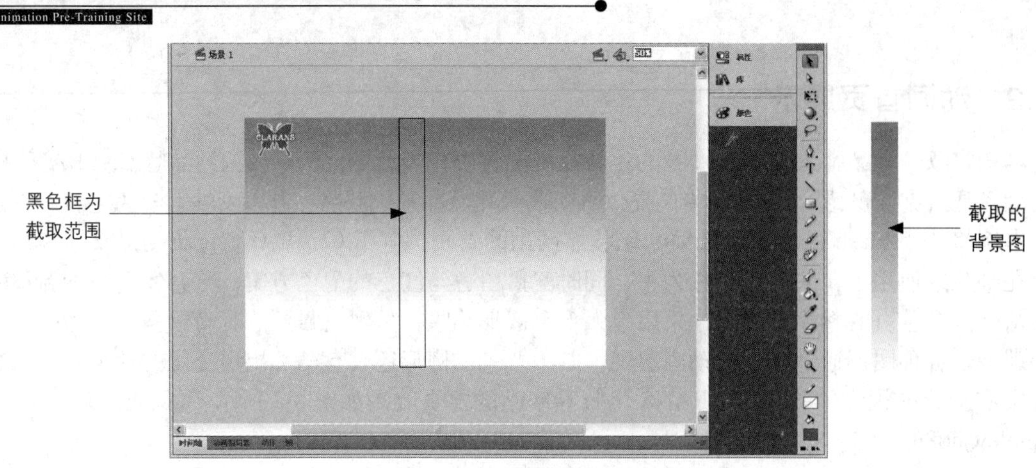

图8-3　截取渐变背景

2. 制作网页背景效果

获取渐变背景后，将背景图保存成为高品质的JPEG格式，然后打开网页制作软件，例如Dreamweaver。在Dreamweaver中插入一个1行1列的表格，并且表格的宽度为100%。

一般网页制作软件在插入表格后，表格会与网页的左边框和上边框存在边距，如图8-4所示。在Dreamweaver中，可以选择【修改】|【页面属性】命令打开【页面属性】对话框，然后在【外观】项目中设置边距为0，以取消表格与页面边框的边距，如图8-4所示。

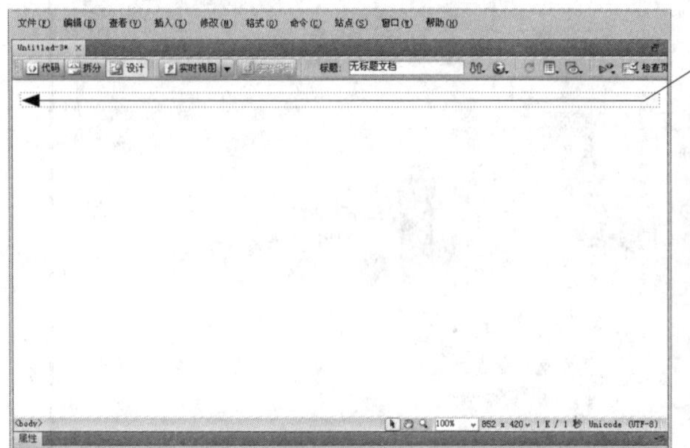

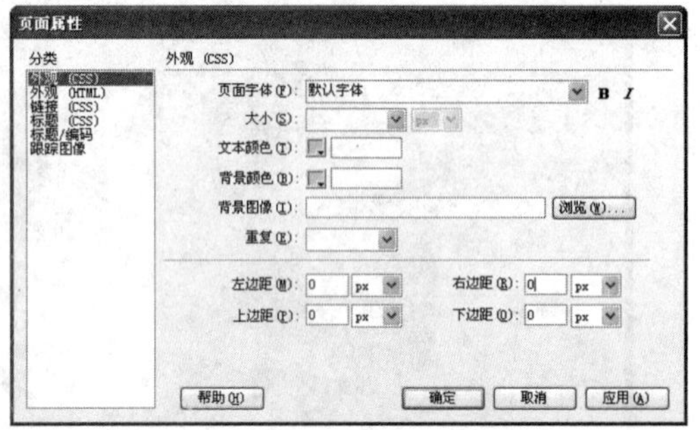

图8-4　设置表格与页面边框为0

插入表格并设置边距后，将光标定位在表格内，然后打开【属性】对话框，指定表格的背景为截取得到的背景图，设置表格的高度为650像素（背景图的高度），结果如图8-5所示。

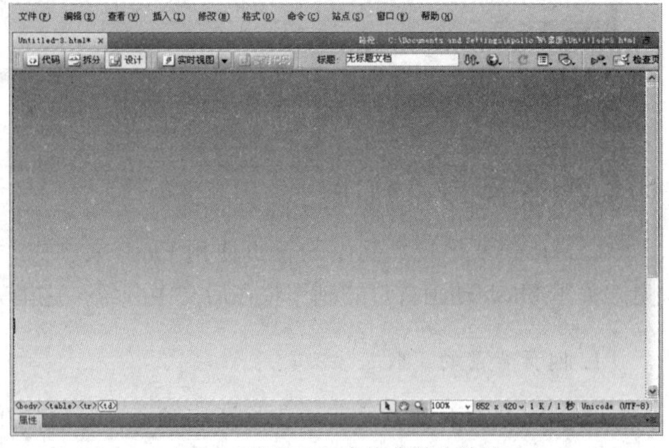

图8-5　设置网页表格背景的效果

经过上述的操作，就制作好了网页表格的背景。由于表格宽度是100%显示，表格的背景也就是网页的背景了。

3. 插入Flash动画

制作好网页的背景后，将SWF格式的Flash动画插入到表格内，然后设置居中的对齐方式，最后设置网页的标题，即可完成网站首页的制作，如图 8-6 所示。

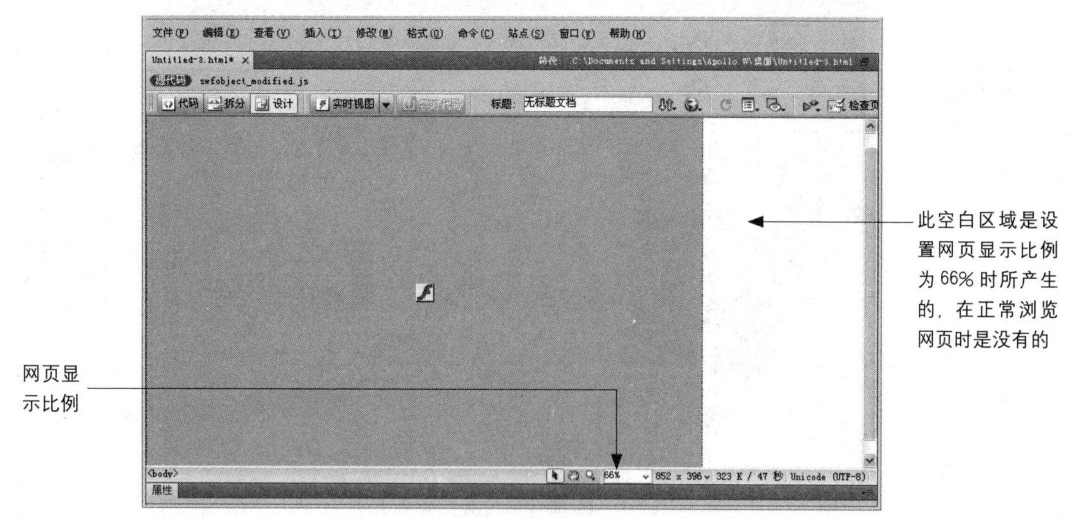

图8-6　将Flash插入表格内的结果

8.1.4　网站动画特效

本例 CLARANS 网站的 Flash 动画包含 4 个方面的效果制作，其中之一是制作动画的导航板效果。该导航板由两个弧形图形和导航按钮组成，当弧形图形飞入动画舞台后，导航按钮依次出现，形成网站首页的导航板块，如图 8-7 所示。

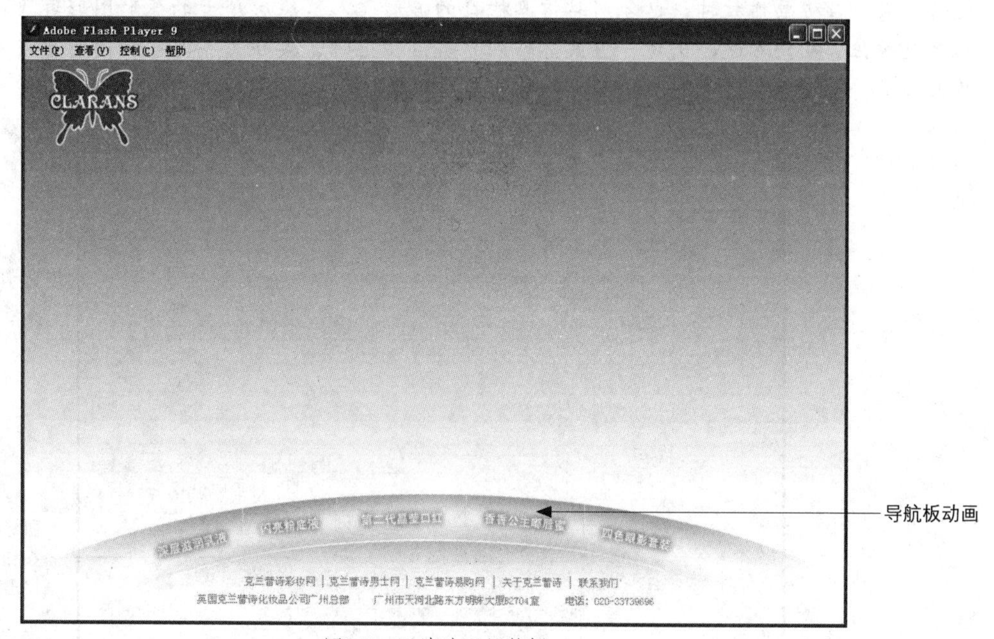

图8-7　网站动画导航板

其他 3 个动画效果分别是装饰动画、模特和产品展示动画、产品推荐导航区动画，其中产品推荐导航区由多个产品推荐图和两个箭头组成，当浏览者单击箭头，即可浏览不同的推荐产品，如图 8-8 所示。

图8-8　Flash动画的其他效果展示

8.2　制作首页动画导航板

制作分析

本节将制作首页的导航板动画效果，此动画包括两个弧形图形的飞入效果和导航按钮逐一出现的效果。当动画播放时，包含网站信息栏目的弧形飞入，然后稍大的弧形图形再飞入，接着网站导航按钮从左到右逐一出现。当鼠标移到导航按钮上时，按钮文字变色，同时发出声音，具体效果如图8-9所示。

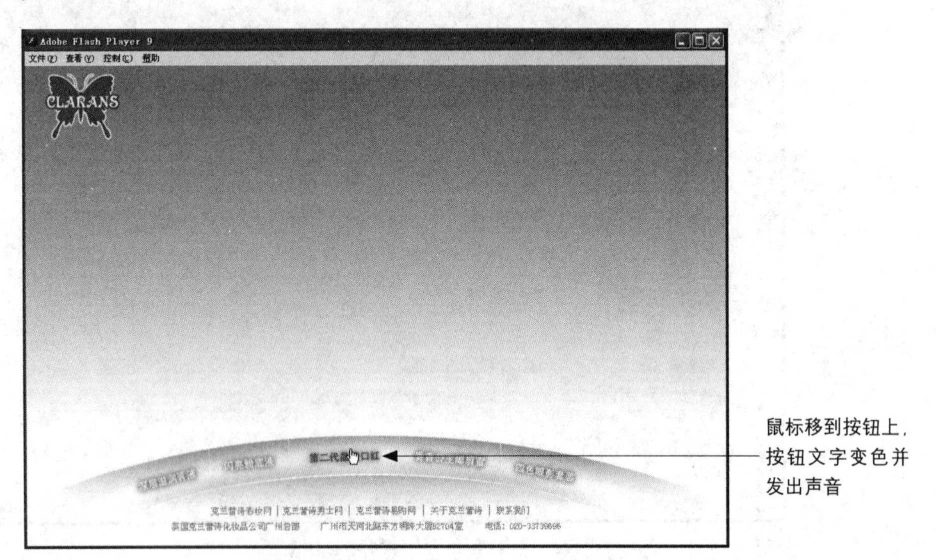

图8-9　动画导航板效果

制作流程

首先创建按钮元件，并在按钮元件内输入文字，再设置文字在按钮帧上的效果，然后在按钮元件的【指针经过】帧上添加声音，依照相同的方法制作其他导航按钮。接着返回场景，分别制作小弧形图形和大弧形图形的飞入动画，再将按钮加入到大弧形图形上，并进行适当的旋转即可。整个制作过程如图8-10所示。

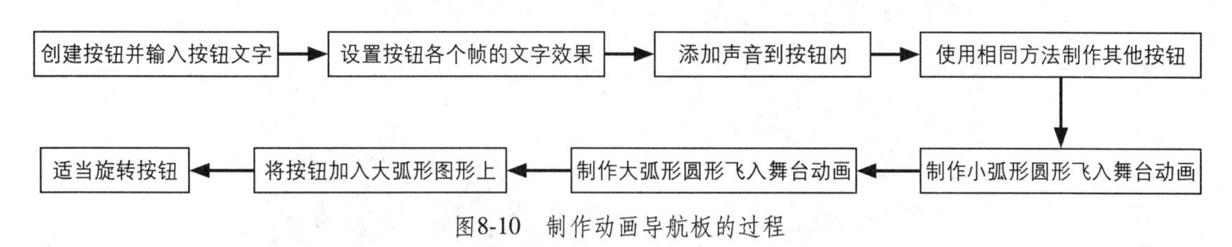

图8-10　制作动画导航板的过程

上机实战　制作动画导航板

01 在光盘中打开“..\Example\Ch08\8.2\8.2.fla”练习文件，然后选择【插入】|【新建元件】命令，打开【创建新元件】对话框后，设置元件名称并选择元件类型为【按钮】，单击【确定】按钮，最后在按钮的【弹起】状态帧上输入按钮文本，并设置文本属性，如图8-11所示。

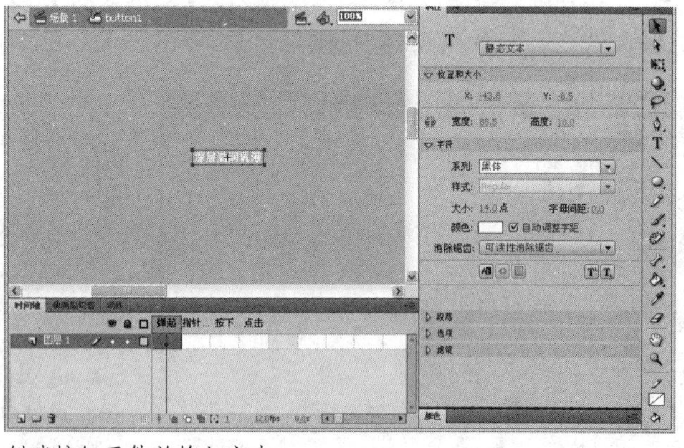

图8-11　创建按钮元件并输入文本

02 选择按钮元件内的文本，然后打开【属性】面板并切换到【滤镜】选项卡，为文本添加【发光】滤镜，再设置滤镜的属性和颜色，如图8-12所示。

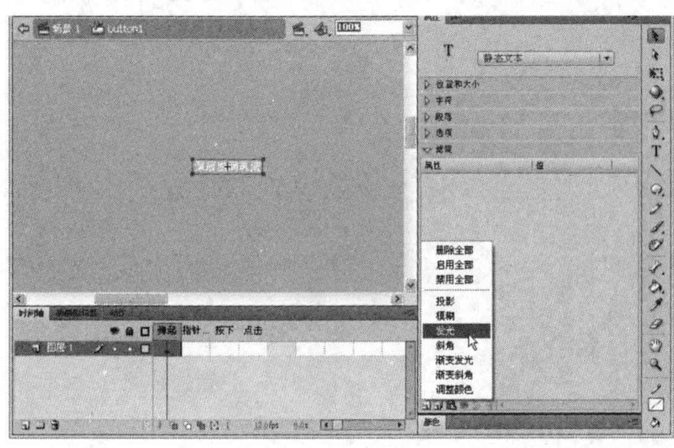

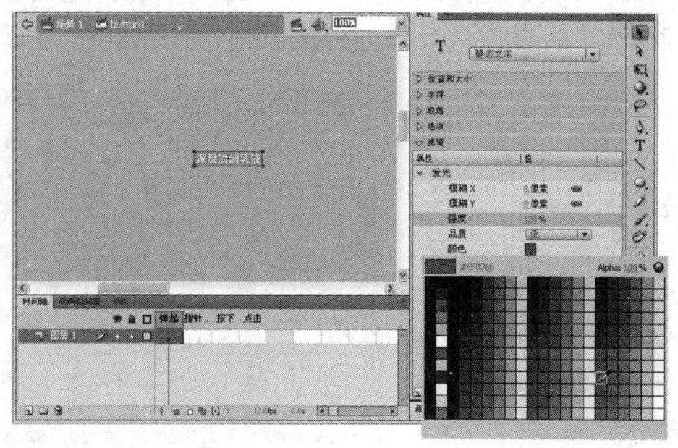

图8-12　为文本添加【发光】滤镜

03 分别在按钮元件的【指针经过】和【按下】状态帧上插入关键帧，然后选择【指针经过】帧，并通过【属性】面板更改文本的颜色，如图8-13所示。

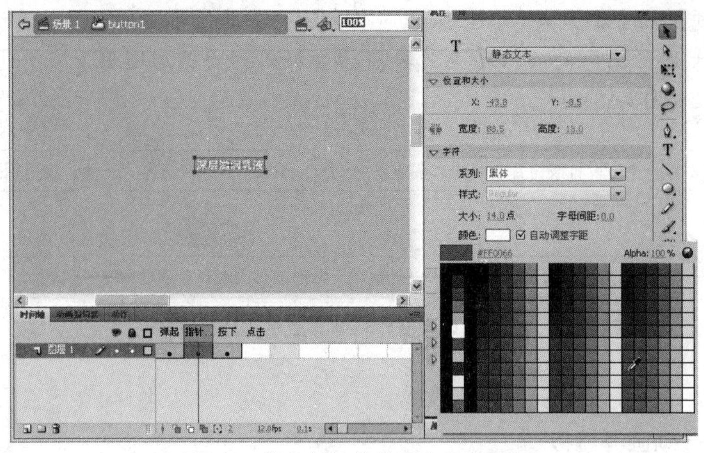

图8-13　插入关键帧并更改文本颜色

04 选择【文件】|【导入】|【导入到库】命令，打开【导入到库】对话框后，选择声音素材，然后单击【打开】按钮，将声音导入到Flash的库中，如图8-14所示。

05 在按钮元件上插入图层2，然后在【指针经过】帧上插入关键帧，再打开【属性】面板，为该帧设置声音，如图8-15所示。

图8-14　导入声音素材

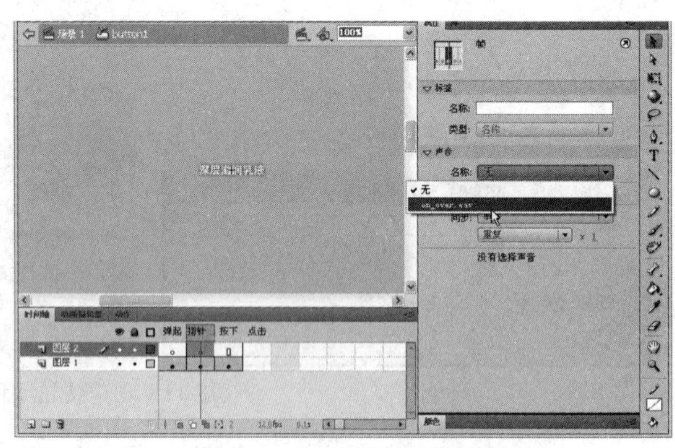

图8-15　将声音添加到按钮上

06 按照步骤1到步骤5的方法，分别创建其他按钮元件，并输入按钮文本，再为文本设置滤镜效果，接着将声音添加到按钮内，结果如图8-16所示。

图8-16　制作其他导航按钮

07 返回场景 1 中，在【背景】图层上插入一个新图层，并设置图层的名称为 b2，接着将【库】面板中的【b2】图形元件加入舞台下边，如图 8-17 所示。

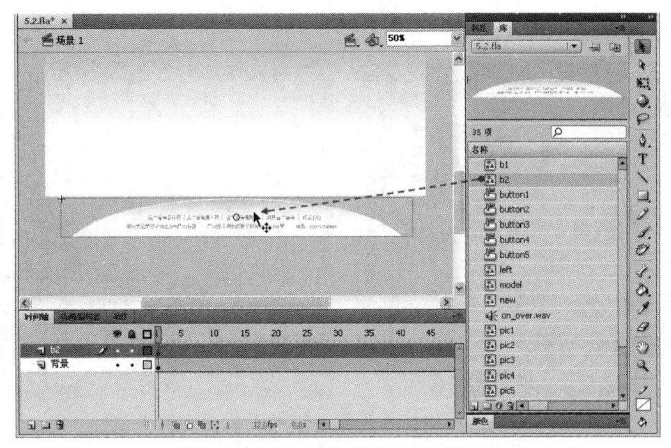

图8-17　插入图层并加入图形元件

08 在 b2 图层的第 10 帧上插入关键帧，然后将【b2】图形元件拖到舞台内，并放置在舞台的下方，接着选择该图层第 1 帧，再选择元件，并通过【属性】面板设置 Alpha 为 0%，如图 8-18 所示。

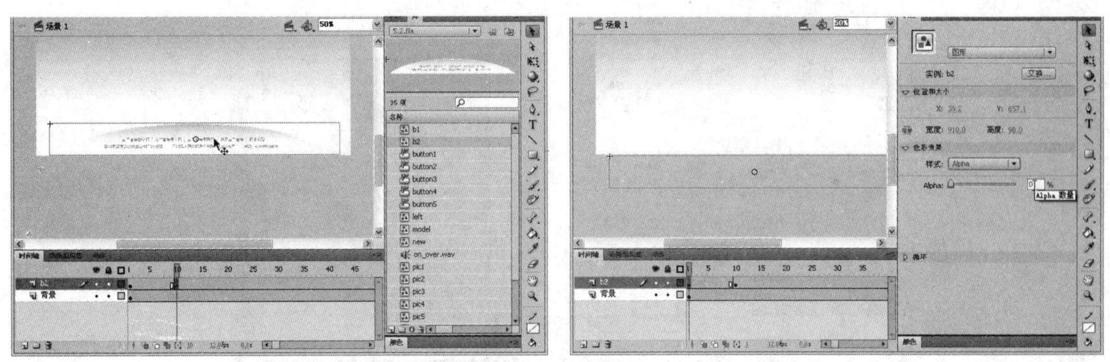

图8-18　插入关键帧并设置关键帧下的图形元件属性

09 在 b2 图层上插入新图层并命名为 b1，然后在图层 b1 第 9 帧上插入空白关键帧，并将【b1】图形元件拖入舞台并放置在下方，如图 8-19 所示。

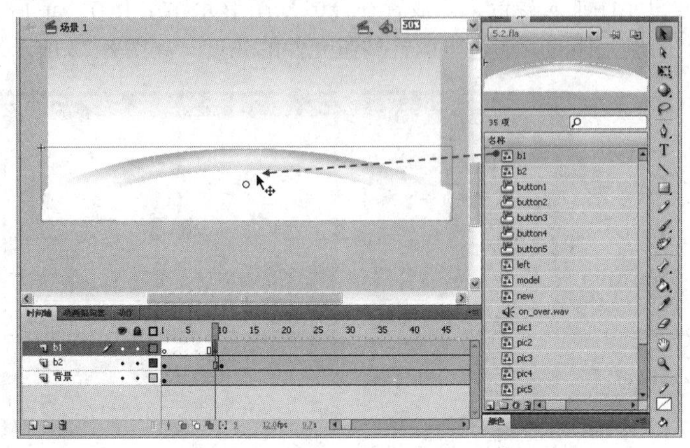

图8-19　插入图层并加入图形元件

10 将b1图层拖到b2图层下方，然后在b1图层第15帧上插入关键帧，并将【b1】图形元件向上移动，直至与【b2】图形元件配合好，接着选择b1图层第9帧，再选择【b1】图形元件，并通过【属性】面板设置Alpha为0%，如图8-20所示。

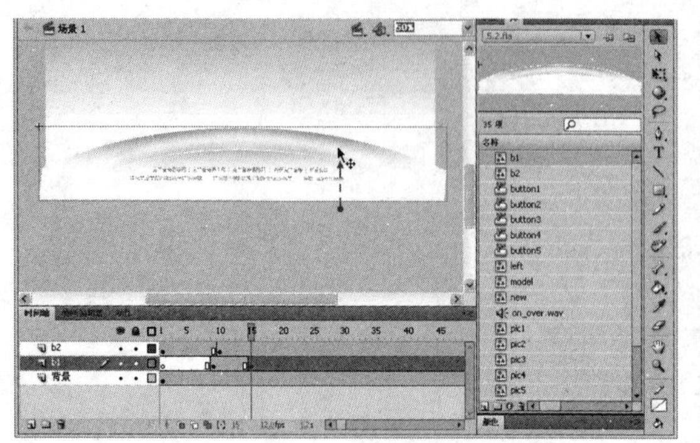
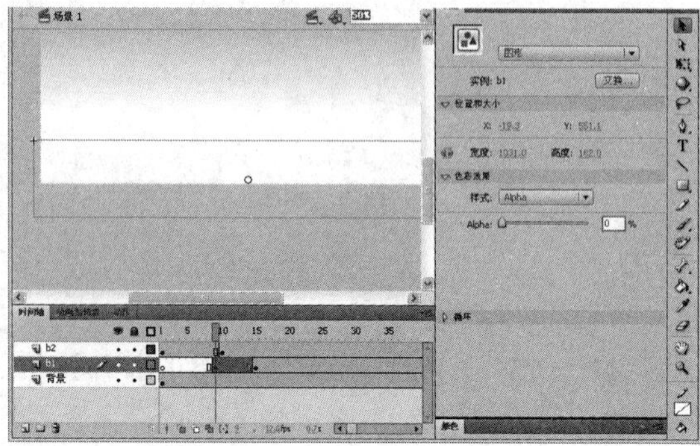

图8-20 插入关键帧并设置关键帧下的图形元件属性

11 按住【Ctrl】键，然后在b2图层的关键帧之间选择任意一帧，接着在b1图层的关键帧之间选择一个帧，并在选择的帧上单击右键，从打开的菜单中选择【创建传统补间】命令，如图8-21所示。

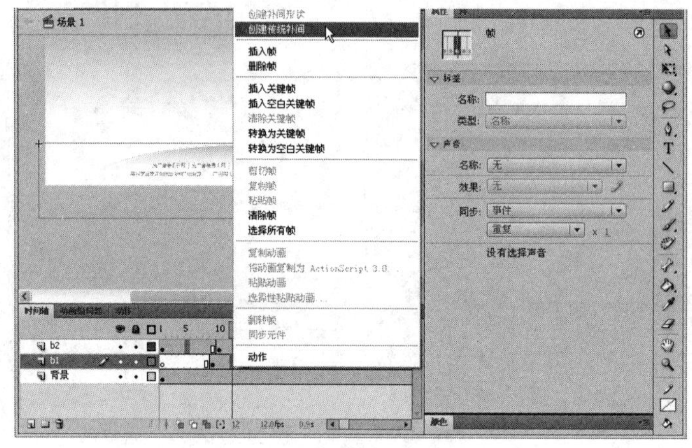

图8-21 创建补间动画

12 在b2图层上插入一个新图层并命名为button，然后在图层button第16帧上插入空白关键帧，接着将【button1】按钮元件加入舞台，并放置在【b1】图形元件左上方，最后选择【任意变形工具】，根据【b1】图形元件的弧形适当调整按钮元件的角度，如图8-22所示。

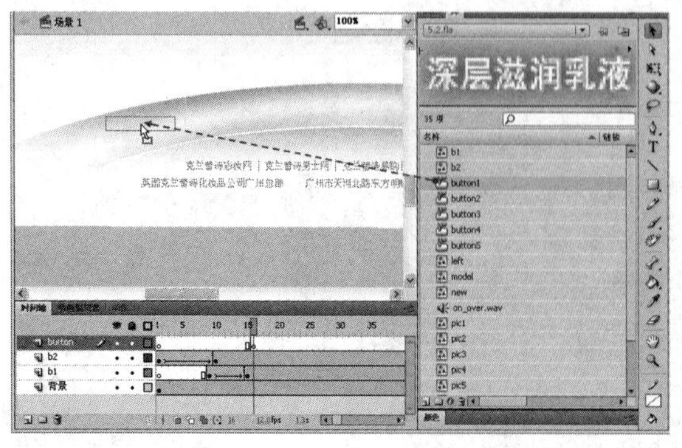

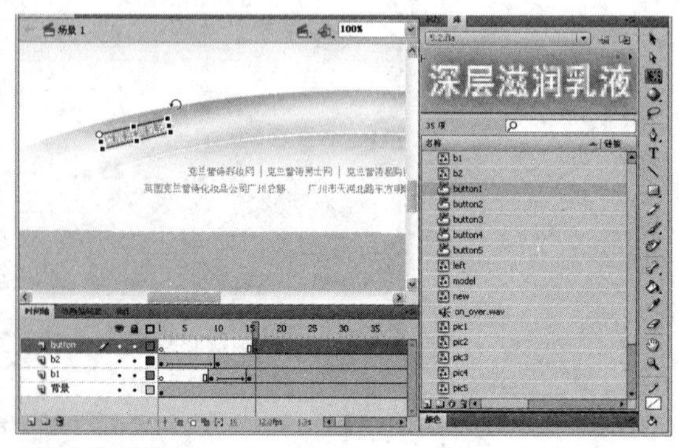

图8-22 加入按钮元件并旋转按钮

13 在 button 图层第 19 帧上插入关键帧，再将【button2】按钮元件加入【b1】图形元件上，并适当调整按钮角度。使用相同的方法，分别在 button 图层第 22、25、28 帧插入关键帧，再将【button3】、【button4】、【button5】3 个按钮元件在第 22、25、28 帧中依次加入到【b1】图形元件，以制作成导航板按钮的效果，结果如图 8-23 所示。

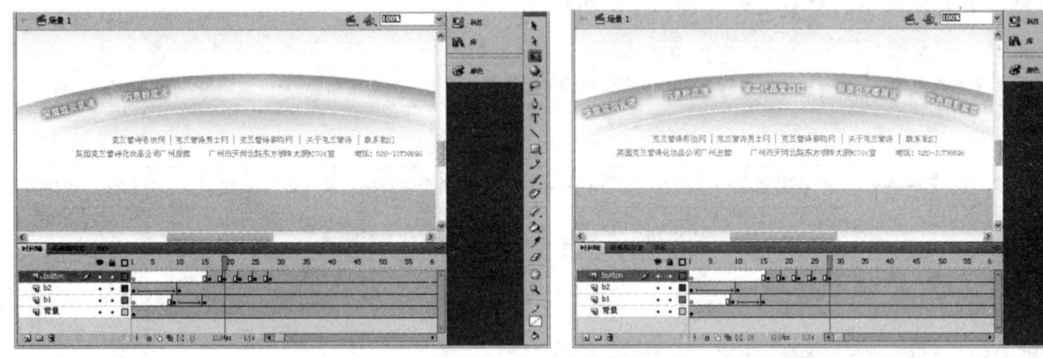

图8-23　加入其他按钮元件

8.3　制作首页的装饰动画

制作分析

本例将制作化妆品网站首页的装饰动画，该动画主要包括两个效果，其中一个是在动画中循环产生大小变化的重叠并具有透明效果的圆形动画，另外一个是重叠圆形依次出现的动画。

在动画的舞台中，放置了多个具有透明效果的重叠圆形，并在动画播放时陆续出现。当透明圆形出现后，在固定的时间内重叠的圆形会产生大小的变化效果，从而形成透明圆形弹动的效果。而另外一个重叠圆形动画，则首先出现一个白色的圆形，然后依次出现其他两个重叠圆，形成圆形层层出现的效果。装饰动画的效果如图8-24所示。

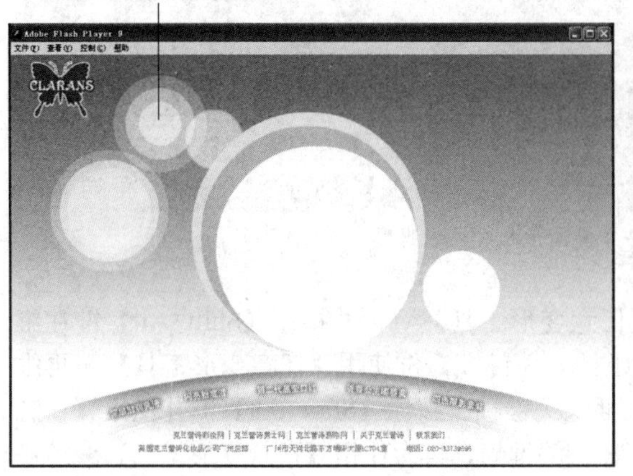

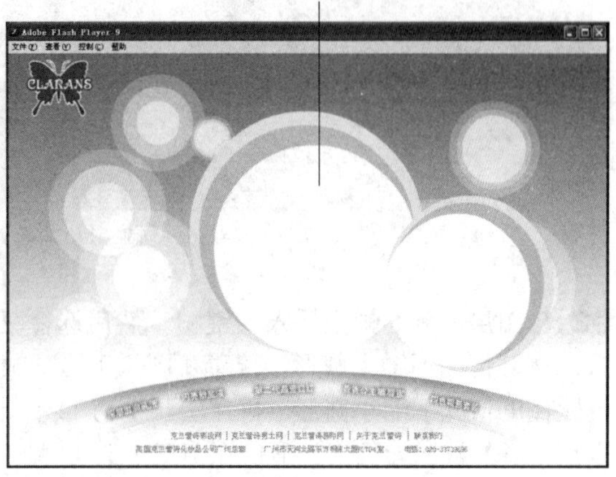

图8-24　首页的装饰动画效果

制作流程

先创建一个名为【圆1】的影片剪辑，并在该影片剪辑内绘制圆形，然后制作圆形的大小和透明度变化动画，再使用相同的方法绘制其他重叠的圆形，制作其他圆形的动画，接着创建名为【圆2】的影片剪辑，并在该影片剪辑内绘制圆形，再制作该圆从小到大的缩放动画，然后绘制其他两个圆，并制作它们从第一个圆后面出现的动画，最后返回场景中，分别将【圆1】影片剪辑和【圆2】影片剪辑加入舞台，其中在不同的关键帧中加入多个【圆1】影片剪辑，而【圆2】影片剪辑只在舞台上出现两个。整个制作过程如图8-25所示。

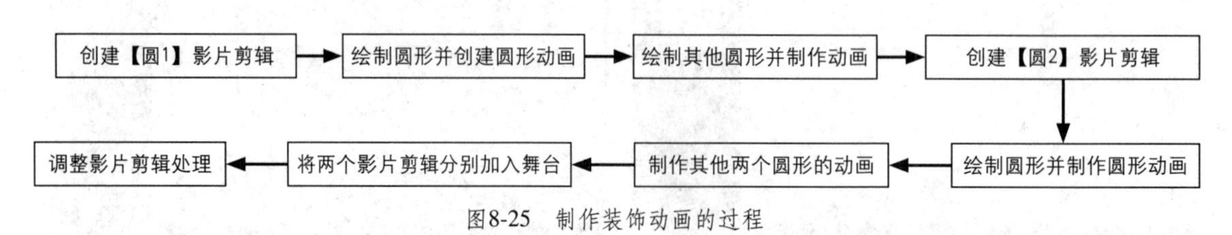

图8-25　制作装饰动画的过程

上机实战　制作首页的装饰动画

01 在光盘中打开“..\Example\Ch08\8.3\8.3.fla”练习文件，然后选择【插入】|【新建元件】命令，打开【创建新元件】对话框后，设置元件名称为【圆 1】，类型为【影片剪辑】，单击【确定】按钮，接着在影片剪辑内绘制一个白色的圆形，并选择这个圆形，通过【颜色】面板设置圆形的Alpha 为 30%，如图 8-26 所示。

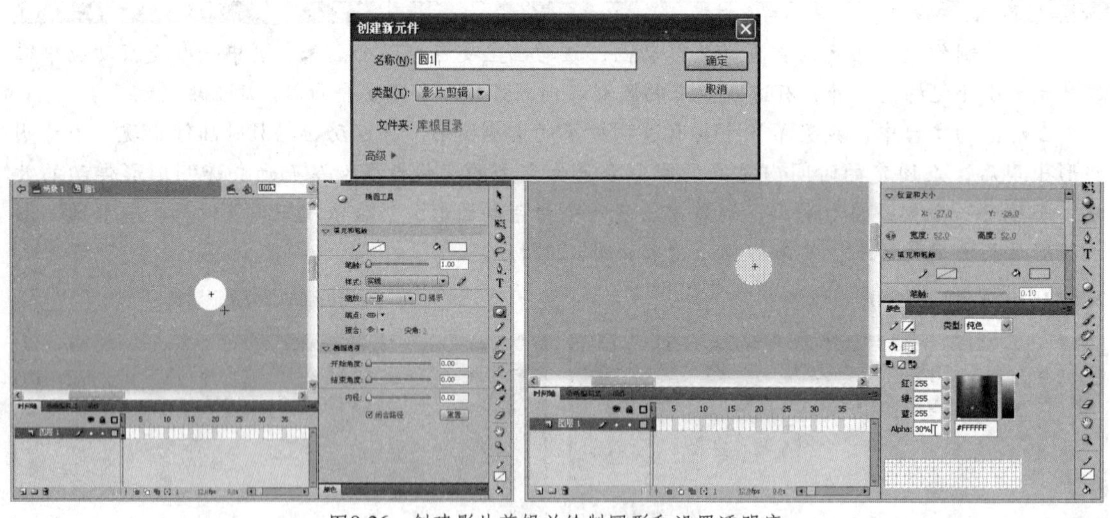

图8-26　创建影片剪辑并绘制圆形和设置透明度

02 在图层 1 第 5 帧上插入关键帧，然后选择【任意变形工具】，并按住【Shift+Alt】键在维持比例的情况下增大圆形，接着在图层 1 第 9 帧上插入关键帧，再使用【任意变形工具】再维持比例的情况下缩小圆形，再在图层 1 第 11 帧上插入关键帧，按住【Shift+Alt】键并使用【任意变形工具】扩大圆形，最后在图层 1 第 13 帧上插入关键帧，再次使用【任意变形工具】缩小圆形，如图 8-27 所示。

03 选择图层 1 的第 1 帧，然后打开【颜色】面板，接着选择圆形，并设置 Alpha 为 0%，最后选择关键帧内的多个帧，单击右键，从打开的菜单中选择【创建补间形状】命令，创建补间形状动画，如图 8-28 所示。

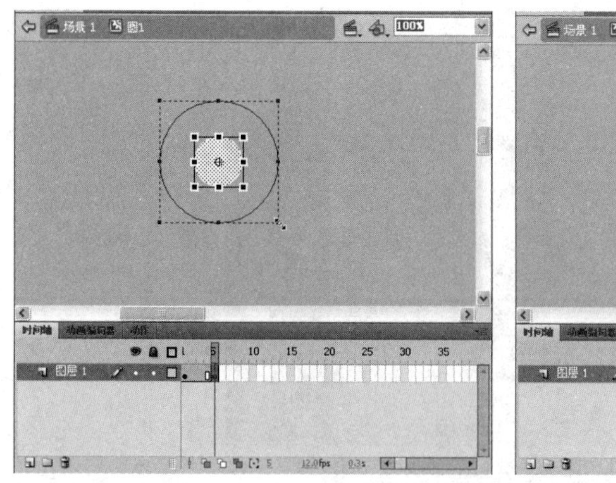
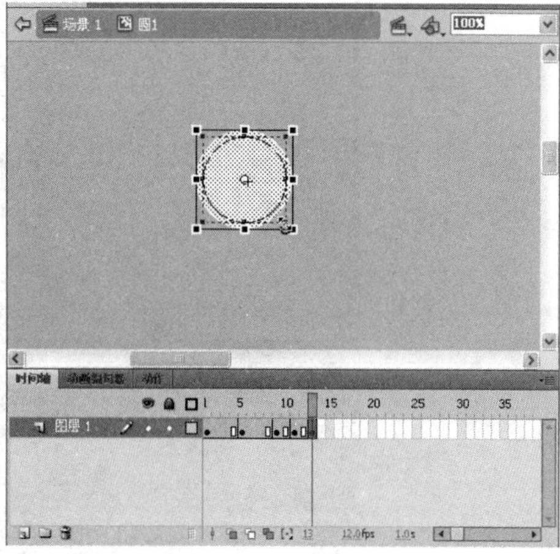

图8-27 插入关键帧并调整圆形的大小

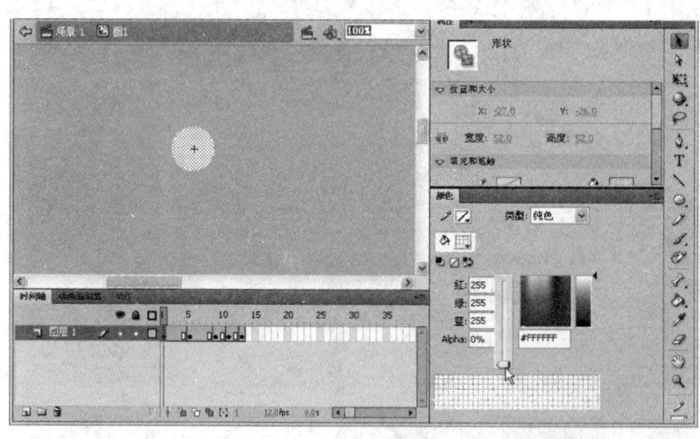
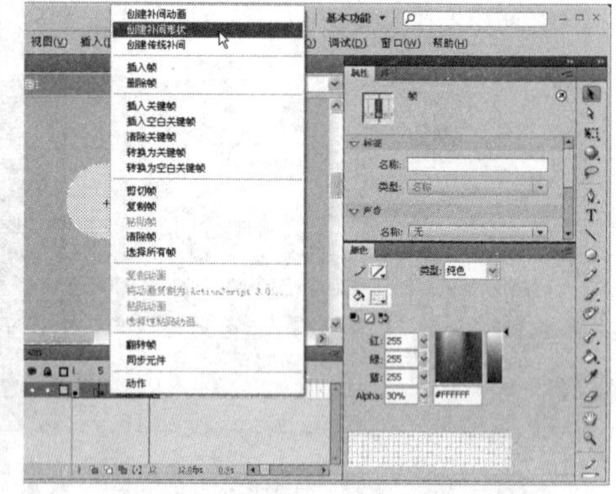

图8-28 设置第1帧状态并创建补间形状动画

04 选择图层1的所有动画帧，然后单击右键从打开的菜单中选择【复制帧】命令，接着在图层1上插入图层2，并在图层2第5帧上插入空白关键帧，最后在第5帧上单击右键并从打开的菜单中选择【粘贴帧】命令，如图8-29所示。

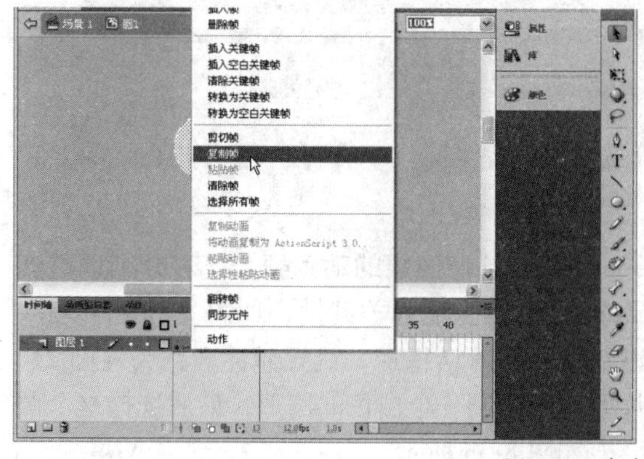
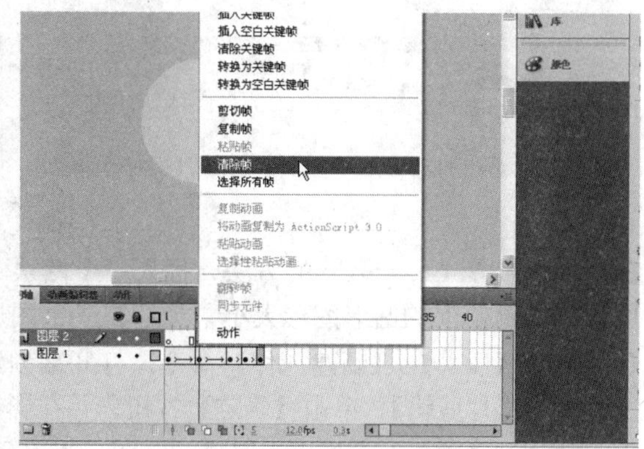

图8-29 复制并粘贴动画帧

05 选择图层2的第5帧，然后使用【任意变形工具】缩小该帧下的圆形图形，如图8-30所示。

06 按照步骤5的方法，分别调整新图层第9帧、第15帧、第17帧下的圆形图形大小，然后在两个图层的第35帧上按下F5功能键插入动画帧，如图8-31所示。

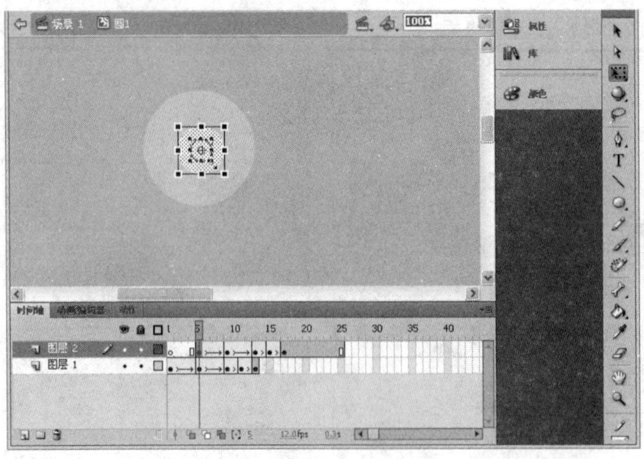

图8-30　调整关键帧下的图形大小

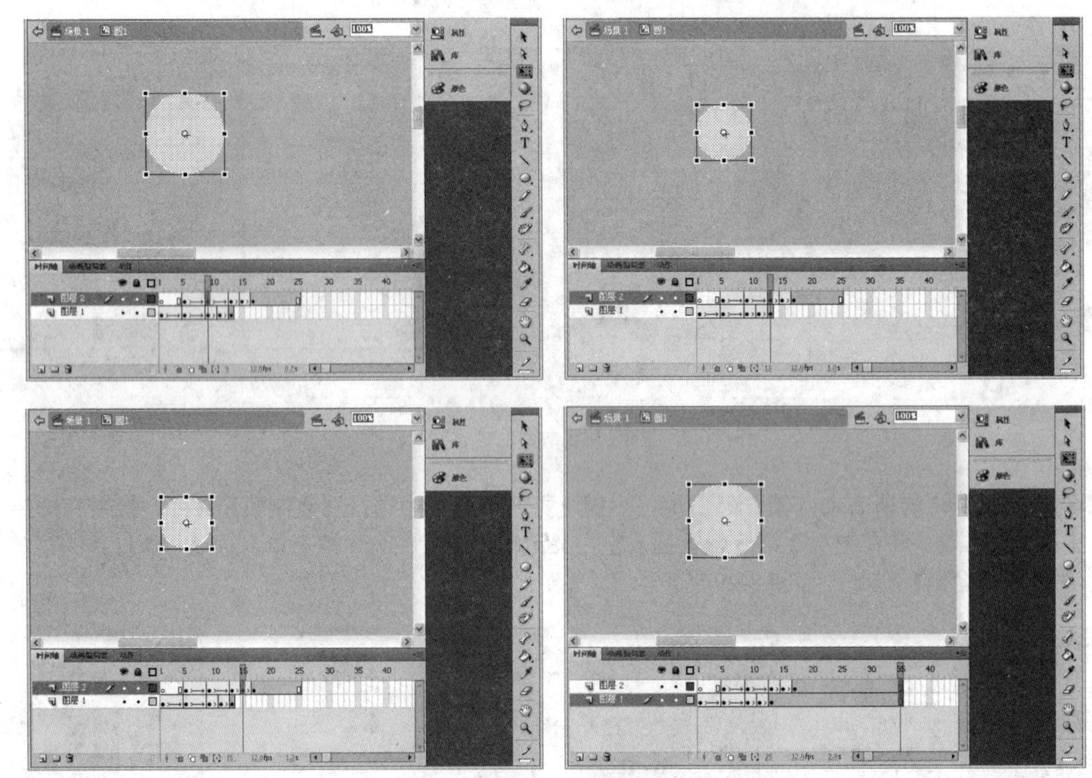

图8-31　调整其他关键帧下的图形大小

07 按照步骤4～步骤6的方法，插入一个图层3，并复制粘贴图层的动画帧，接着分别调整新图层3关键帧下的圆形图形大小，最后在三个图层的第70帧上插入关键帧，如图8-32所示。

08 选择【插入】|【新建元件】命令，打开【创建新元件】对话框后，设置元件名称为【圆2】，类型为【影片剪辑】，单击【确定】按钮，并在影片剪辑内绘制一个白色的圆形，最后选择这个圆形，并通过【颜色】面板设置圆形的Alpha为100%，如图8-33所示。

09 在图层1的第7帧上插入关键帧，然后使用【任意变形工具】扩大该帧下的圆形，接着在第9帧上插入关键帧，再次使用【任意变形工具】缩小该帧下的圆形，继续在第10帧上插入关键帧，并使用【任意变形工具】扩大该帧下的圆形，最后选择关键帧之间的帧单击右键，从打开的菜单中选择【创建补间形状】命令，创建圆形大小变化的补间形状动画，如图8-34所示。

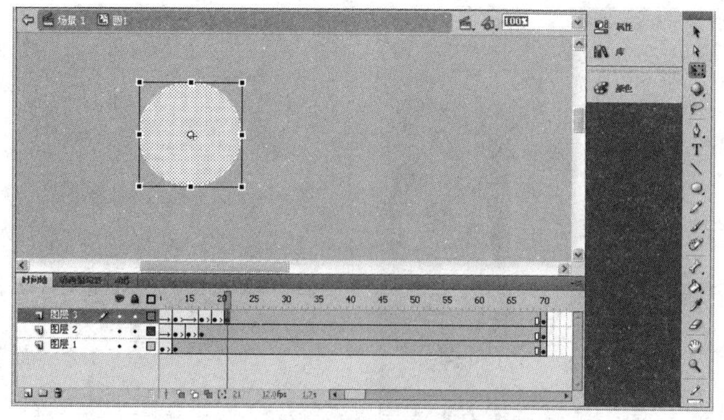

图8-32　制作第三个圆形的变化动画

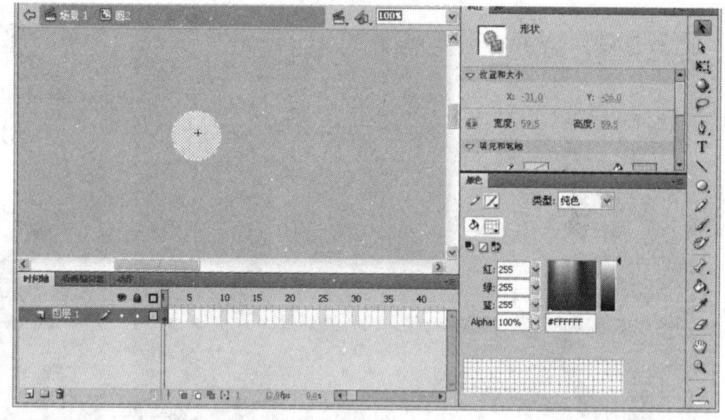

图8-33　创建【圆2】影片剪辑并绘制圆形

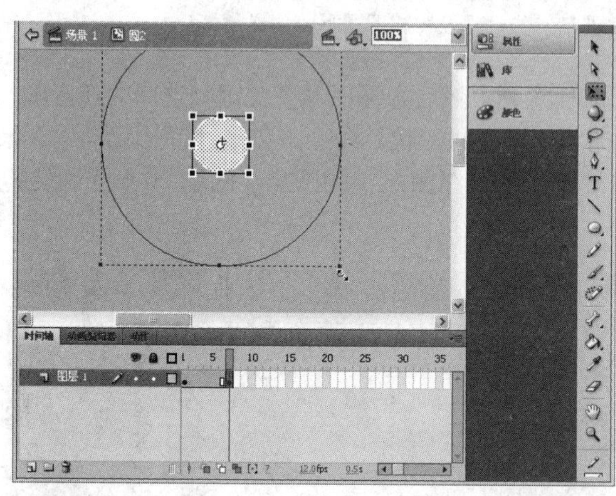

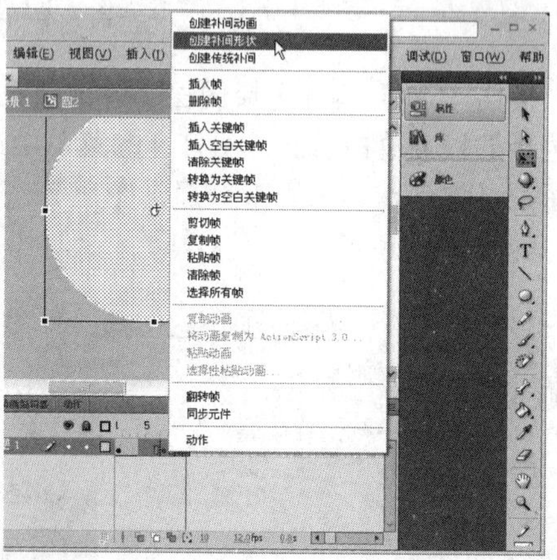

图8-34　制作圆形的大小变化动画

10 选择图层 1 第 10 帧下的圆形，并复制该圆形，然后在图层 1 上插入图层 2，并在图层 2 第 10 帧上插入关键帧，接着将复制的圆形粘贴到该帧上，再将粘贴的圆形与图层 1 的圆形完全重叠在一起，此时将图层 2 上的圆形颜色更改为【#FFCAD3】，最后在图层第 15 帧上插入关键帧，再移动该帧下的圆形位置，如图 8-35 所示。

11 选择图层 2 第 15 帧下的圆形，复制该圆形，然后在图层 2 上插入图层 3，并在图层 3 第 15 帧上插入关键帧，接着将复制的圆形粘贴到该帧上，再将粘贴的圆形与图层 2 的圆形完全重叠在一起，此时将图层 3 的圆形颜色更改为【#FFECEF】，最后在图层第 20 帧上插入关键帧，再移动该帧下的圆形位置，如图 8-36 所示。

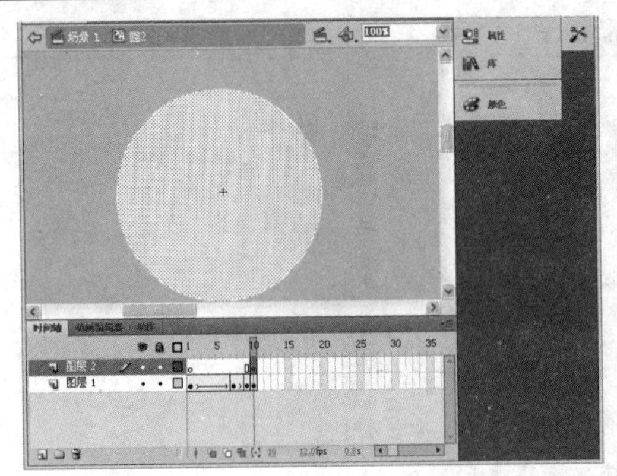
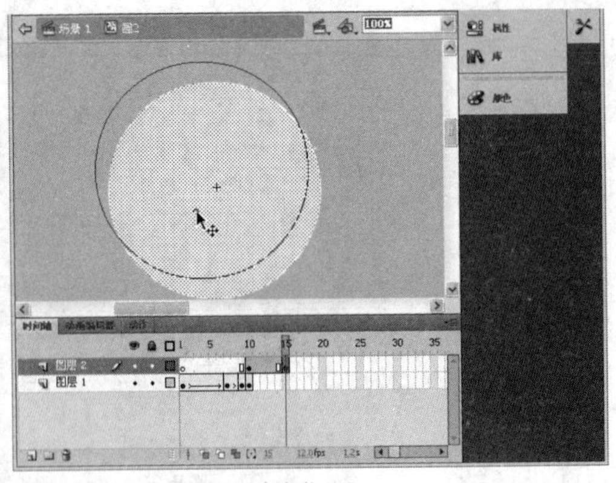

图8-35　插入图层2并粘贴圆形，然后设置关键下圆形的位置

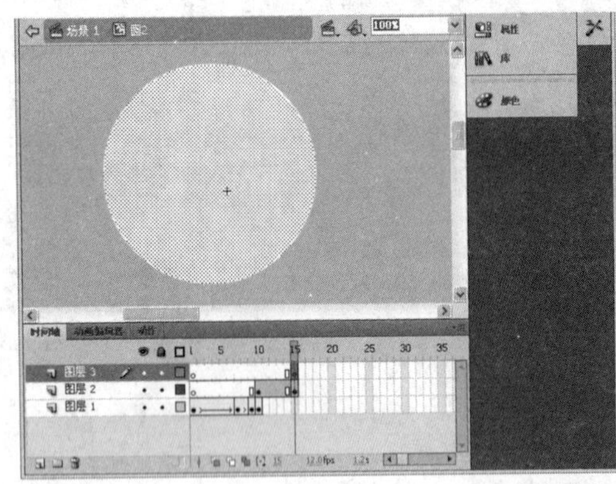
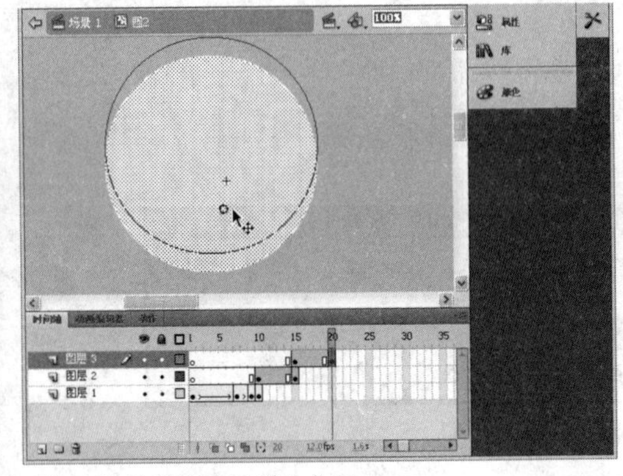

图8-36　插入图层3并粘贴圆形，然后设置关键下圆形的位置

12 按住【Ctrl】键并选择图层 2 关键帧之间的任意帧，然后选择图层 3 关键帧之间的任意帧，并在选择的帧上单击右键，从打开的菜单中选择【创建补间形状】命令，创建补间形状动画，最后将图层 2 拖到图层 1 的下一层，图层 3 拖到最底层，并在图层 1 和图层 2 的第 20 帧上插入动画帧，如图 8-37 所示。

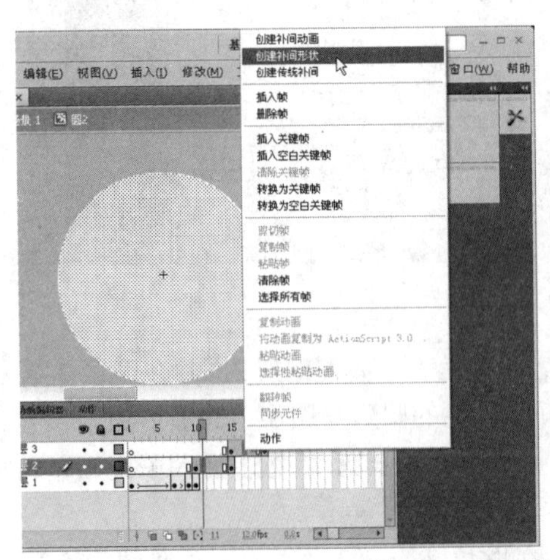
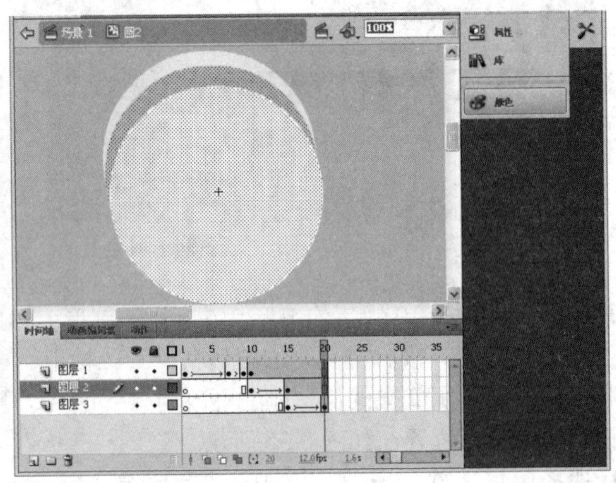

图8-37　创建补间形状动画并调整图层的顺序

13 此时使用【任意变形工具】分别调整图层 2 第 15 帧和图层 3 第 20 帧下的圆形图形的大小和位置，如图 8-38 所示。

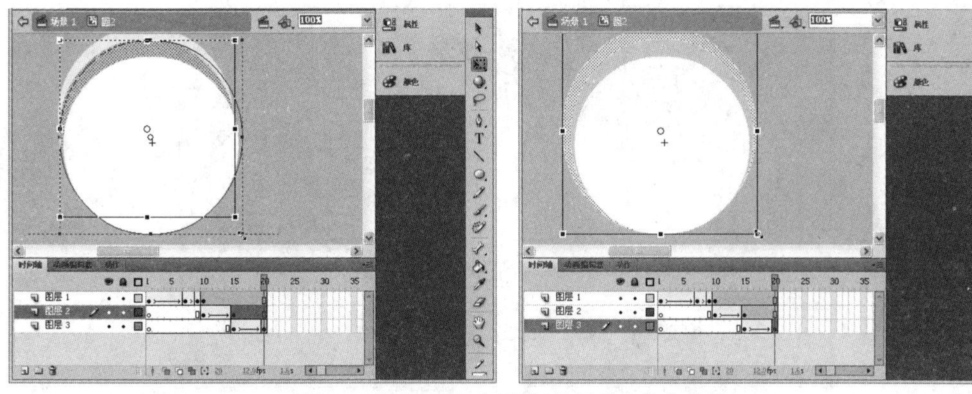
图8-38 调整图层2和图层3的圆形大小和位置

14 在图层 1 上插入图层 4，然后在图层 4 第 20 帧上插入空白关键帧，接着打开【动作】面板，为空白关键帧添加停止动作，如图 8-39 所示。

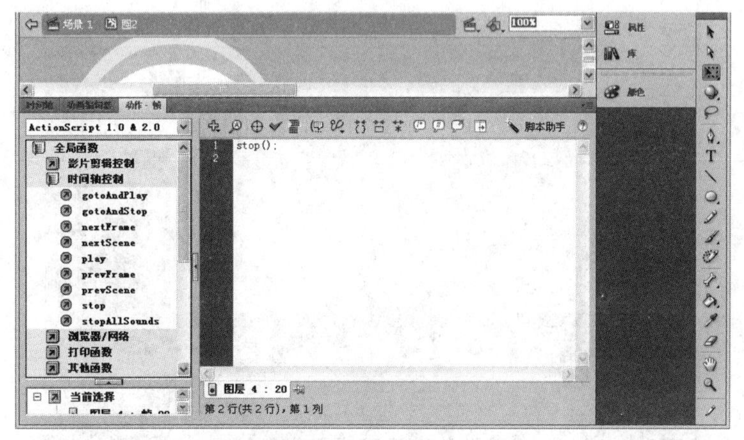

图8-39 添加停止动作

15 返回场景 1，然后在时间轴上插入新图层并命名为【圆 1】，在圆 1 图层第 30 帧上插入关键帧，接着打开【库】面板，将【圆 1】影片剪辑元件加入舞台，如图 8-40 所示。

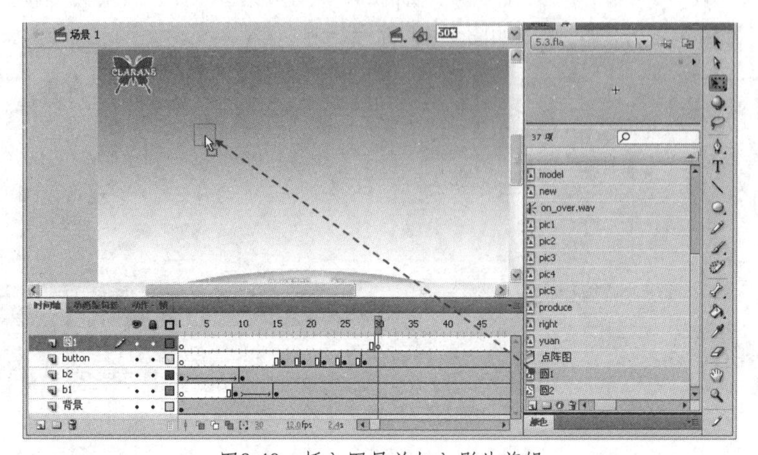
图8-40 插入图层并加入影片剪辑

16 再在圆 1 图层第 40 帧上插入关键帧，并将【圆 1】影片剪辑元件加入舞台，如图 8-41 所示。

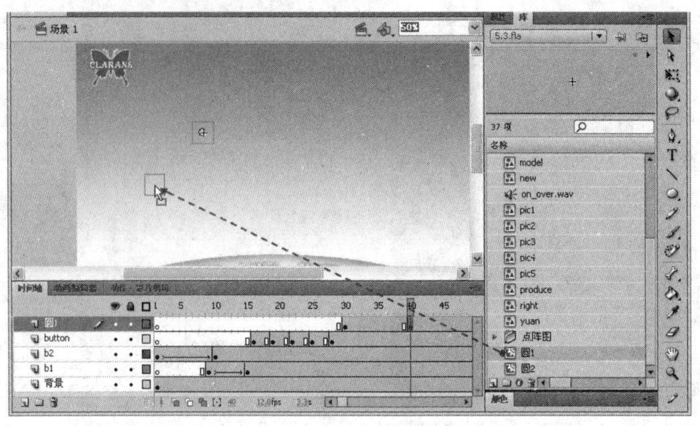

图8-41　插入关键帧并加入影片剪辑

17 按照步骤15和步骤16的方法，分别在圆1图层上不规则地插入关键帧，然后分别在关键帧中加入一到两个【圆1】影片剪辑，最后的结果如图8-42所示。

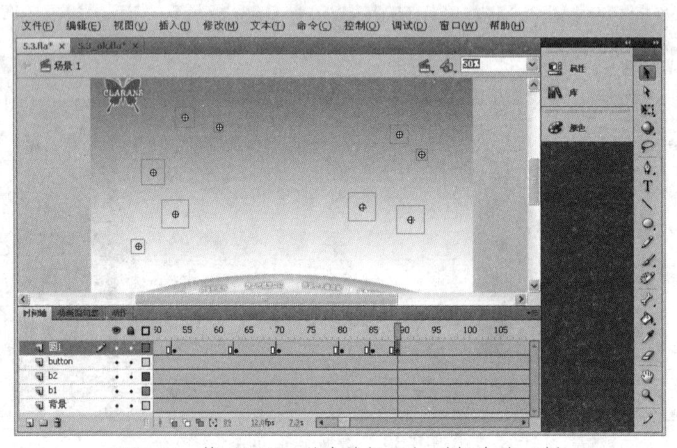

图8-42　将【圆1】影片剪辑添加到舞台的两侧

18 在圆1图层上插入新图层并命名为【圆2】，接着在圆2图层第30帧上插入空白关键帧，并将【圆2】影片剪辑加入到舞台中央位置，然后在圆2图层第50帧上插入关键帧，再次将【圆2】影片剪辑加入到舞台左下方的位置，如图8-43所示。

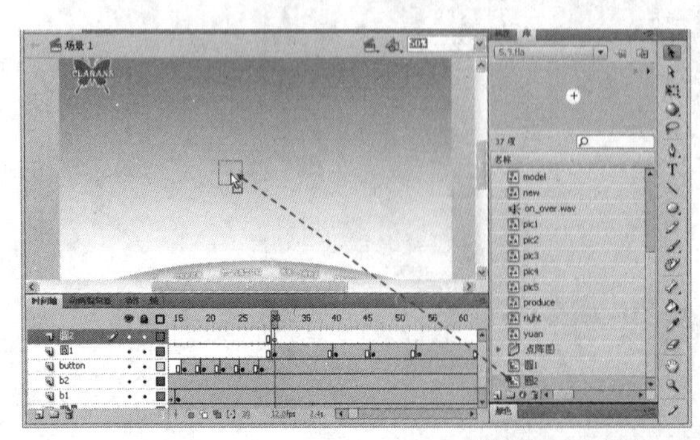

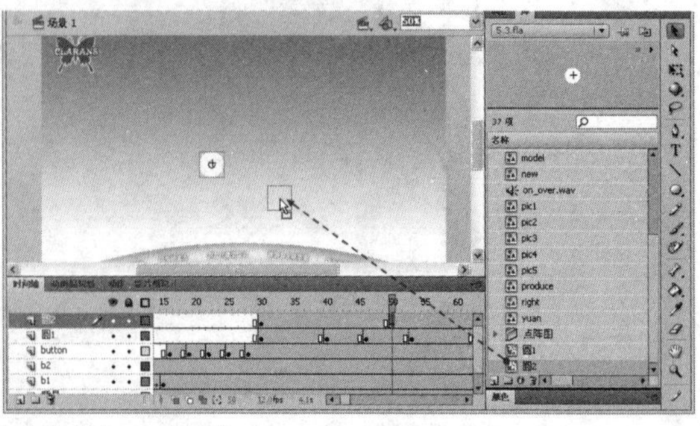

图8-43　将【圆2】影片剪辑加入到舞台

19 选择圆2图层第50帧，然后使用【任意变形工具】缩小该帧下影片剪辑元件的大小，并向左下方旋转影片剪辑元件（旋转约90°），如图8-44所示。

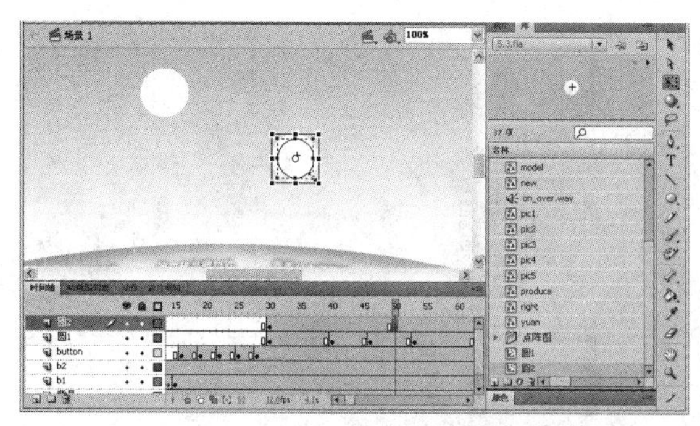
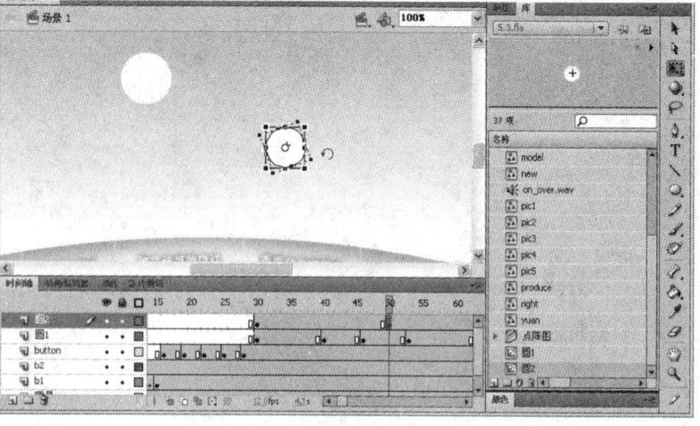

图8-44 调整【圆2】影片剪辑的大小和角度

提示 步骤16和步骤17的操作目的是让【圆1】影片剪辑不规则地分布在舞台两侧，并不规则地出现。步骤18和步骤19的操作目的是让【圆2】影片剪辑在舞台中央和舞台右下方出现，并且右下方的影片剪辑要小且角度不同，最后播放展示的结果如图8-45所示。

图8-45 【圆1】和【圆2】影片剪辑加入舞台并调整的效果

8.4 制作模特和产品展示动画

制作分析

本例将制作首页中的模特弹出和产品展示动画效果，其中模特弹出效果使用简单的补间动画制作，并配合“咚”的声音，让模特出现的效果很有趣。另外，化妆品产品的出现效果则使用了“转换”时间轴动画，使产品从上而下逐渐显示出来。其他产品说明文字的动画则使用一般的补间动画制作，在技术操作上难度不大。模特和产品展示动画的效果如图8-46所示。

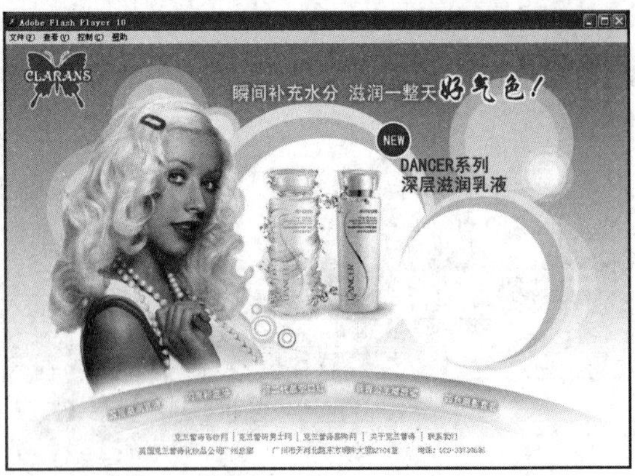

图8-46 模特和产品展示动画

制作流程

首先制作模特弹出舞台的动画，并在模特弹出的时间轴上添加声音效果，然后分别制作【new】图形元件和产品说明文字的补间动画，再制作一个装饰圆形的旋转补间动画，接着为产品图形元件添加【转换】时间轴动画，最后调整产品动画的位置。整个制作过程如图8-47所示。

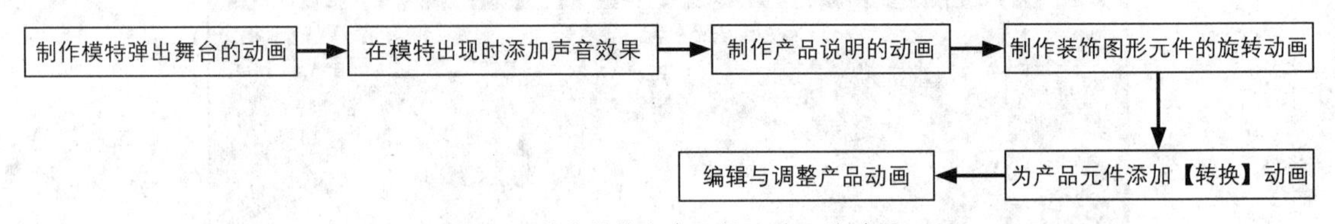

图8-47 制作模特和产品展示动画的过程

上机实战 制作模特和产品展示动画

01 在光盘中打开“..\Example\Ch08\8.4\8.4.fla”练习文件，然后在背景图层上插入新图层并命名为【model】，接着在该图层第50帧上插入空白关键帧，并通过【库】面板将【model】图形元件加入舞台，如图8-48所示。

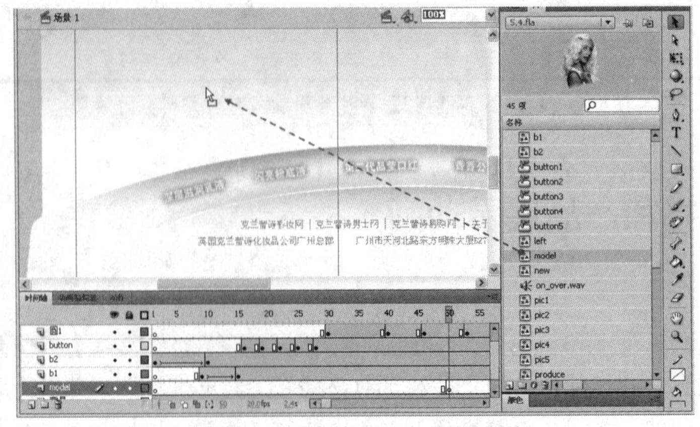

图8-48 插入图层并加入模特元件

02 在model图层第55帧上插入关键帧，然后将【model】图形元件向上移动，让model图形的白色底边与导航板的距离约 6cm，如图 8-49 所示。

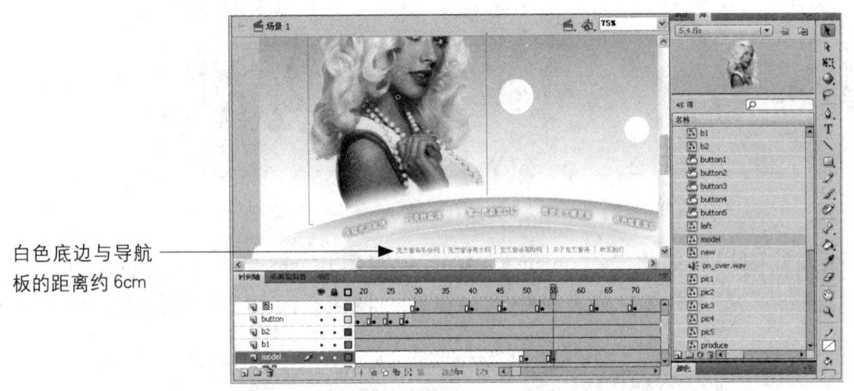

图8-49　插入关键帧并移动model图形

03 在 model 图层的第 57 帧上插入关键帧，然后向下移动【model】图形元件，让 model 图形的白色底边离导航板有约 1cm 的距离，接着在第 58 帧上插入关键帧，并向上移动【model】图形元件，让 model 图形的白色底边离导航板有约 2m 的距离，如图 8-50 所示。

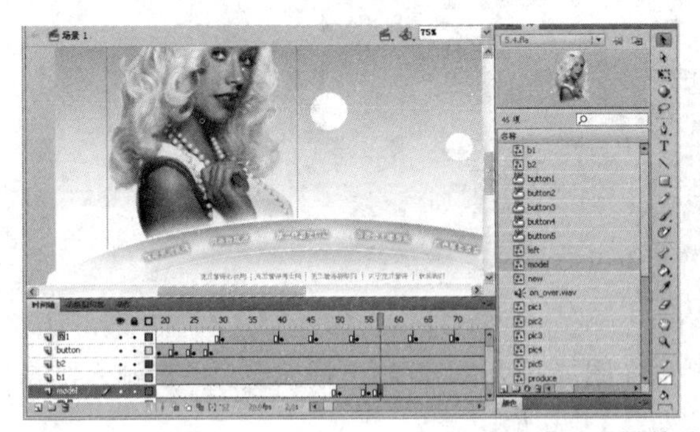

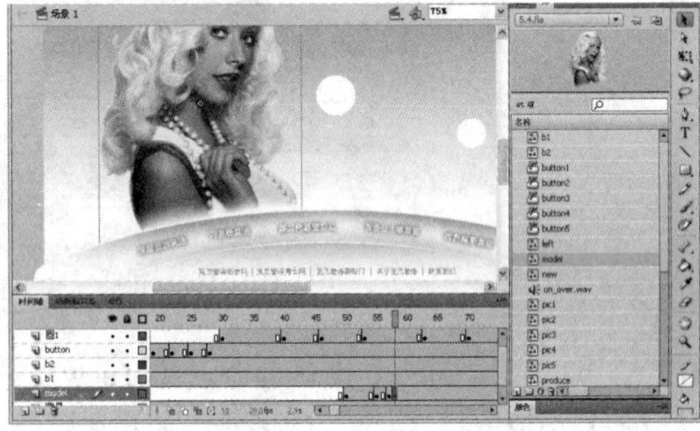

图8-50　插入关键帧并调整model图形的位置

04 拖动鼠标选择到 model 图层各关键帧之间的帧，然后单击右键从打开的菜单中选择【创建传统补间】命令，接着选择第 50 帧，并打开【属性】面板设置缓动为 100，让 model 图形飞出舞台时先快后慢，如图 8-51 所示。

图8-51　创建补间动画

05 按住【Ctrl】键同时选择 model、b1、b2、button 4 个图层，然后将它们移到圆 2 图层的上方，如图 8-52 所示。

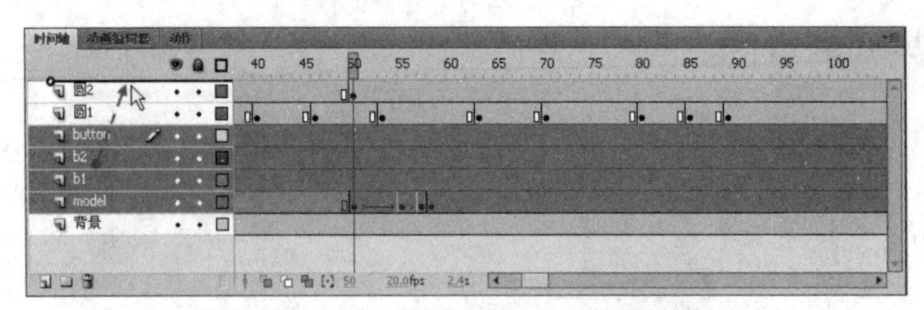

图8-52　调整图层的排列顺序

06 在 model 图层上插入新图层并命名为【music】，然后在图层 music 第 52 帧上插入空白关键帧，接着打开【属性】面板，从【声音】列表框中选择声音，将声音添加到时间轴上，如图 8-53 所示。

图8-53　插入图层并添加声音

07 在 b2 图层上插入新图层并命名为【new】，然后在图层 new 第 80 帧上插入空白关键帧，接着从【库】面板中将【new】图形元件加入到舞台，如图 8-54 所示。

图8-54　插入图层并加入【new】图形元件

08 在 new 图层第 90 帧上插入关键帧，然后选择该图层第 80 帧，再选择【new】图形元件，并通过【属性】面板设置元件的 Alpha 为 0%，接着再选择第 80 帧，单击右键从打开的菜单中选择【创建传统补间】命令，如图 8-55 所示。

09 在 new 图层上插入新图层并命名图层为【DANCER】，然后在该图层第 91 帧上插入空白关键帧，并在【new】图形元件右下方输入产品说明文字，最后设置如图 8-56 所示的文本属性。

图8-55 设置图形元件属性并创建补间动画

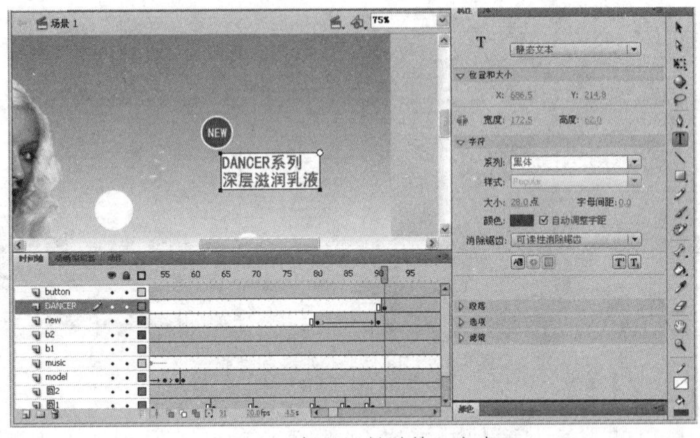

图8-56 插入图层并输入文本

10 在文本上单击右键从打开的菜单中选择【转换为元件】命令，打开【转换为元件】对话框后，设置名称为【DANCER】，类型为【图形】，单击【确定】按钮，如图 8-57 所示。

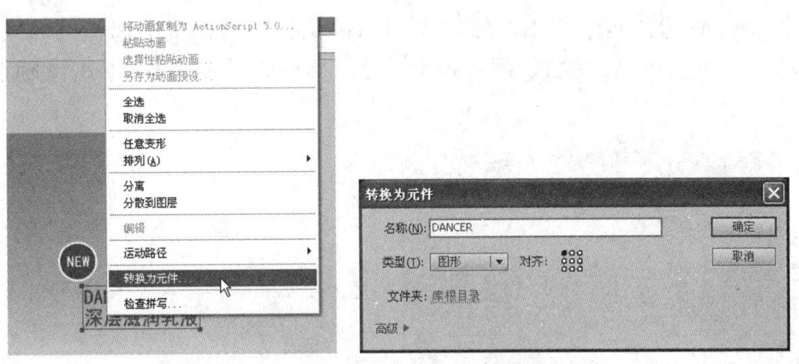

图8-57 将文本转换为图形元件

11 在 DANCER 图层第 100 帧上插入关键帧，然后选择第 91 帧，将该帧下的图形元件向右移出舞台，再选择第 91 帧上单击右键，从打开的菜单中选择【创建传统补间】命令，创建文字从右边飞入舞台的动画，如图 8-58 所示。

12 在 DANCER 图层上插入新图层并命名为【title】，然后在该图层第 100 帧上插入空白关键帧并在舞台上边输入宣传语文本，再为文本添加【发光】滤镜，接着在文本右边再输入文本，同时为文本添加【发光】滤镜，如图 8-59 所示。

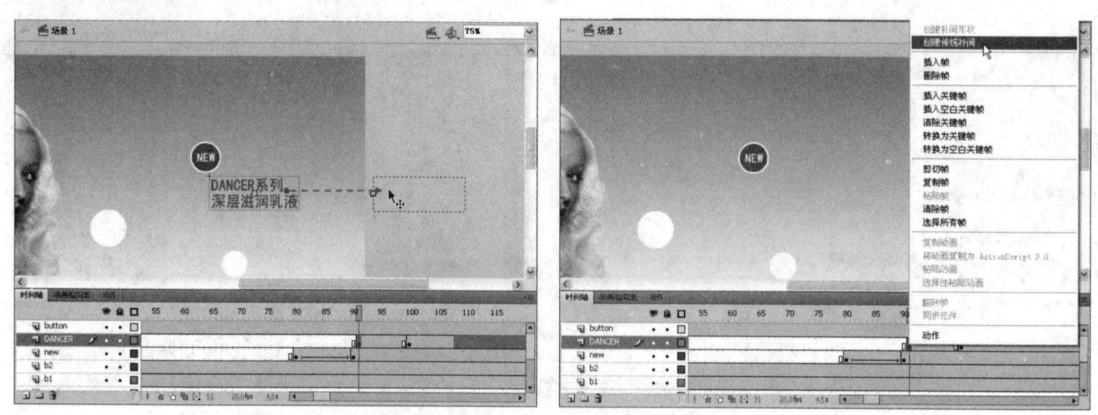

图8-58　创建文字飞入舞台的补间动画

图8-59　输入文本并添加滤镜

提示 步骤12中文本“瞬间补充水分 滋润一整天”的字体为【黑体】、大小为26、颜色为【白色】，“好气色！”的字体为【华文行楷】、大小为48、颜色为【#CC0000】。

13 按住【Ctrl】键同时选择两个文本，然后单击右键从打开的菜单中选择【转换为元件】命令，打开【转换为元件】对话框后，设置名称为【title】，类型为【图形】，单击【确定】按钮，如图8-60所示。

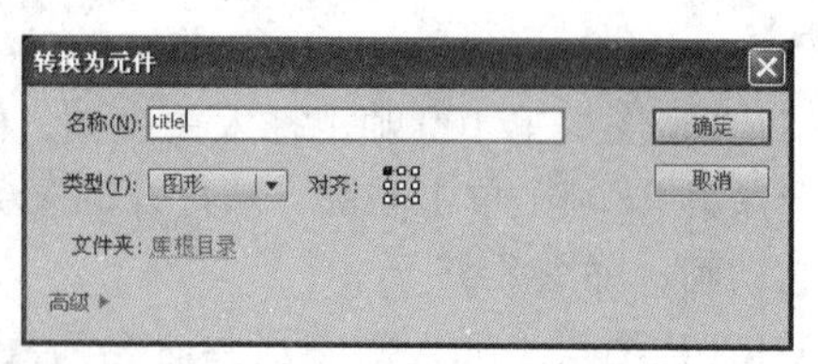

图8-60　将文本转换为图形元件

14 在title图层第110帧上插入关键帧，然后将title图形元件拖入舞台，接着选择该图层第100

帧并单击右键，从打开的菜单中选择【创建传统补间】命令，创建文字从上面飞入舞台的动画，如图 8-61 所示。

图8-61 创建文字从上飞入舞台的不间动画

15 在 title 图层上插入新图层并命名为【yuan】，然后在图层 yuan 第 80 帧上插入空白关键帧，再将【yuan】图形元件加入舞台，并放置在模特图形右下方，接着在 yuan 图层第 90 帧上插入关键帧，最后选择第 80 帧，再选择【yuan】图形元件，使用【任意变形工具】缩小元件，如图 8-62 所示。

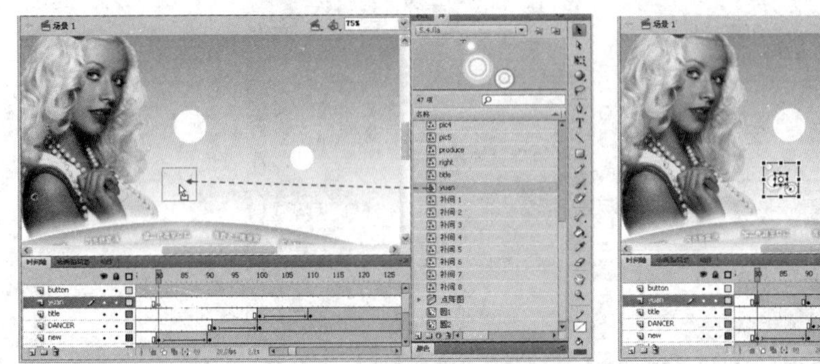

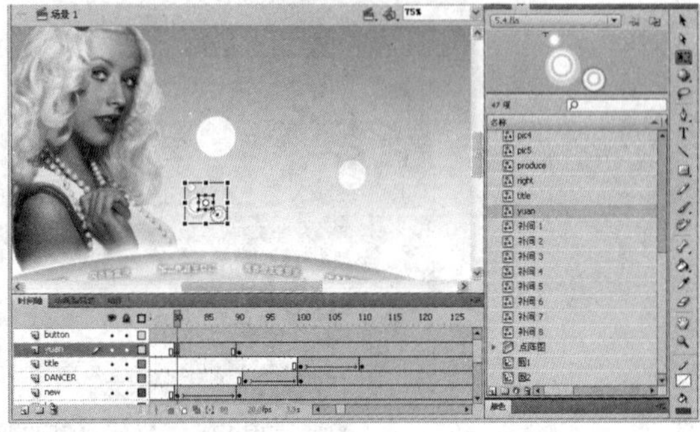

图8-62 加入【yuan】图形元件并设置关键帧状态

16 选择 yuan 图层第 80 帧下的图形元件，然后设置元件的 Alpha 为 0%，接着选择 yuan 图层第 80 帧，单击右键从打开的菜单中选择【创建传统补间】命令，最后通过【属性】面板设置补间动画的旋转为顺时针 2 次，如图 8-63 所示。

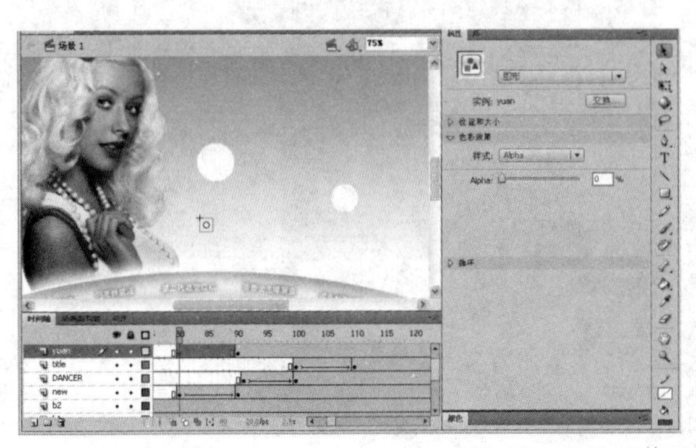

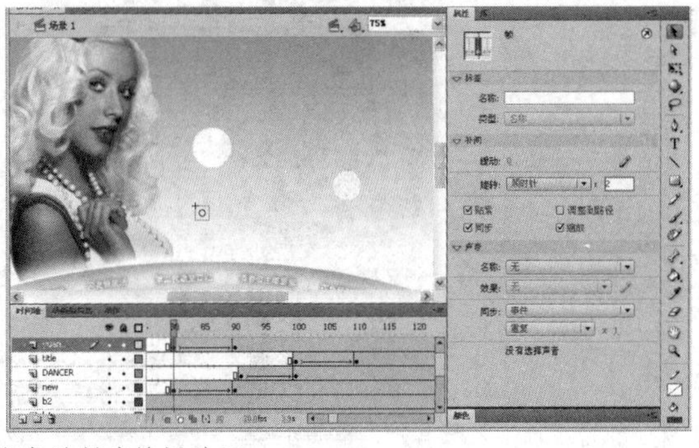

图8-63 设置元件透明度并创建补间动画

17 在music图层上插入新图层并命名为【produce】，然后在图层produce第60帧上插入空白关键帧，并将【produce】图形元件加入舞台，如图8-64所示。

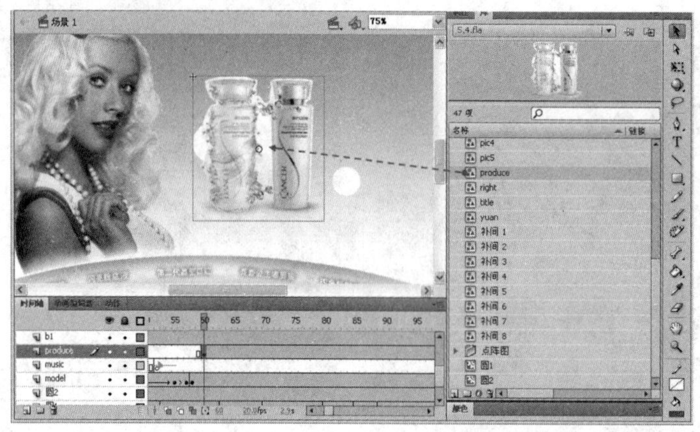

图8-64 加入【produce】图形元件

18 在produce图层第75帧上插入关键帧，并选择第60帧，然后设置第60帧下图形元件的透明度为0%，如图8-65所示。

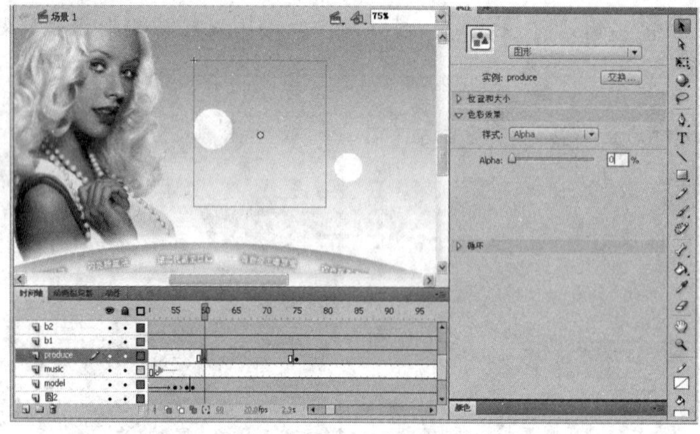

图8-65 设置【produce】图形元件的透明度

19 选择produce图层第60帧，单击右键从打开的菜单中选择【创建传统补间】命令，创建传统补间动画，如图8-66所示。

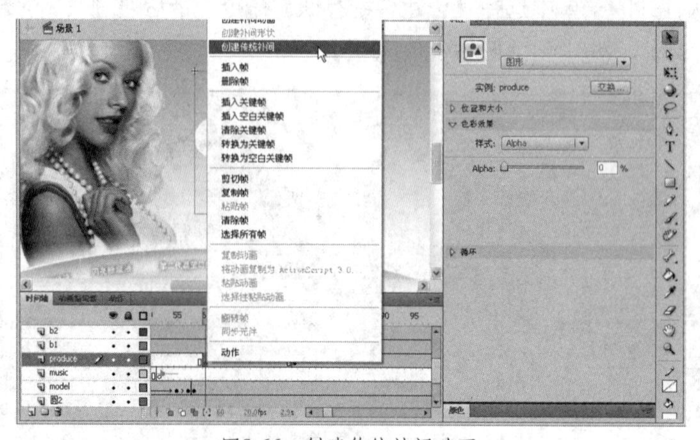

图8-66 创建传统补间动画

提示 在步骤17到步骤19处理产品动画的操作中，必须注意要将产品图放置在【圆2】图形元件的白色圆形上，如此显示的效果才是最佳的。在制作产品图动画时不能直接看到【圆2】图形元件的白色圆形，因此将产品图加入舞台后，可以按下【Ctrl+Enter】快捷键播放动画，以查看产品图是否在合适的位置上。如图8-67所示为产品图所处的合适位置。

图8-67 合适调整产品图的位置

8.5 制作产品推荐导航区动画

制作分析

本例将制作CLARANS化妆品首页的产品推荐导航动画，其中包含产品导航控制动画和【产品推荐】图形元件的飞入动画。产品导航控制动画的产品展示通过遮罩层来实现，而控制则由按钮元件配合动作来实现。当浏览者单击产品导航区两侧的箭头按钮时，可以左右查看推荐的产品，如图8-68所示。

图8-68 产品推荐导航区动画

制作流程

首先创建产品导航的影片剪辑，再通过遮罩层制作产品展示的效果，然后在产品展示区两边加入箭头元件，并分别为箭头元件添加播放上一帧和播放下一帧的动作，再为影片剪辑的各个动画帧添加停止动作并将影片剪辑加入舞台，接着制作【产品推荐】图形元件的飞入动画，最后将多余的动画帧删除，并发布Flash动画。整个制作过程如图8-69所示。

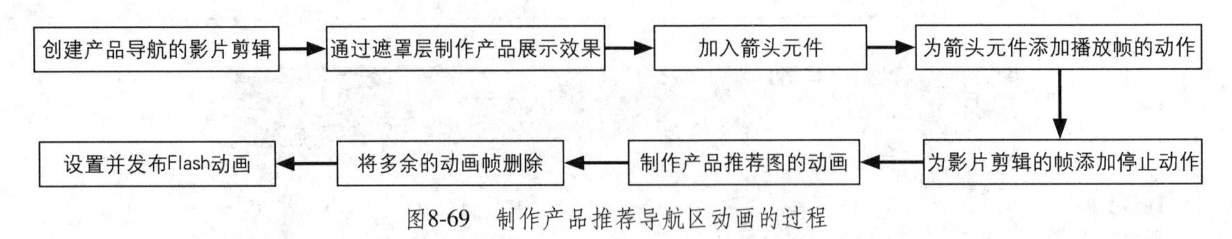

图8-69　制作产品推荐导航区动画的过程

上机实战　制作产品推荐导航区动画

01 在光盘中打开“..\Example\Ch08\8.5\8.5.fla”练习文件，然后选择【插入】|【新建元件】命令，打开【创建新元件】对话框后，设置元件名称为【ad】，类型为【影片剪辑】，单击【确定】按钮，并将【pic1】图形元件加入舞台上，并让图形元件的中心与舞台中心的十字点重叠，如图8-70所示。

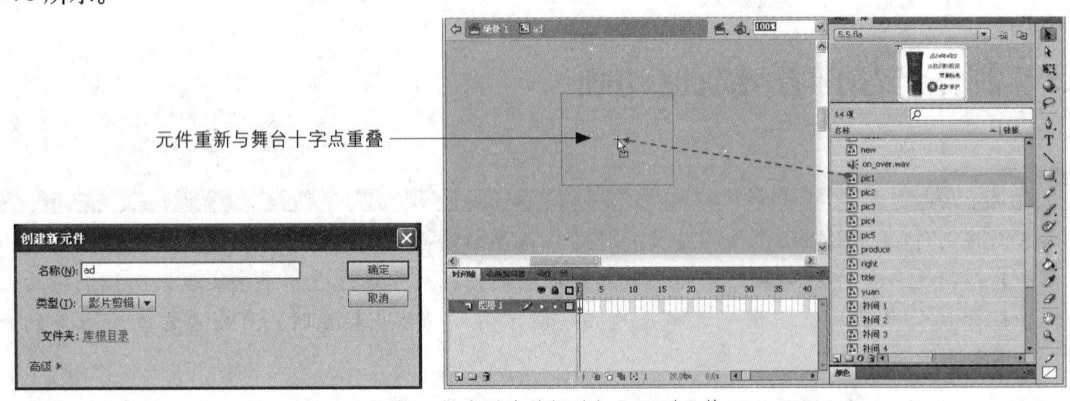

图8-70　创建影片剪辑并加入图形元件

02 从【库】面板中将pic2、pic3、pic4、pic5图形元件加入舞台，并分别放置在【pic1】图形元件右边并对齐，如图8-71所示。

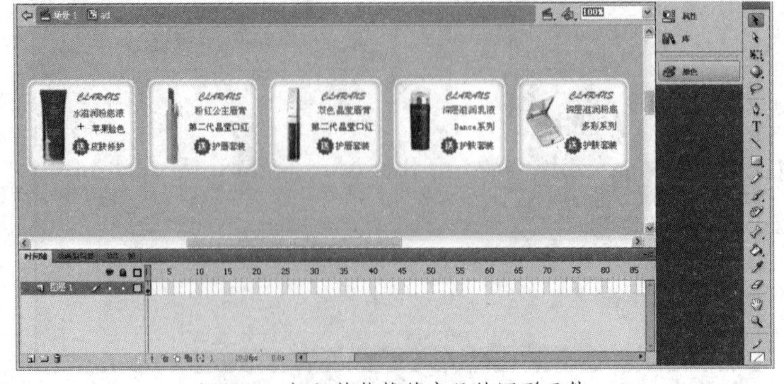

图8-71　加入其他推荐产品的图形元件

03 在图层 1 的第 2 帧上插入关键帧，然后选择全部图形元件并向左移动，当第 2 个图形元件处于原来第 1 个图形元件的位置时即可停止移动。使用相同的方法，分别在图层 1 第 3、4、5 帧上插入关键帧，并分别移动图形元件的位置，其中移动的距离为一个图形元件宽度的大小，如图 8-72 所示。

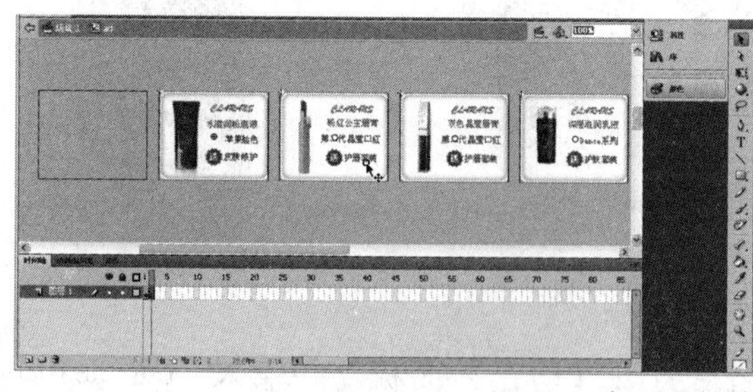
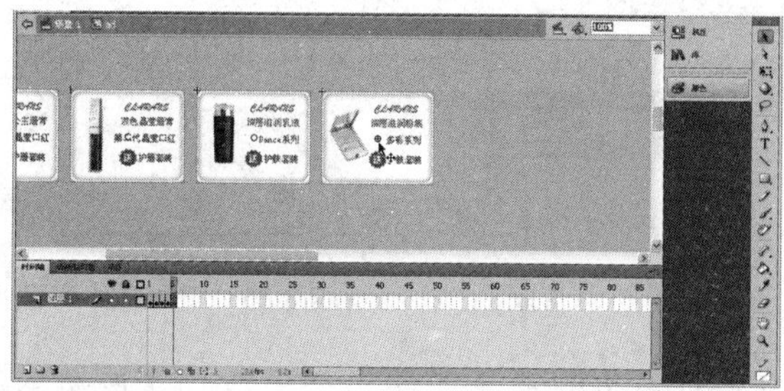

图8-72　插入关键帧并移动图形元件的位置

04 在图层 1 上插入图层 2，然后在工具箱中选择【矩形工具】，并在产品推荐图形元件上绘制一个可以完全遮挡图形元件的矩形，接着在图层 2 上单击右键，从打开的菜单中选择【遮罩层】命令，将图层转换为遮罩层，如图 8-73 所示。

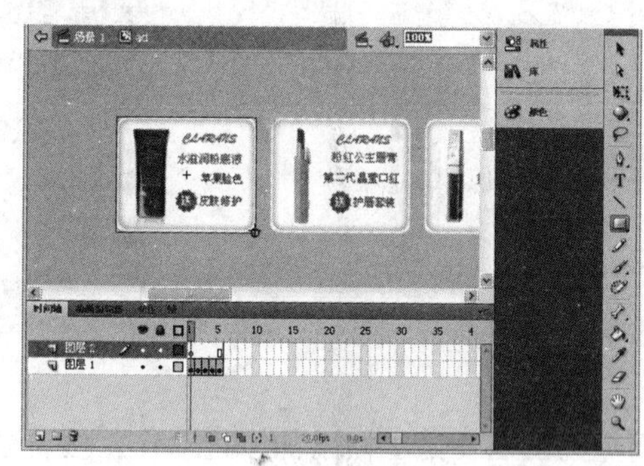
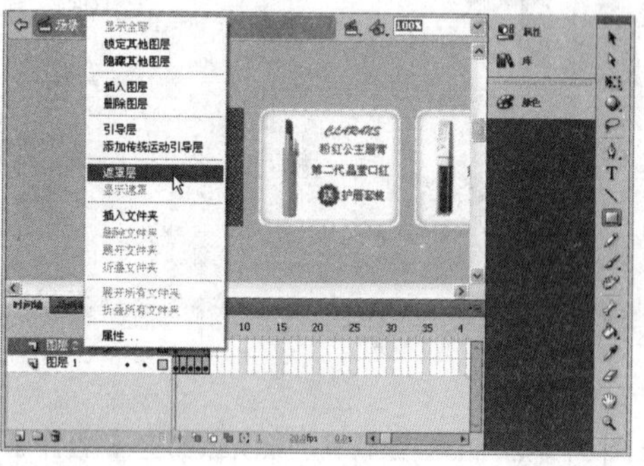

图8-73　制作遮罩层效果

05 在图层 2 上插入图层 3，然后分别将【left】图形元件和【right】图形元件放置在推荐产品展示区的左右两侧，如图 8-74 所示。

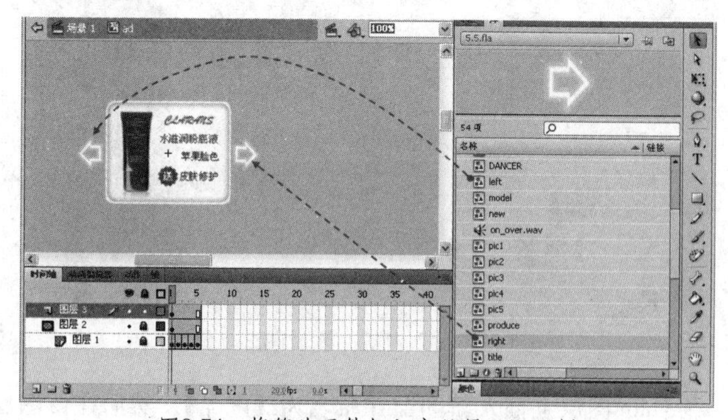

图8-74　将箭头元件加入产品展示区两侧

06 选择左边的箭头元件，然后打开【属性】面板，更改元件类型为【按钮】，接着打开【动作】面板，并输入“on(release){nextFrame();}”动作代码，以便让浏览者按下此按钮即播放下一个帧，如图 8-75 所示。

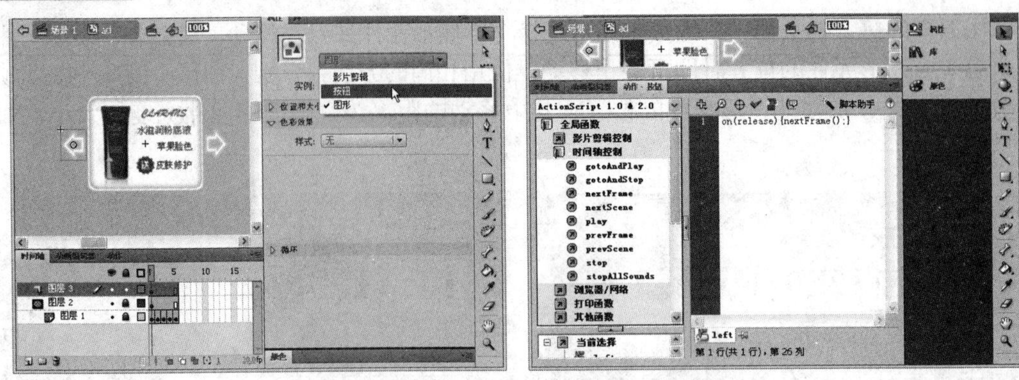

图8-75　更改元件类型并添加播放下一帧的动作

07 将右边的箭头元件类型更改为【按钮】，然后打开【动作】面板，并输入“on(release){prevFrame();}”动作代码，以便让浏览者按下此按钮即播放上一个帧，如图8-76所示。

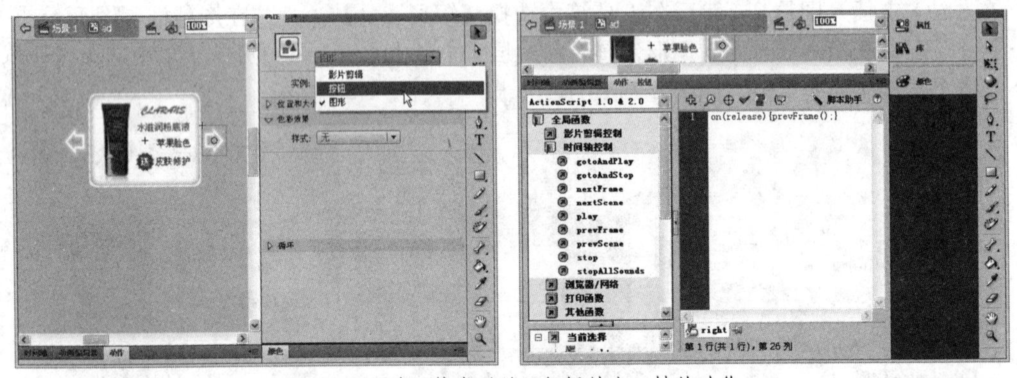

图8-76　更改元件类型并添加播放上一帧的动作

08 在图层3上插入图层4，然后通过【动作】面板为图层4第1帧添加停止动作，接着分别在第2、3、4、5帧上插入空白关键帧，并都添加停止动作，如图8-77所示。

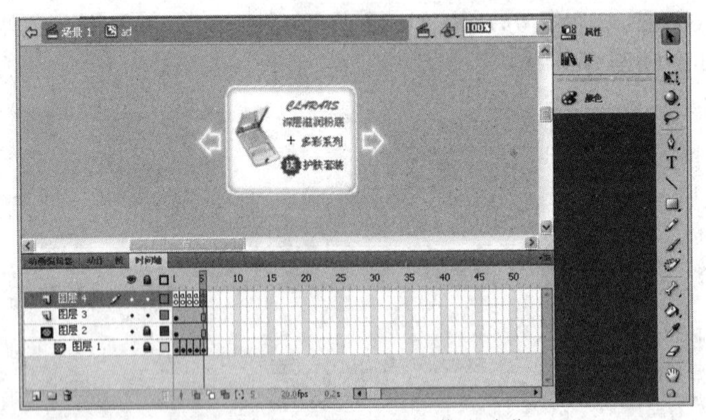

图8-77　插入图层并添加停止动作

09 返回场景1中，在yuan图层上插入新图层并命名为【产品】，然后在该图层第90帧上插入空白关键帧，并将【库】面板中的【ad】影片剪辑元件加入舞台，如图8-78所示。

10 在产品图层上插入新图层并命名为【产品推荐】，然后在该图层第88帧上插入空白关键帧，接着从【库】面板中将【产品推荐】图形元件加入舞台，并放置在导航板图形的上方，如图8-79所示。

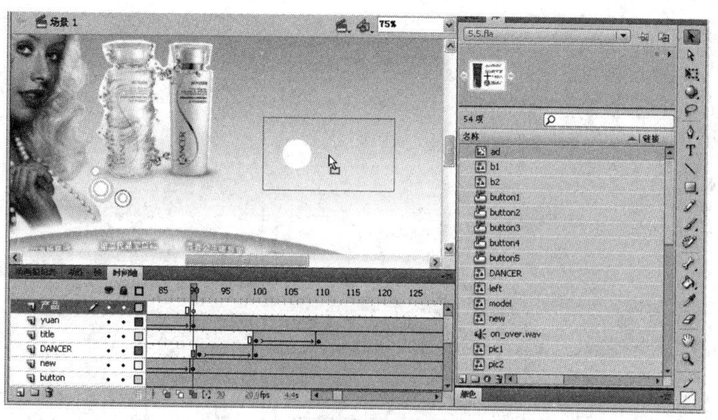

图8-78 插入图层并加入影片剪辑

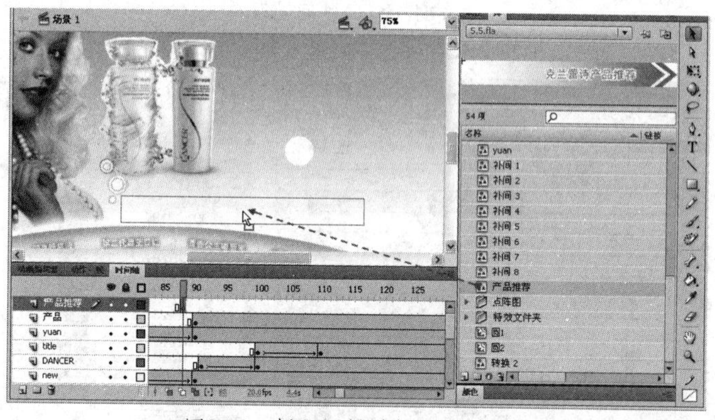

图8-79 插入图层并加入图形元件

11 在产品推荐图层第91帧上插入关键帧，然后向右移动【产品推荐】图形元件，接着选择产品推荐图层第88帧，再通过【属性】面板设置该帧下【产品推荐】图形元件的Alpha为0%，如图8-80所示。

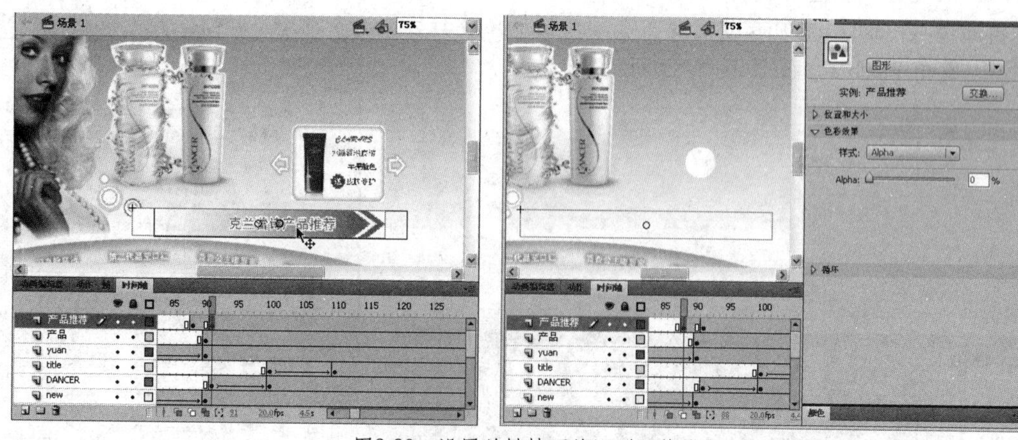

图8-80 设置关键帧下的图形元件状态

12 选择产品推荐图层第88帧，然后创建传统补间动画，接着在设置补间动画的缓动为-100，如图8-81所示。

13 将产品推荐图层移到model图层下方，然后在产品图层插入一个新图层并命名为【stop】，接着在图层stop第120帧上插入空白关键帧，并添加停止动作，如图8-82所示。

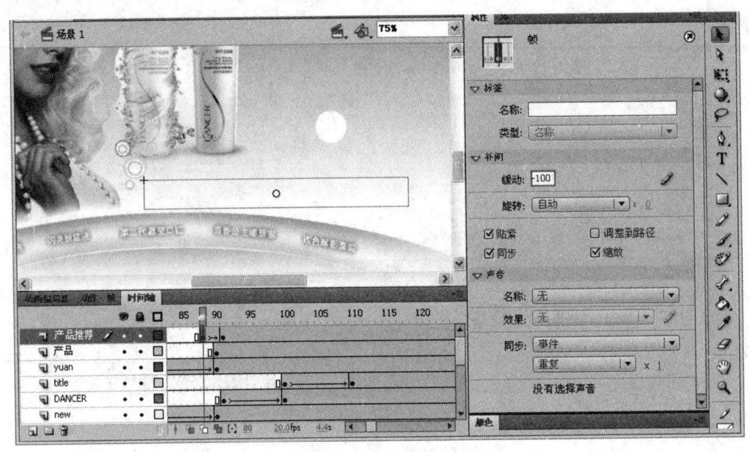

图8-81 创建补间动画

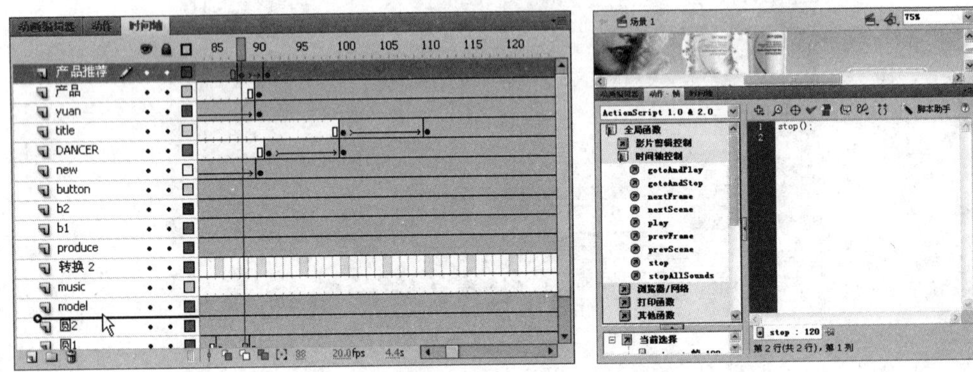

图8-82 调整图层排列顺序并设置停止动作

14 按住【Ctrl】键，从 stop 图层的第 121 帧开始选择所有图层第 121 帧后的动画帧，然后按下【Shift+F5】快捷键删除选定的动画帧，接着选择【文件】|【发布设置】命令，选择【Flash】发布格式，再通过【Flash】选项卡设置发布选项，最后单击【发布】按钮，发布 Flash 动画，如图 8-83 所示。

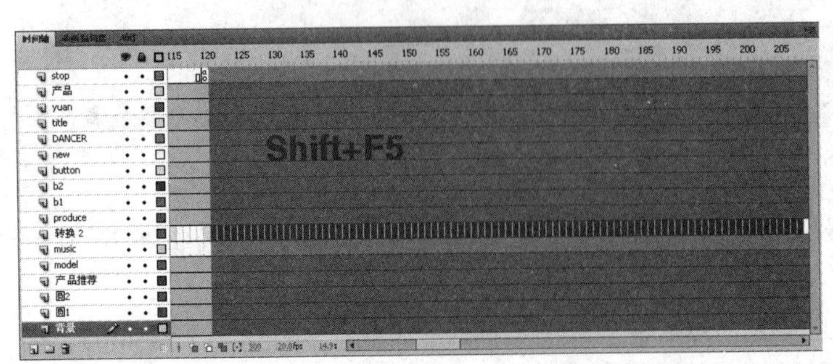

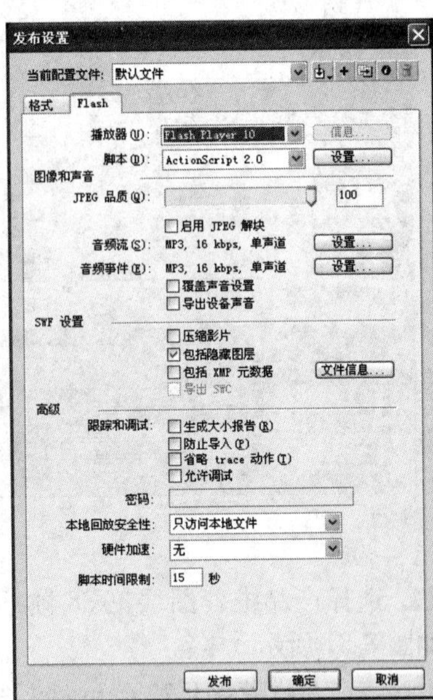

图8-83 删除多余的动画帧并发布动画

8.6 学习扩展

本章通过 CLARANS 化妆品网站的首页动画的制作，讲解了 Flash 在化妆品类网站首页上的应用。在本章范例中，包括了网站导航板动画、页面装饰动画、模特和产品展示动画、产品推荐导航动画 4 个部分，这些动画效果的制作涉及按钮、滤镜、时间轴特效、遮罩层以及动作等技术。

8.6.1 导航按钮的滤镜应用

本例动画导航板的效果首先出现导航板图形，然后导航按钮逐一出现。当浏览者将鼠标移到按钮上时，导航按钮的文本产生颜色变化，并发出声音。

这种效果在制作上并不难，首先在按钮元件中输入文本，然后更改【指针经过】状态帧的文本颜色，并在此状态帧上添加声音即可。在导航按钮的文本效果处理上，本例应用了滤镜的技术，让文本产生发光的效果，如图 8-84 所示。

1. 关于滤镜

在 Flash 中，利用滤镜功能可以为文本、按钮和影片剪辑制作特殊的视觉效果，并且可以将投影、模糊、发光和斜角等图形效果应用于图形对象。通过该功能，不但可以让对象产生特殊效果，还可以利用补间动画让使用的滤镜效果活动起来。例如：一个运动的对象，使用滤镜功能为其添加投影效果，然后利用补间动画效果让对象与其投影一起运动，则对象的运动动画效果将更加逼真。如图 8-85 所示为对一个矩形影片剪辑创建补间动画，影片剪辑上的“斜角”滤镜随着补间动画变化。

深层滋润乳液　　深层滋润乳液

图8-84　原来的文本与添加“发光”滤镜的文本

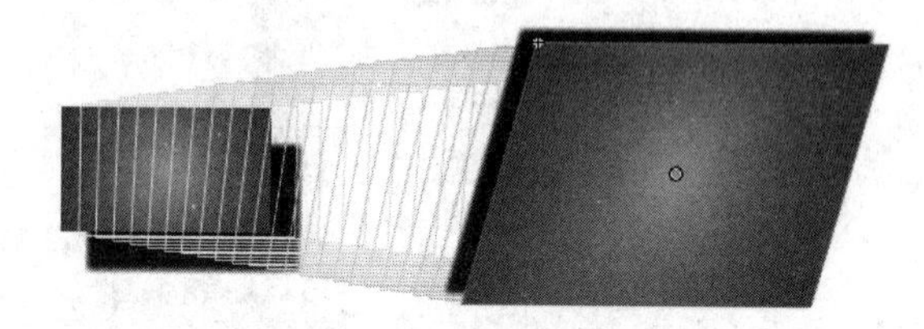

图8-85　利用补间动画让使用的滤镜效果活动

提示 要让时间轴中的滤镜活动起来，需要由一个补间结合不同关键帧上的各个对象，并且都有在中间帧上补间的相应滤镜的参数。如果某个滤镜在补间的另一端没有相匹配的滤镜（相同类型的滤镜），则会自动添加匹配的滤镜，以确保在动画序列的末端出现该效果。

2. 应用滤镜的注意事项

应用于对象的滤镜类型、数量和质量会影响 SWF 文件的播放性能。应用于对象的滤镜越多，Flash 播放器要正确显示创建的视觉效果所需的处理量也就越大，因此播放延时就越长。

在运行速度较慢的计算机上，使用较低的设置可以提高性能。如果要创建在一系列不同性能的计算机上回放的内容，或者不能确定观众使用的计算机的计算能力，可以将质量级别设置为【低】，以实现最佳的播放性能。

提示 在 Flash 中，只能对文本、按钮和影片剪辑对象应用滤镜。

8.6.2 导航按钮的链接设置

既然是网站首页动画，那么就需要为导航按钮设置链接，以便浏览者单击按钮，即可进入网站内的相关页面。在Flash中，为按钮添加链接的操作可以通过【动作】面板来完成。首先选择需要添加链接的按钮，然后为按钮添加以下的动作，如图8-86所示。

```
on(release)
  {getURL("rouge.html", "_blank");
}
```

提示 上述动作代码的意义是：当按下按钮，即从新窗口中打开“rouge.html”网页。"_blank"代码的含义是从新窗口打开对象。

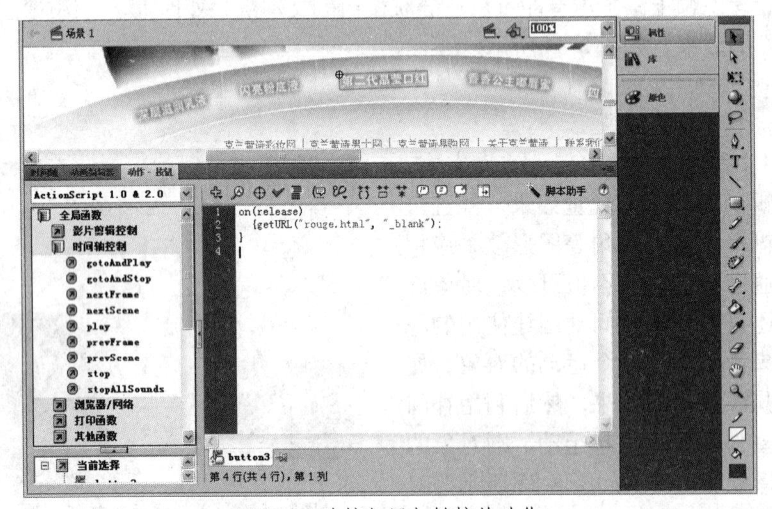

图8-86 为按钮添加链接的动作

如果对Flash动作脚本不熟悉，可以在【动作】面板中单击【脚本助手】按钮，然后通过【脚本助手】面板设置，如图8-87所示。

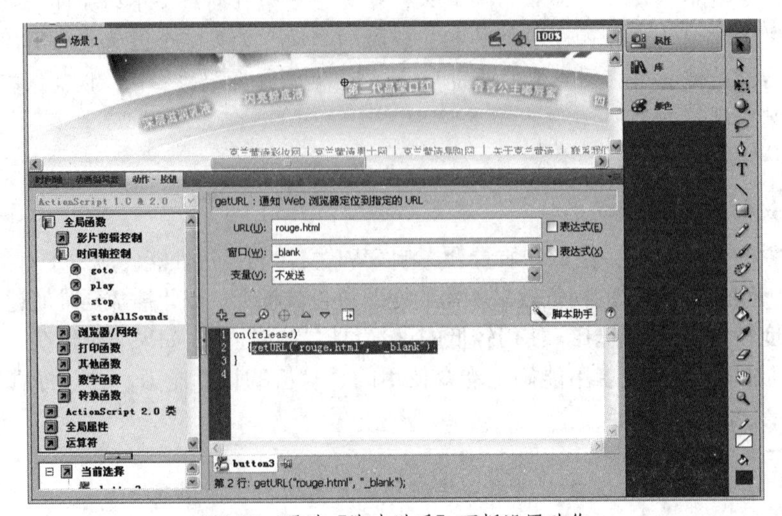

图8-87 通过【脚本助手】面板设置动作

8.7 作品欣赏

下面介绍几个与化妆品相关的动画网站作品给读者参考，并针对网站的Flash效果进行简单的点评，以便读者在设计时进行借鉴。

1. 小强化妆造型网站

“小强化妆造型”网站是小强化妆造型机构的官方网站，该机构主要提供发型设计、化妆造型设计、彩妆培训等服务。在“小强化妆造型”网站上，首页页面使用了一个简洁的动画画面展示，当鼠标移到英文的导航按钮上，导航按钮上方即出现中文导航文本，并且导航按钮的文本颜色由灰色变成粉红色。在导航按钮上方，显示网站的Logo，并让一个女性模特在Logo之间，模特的裙子被制作成涟漪的效果。整体画面既简洁又突出，如图8-88所示。

图8-88 “小强化妆造型”网站首页

当浏览者单击导航按钮后，画面将从首页画面转移到导航项目的画面，例如单击【photos】按钮，即可将画面转移到photos作品展示画面，整个效果非常流畅，如图8-89所示。

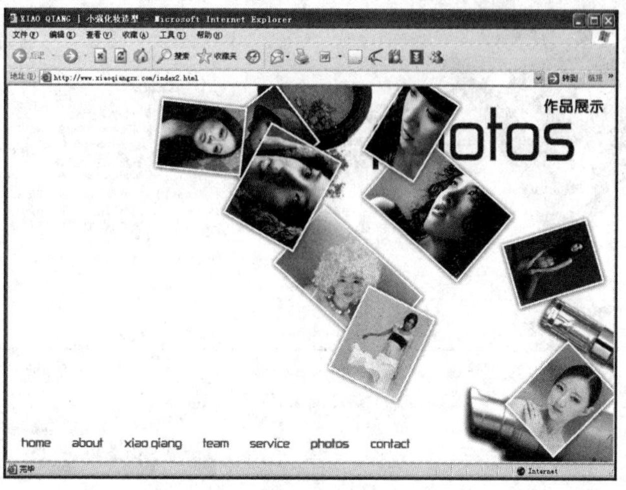

图8-89 photos作品展示画面

提示 小强化妆造型网站的网址为：http://www.xiaoqiangzx.com/index2.html。

2. Menard Korea网站

Menard Korea 网站是韩国的一个化妆品网站，网站首页虽然不是完全由 Flash 制作，但其中的导航条、产品展示区、产品系列滚动条都是使用 Flash 制作的。

在网站首页的产品展示区中，使用了一个大尺寸的 Flash 动画来展示产品，不同的产品在预设的间隔时间内进行变换，而产品的说明则随着产品的变换而更改，如图 8-90 所示。

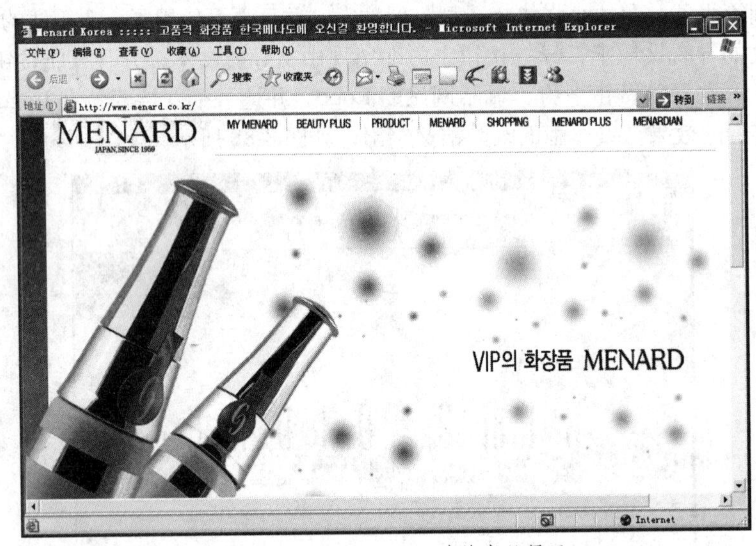

图8-90 Menard Korea网站的产品展示

在网站首页下方的产品系列展示也使用 Flash 制作成了滚动的效果。在默认的状态下，产品系列图从左向右滚动，当浏览者将鼠标移到滚动条左边的箭头上，产品系列图将变成从右向左滚动，如图 8-91 所示。

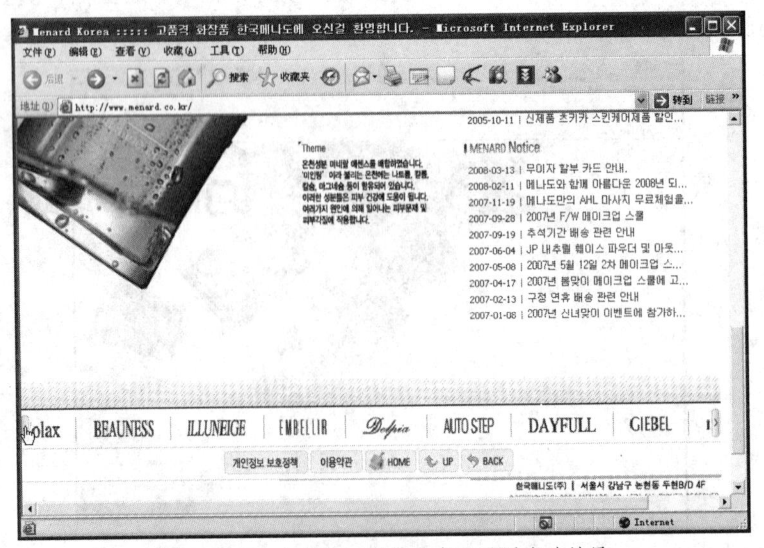

图8-91 Menard Korea网站的产品系列滚动效果

提示 Menard Korea 网站的网址为：http://www.menard.co.kr/。

3. Elastine网站

Elastine 网站是韩国的一个护理品主题网站，这个网站跟一般的化妆品网站时尚简洁的设计风格不同，它的设计富丽堂皇，强烈地表现出一种高贵、绚丽和华贵的视觉效果。

在网站首页中，用 Flash 制作了很多闪烁的效果，并分布在页面各处，这种闪烁效果不规则出现，给人金光闪闪的感觉。另外，首页上的重要部分也使用 Flash 设计，例如当鼠标移到页面的“ELASTER”栏目上，该栏目图像的边缘将发光，以提示浏览者该图像是网站栏目。Elastine 网站的整体效果如图 8-92 所示。

图8-92 Elastine网站

提示 Elastine 网站的网址为：http://www.elastine.co.kr/。

8.8 本章小结

本章以化妆品类网站 CLARANS 为例，介绍了 Flash 动画在时尚类网站中的设计应用，其中包括制作动画导航板、装饰动画、产品展示动画、推荐导航区动画等内容。

8.9 上机实训

实训要求：使用 8.5 节的成果文件作为练习素材，制作让动画中的 Logo 具有移动变化的效果。

操作提示：首先将Logo图像转换为影片剪辑元件，在该剪辑的第30帧和32帧插入关键帧，再水平调整第30帧上Logo图像的位置，最后创建传统补间动画即可，整个制作流程如图8-93所示。

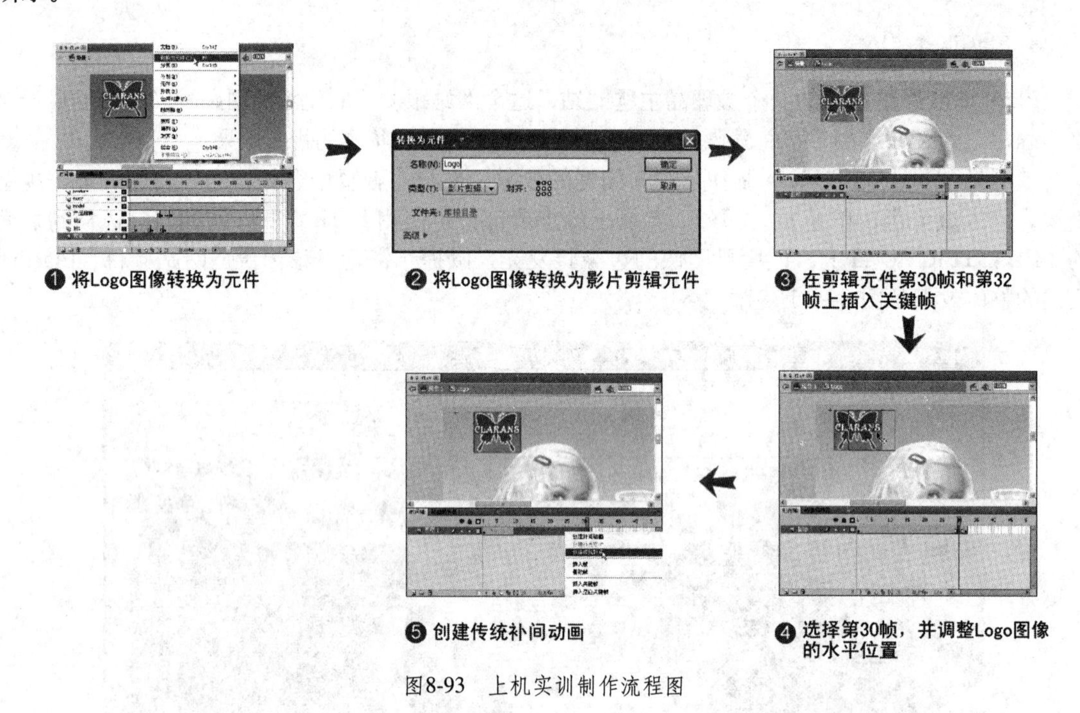

图8-93　上机实训制作流程图

第9章　房地产类网站——霸龙世纪花园

本章以“霸龙世纪花园”房地产网站为例，介绍使用Flash设计网站相关动画的方法。

9.1　房地产网站——霸龙世纪花园首页

9.1.1　网站开发概述

目前，小区智能化、小区局域网、项目网站、开发商网站等的纷纷出现，充分体现出房地产与网络有机结合已经是大势所趋。

1. 房地产网站建设的需求

房地产网站的建设，可以结合楼盘的特点，配合楼盘的销售策划工作，利用网络技术在网上进行互动式营销，突出楼盘的卖点，及时介绍工程进展情况，配合现场热卖进行网上动态销售情况介绍、预售情况介绍及按揭情况介绍并提供网上预售、网上咨询等服务。

另外，房地产企业建立相关的项目网站，可充分发挥现代网络优势，突破地理空间和时间局限，及时发布企业信息（如楼盘、房产、建筑材料、施工机械、装饰装修材料等），宣传企业形象，并可在网上完成动态营销业务。

2. 房地产网站建设的作用

（1）树立良好的企业形象

通过建立网站，企业信息的实时传递，与公众相互沟通的即时性、互动性，弥补了传统手段的单一性和不可预见性。因此，建立网站是对企业形象建立和维持的有效补充。如图9-1所示为保利国际高尔夫花园。

图9-1　保利国际高尔夫花园网站

（2）提高房产项目的销量

房产项目信息通过网站宣传，既有信息量大的优点，又结合了电视声、光、电的综合刺激优势，可以牢牢地吸引住目标对象，在最大程度上提高房产项目的销量。

（3）提高房产的附加值

为项目建立自己的网站，为消费者提供个性化、互动化、有针对性的24小时网上服务，是一个全新体现项目附加值的方面。业主可以利用楼盘内部网连接网站，随时与外界保持紧密的联系，进行商务、生活、娱乐等各方面的活动。

3. 房地产网站的设计要点

（1）个性化设计

房地产项目网站应充分体现个性化设计，为目标对象提供个性化的服务，让浏览者有亲切感，同时与众不同。

（2）强调互动性与功能性

一个网站的最大功能是价值化，不具备功能的网站没有价值，同时也为实现企业建设网站的目的。房地产项目网站，可以弥补利用传统媒介进行宣传的片面性和单向性。在报纸、电视等媒体上发布项目信息，通常很难估计会达到什么样的效果，多数凭经验来估算，具有很大的盲目性与冒险性。如果信息在网上发布，浏览者可以与之联系，形成信息反馈。反过来发展商也可以与之联系，达到相互沟通的目的。同时，发展商可以根据信息反馈的情况，及时改变规划或营销策略，紧跟市场发展动态。

（3）宣传与推广作用

建立网站就想最大限度地对房地产项目进行宣传。若网站只是为小区的业主服务，那宣传的广度和深度远远不够，失去建网站的意义。因此除了小区业主外，还要大量地吸引社会上的其他消费者浏览、使用网站，以形成更多的潜在客户。因此，在网站设计上，可以设置如按揭计算器、税费计算器、购房指南等工具，加强网站本身的实用性，为浏览者提供一些较为实用的工具，增强浏览者对网站的好感和依赖，以辅助房地产项目的宣传和推广。

9.1.2 网站动画首页展示

本章以某房地产公司的房地产项目霸龙世纪花园的网站首页作为教学范例，介绍利用Flash制作房地产类网站首页动画的方法。

霸龙世纪花园以销售高档别墅为主，因此在设计上要重点体现尊贵、高雅的感觉。本例设计的Flash首页动画背景采用紫灰色，这种颜色不会显得很辉煌，也不会让人感觉俗气，而是起到尊贵、高雅的衬托作用。这种颜色同样应用在房地产项目楼盘效果图的边框上，配合效果图世外桃源的感觉，整个网站首页呈现出独一无二的设计风格。此外，首页除了上述效果外，还提供了楼盘效果展示的导航按钮和整个房地产项目的导航条，通过这些按钮，让客户方便快捷地了解霸龙世纪花园的特色和优点，达到吸引客户，推广房地产项目的目的。如图9-2所示为霸龙世纪花园的网站首页效果。

图9-2 霸龙世纪花园的网站首页效果

（本例网页文件为："..\Example\Ch09\Index\index.html）

9.1.3 网站首页制作

霸龙世纪花园网站的首页使用 Flash 来制作，所以在整个页面上只有一个 Flash 动画。关于 Flash 动画首页的制作将在后文中介绍，这里先讲解如何将动画应用在网页上。

1. 设置网页的背景颜色

因为首页的 Flash 动画背景颜色是紫灰色（颜色值为 #EAE5DF），所以首页的背景颜色同样要使用这种颜色。对于网页制作软件来说，设置网页的背景颜色是一个简单的操作。以 Dreamweaver 为例，用户只需打开 Dreamweaver 程序，然后选择【修改】|【页面属性】命令，在【页面属性】对话框中选择【外观】项目，在【背景颜色】项中输入颜色数值 #EAE5DF，最后单击【确定】按钮，如图 9-3 所示。

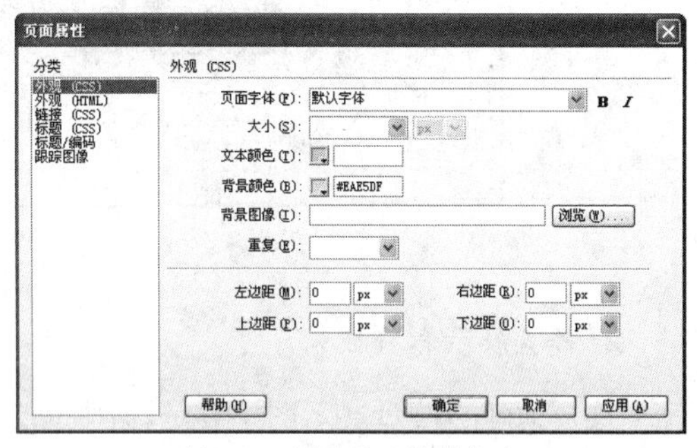

图9-3　设置页面背景颜色

2. 插入Flash动画

制作好网页的背景后，可以将 SWF 格式的 Flash 动画插入到表格内，然后设置居中的对齐方式，最后设置网页的标题，即可完成网站首页的制作。Flash 插入到网页后，用户可以通过 Dreamweaver 的【属性】面板提供的播放按钮，播放页面上的 Flash 动画，以测试效果，如图 9-4 所示。

显示比例为50%时的效果

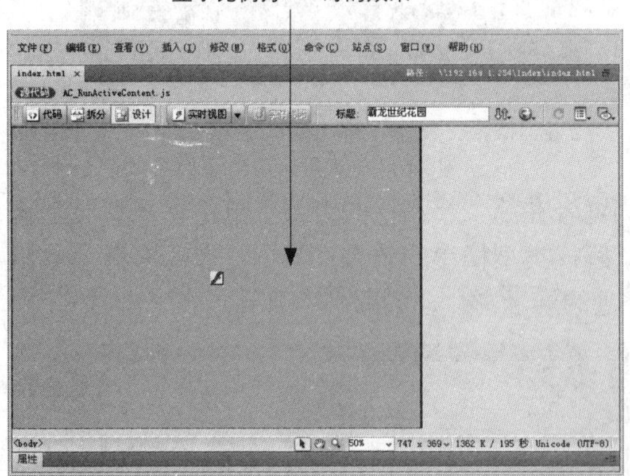

图9-4　将Flash插入页面并播放

9.1.4 动画特效说明

本章介绍的首页动画包含 3 种类型的动画特效，这 3 种动画特效的说明如下。

1. 导航按钮效果

在动画页面的右下方，设置"项目概述"、"庭院生活"、"建筑艺术"、"社区生活" 4 个导航按钮，这些导航按钮在外观设计上与动画页面效果一致，表面看上去没什么特别，但当浏览者将鼠标移到这些按钮上时，按钮将发出类似水滴的声音，并且出现一个白色图形在上下循环移动，形成持续闪光的效果，如图 9-5 所示。

图9-5　鼠标移上按钮时的效果

2. 楼盘展示影片效果

首页动画的楼盘展示图主要是让浏览者了解楼盘的成品效果。在此动画中，默认在展示框中显示指定的楼盘展示图。当浏览者将鼠标移到效果图左边的箭头上，即可将当前的楼盘展示图向左移动，并且第 2 个楼盘展示图同时从右到左移入展示框中。当第 2 个楼盘展示图出现后，该图的右边将出现一个箭头，如果将鼠标移到该箭头上，那么第 2 个楼盘展示图将向右移出，同时第 1 个楼盘展示图移入展示框中。整个楼盘图展示的效果如图 9-6 所示。

鼠标移到箭头上，楼盘展示图向左移动，直至完全显示第2个楼盘展示图

鼠标移到箭头上，楼盘展示图向右移动，直至完全显示第1个楼盘展示图

图9-6　楼盘展示图动画效果

3. 加载楼盘展示影片效果

本例动画的楼盘展示区下方有两个相框，这两个相框中分别是两种类型楼盘效果的图片，当浏览者在第二个相框的图片上单击，楼盘展示区将加载第二种类型楼盘的展示影片，以供浏览者了解该类型楼盘的效果。当浏览者单击第一个相框的图片，即可在楼盘展示区中加载第一种类型楼盘的展示影片，如图 9-7 所示。

图9-7　加载楼盘展示影片的效果

9.2 制作首页动画导航按钮

制作分析

本例将制作房地产网站首页的导航按钮效果，这些导航按钮同样以紫灰色作为背景颜色，与首页动画的画面效果一致。为了让浏览者在使用这些按钮时感觉有独特之处，在按钮制作时添加闪光和声音效果。当浏览者将鼠标移到按钮上时，按钮将出现亮光持续闪烁效果，并且产生提示声音。这样的处理既不会影响页面整体效果，又让浏览者在使用时有趣味感。首页动画导航按钮的效果如图9-8所示。

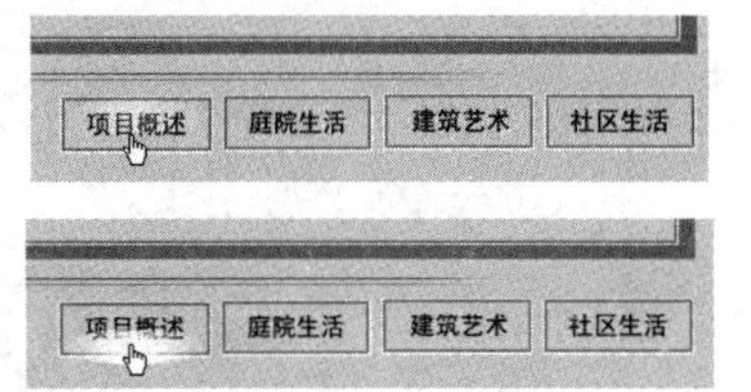

图9-8 首页动画导航按钮效果

制作流程

首先创建按钮元件，将预先准备的按钮图片素材加入到元件内，然后将按钮声音导入Flash，并添加到按钮的“指针经过”状态帧上，接着创建影片剪辑元件，制作具有透明效果的椭圆形上下移动的动画，以作为按钮的闪光效果，最后将影片剪辑加到按钮的“指针经过”状态帧上，并按照相同的方法制作其他导航按钮，再放置到动画舞台上即可。导航按钮制作过程如图9-9所示。

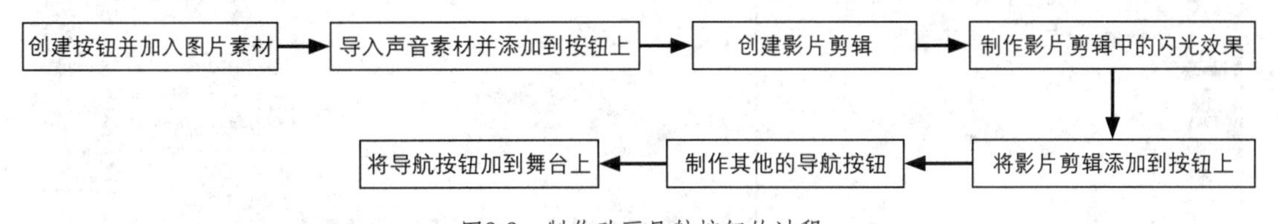

图9-9 制作动画导航按钮的过程

上机实战 制作动画导航按钮

01 在光盘中打开“..\Example\Ch09\9.2\9.2.fla”练习文件，然后选择【插入】|【新建元件】命令，打开【创建新元件】对话框后，设置元件名称并选择元件类型为【按钮】，单击【确定】按钮，最后将【库】面板中的【项目概述】图形元件加入到按钮元件内，如图 9-10 所示。

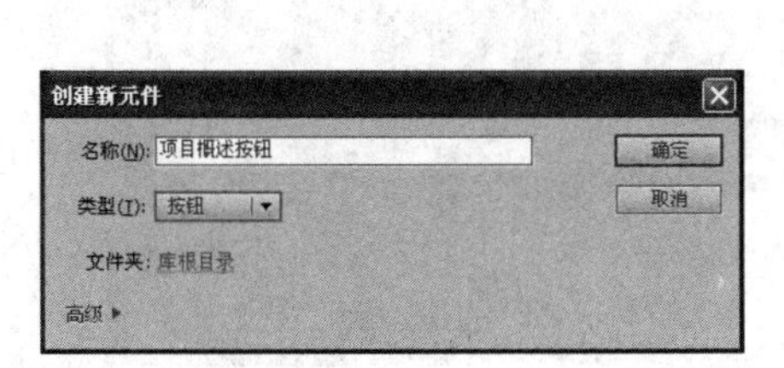

图9-10 创建按钮元件并加入按钮素材

02 在按钮元件的图层 1 的【点击】帧上按下【F5】功能键，插入按钮状态帧，然后在【时间轴】左下方单击【插入图层】按钮，插入一个新图层，接着在该图层的【指针经过】状态帧上按下【F6】功能键插入关键帧，如图 9-11 所示。

图9-11 编辑按钮元件的图层

03 打开 Flash 的【文件】菜单，选择【导入】|【导入到库】命令，打开【导入到库】对话框后，选择需要导入 Flash 的声音素材，单击【打开】按钮，接着在按钮元件编辑窗口中选择图层 2 的【指针经过】状态帧，并通过【属性】面板将声音添加到状态帧上，如图 9-12 所示。

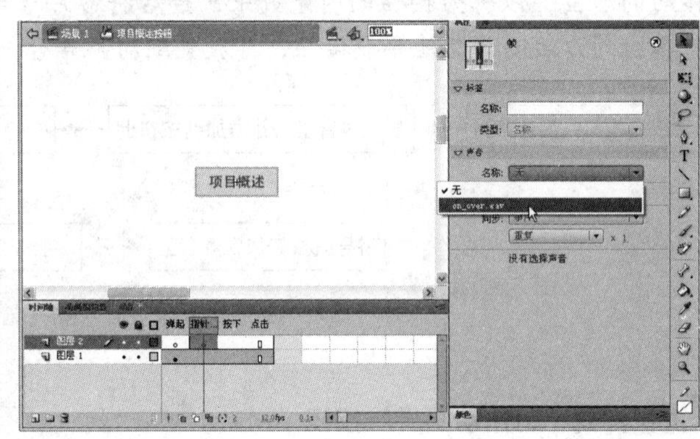

图9-12 导入声音并添加到按钮上

04 选择【插入】|【新建元件】命令，打开【创建新元件】对话框后，设置元件名称为【闪光】，类型为【影片剪辑】，单击【确定】按钮。接着选择【椭圆工具】，设置笔触为【无】、填充颜色为【白色】，然后在工作区内绘制一个椭圆形，如图 9-13 所示。

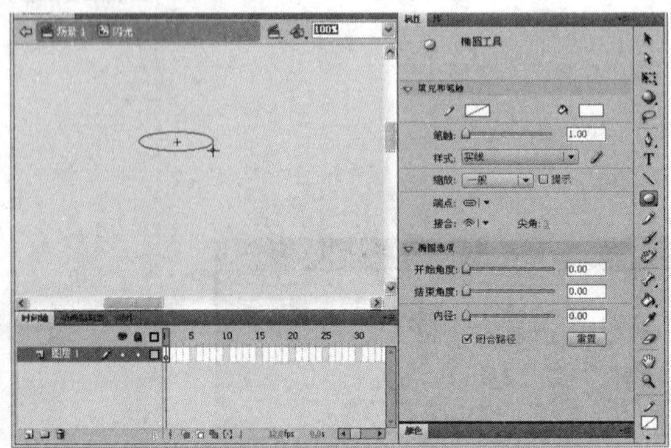

图9-13 创建影片剪辑并绘制椭圆形

05 选择绘制的椭圆形，打开【颜色】面板并设置填充类型为【放射状】，接着双击渐变填充颜色轴左端的控制点，设置填充颜色为白色，再选择颜色轴右端的控制点，设置 Alpha 为 0%，如图 9-14 所示。

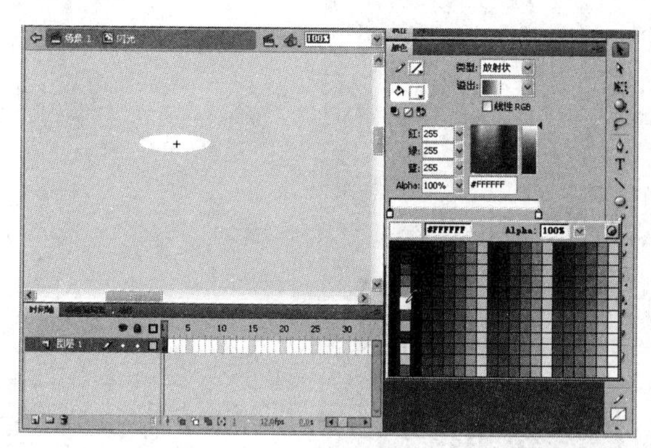
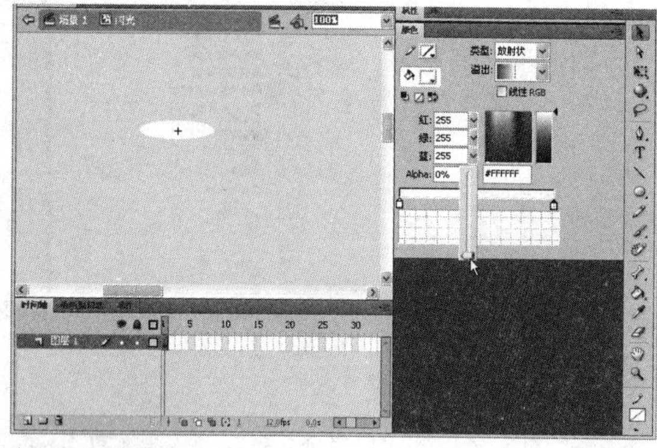

图9-14　更改椭圆形的渐变填充效果

06 选择椭圆形并在图形上单击右键，在打开的菜单中选择【转换为元件】命令，打开【转换为元件】对话框后，设置名称和元件类型，单击【确定】按钮，如图 9-15 所示。

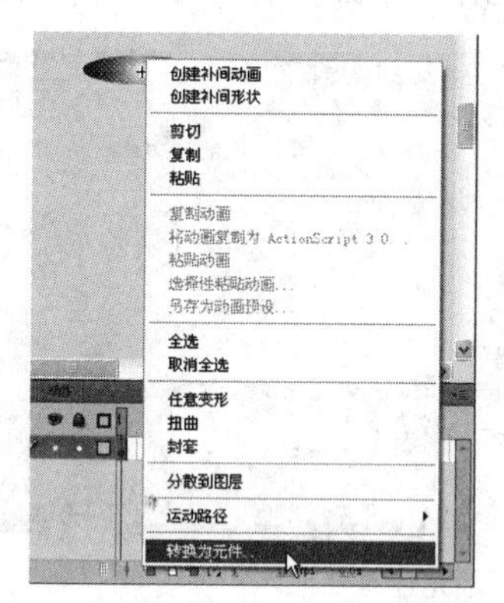

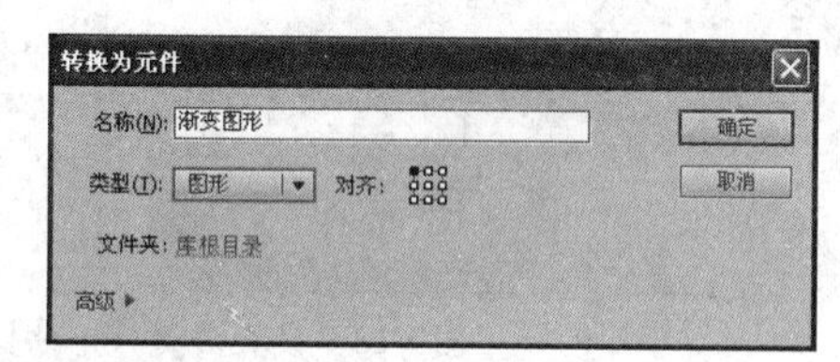

图9-15　将椭圆形转换为图形元件

07 在图层 1 第 3 帧上插入关键帧，然后将该关键帧下的图形元件向下移动，接着在图层 1 第 5 帧上插入关键帧，再将图形元件向上移动到第 1 帧的位置，如图 9-16 所示。

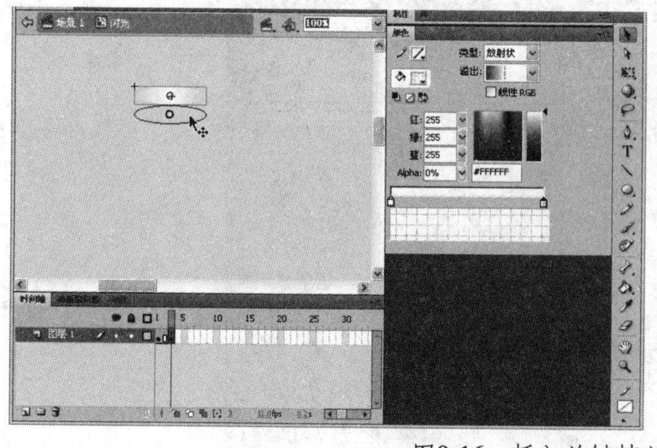
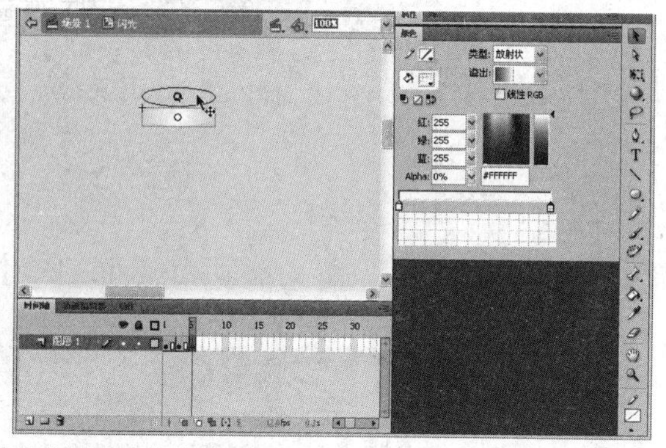

图9-16　插入关键帧并调整图形元件的位置

08 在图层 1 上选择关键帧之间的帧并单击右键，从打开的菜单中选择【创建传统补间】命令，创建图形元件上下移动的动画，如图 9-17 所示。

图9-17　创建补间动画

09 创建补间动画后，选择图层 1 第 1 帧，再选择工作区上的图形元件，设置该元件的 Alpha 为 0%，接着选择图层 1 第 5 帧，再选择工作区上的图形元件，设置 Alpha 为 0%，如图 9-18 所示。

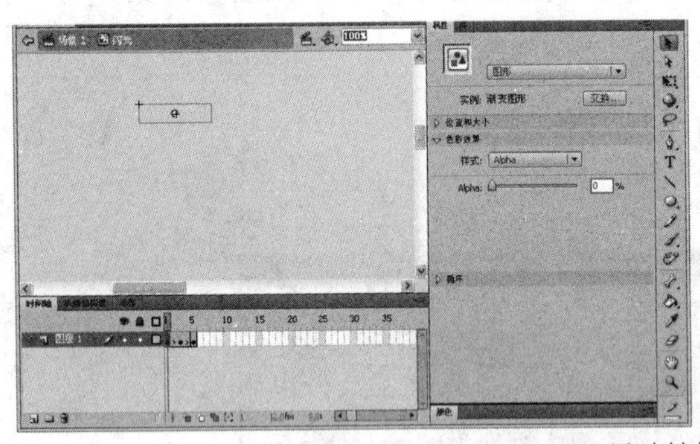
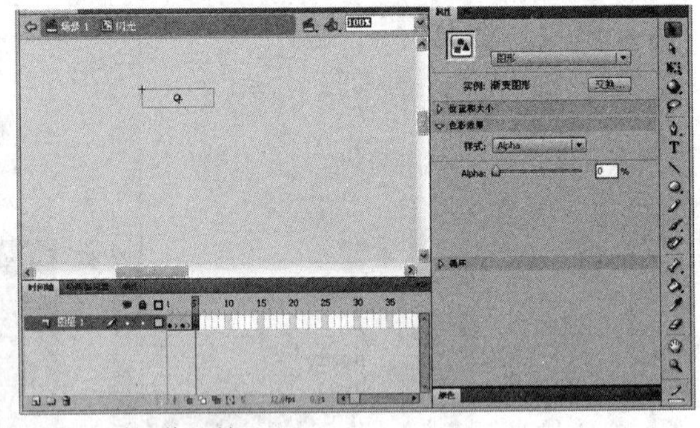

图9-18　设置关键帧下的图形元件属性

10 此时打开【库】面板，双击【项目概述按钮】按钮元件，然后在按钮元件的时间轴上插入图层 3，并在【指针经过】状态帧上插入关键帧，接着将【闪光】影片剪辑加入到按钮上，如图 9-19 所示。

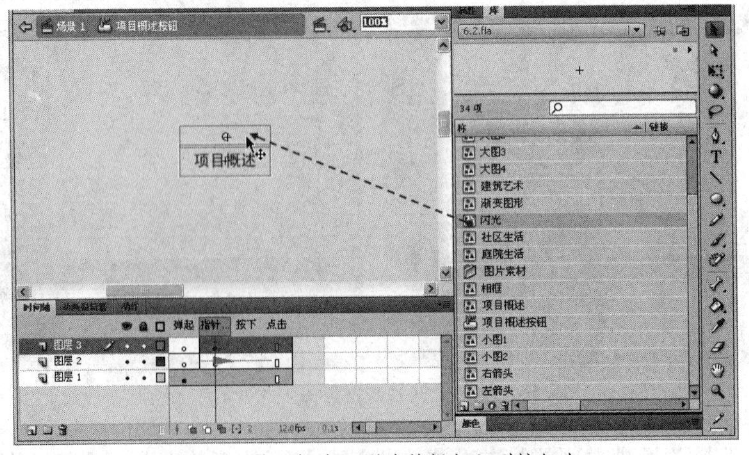

图9-19　将【闪光】影片剪辑加入到按钮上

提示 步骤 10 中，【闪光】影片剪辑需要放置在按钮图形的上方，以便让影片剪辑内的椭圆形在上下移动中经过按钮图形的位置，从而形成闪光的效果。

11 加入影片剪辑后，单击【场景 1】按钮返回场景 1 中，然后在图层 3 上插入图层 4，并将【库】面板中的【项目概述按钮】元件加入舞台，如图 9-20 所示。

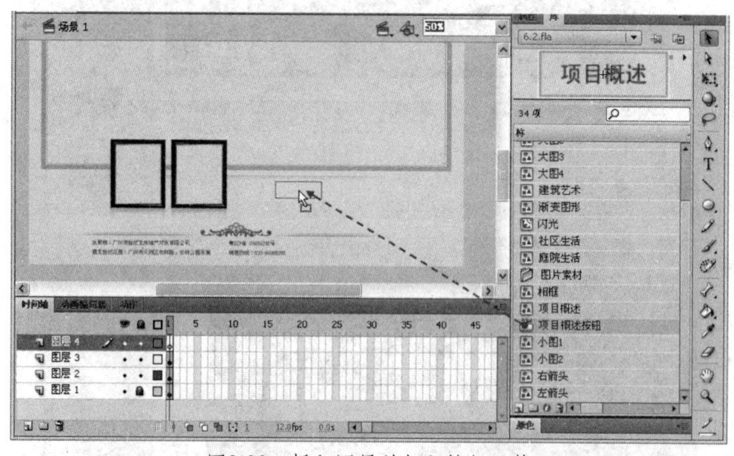

图9-20 插入图层并加入按钮元件

12 使用相同的方法制作其他导航按钮元件，然后将这些按钮元件加入舞台，并排放置在页面楼盘展示区的右下方，结果如图 9-21 所示。

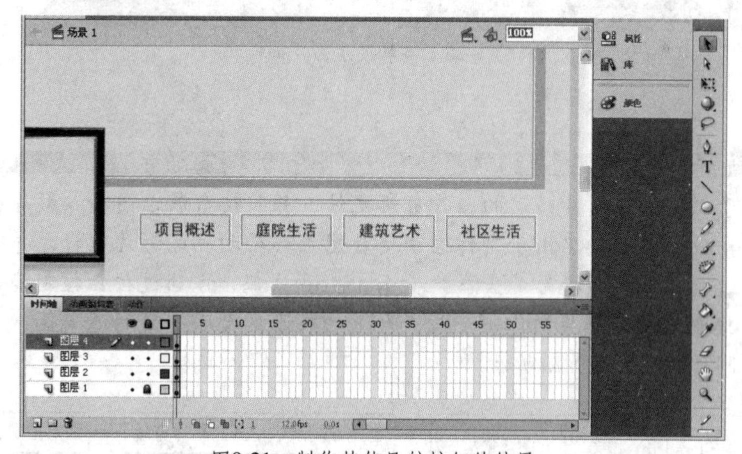

图9-21 制作其他导航按钮的结果

9.3 制作楼盘展示影片剪辑

制作分析

本例将制作楼盘展示影片剪辑，在首页动画展示框中展示不同类型楼盘的各两张效果图。当浏览者将鼠标移到楼盘效果图左边的箭头时，即楼盘效果图将向左移动，并在展示框中显示出第2个楼盘效果图；当浏览者将鼠标移到第2个楼盘效果图右边的箭头时，楼盘效果图将向右移动，直至显示出原来第1个楼盘效果图，如图9-22所示。

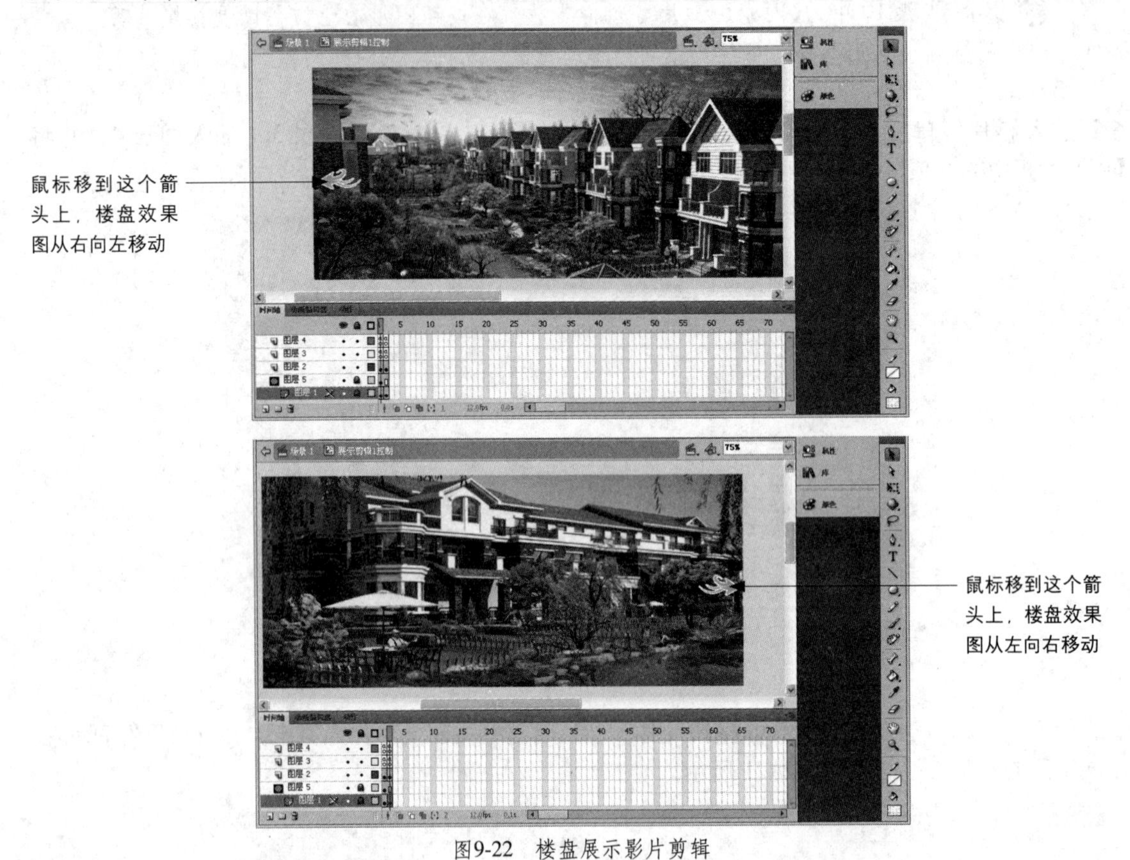

图9-22　楼盘展示影片剪辑

制作流程

首先创建用于制作展示图片移动的影片剪辑元件，并将楼盘展示图加入影片剪辑内，制作成向左移动的补间动画，然后创建用于制作控制楼盘图片移动动画的影片剪辑，并将控制箭头加入影片剪辑内，通过【动作】面板为箭头添加ActionScript代码，以通过按钮控制楼盘展示影片剪辑的播放和回放，接着通过遮罩层制作一个与舞台上的展示区大小一致的遮罩区，以便后续用于展示楼盘效果图。制作过程如图9-23所示。

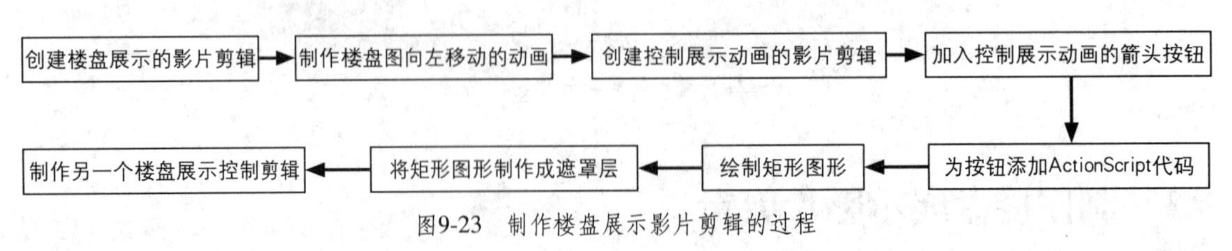

图9-23　制作楼盘展示影片剪辑的过程

上机实战　制作楼盘展示影片剪辑

01 在光盘中打开“..\Example\Ch09\9.3\9.3.fla”练习文件，然后选择【插入】|【新建元件】命令，打开【创建新元件】对话框后，设置元件名称为【展示剪辑1】，类型为【影片剪辑】，单击【确定】按钮，最后将【库】面板中的【大图1】图形元件加入影片剪辑内，如图9-24所示。

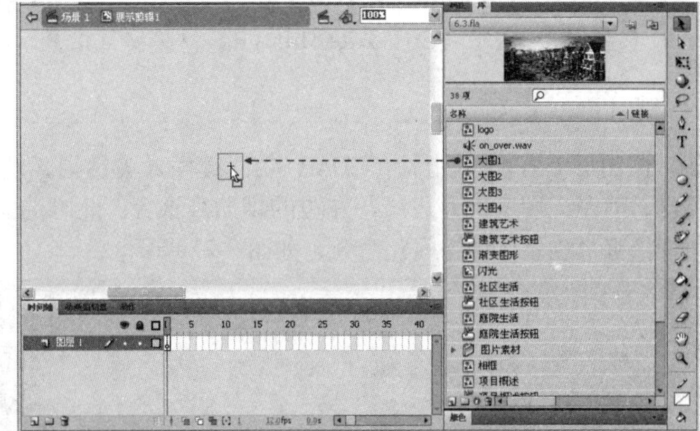

图9-24　创建影片剪辑并加入图形元件

02 选择【视图】|【标尺】命令，在工作区中显示标尺，然后将鼠标移到左标尺上并拖出辅助线与大图左边缘重合，如图 9-25 所示。使用相同的方法，在上标尺上拖出一条辅助线与大图上边缘重合。

图9-25　显示标尺并拖出辅助线

03 将【库】面板中的【大图 2】图形元件拖入工作区，并让大图 2 的左边缘接着大图 1 的右边缘，然后按住【Shift】键选择两个图形元件，再选择【修改】|【组合】命令，将两个图形元件组合起来，如图 9-26 所示。

图9-26　加入【大图2】图形元件并组合两个元件

> **提示** 按下【Ctrl+Alt+Shift+R】快捷键可以显示标尺。按下【Ctrl+G】快捷键可以组合对象。

04 在图层1第10帧上按下【F6】功能键插入关键帧，然后将组合的元件维持水平的方向向左移动，直至大图2的左边缘与左边的辅助线重合。此时选择图层1第1帧，单击右键从打开的菜单中选择【创建传统补间】命令，如图9-27所示。

图9-27　插入关键帧并移动元件，最后创建补间动画

05 在图层1上插入图层2，然后分别在图层2的第1帧和第10帧处插入空白关键帧，接着按下【F9】功能键打开【动作】面板，分别在第1帧和第10帧上添加停止的动作，如图9-28所示。

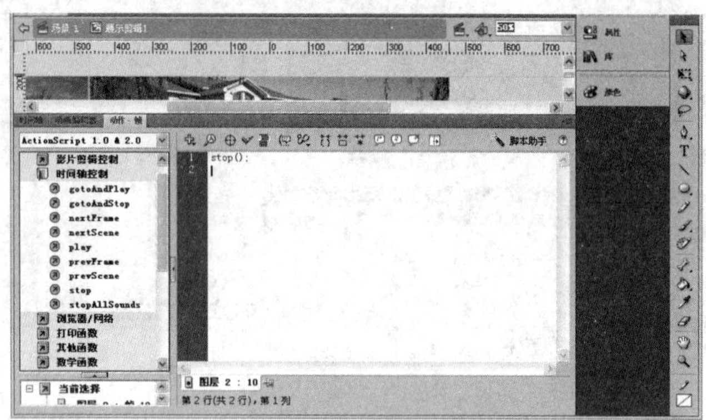

图9-28　添加停止动作

06 选择【插入】|【新建元件】命令，打开【创建新元件】对话框后，设置元件名称为【展示剪辑1控制】，类型为【影片剪辑】，单击【确定】按钮，然后将【库】面板中的【展示剪辑1】元件加入影片剪辑内，并在【属性】对话框中设置影片剪辑的实例名称为【mc1】，如图9-29所示。

图9-29　创建影片剪辑并加入元件

07 在图层 1 上插入图层 2，然后将【库】面板中的【左箭头】图形元件拖到第 1 个楼盘效果图左端，再通过【属性】面板更改元件类型为【按钮】，并设置实例名称为【button1】，如图 9-30 所示。

图9-30　加入按钮元件并设置实例名称

08 在图层 2 上插入图层 3，然后选择图层 3 的第 1 帧，打开【动作】面板，在脚本窗格中输入以下代码，以便让浏览者可以通过按钮控制【展示剪辑 1】影片剪辑的播放，如图 9-31 所示。

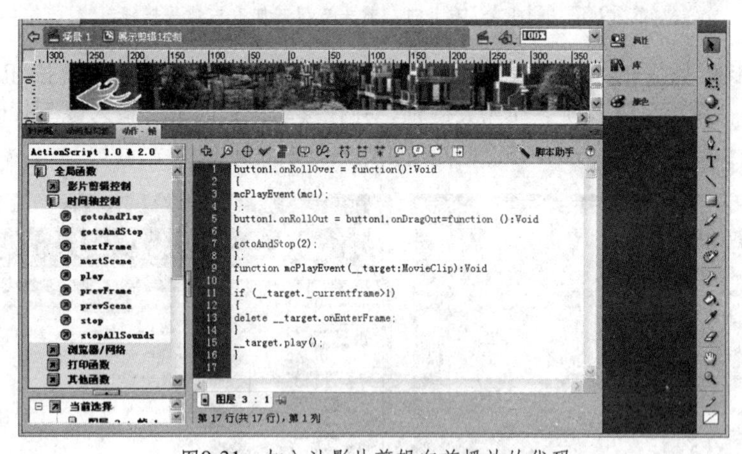

图9-31　加入让影片剪辑向前播放的代码

```
button1.onRollOver = function():Void
{
mcPlayEvent(mc1);
};
button1.onRollOut = button1.onDragOut=function ():Void
{
gotoAndStop(2);
};
function mcPlayEvent(__target:MovieClip):Void
{
if (__target._currentframe>1)
{
```

```
delete __target.onEnterFrame;
}
__target.play();
}
```

09 按住鼠标同时选择3个图层的第2帧，然后按下【F6】功能键插入关键帧，再选择图层2第2帧，接着选择该帧下的箭头按钮，按下【Delete】键删除该元件，最后将【库】面板中的【右箭头】图形元件转换成按钮元件，并拖到第1个楼盘效果图的右端，如图9-32所示。

图9-32　删除第2帧上的左箭头按钮并加入右箭头按钮

10 选择上一步骤加入的右箭头按钮，然后通过【属性】面板设置该按钮的实例名称为【button2】，接着在图层3第2帧上插入关键帧，并在【动作】面板上输入以下代码，以便可以让浏览者控制【展示剪辑1】影片剪辑的回放，如图9-33所示。

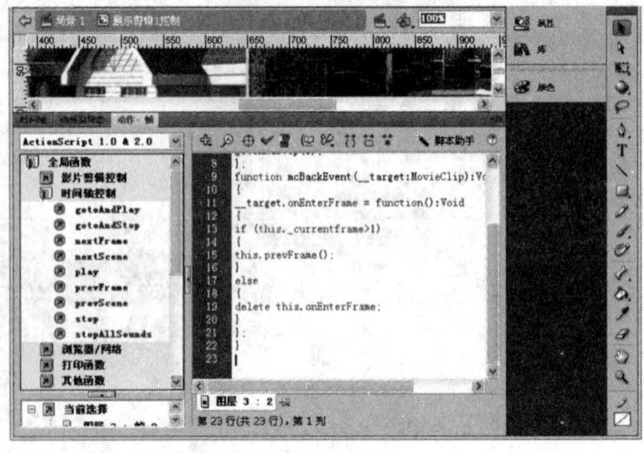

图9-33　设置按钮实例名称并添加控制影片剪辑回放的代码

```
button2.onRollOver = function ():Void
{
mcBackEvent(mc1);
};
button2.onRollOut = button1.onDragOut=function ():Void
{
gotoAndStop(1);
};
function mcBackEvent(_target:MovieClip):Void
{
```

```
_target.onEnterFrame = function():Void
{
if (this._currentframe>1)
{
this.prevFrame();
}
else
{
delete this.onEnterFrame;
}
};
}
```

提示 在步骤6、步骤7和步骤10中，为元件设置实例名称的作用是可以让【动作】面板中的ActionScript代码指定和调用元件。

11 在图层3上插入图层4，然后分别在图层4第1、2帧上插入空白关键帧，接着分别在这两个空白关键帧上添加停止的动作，如图9-34所示。

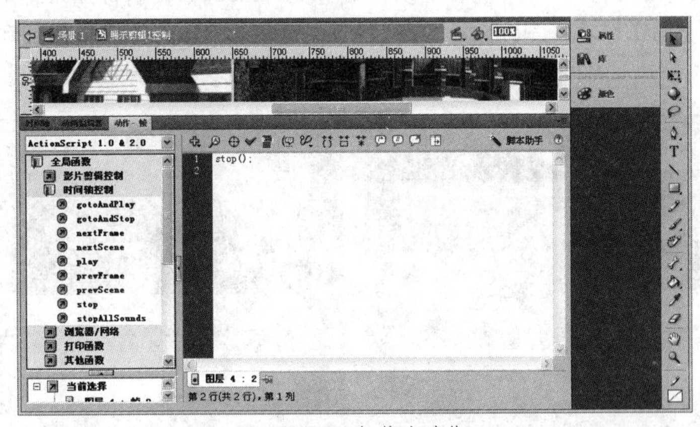

图9-34 添加停止动作

12 此时在图层1上插入一个新图层，然后在工具箱中选择【矩形工具】，并设置填充颜色为【红色】，接着在第1个楼盘效果图上绘制一个矩形，矩形大小与第1个楼盘效果图大小一样，如图9-35所示。

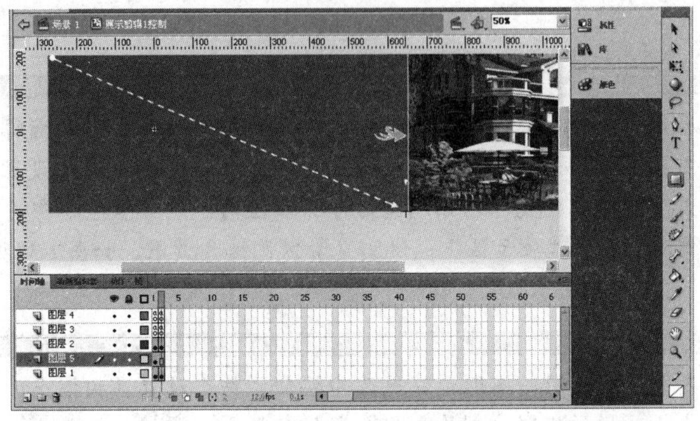

图9-35 插入图层并绘制矩形

13 选择插入的新图层并单击右键，在打开的菜单中选择【遮罩层】命令，将该图层转换为遮罩层，如图9-36所示。这个操作的目的是让上一步骤绘制的矩形作为遮罩项目，即只显示矩形范围内的楼盘效果图。

图9-36　将图层转换为遮罩层

14 按照步骤1到步骤6的方法，使用【大图3】图形元件和【大图4】图形元件制作【展示剪辑2】影片剪辑动画，并设置该影片剪辑的实例名称为【mc2】，接着按照步骤7到步骤13的方法制作【展示剪辑2控制】影片剪辑元件，并设置【展示剪辑2】影片剪辑播放和回放的控制动作，如图9-37所示。

图9-37　制作【展示剪辑2控制】影片剪辑元件

9.4　加载楼盘展示影片剪辑

制作分析

制作加载楼盘展示影片剪辑的目的是通过指定对象，将楼盘展示影片剪辑加载到首页动画的楼盘展示区上。在首页动画上先制作两个相框，然后对相框内的图片进行设置，并在楼盘展示区上添加一个目标影片剪辑，这样就可以让浏览者单击相框时，将楼盘展示影片剪辑加载到目标影片剪辑上，即加载到动画的楼盘展示区上，供浏览者预览楼盘效果，如图9-38所示。

制作流程

首先将两个楼盘效果缩略图的图形元件更改为按钮元件，放置在相框上，然后插入新图层并绘制一个与展示区大小一样的矩形，制作成为加载的目标影片剪辑，接着分别设置要加载的影片剪辑的标识符，并通过ActionScript代码设置预先加载第1个楼盘展示影片剪辑，最后分别为相框上的楼盘效果缩略图添加ActionScript代码，以设置加载对应的楼盘展示影片剪辑的动作，再完成发布设置并发布Flash动画即可。

图9-38　加载楼盘展示影片剪辑

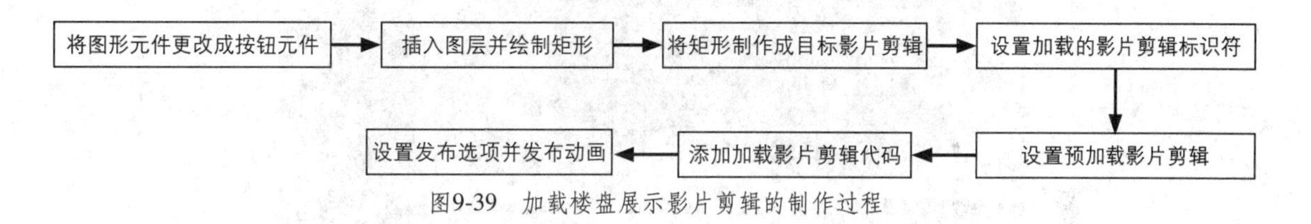

图9-39　加载楼盘展示影片剪辑的制作过程

上机实战　设置加载楼盘展示影片剪辑

01 在光盘中打开“..\Example\Ch09\9.4\9.4.fla”练习文件，然后在【库】面板中选择【小图 1】图形元件并单击右键，在打开的菜单中选择【属性】命令，打开【元件属性】对话框后，将类型更改为【按钮】，单击【确定】按钮，最后使用相同的方法，将【小图 2】图形元件更改为按钮元件，如图 9-40 所示。

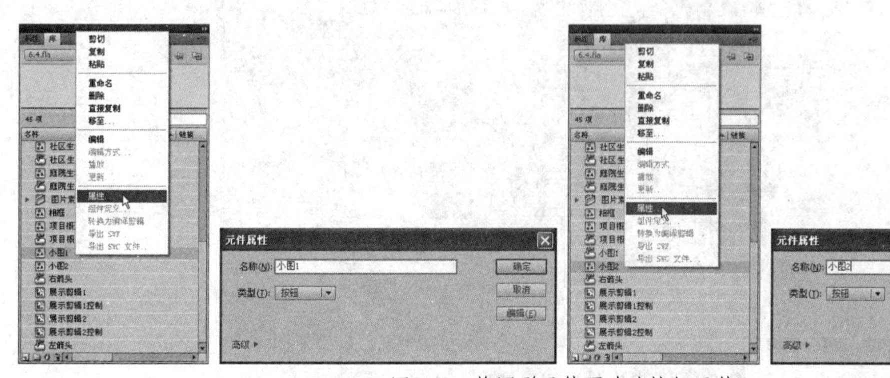

图9-40　将图形元件更改为按钮元件

02 在场景的时间轴中选择图层 3，然后分别将【小图 1】和【小图 2】按钮元件加入相框中，如图 9-41 所示。

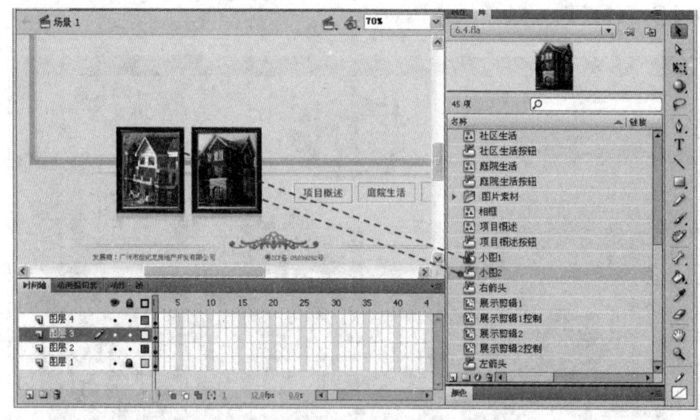

图9-41　将按钮加入相框上

03 此时在图层 1 上插入图层 5，然后在工具箱中选择【矩形工具】，并在舞台上绘制一个与楼盘展示区一样大小的矩形，如图 9-42 所示。

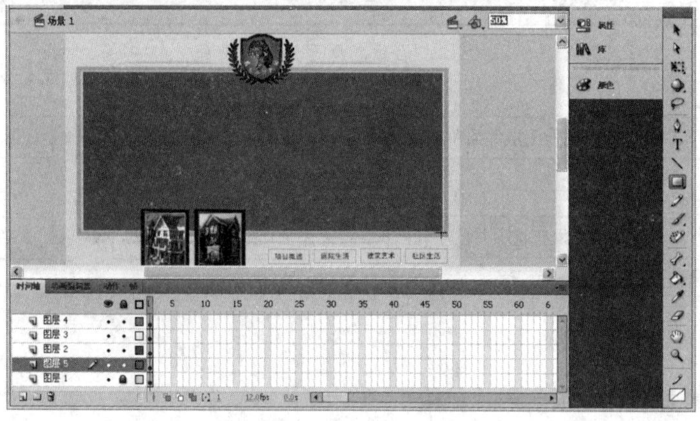

图9-42　插入图层并绘制矩形

04 使用【选择工具】选择矩形，然后打开【颜色】面板，设置矩形填充颜色的 Alpha 为 0%，即设置矩形为透明，如图 9-43 所示。

图9-43　设置矩形为透明

05 在矩形上单击右键，从打开的菜单中选择【转换为元件】命令，打开【转换为元件】对话框后，设置名称为【load】，类型为【影片剪辑】，然后单击【确定】按钮，接着选择这个影片剪辑，并设置实例名称为【loadmc】，如图 9-44 所示。

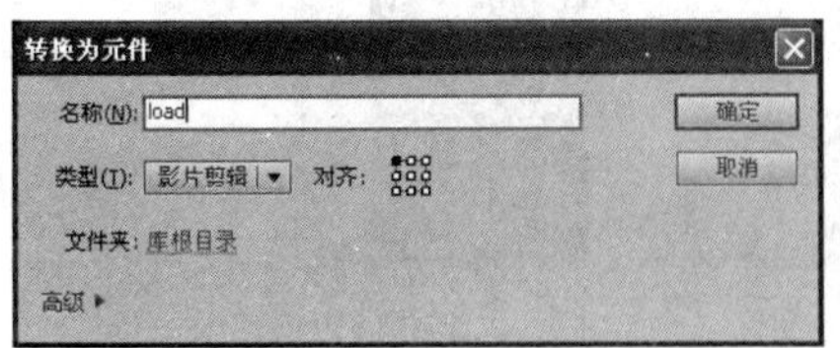
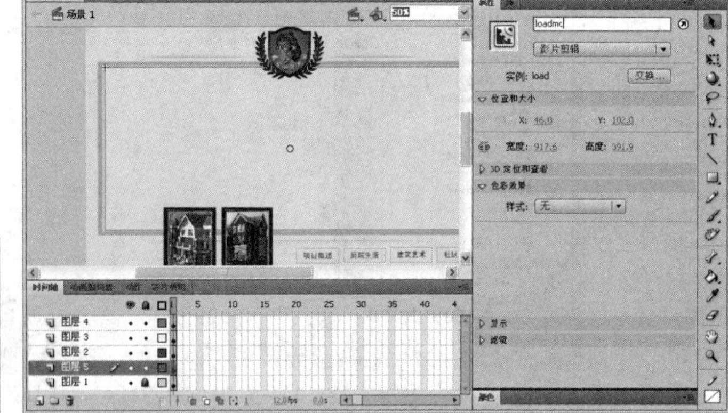

图9-44 将矩形转换为影片剪辑并设置实例名称

06 打开【库】面板，然后在【展示剪辑 1 控制】影片剪辑上单击右键，从打开的菜单中选择【属性】命令，打开【元件属性】对话框后单击【高级】按钮，选择【为 ActionScript 导出】复选框，并设置标识符为 m1，接着单击【确定】按钮。使用相同的方法为【展示剪辑 2 控制】影片剪辑设置标识符，名称为 m2，如图 9-45 所示。

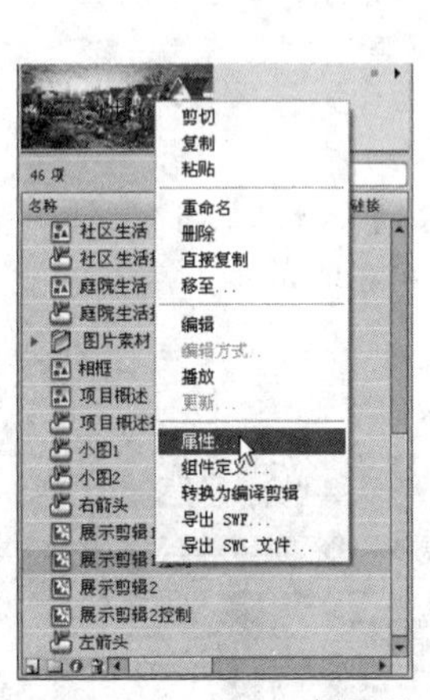
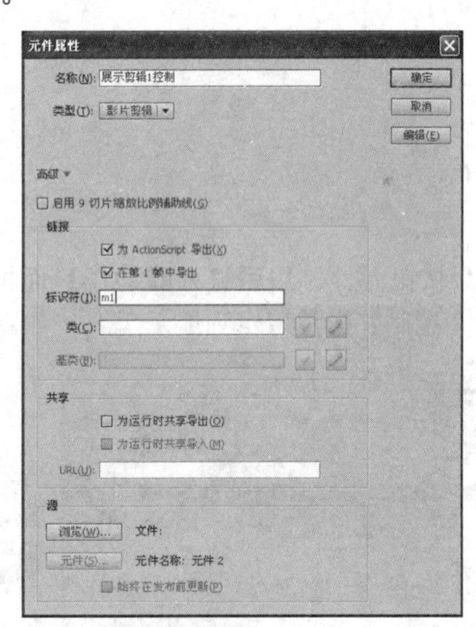

图9-45 设置影片剪辑的标识符

07 在场景时间轴的图层 4 上插入图层 6，然后选择图层 6 第 1 帧，并在【动作】面板的脚本窗格中输入以下加载影片剪辑的 ActionScript 代码，如图 9-46 所示。

```
loadmc.attachMovie("m1","loadmc",0);
onEnterFrame = function () {
with (loadmc) {
_x = 503;
_y = 299;
}
   }
```

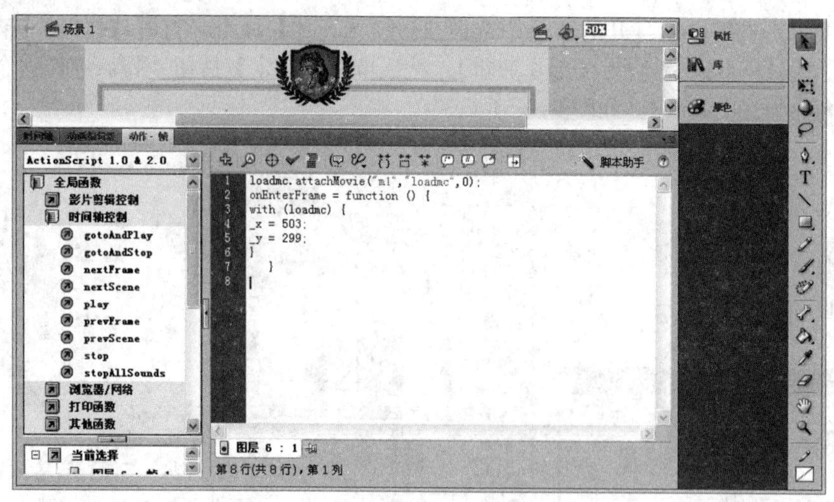

图9-46　添加预先加载影片剪辑的代码

08 选择【小图 1】按钮元件，然后打开【动作】面板并加入以下代码，以便让浏览者在单击该按钮时加载【展示剪辑 1 控制】影片剪辑到展示区上，如图 9-47 所示。

```
on (release) {loadmc.attachMovie("m1","loadmc",0);
onEnterFrame = function () {
with (loadmc) {
_x = 503;
_y = 299;
}
   }
        }
```

09 选择【小图 2】按钮元件，然后打开【动作】面板并加入代码，以便让浏览者在单击该按钮时加载【展示剪辑 2 控制】影片剪辑到展示区上，如图 9-48 所示。

图9-47　添加加载【展示剪辑1控制】影片剪辑的代码

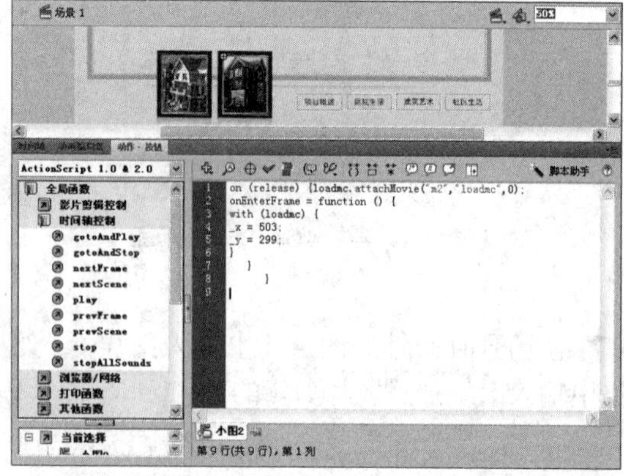

图9-48　添加加载【展示剪辑2控制】影片剪辑的代码

10 选择【文件】|【发布设置】命令，打开【发布设置】对话框后，在【格式】选项卡中选择【Flash】复选框，再选择【Flash】选项卡，设置 ActionScript 版本为【ActionScript 2.0】，最后设置其他发布选项，单击【发布】按钮，如图 9-49 所示。

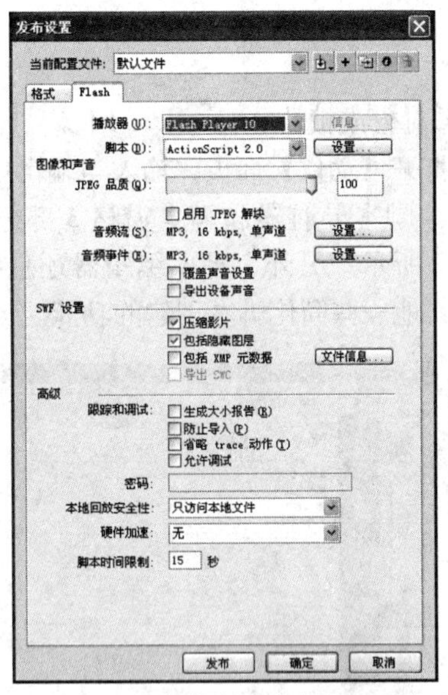

图9-49　设置发布选项并发布Flash动画

9.5　学习扩展

本章以霸龙世纪花园的房地产网站首页动画为例，介绍了制作房地产类网站动画的方法。其中本章的网站首页动画包括了制作导航按钮、楼盘展示影片剪辑和将影片剪辑加载到展示区上等处理。在本章 3 个实例的制作中，制作楼盘展示图播放与回放，以及加载楼盘展示影片剪辑的难度比较大，主要是需要应用到 ActionScript 脚本的控制来完成。

9.5.1　认识ActionScript语言

ActionScript 是 Flash 专用的一种编程语言，它的语法结构类似于 JavaScript 脚本语言，都是采用面向对象化的编程思想。ActionScript 脚本撰写语言可以向 Flash 添加复杂的交互、回放控制和数据显示。

1. ActionScript的示例

举一个简单的例子，在默认的情况下 Flash 动画按照时间轴的帧播放，如图 9-50 所示。当为时间轴的第 20 帧添加“返回第 1 帧并播放”（gotoAndPlay(1);）的 ActionScript 脚本，那么时间轴播放到第 20 帧时，即触发 ActionScript，从而返回时间轴第 1 帧重新播放，如图 9-51 所示。

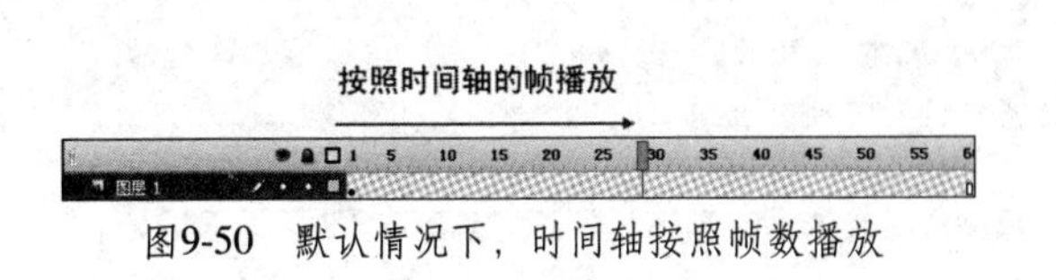

图9-50　默认情况下，时间轴按照帧数播放

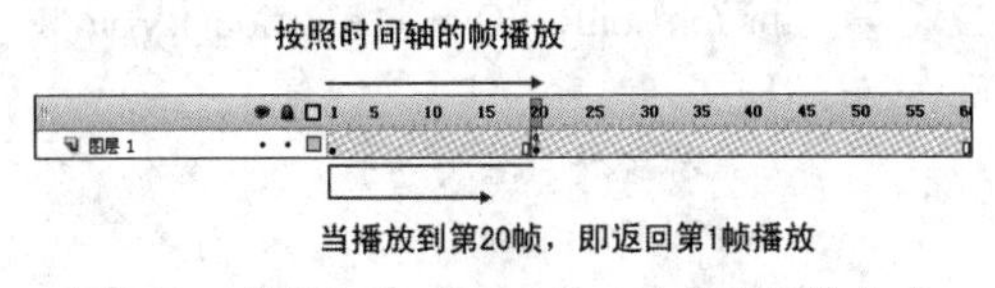

图9-51　触发ActionScript后，改变了播放方式

提示 语言：在计算机中使用的一种互通的交流方式。
脚本：一种解释型语言，具备解释型语言的开发迅速、动态性强、学习门槛低等优点。

2. 关于【动作】面板

【动作】面板用于创建和编辑对象或帧的ActionScript代码。在选择帧、按钮元件或影片剪辑元件后，可以按下【F9】功能键打开【动作】面板，输入与编辑代码。

【动作】面板由动作工具箱、脚本导航器和脚本窗格3部分组成，每部分都为创建和管理ActionScript提供支持，如图9-52所示。另外，脚本编辑器还包括代码的语法格式设置和检查、代码提示、代码着色、调试以及其他一些简化脚本创建的功能。

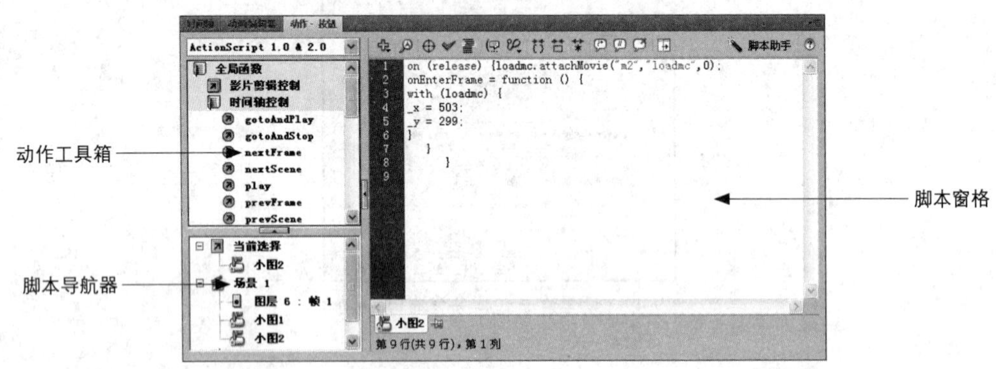

图9-52 【动作】面板

动作工具箱：按类别对ActionScript元素进行分组，用户可以打开元素列表查看动作，双击动作项目，即可将该动作添加到脚本窗格内。

脚本导航器：脚本导航器可以让用户快速地在Flash文件的脚本间导航，例如选择脚本导航器中的元件1，则可在脚本窗格中查看元件1的脚本；选择元件2，则可在脚本窗格中查看元件2的脚本。

脚本窗格：脚本窗格是一个全功能脚本编辑器（或称作ActionScript编辑器），它为创建脚本提供了必要的工具，用户可以直接在脚本窗格中编写代码。

9.5.2 播放与回放影片剪辑代码的解析

在制作楼盘展示影片剪辑时，重点是解决楼盘展示图向前播放和回放的问题。在Flash中，默认的补间动画都是让时间轴向前播放，但却没有提供向后播放（即回放）的操作，因此我们需要通过ActionScript语言来解决这个问题。以下分别是向前播放影片剪辑和向后播放影片剪辑的代码解析。

1. 向前播放影片剪辑代码

```
button1.onRollOver = function():Void
{
// 鼠标经过按钮时执行
mcPlayEvent(mc1);
};
// 使用 mcPlay 函数让 mc1 向前播放
button1.onRollOut = button1.onDragOut=function ():Void
{
```

```
gotoAndStop(2);
};
// 鼠标离开按钮时执行（也要考虑到按下鼠标并离开的情况）
function mcPlayEvent(_target:MovieClip):Void
{
// 向前播放函数
if (_target._currentframe>1)
{
delete _target.onEnterFrame;
}
// 如果目标影片剪辑的当前帧大于 1，则删除 EnterFrame 事件
__target.play();
}
// 让目标影片剪辑播放
```

2. 向后播放影片剪辑的代码

```
button2.onRollOver = function ():Void
{
// 鼠标离开按钮时执行（也要考虑到按下鼠标并离开的情况）
mcBackEvent(mc1);
};
// 使用 mcPlay 函数让 mc1 向前播放
button2.onRollOut = button1.onDragOut=function ():Void
{
// 鼠标离开按钮时执行（也要考虑到按下鼠标并离开的情况）
gotoAndStop(1);
};
// 使用 mcPlay 函数让 mc1 向前播放
function mcBackEvent(_target:MovieClip):Void
{
// 向后播放函数
_target.onEnterFrame = function():Void
{
// 给目标影片剪辑添加 EnterFrame 事件不断检测
if (this._currentframe>1)
{
this.prevFrame();
}
else
{
delete this.onEnterFrame;
}
};
}
// 如果目标影片剪辑的当前帧大于 1，则向前播放一帧，直到跳到第一帧时删除当前事件
```

9.5.3 加载影片剪辑代码的解析

制作好楼盘展示的影片剪辑后，需要考虑如何将影片剪辑显示在舞台上。如果只是显示一个影片剪辑，那么直接将该影片剪辑加入舞台就可以了。但本例设计了两个不同类型楼盘的展示影片剪辑，而且需要让浏览者在选择对应的楼盘效果缩图时，即显示该楼盘的展示影片，因此需要应用 ActionScript 语言来实现将影片剪辑载入目标影片剪辑的效果。

1. 加载影片剪辑代码的解析

```
loadmc.attachMovie("m1","loadmc",0);
onEnterFrame = function () {
// 将 m1 影片剪辑加载到 loadmc 影片剪辑上
with (loadmc) {
_x = 503;
_y = 299;
}
   }
// 设置加载 m1 影片剪辑后的 loadmc 影片剪辑的位置
```

2. 关于attachMovie()语法的说明

attachMovie() 语法可以从【库】面板中将指定的影片剪辑加载到目标影片剪辑中。

语法：MovieClip.attachMovie(idName, newName, depth,[initObject:Object])

解析：MovieClip 是指特定的影片剪辑；idname 是指定在【链接属性】对话框中输入的影片剪辑的标识符；newName 是指输入附加剪辑的实例名称，以便可以将它作为加载的目标；depth 是设置影片剪辑加载到目标影片剪辑的哪一层，每个附加的影片都有它自己的层叠顺序，其中第“0”层是起源影片所在的层。

示例：myMovieClip.attachMovie("mc1", "mymovie",10); 意思是将标识符为 mc1 的影片剪辑加载到示例名称为 mymovie 的影片剪辑上，并处于该剪辑的第 10 层。

9.6 作品欣赏

下面介绍两个房地产网站供读者参考，并针对网站的 Flash 效果进行简单的点评，以便让读者在设计时进行借鉴。

1. 维多利广场

维多利广场是城建地产公司开发的一个商务房产项目，网站主要面向商务办公用途的客户提供楼盘租售服务。因为是商务房产项目，所以“维多利广场”的网站具有比较现代的设计风格，页面以蓝色为主，并以一个蔚蓝的填充作为页面的主要图案。

在该网站的天空图像背景中，通过 Flash 添加了云层移动和阳光照射的动画效果，这样避免了单纯图像背景的单调，而且在视觉上给客户一种享受的感觉，如图 9-53 所示。

此外，网站的页面上方和下方都添加了 Flash 效果，当浏览者将鼠标移到页面的 Logo 位置下方，即会打开网站的导航条；当浏览者将鼠标移动到页面下方的“维多利广场”表态上的箭头上时，即弹出页面页脚内容，在此浏览者可以开启或关闭网站的背景音乐，如图 9-54 所示。

图9-53　网站图像背景上的云层移动和光照动画效果

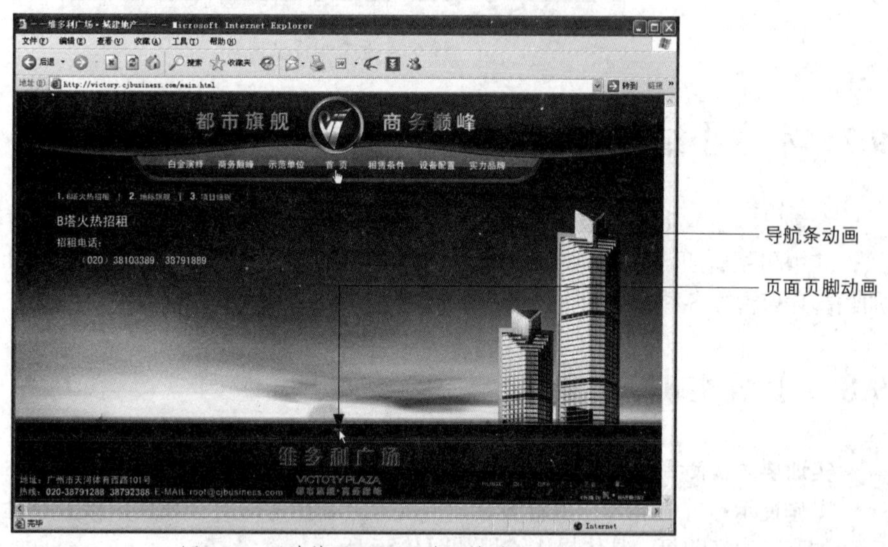

图9-54　网站的页面Flash动画效果

提示 维多利广场网站的网址为：http://victory.cjbusiness.com/main.html。

2. 北京·华侨城

北京华侨城是华侨城集团投资兴建的首个区域外大型综合项目，它承袭华侨城“旅游＋地产＋完善配套”的特色化片区开发模式，创建全新的优质生活住宅小区。因此“北京·华侨城”网站在设计上采用了环保概念，使用绿色作为主色调，首页以一个欢乐的小孩作为效果展示，体现了该项目提供优质生活的宣传含义。

此外，首页的动画添加了优美的背景音乐，让登录网站的浏览者有一种熟识和恬静的感觉，而在首页的背景图片上，将网站的导航按钮制作成围绕小孩旋转的动画效果。当将鼠标移动到这些导航按钮上时，按钮即出现一个圆形缩小的效果，并同时发生“嘟”的声音，对浏览者起到提醒的作用，如图 9-55 所示。

> **提示** 北京华侨城网站的网址为：http://www.octbj.com/。

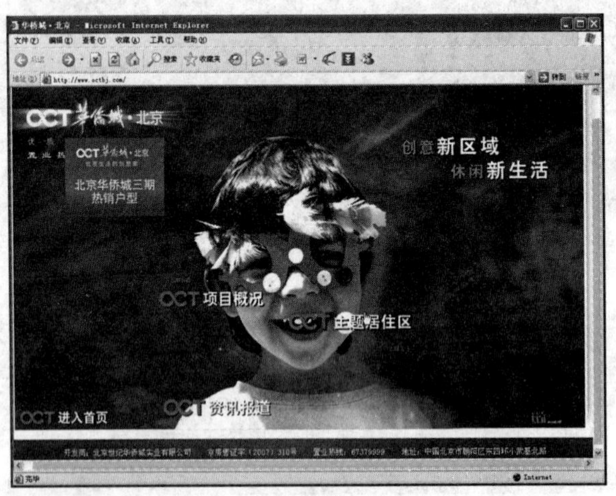

图9-55　北京华侨城网站

9.7　本章小结

本章以“霸龙世纪花园”房地产网站为例，介绍了通过 Flash 制作网站中不同功能模块的方法，其中包括首页导航动画、楼盘展示模块等例子，并从实例中讲解了 Flash 的脚本语言编写、加载影片剪辑等各种动画制作技术。

9.8　上机实训

实训要求：使用 9.4 节成果文件为练习素材，为动画添加背景音乐。

操作提示：首先插入一个新图层，再设置背景声音的链接属性，接着通过【行为】面板为动画添加背景声音即可，具体操作流程如图 9-55 所示。

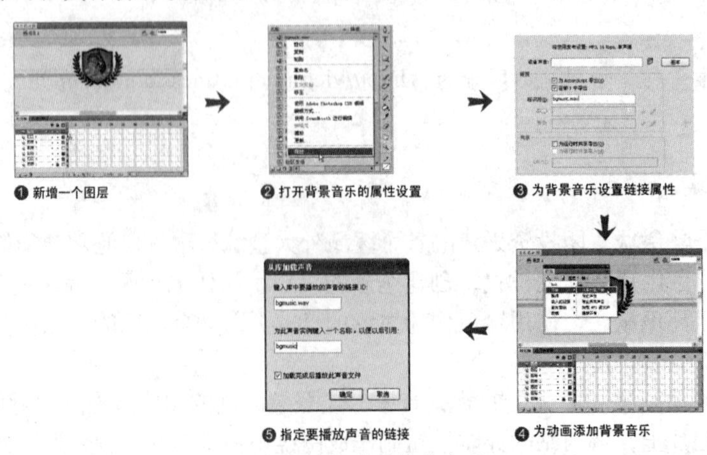

图9-55　上机实训操作流程

第10章　网上商城设计——Cavan服饰网

本章将通过网上商城“Cavan服饰网”，介绍利用Flash为商城网站制作媒体元素的方法。

10.1　网上商城网站——Cavan首页

10.1.1　网站开发概述

1. 关于网上商城与传统店铺

网上商城可视为一种新兴的营销渠道，它并非一定要取代传统店铺，而是利用信息技术的发展，来创新营销渠道。不论是传统店铺还是网上商城，营销的目标是使顾客的需要得到满足，网上营销只不过是借助互联网络、电脑通讯和数字交互式媒体来实现这一目标。

2. 网上商城网站的定位

定位准确，为顾客提供真正需要的产品和服务是网上商城成功的第一步。对于网上商城来说，网站建设是为浏览者与网站所有人搭建起一个网络平台，浏览者或潜在客户在这个平台上可以与商家进行交易、交流。与商务型网站相比，网上商城网站的业务更依赖于互联网，基于网络销售，消费者基本都来源于网上。另外，网上商城的订购功能更强大，集批发、零售、团购及在线支付等功能于一体，让客户可以足不出门即完成购物过程。大部分的网上商城都可以根据下面3点定位网站。

（1）以独立域名在互联网上开设网上商城，集销售、服务、资讯于一体的电子商务平台。

（2）依托此商城开展综合性的网络营销活动，推广网站，树立品牌。

（3）建立起良好的数据—应用集成接口。

3. 网上商城网站的功能

商城网站的功能要面向于不同产品销售的应用而进行量身订制，通常包括以下功能：

（1）会员注册、登录，建立完整的会员资料库。

（2）支持历史订单存档。

（3）管理员发布、管理商品信息、上传图像等。

（4）支持商品多级分类检索、关键词模糊搜索。

（5）支持价格的管理，包括市场价、批发价等。

（6）会员积分与会员等级设置。

（7）方便快捷的购物车、购物指南、网上支付。

（8）可编辑的订购说明。

(9) 后台订单集中管理，网站会员消费记录等。

(10) 网站公告、留言板、新品上市、促销信息等。

如图 10-1 所示为一个笔记本商城网站，包括网站的后台管理，上述的功能基本都包括。

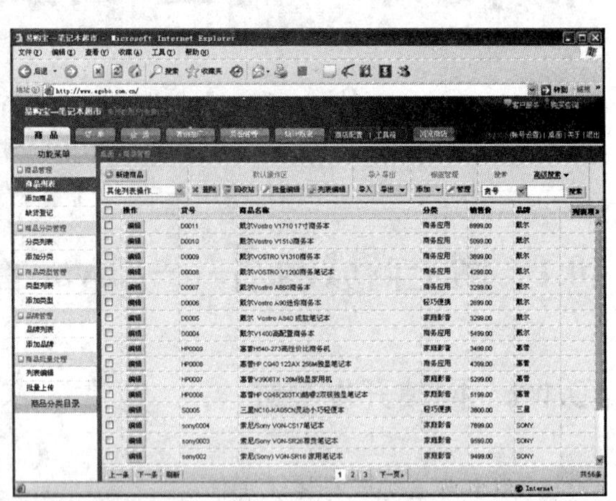

图10-1　易购宝笔记本商城网站

4. 宣传推广网上商城

如果不为人知，再好的商城网站也毫无意义，因此网站的宣传推广极为重要，这是网上商城成败的关键。宣传推广网站的主要途径有：

(1) 利用报刊、广播、电视等传统媒体宣传网址，这是非常重要的、很有效的手段。

(2) 利用网络自身的方式宣传网址，例如将商城注册到 Yahoo、Google、Baidu 等网上搜索引擎中；在新闻组中发布信息。

(3) 提供免费网上服务，如免费邮件、免费搜索引擎、免费代理、免费视屏点播等。

(4) 举办网络促销活动，引发顾客参与意识，如网上竞赛、问题征答、抽奖活动、销售产品排名、申请优惠卡、成立网上俱乐部等。

(5) 加强与顾客沟通和联系，如通过电子布告栏 E-mail 与消费者作双向沟通，开辟热点或专题论坛与消费者共同讨论等。

10.1.2　商城首页展示

本章以网上销售服饰的商城网站 Cavan（卡文服饰）为例，介绍网上商城类网站的设计思路与相关的动画效果制作方法。

Cavan 服饰网上商城主要销售各种品牌服装，包括上衣、裤装、裙装、皮鞋、靴、西装等。整体设计采用时尚风格，颜色处理上，网站框架主要由深红色构成，配合众多服装图片，形成色彩丰富的视觉效果。为吸引买家的目光，在网站页面上放置商品的促销广告，以达到提高商品销售量的目的。

此外，在首页的动画制作上，分别对导航条、广告区和公告区应用不同的动画效果。其中导航条中，通过 Flash 制作具有翻动效果的导航按钮；广告区则采用多重遮罩的方式，制作广告转场的效果；公告区的动画以节省空间为主，让公告图像可以随鼠标事件滑动，以便在有限的空间内展示多个公告。如图 10-2 所示为 Cavan 网站首页的动画效果。（本例网页文件为："..\Example\Ch10\Cavan\cavan.html）

图10-2　Cavan网上商城首页效果

10.1.3　网站首页制作

Cavan 商城的网站主要使用网页制作软件来编排，其中首页上的 Flash 动画，直接在网页制作软件中插入即可。

1. 设计与切割首页图像

制作网站前，可以先使用图像制作软件设计出页面的图像版型，以便后续按照版型来制作网页。当网页图像设计完成后，可以针对图像的内容进行切割处理，将不同区域的图像分成对应的小图保存，以便可以加速网页的下载速度。如图 10-3 所示为切割网站首页图像的结果。

图10-3　切割网站首页图像

2.编排网站首页内容

切割网页图像后，将图像保存成为 HTML 格式的网页文件，然后打开到网页制作软件内，并针对网页的内容进行编排和设置。如图 10-4 所示为使用 Dreamweaver CS5 编排 Cavan 网站首页的结果。

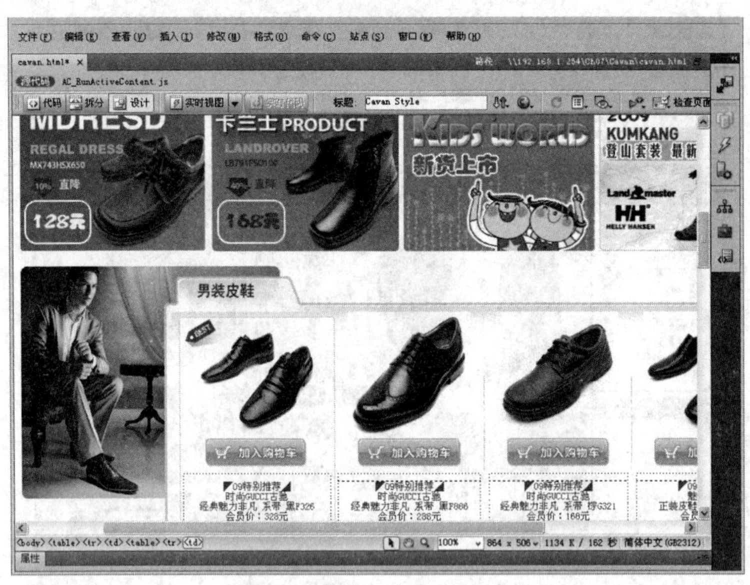

图10-4 编排网站首页的内容

3. 插入Flash动画

编排好网页内容后，可以将SWF格式的Flash动画插入到对应的表格内，然后设置网页的标题，即可完成网站首页的制作。当Flash插入到网页后，用户可以通过Dreamweaver的【属性】面板提供的播放按钮，播放页面上的Flash动画，以测试效果，如图10-5所示。

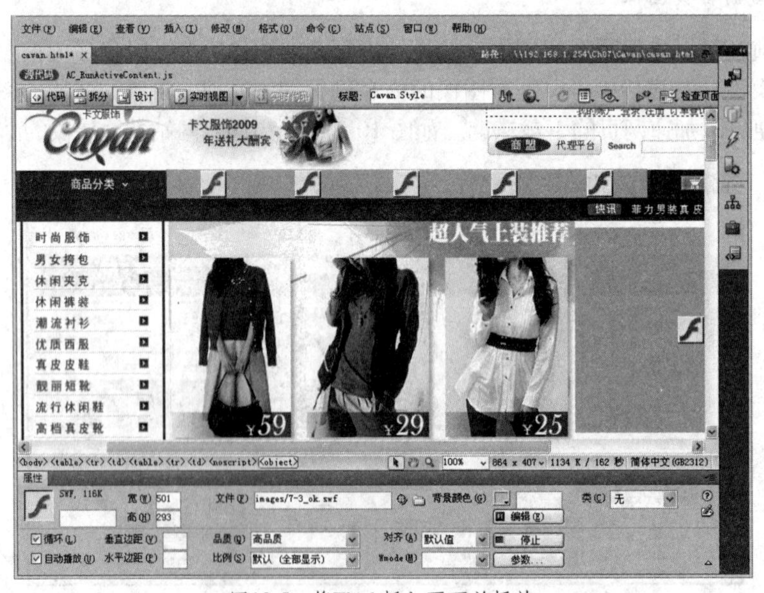

图10-5 将Flash插入页面并播放

10.1.4 首页动画制作

本章介绍的网站首页包含导航条、广告区和公告区3部分动画效果，这部分动画效果说明如下。

1. 导航按钮效果

在网页导航条上，每个按钮都是使用 Flash 制作的动画按钮。当浏览者将鼠标移到按钮上时，按钮即产生翻转效果，并在翻转后改变按钮背景和文字颜色，非常有动感效果，如图 10-6 所示。

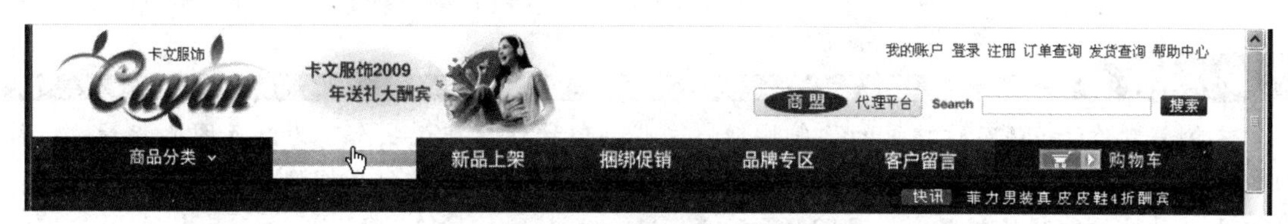

图10-6　鼠标移上按钮时的效果

2. 广告区动画效果

在网站首页导航条下方的中间位置，提供了一个广告区域，本例将为该广告区域制作一个具有转场效果的广告动画。在该广告动画中，包含两个广告图像和按钮，当浏览者将鼠标移到对应的按钮上时，广告图像即通过 Flash 遮罩的作用，产生转场效果，以显示另外一个广告图像，如图 10-7 所示。

图10-7　广告动画的转场效果

3. 公告区动画效果

在网站首页上提供了一个有限的公告区域，为了有效地利用该公告区域显示更多的内容，本例将利用 Flash 的动作脚本制作具有滑动效果的公告动画，该动画可以在浏览者移动鼠标的过程中显示不同的公告内容，将鼠标未指向的公告内容暂时隐藏起来，以释放空间显示鼠标指向的公告内容，效果如图 10-8 所示。

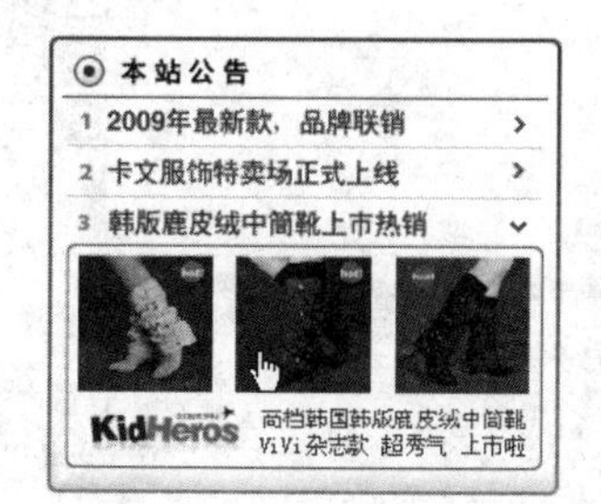

图10-8　公告区动画效果

10.2　制作翻动效果的导航按钮

制作分析

本例将制作Cavan网站首页的导航按钮，这些导航按钮在默认状态下为红色图像背景，以符合网站首页的整体效果。当浏览者将鼠标移到按钮上时，按钮即将红色图像翻转成土黄色图像，并产生一种按钮翻动的效果，如图10-9所示。

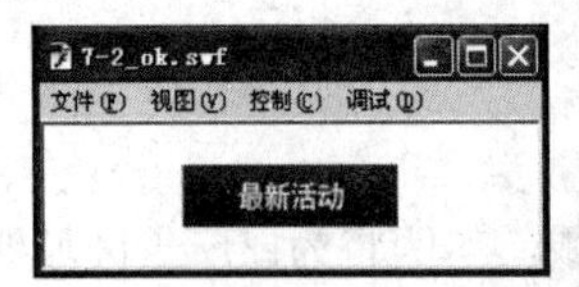

图10-9　首页动画导航按钮效果

制作流程

首先创建影片剪辑元件，将预先准备的深红色和土黄色按钮图像加入到元件内，接着分别为两图像制作缩小动画，并设置透明度，然后制作按钮文本的变色动画，最后为按钮图像动画的状态设置标签，并创建一个按钮元件，再添加动作脚本控制动画的播放，以便浏览者将鼠标移到按钮上时即播放按钮翻动动画。导航按钮制作过程如图10-10所示。

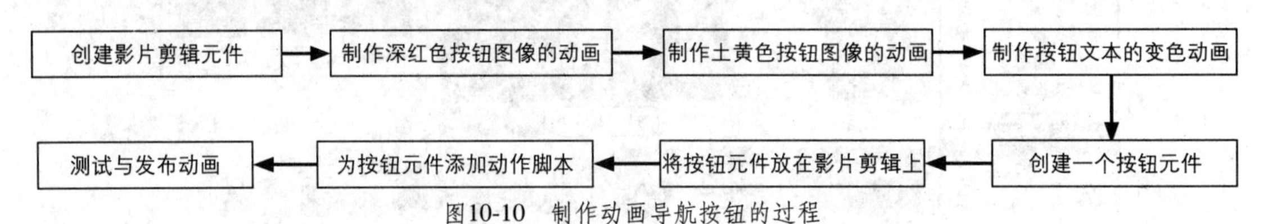

图10-10　制作动画导航按钮的过程

上机实战　制作导航按钮

01 在光盘中打开“..\Example\Ch10\10.2\10.2.fla”练习文件，然后选择【插入】|【新建元件】命令，打开【创建新元件】对话框后，设置元件名称并选择元件类型为【影片剪辑】，单【确定】按钮，最后将【库】面板中的【p1.gif】图像加入元件内，如图 10-11 所示。

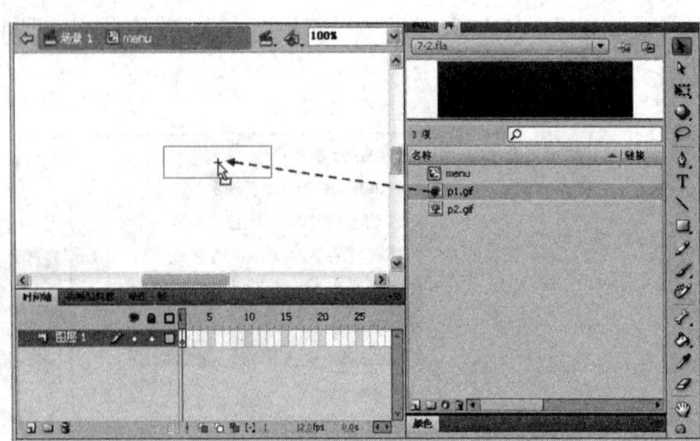

图10-11　创建影片剪辑元件并加入图像素材

02 选择影片剪辑内的图像素材，单击右键并从打开的菜单中选择【转换为元件】命令，打开对话框后，设置元件的名称和【图形】类型，单击【确定】按钮，如图 10-12 所示。

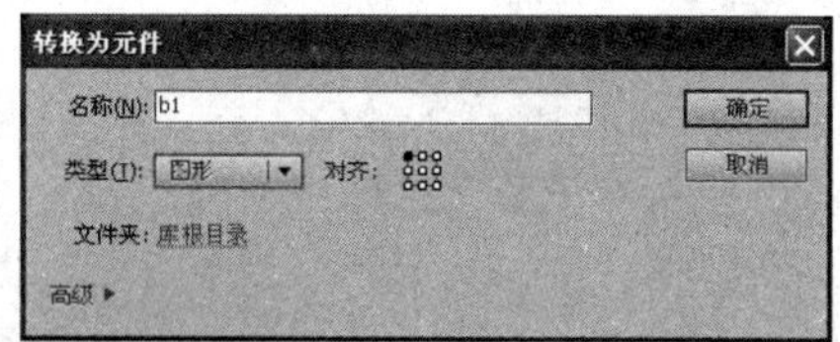

图10-12　将图像转换为图形元件

03 在影片剪辑元件内的图层 1 上的第 6 帧、第 13 帧、第 18 帧上插入关键帧，然后选择第 6 帧，并选择【任意变形工具】，向内缩小图形元件。使用相同的方法，向内缩小图层 1 第 13 帧上的图形元件，如图 10-13 所示。

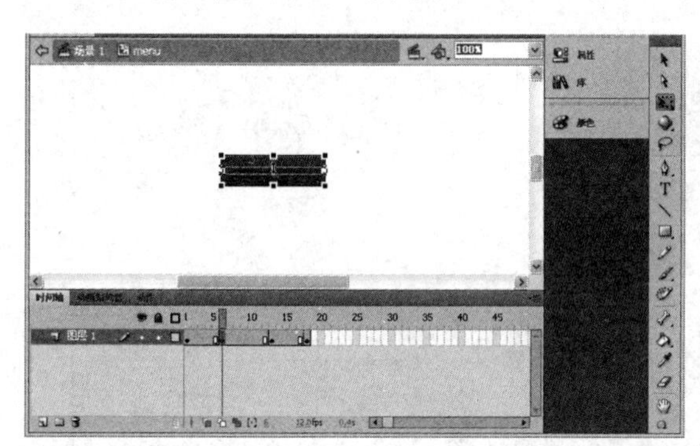

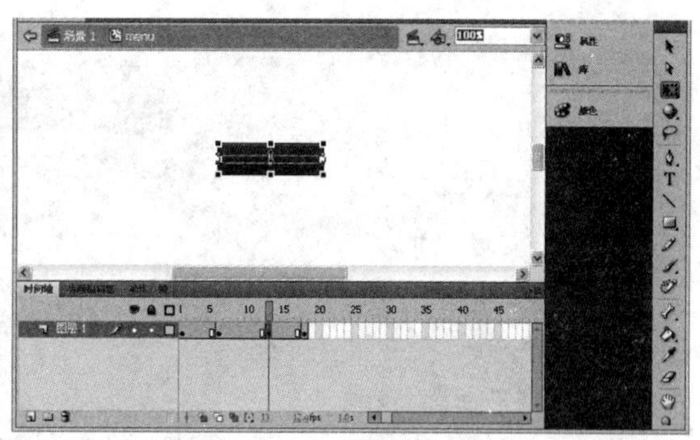

图10-13　插入关键帧并缩小图形元件

04 选择图层 1 第 6 帧，再选择该帧下的图形元件，然后打开【属性】面板，设置 Alpha 为 10%，再选择第 13 帧下的图形元件，同样设置 Alpha 为 10%，如图 10-14 所示。

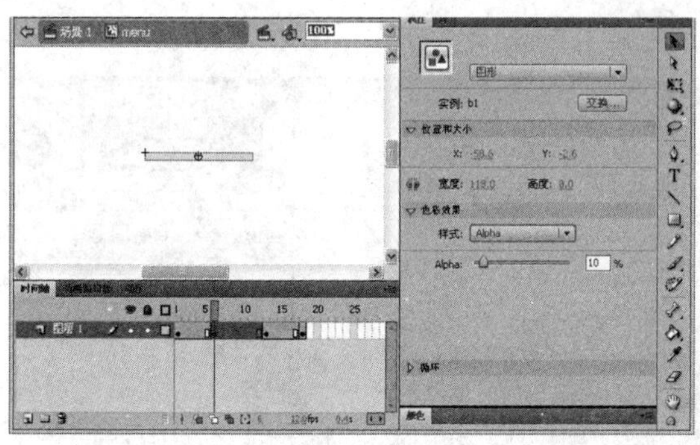

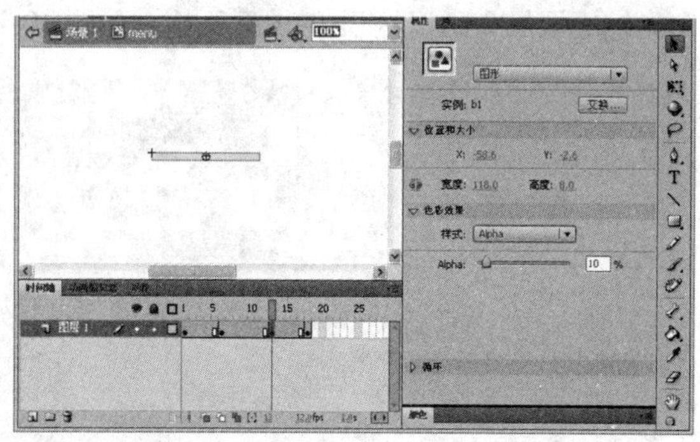

图10-14　设置图形元件的透明度

05 拖动鼠标选择图层 1 关键帧之间的帧，然后单击右键选择【创建传统补间】命令，为元件创建传统补间动画，如图 10-15 所示。

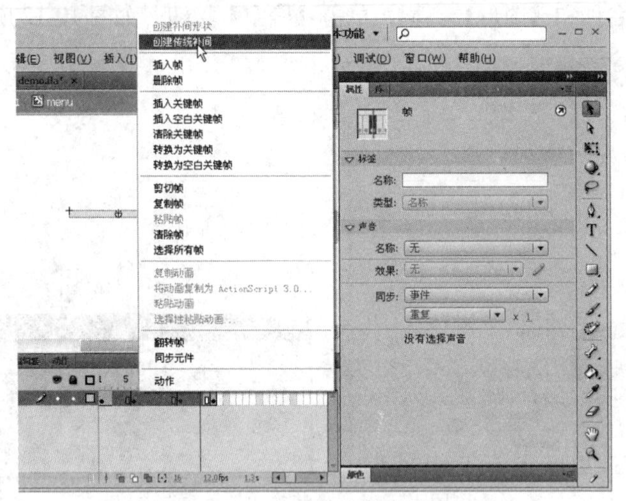

图10-15　创建传统补间动画

06 在图层 1 上新建图层 2，然后在图层 2 第 6 帧上插入空白关键帧，接着将【p2.gif】图像加入舞台，放置在【p1.gif】图像上，最后将【p2.gif】图像转换成名称为【b2】的图形元件，如图 10-16 所示。

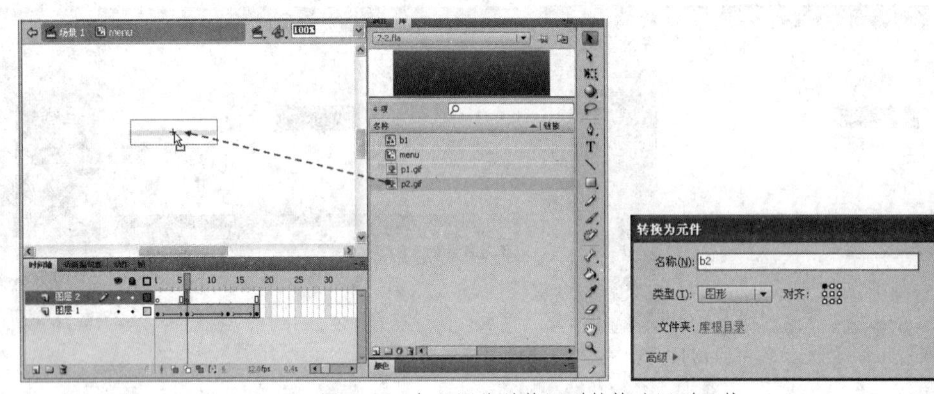

图10-16　加入图像并将图形转换为图形元件

07 选择图层 2 的第 6 帧，并选择【任意变形工具】，向内缩小图形元件。使用相同的方法，向内缩小图层 2 第 13 帧上的图形元件，如图 10-17 所示。

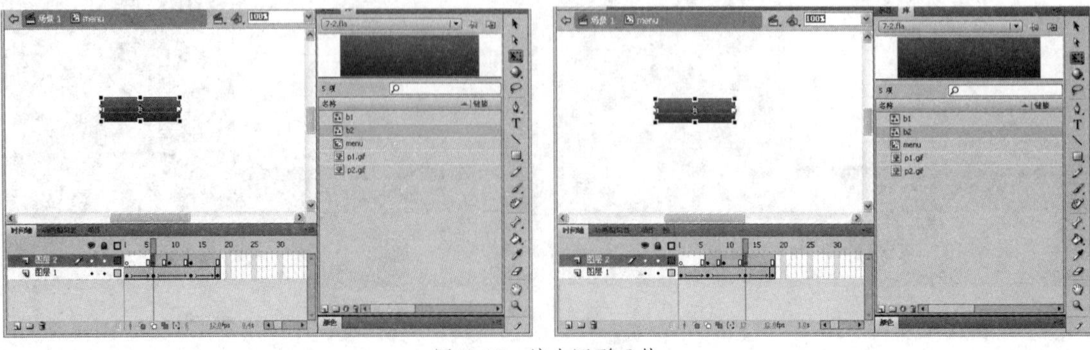

图10-17　缩小图形元件

08 选择图层 2 第 6 帧，再选择该帧下的图形元件，然后打开【属性】面板，设置 Alpha 为 10%，再选择图层 2 第 13 帧下的图形元件，同样设置 Alpha 为 10%，如图 10-18 所示。

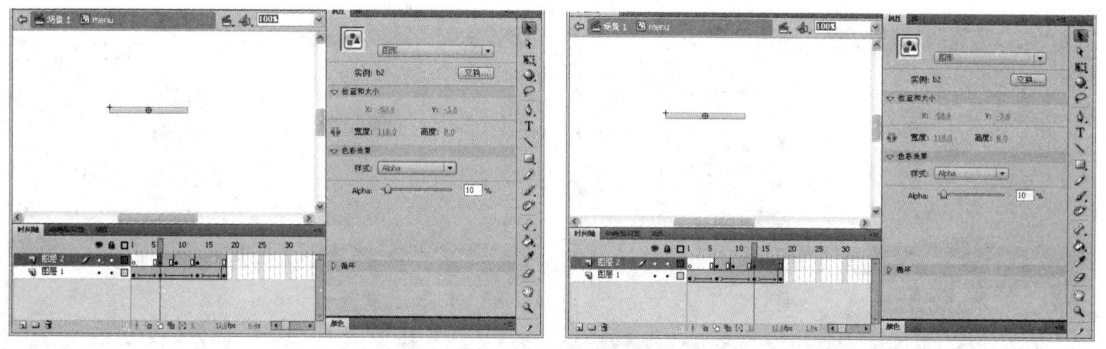

图10-18　设置图形元件的Alpha

09 拖动鼠标选择图层 2 第 14 帧后的所有帧，单击右键从打开的菜单中选择【删除帧】命令，接着选择图层 2 关键帧之间的帧，再单击右键从打开的菜单中选择【创建传统补间】命令，创建图层 2 的图形元件的补间动画，如图 10-19 所示。

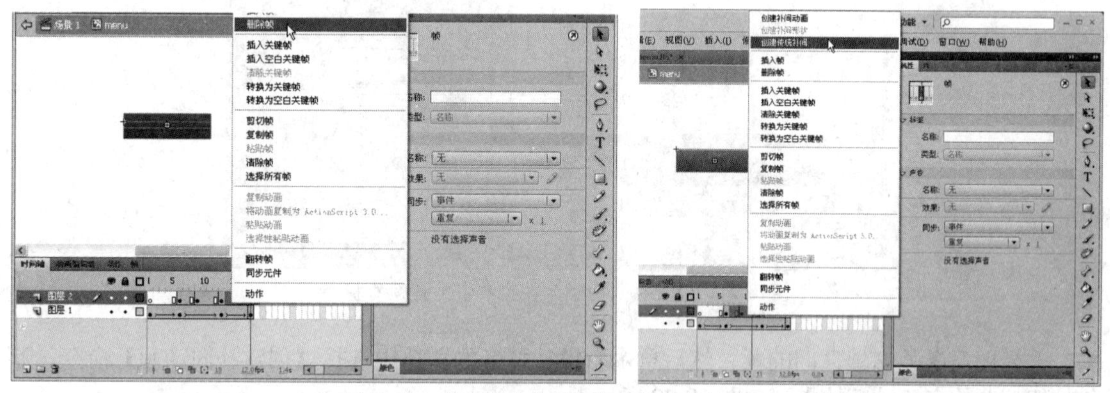

图10-19　删除多余的帧并创建传统补间动画

10 在图层 2 上插入图层 3，然后使用【文本工具】T在按钮图形上输入文字，并通过【属性】面板设置文本属性，最后将文本转换成名称为【标题】的图形元件，如图 10-20 所示。

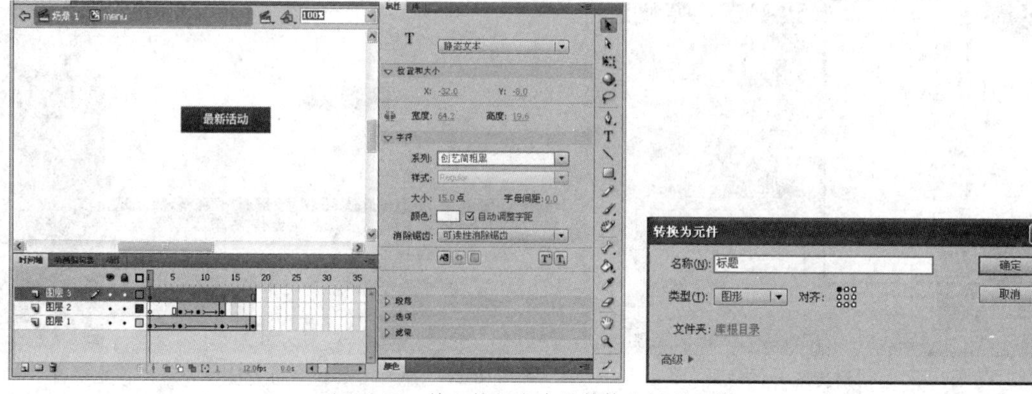

图10-20　输入按钮文本并转换为图形元件

11 分别在图层 3 的第 6 帧、第 9 帧、第 13 帧、第 18 帧上插入关键帧，然后选择第 6 帧上的标题图形元件，通过【属性】面板设置 Alpha 为 0%，再选择第 9 帧上的标题图形元件，并设置颜色样式为【黄色】、色调为100%，接着选择第13帧上的标题图形元件，并设置Alpha为0%，如图10-21所示。

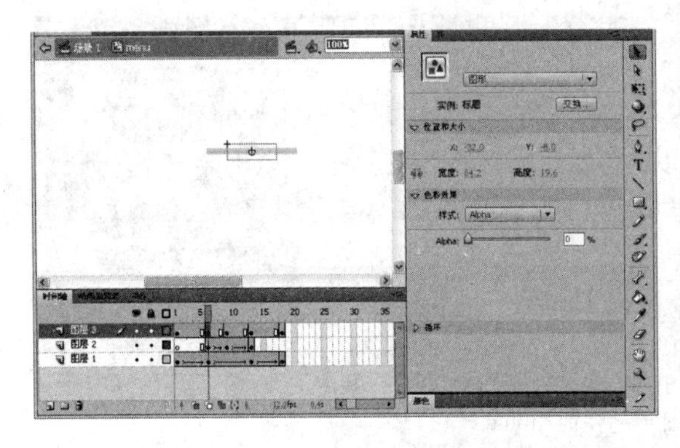

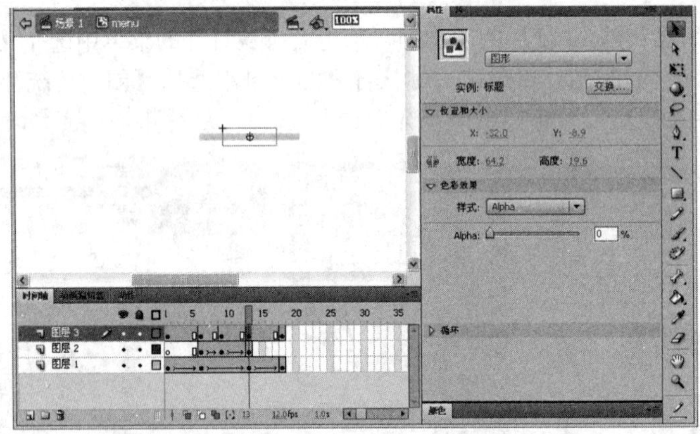

图10-21　设置标题图形元件在各个关键帧的状态

12 选择图层3关键帧之间的帧，然后单击右键从打开的菜单中选择【创建补间动画】命令，制作按钮标题的变色动画效果，如图10-22所示。

13 在图层3上插入图层4，然后分别在图层4第2帧、第9帧、第10帧、第18帧上插入空白关键帧，接着通过【动作】面板，分别为该图层第1、9、18帧添加“stop”动作，如图10-23所示。

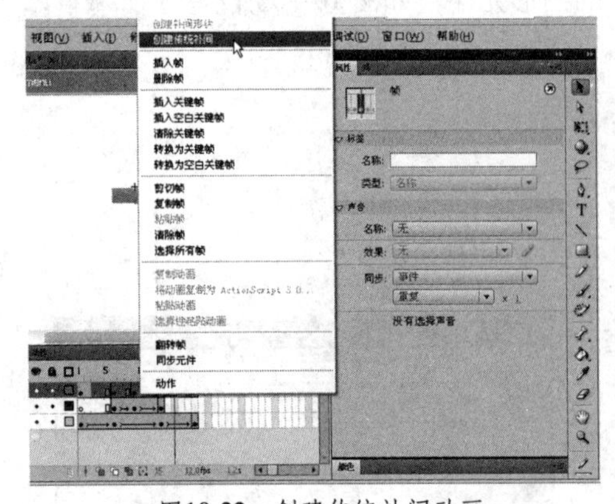

图10-22　创建传统补间动画

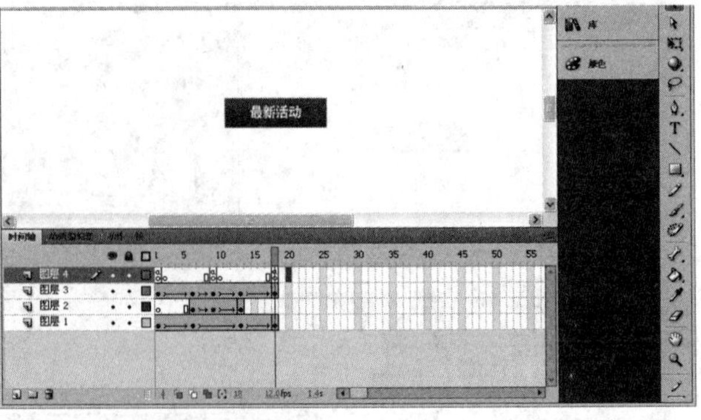

图10-23　插入图层和空白关键帧并添加停止动作

14 选择图层4第2帧，然后打开【属性】面板，设置标签名称为【on】，接着选择该图层第10帧，设置该帧的标签名称为【off】，如图10-24所示。

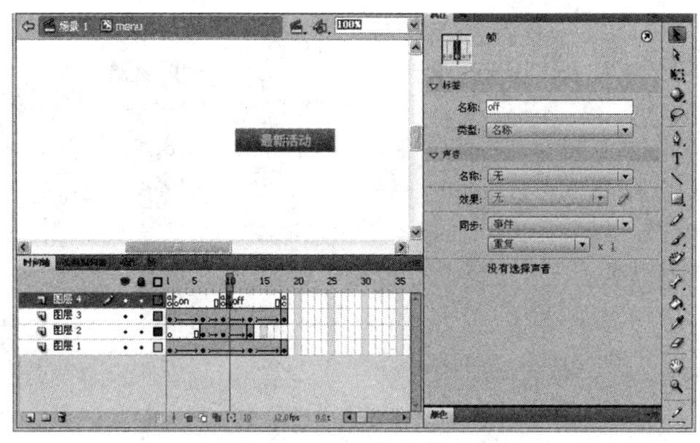

图10-24 设置帧标签名称

15 选择【插入】|【新建元件】命令，打开【创建新元件】对话框后，设置元件名称并选择元件类型为【按钮】，单击【确定】按钮，接着在【点击】状态帧上插入关键帧，再绘制一个与导航按钮差不多大小的矩形，如图 10-25 所示。

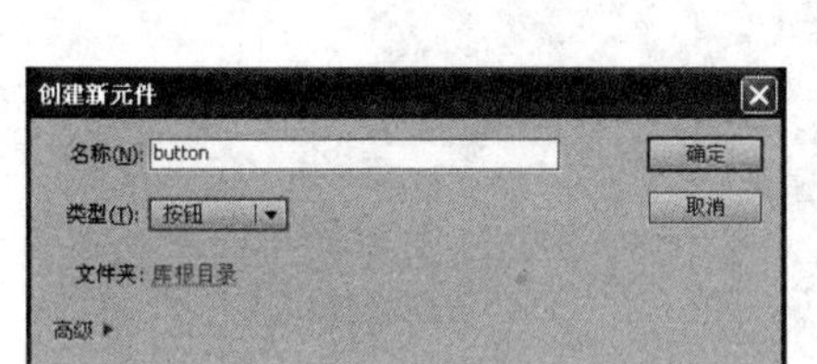

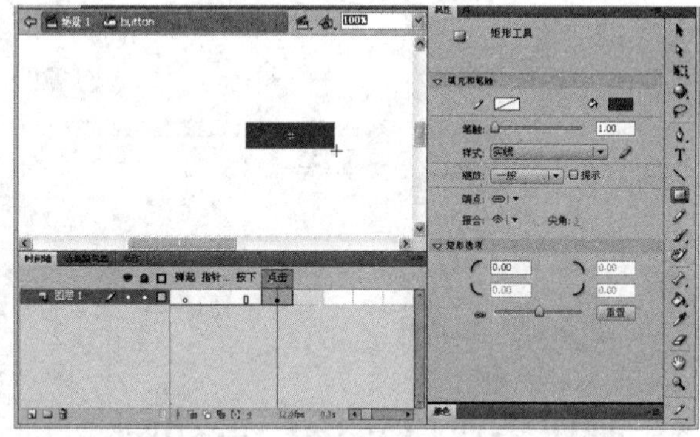

图10-25 创建按钮元件

16 返回场景 1，打开【库】面板，将【menu】影片剪辑拖入舞台，接着打开【属性】面板，设置影片剪辑的实例名称为【mov】，如图 10-26 所示。

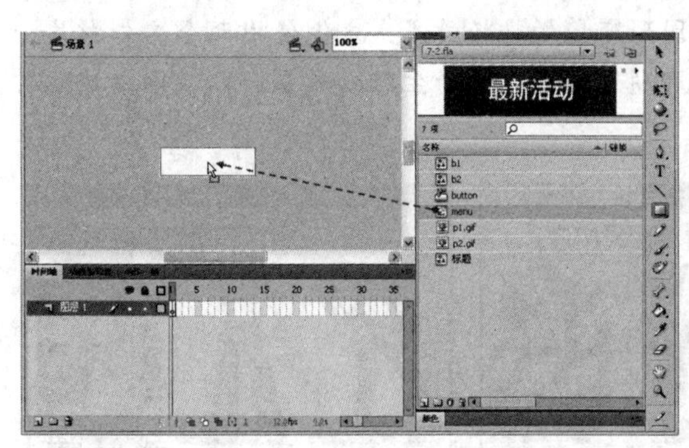

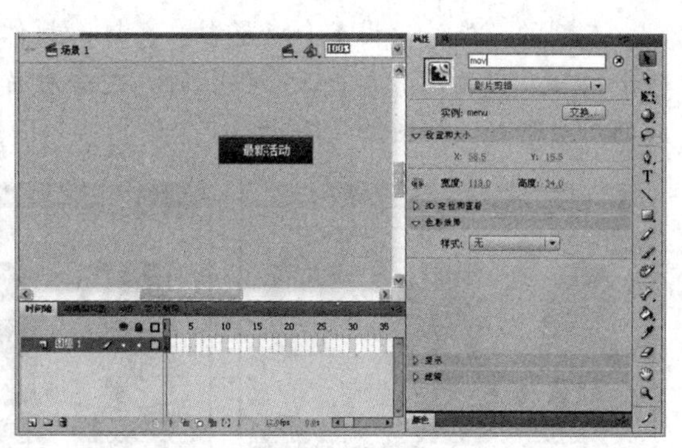

图10-26 加入影片剪辑并设置实例名称

17 在图层 1 上插入图层 2，然后将【库】面板内的【button】按钮元件加入舞台并放置在影片剪辑的正上方，接着打开【动作】面板，添加如图 10-27 所示的动作脚本代码，以控制影片剪辑动画的播放。

18 打开【属性】面板，设置动画播放速率（FPS）为 35，加快 Flash 动画的播放速度，最后保存 Flash 文件即可，如图 10-28 所示。

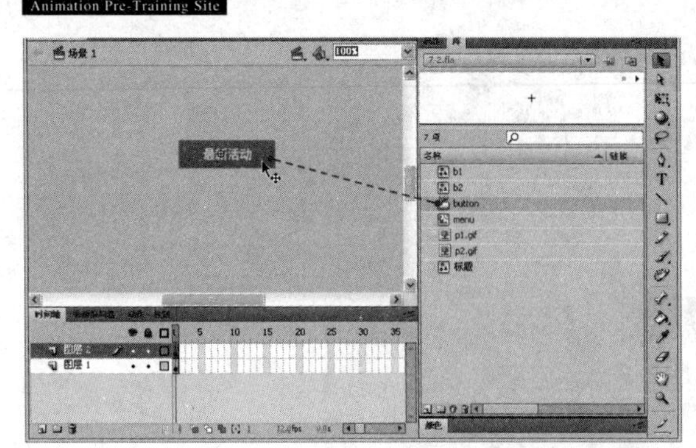
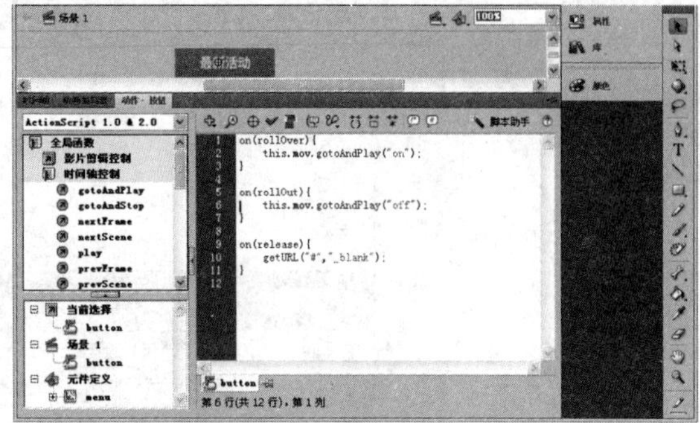

图10-27　加入按钮元件并添加动作脚本

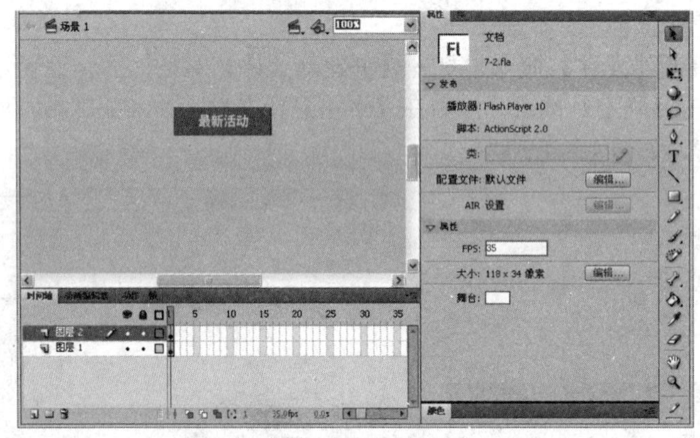

图10-28　更改播放速率

10.3　制作多遮罩转场广告动画

制作分析

本例的广告动画用多个遮罩影片剪辑，制作图形变换的转场效果。本例使用两个广告影片和两个按钮，当浏览者单击某个按钮时，广告影片即通过遮罩功能产生转场效果，以显示该按钮对应的广告影片，如图10-29所示。

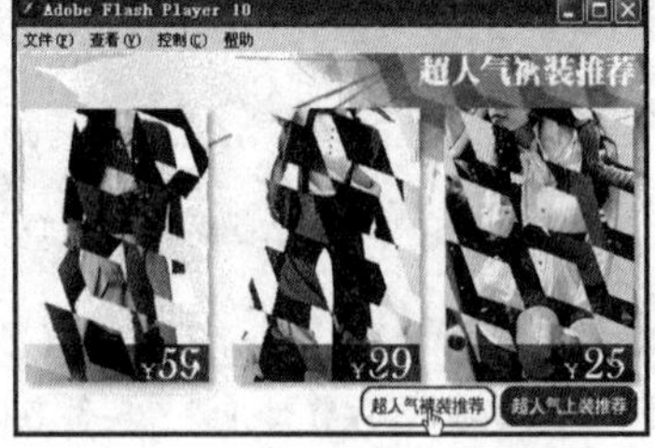

图10-29　广告动画的转场效果

制作流程

首先创建影片剪辑元件，并绘制矩形和制作矩形变化的形状补间动画，再创建遮罩影片剪辑，然后在影片剪辑内复制多个矩形，并制作遮罩效果，接着将广告图片加入舞台，分别放置在3

个关键帧上，再将遮罩影片剪辑放在广告图上，最后加入按钮元件，为按钮添加行为，以实现广告图之间的切换。转场广告动画的制作过程如图10-30所示。

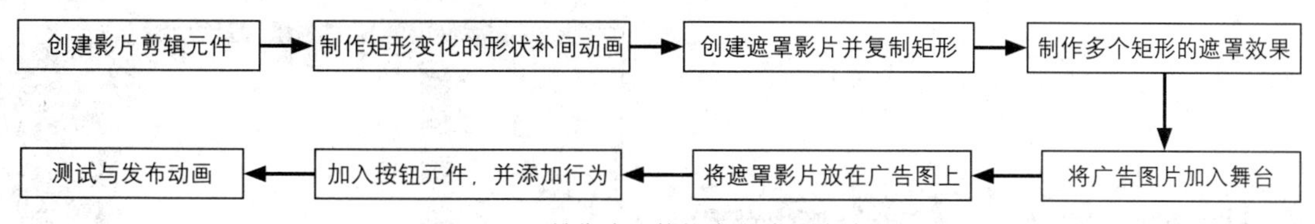

图10-30 制作遮罩转场广告动画的过程

上机实战 制作广告动画

01 在光盘中打开“..\Example\Ch10\10.3\10.3.fla”练习文件，然后选择【插入】|【新建元件】命令，打开【创建新元件】对话框后，设置元件名称并选择元件类型为【影片剪辑】，单击【确定】按钮，最后在舞台上绘制一个矩形，如图10-31所示。

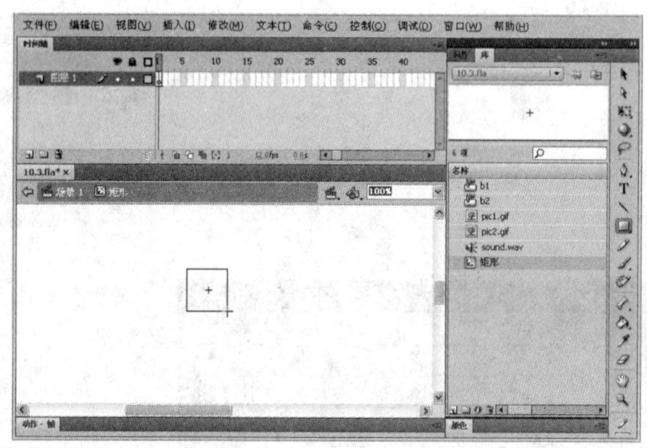

图10-31 创建影片剪辑并绘制矩形

02 在图层1第10帧上插入关键帧，然后选择【任意变形工具】，并在工具箱下方单击【扭曲】按钮，接着按住矩形左下角的控制点拖到矩形的对角线上，使用相同的方法，将矩形右上角的控制点拖到矩形的对角线上，如图10-32所示。

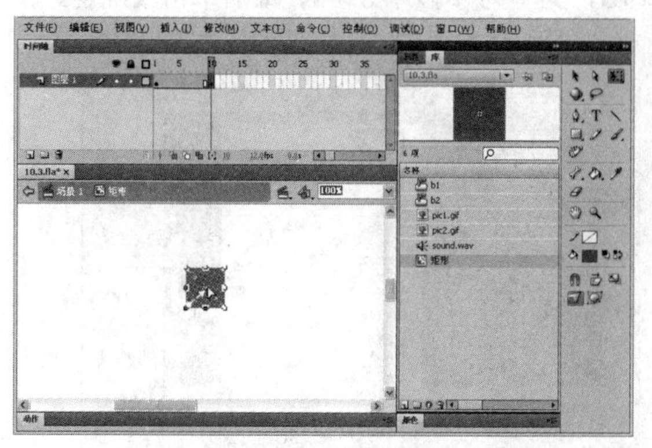

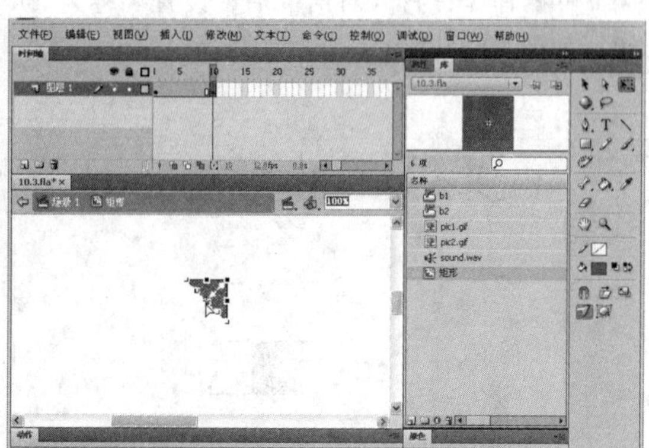

图10-32 扭曲矩形，使之只剩下对角线部分的矩形

03 选择图层1第1帧，单击右键从打开的菜单中选择【创建补间形状】命令，接着在图层1第11帧上插入空白关键帧，然后插入图层2，并在图层2第11帧上插入空白关键帧，再通过【动作】面板为空白关键帧添加停止动作，如图10-33所示。

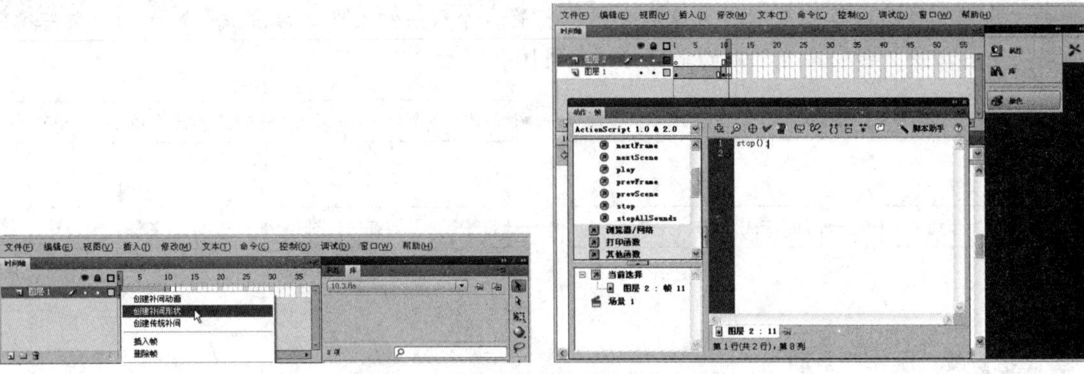

图10-33　创建补间形状并添加停止动作

04 选择【插入】|【新建元件】命令，打开【创建新元件】对话框后，设置元件名称并选择元件类型为【影片剪辑】，单击【确定】按钮，然后从【库】面板中将【矩形】影片剪辑加入舞台，如图 10-34 所示。

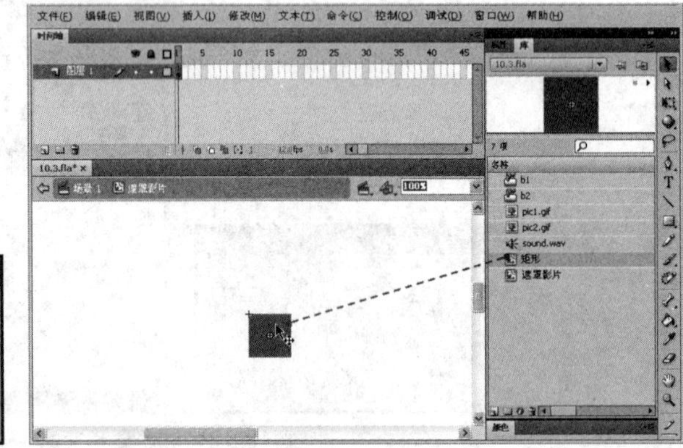

图10-34　创建遮罩影片剪辑并加入矩形影片剪辑元件

05 选择矩形影片剪辑，并按住【Ctrl】键，拖动鼠标复制矩形影片剪辑，使用相同的方法复制多个矩形影片剪辑，并组合成一个大矩形区域，接着选择所有矩形影片剪辑单击右键，选择【转换为元件】命令，打开对话框后，设置名称为【mask】，类型为【影片剪辑】，最后单击【确定】按钮，如图 10-35 所示。

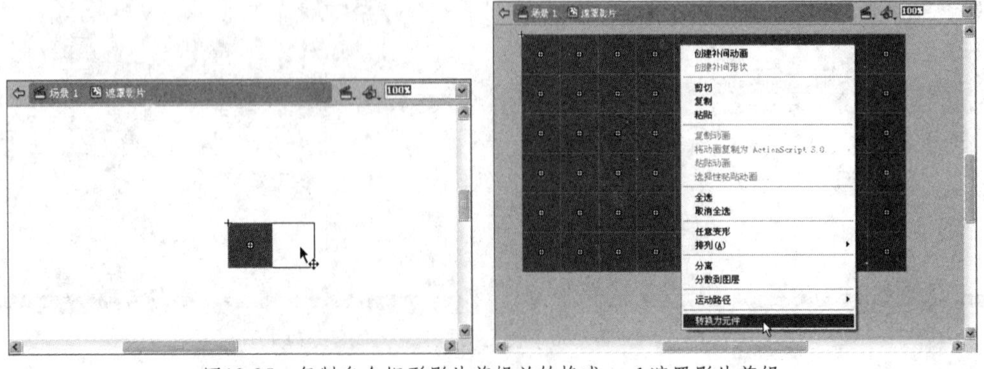

图10-35　复制多个矩形影片剪辑并转换成mask遮罩影片剪辑

06 在图层 1 上插入图层 2，然后将【库】面板内的【pic1.gif】图像拖入舞台，放置在 mask 遮罩影片剪辑的正中央，如图 10-36 所示。

07 将图层 2 拖到图层 1 下方，然后选择图层 1 并单击右键，从打开的菜单中选择【遮罩层】命令，如图 10-37 所示。

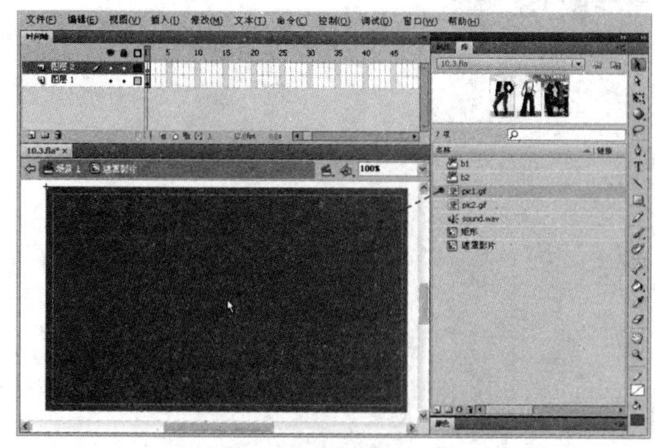

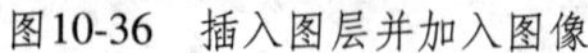

图10-36　插入图层并加入图像

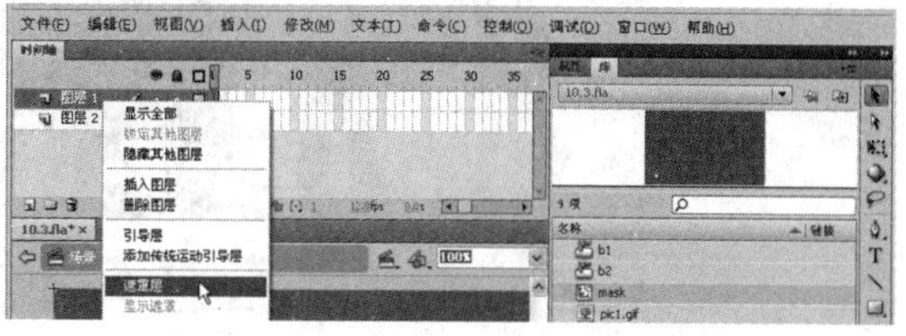

图10-37　将图层转换为遮罩层

08 打开【库】面板，在【遮罩影片】元件上单击右键，从打开的菜单中选择【直接复制】命令，打开对话框后，设置元件名称和类型，单击【确定】按钮，如图 10-38 所示。

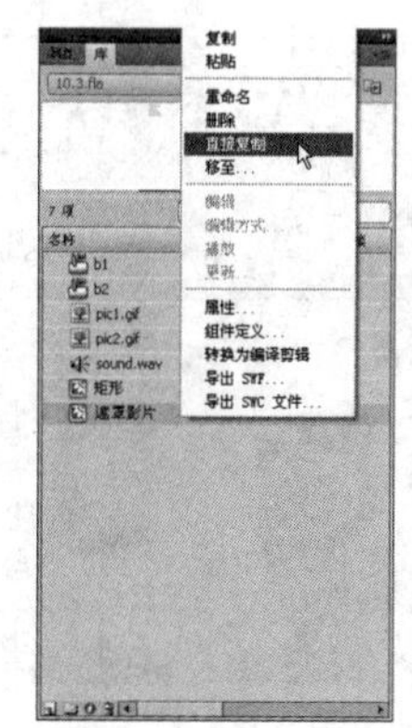

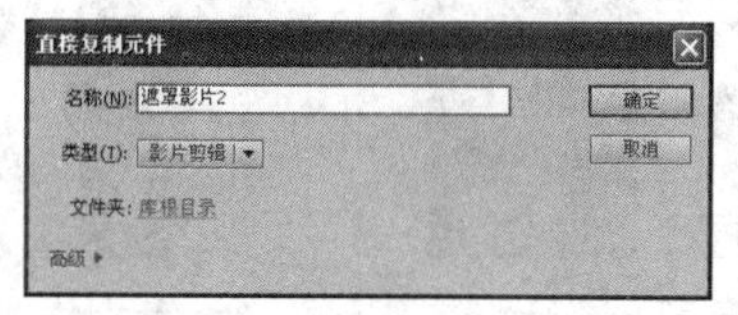

图10-38　直接复制影片剪辑元件

09 进入【遮罩影片 2】影片剪辑元件的编辑窗口，取消图层的锁定状态并隐藏图层 1，接着选择图层 2 的图像，并单击【属性】面板的【交换】按钮，打开【交换位图】对话框后，选择【pic2.gif】位图，单击【确定】按钮，如图 10-39 所示。

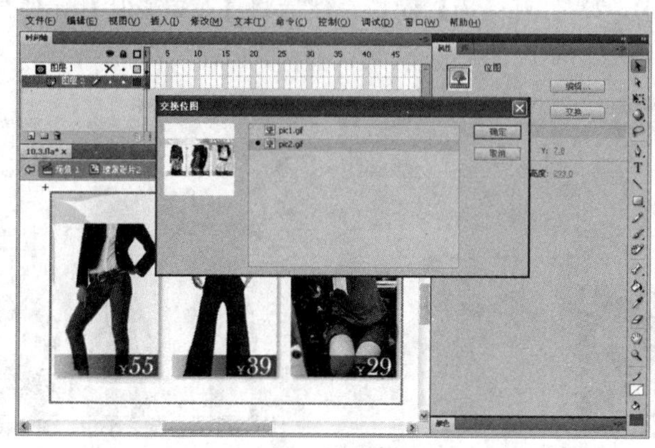

图10-39　交换位图

10 返回场景 1，打开【库】面板，将【pic1.gif】图像加入舞台，接着通过【属性】面板设置图像的X轴和Y轴位置均为0，如图10-40所示。

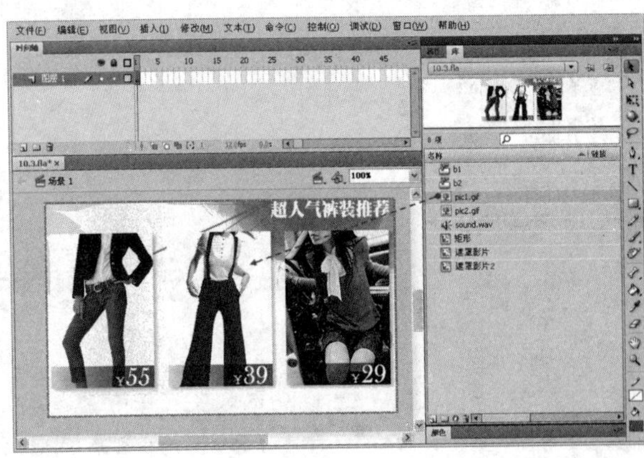

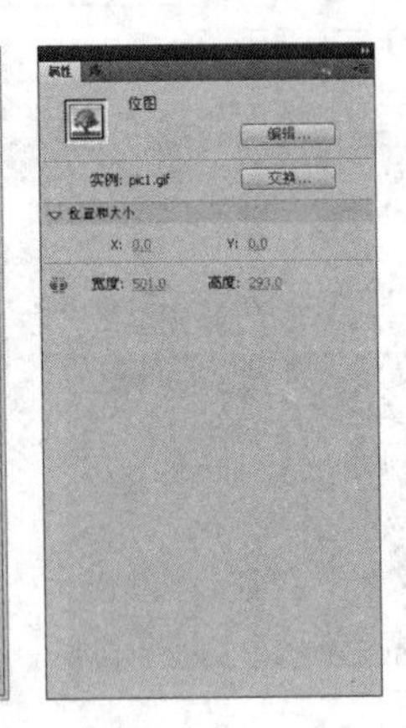

图10-40　加入图像并设置位置

11 在图层1第2帧上插入关键帧，然后将该关键帧下的图像删除，再将【库】面板的【pic2.gif】图像加入舞台，并放置在原来图像的位置上，如图10-41所示。

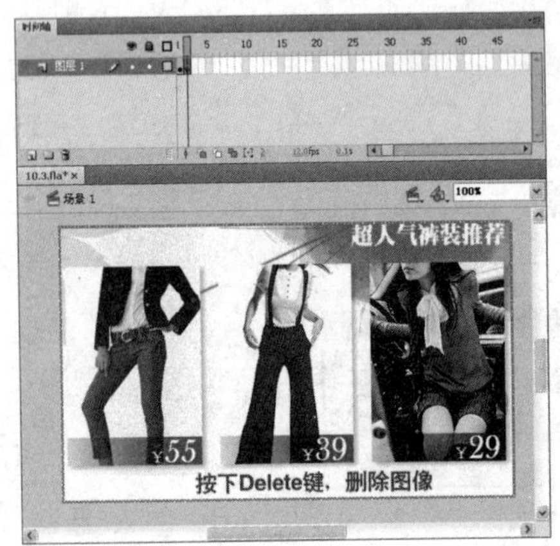

图10-41　插入关键帧并更换图像

12 在图层1的第3帧上插入关键帧，然后删除该关键帧下的图像，再将【库】面板的【pic1.gif】图像加入舞台，并设置图像的X轴和Y轴位置均为0，结果如图10-42所示。

13 在图层1上插入图层2，打开【库】面板，然后将【遮罩影片】元件加入舞台，并完全遮挡图层1的图像，如图10-43所示。

图10-42　插入关键帧和设置图像

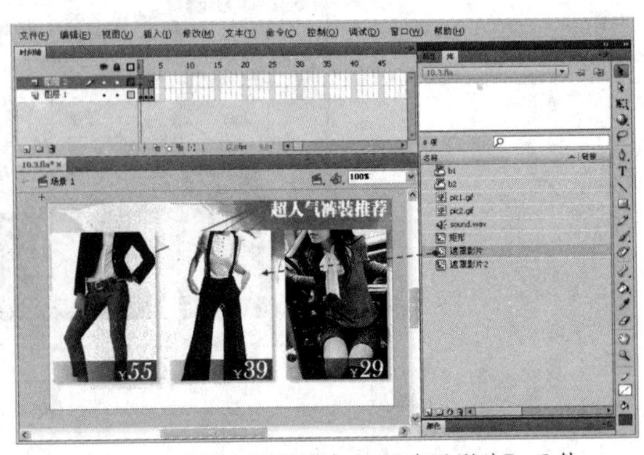

图10-43　插入图层并加入【遮罩影片】元件

14 分别在图层 2 的第 2、3 帧上插入关键帧，然后选择第 3 帧，将该帧下的【遮罩影片】元件删除，接着将【遮罩影片 2】元件加入舞台，并放置在原来【遮罩影片】元件的位置上，如图 10-44 所示。

15 在图层 2 上插入图层 3，然后分别将【b1】和【b2】按钮元件加入舞台，并放置在舞台的右下方，如图 10-45 所示。

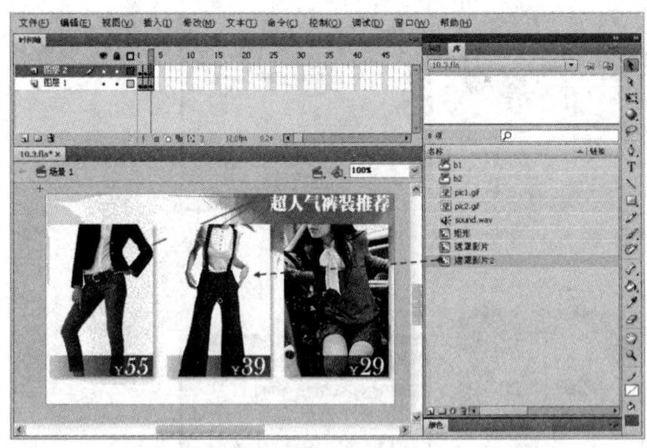

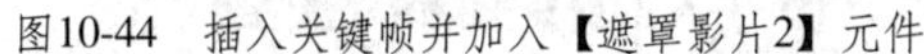

图10-44　插入关键帧并加入【遮罩影片2】元件

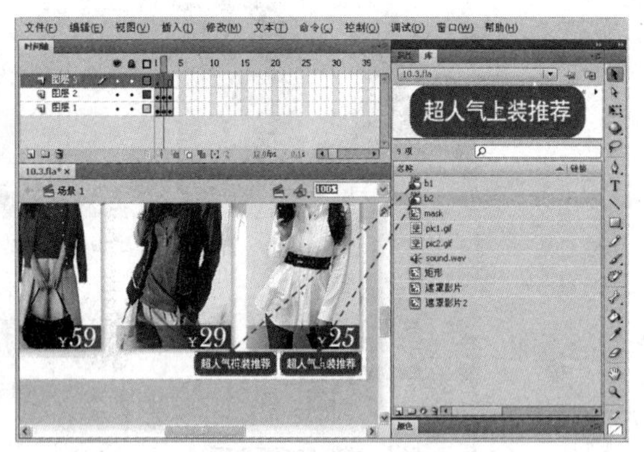

图10-45　插入图层并加入按钮元件

16 在图层 3 上插入图层 4，然后在图层 4 的第 2 和第 3 帧上插入空白关键帧，并分别为第 2 帧、第 3 帧添加停止的动作，如图 10-46 所示。

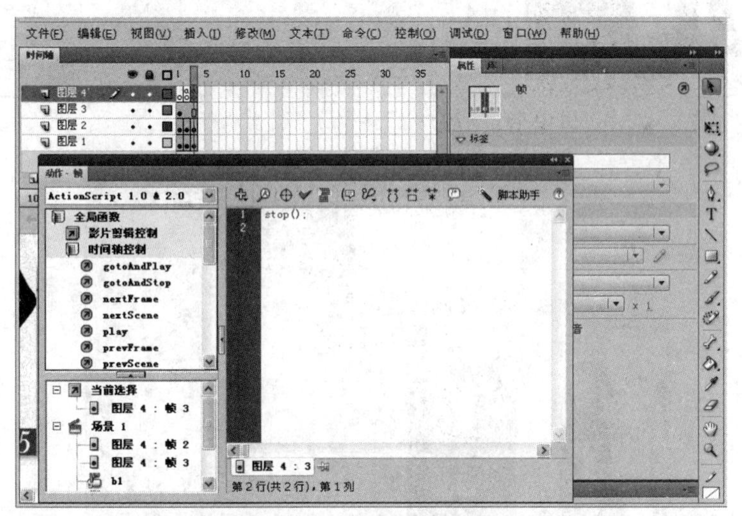

图10-46　插入关键帧并添加停止按钮

17 选择 b1 按钮元件，然后按下【Shift+F3】快捷键打开【行为】面板，单击【添加行为】按钮，从打开的菜单中选择【影片剪辑】|【转到帧或标签并在该处停止】命令，打开对话框后，设置停止播放的帧为 3，单击【确定】按钮，如图 10-47 所示。

18 选择 b2 按钮元件，单击【添加行为】按钮，从打开的菜单中选择【影片剪辑】|【转到帧或标签并在该处停止】命令，打开对话框后，设置停止播放的帧为 2，单击【确定】按钮，如图 10-48 所示。

19 为两个按钮元件添加行为后，更改两个按钮行为的事件为【移入时】，以便浏览者将鼠标移到按钮上，即产生广告转场效果，如图 10-49 所示。

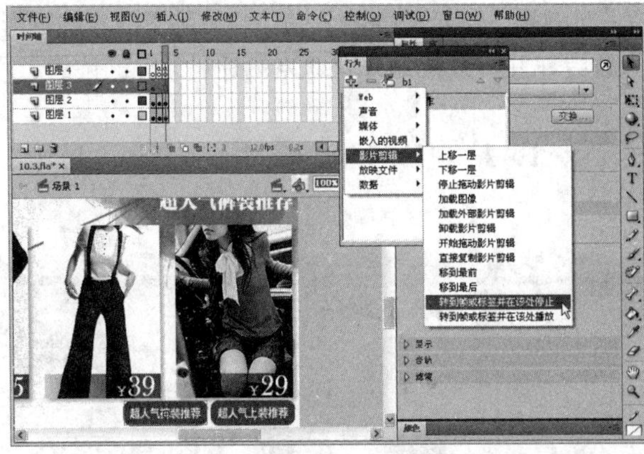
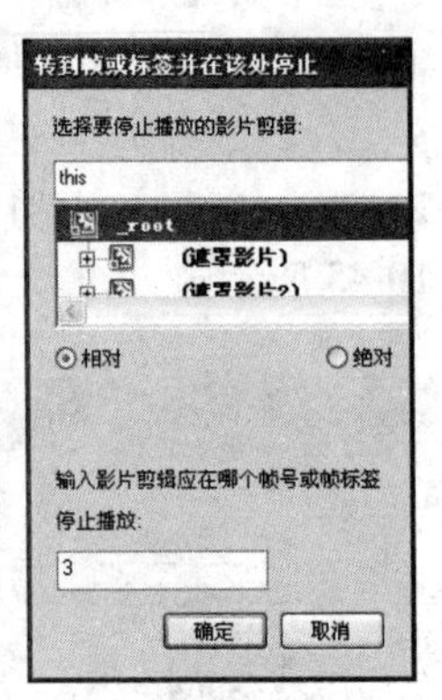

图10-47　为b1按钮元件添加影片剪辑行为

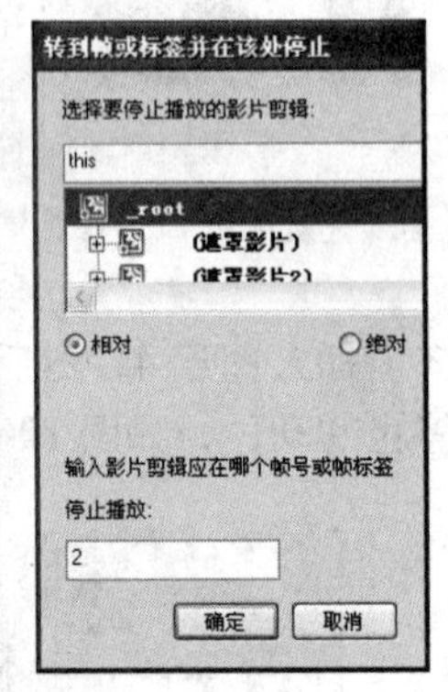

图10-48　为b2按钮元件添加影片剪辑行为

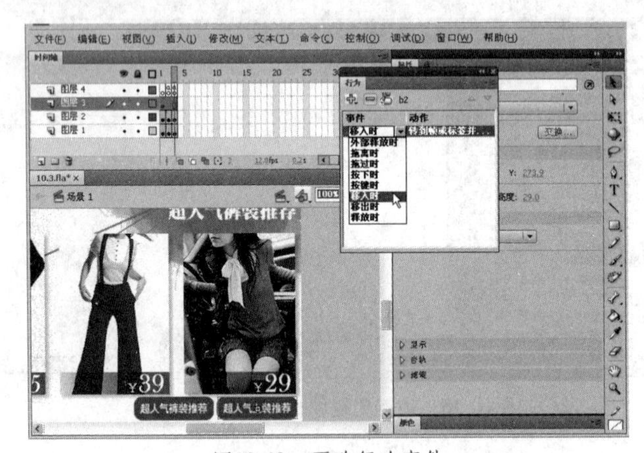

图10-49　更改行为事件

10.4　制作随鼠标滑动的公告动画

制作分析

Cavan网站的公告区提供了比较有限的空间，但需要在此空间内展示多个公告内容，因此本例将制作一种可以节省空间，并能够展示多个公告的动画。在本例公告动画中，首先准备好3个公告内容，然后通过动作脚本的应用，让公告内容分别展示。在默认状态下，公告区显示第一个公告，当浏览者将鼠标移到其他公告标题上时，对应的公告内容即滑入公告区域，以展示给浏览者该公告的内容，而原来展示的公告将暂时隐藏起来。公告动画的效果如图10-50所示。

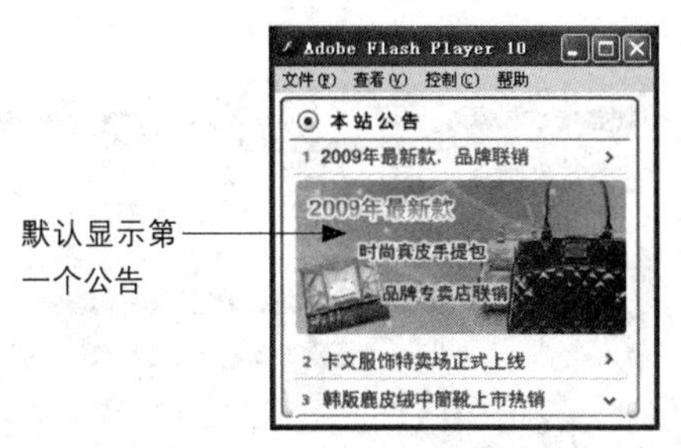

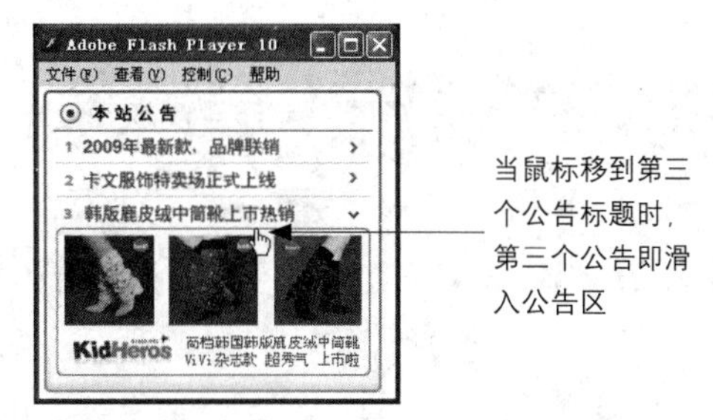

图10-50　随鼠标滑动的公告动画效果

制作流程

首先将第一个公告的标题加入舞台转换为影片剪辑，再将第一个公告的图像加入该影片剪辑内，然后将第二个公告的标题加入舞台并转换为影片剪辑并加入第二个公告的图像，再使用相同的方法制作第三个公告，接着创建一个空白的影片剪辑加入舞台，并为空白影片剪辑添加动作脚本，最后分别为第二个公告的标题按钮和第三个公告的标题按钮添加动作脚本，再制作一个遮罩公告区域。公告动画的制作过程如图10-51所示。

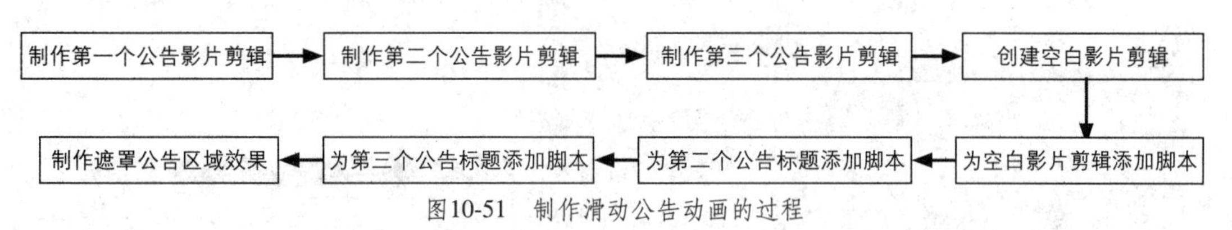

图10-51　制作滑动公告动画的过程

上机实战　制作公告动画

01 在光盘中打开“..\Example\Ch10\10.4\10.4.fla”练习文件，在图层1上插入图层2，然后将【t1】图形元件加入到舞台上，并放置在公告区下方，如图10-52所示。

02 选择【t1】图形元件，然后选择【修改】|【转换为元件】命令，打开【转换为元件】对话框后，设置名称为【mc1】，类型为【影片剪辑】，单击【确定】按钮，如图10-53所示。

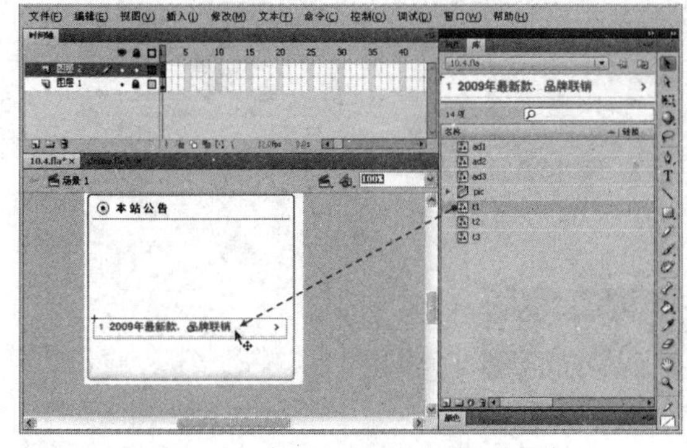

图10-52　插入图层并加入图形元件

图10-53　将图形元件转换为影片剪辑元件

03 进入元件编辑窗口，将【ad1】图形元件加入到舞台，放置在公告标题的下方，如图10-54所示。

04 选择上一个步骤加入舞台的图形元件，然后选择【修改】|【转换为元件】命令，打开【转换为元件】对话框后，设置名称为【ad1_tn】，类型为【按钮】，单击【确定】按钮，如图10-55所示。

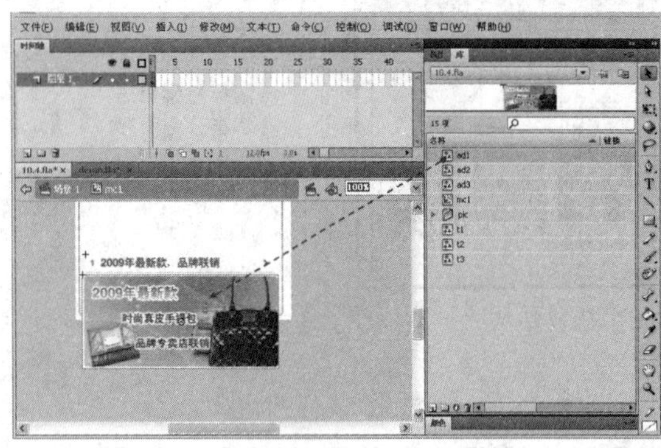

图10-54　加入第一个公告的图形元件

图10-55　将图形元件转换为按钮元件

05 返回场景1中并选择图层2，然后将【t2】图形元件加入舞台，放置在第一个公告标题下方，接着将【t2】图形元件转换成名为【t2_bn】的按钮元件，如图10-56所示。

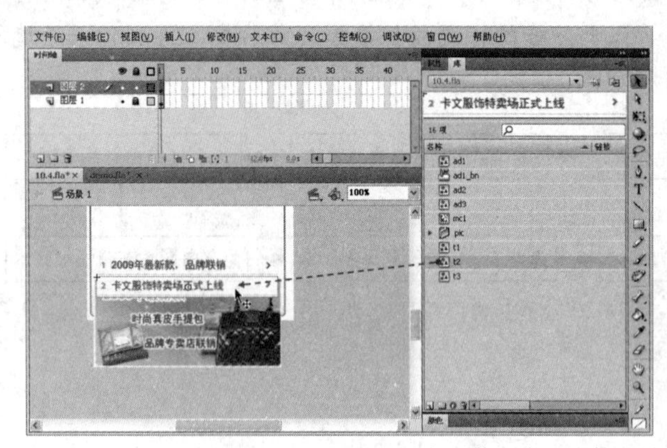

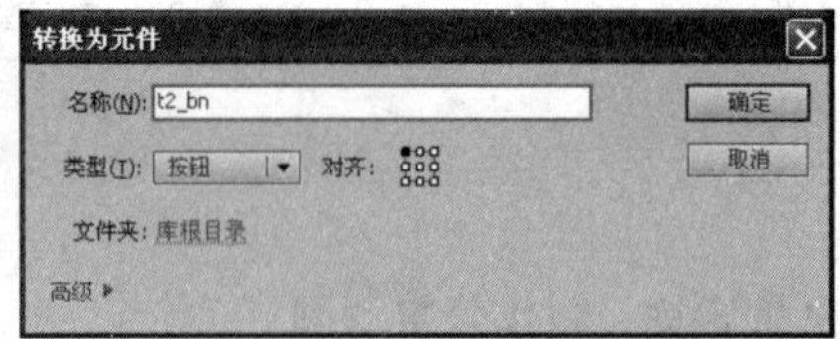

图10-56　加入第二个公告标题并转换为按钮元件

06 选择【t2_bn】按钮元件，然后选择【修改】|【转换为元件】命令，将该按钮元件转换成名为【mc2】的影片剪辑，接着进入这个影片剪辑的编辑窗口，插入图层2并将图层2移到图层1下方，选择图层2，并将【ad2】图形元件加入到影片剪辑内，如图10-57所示。

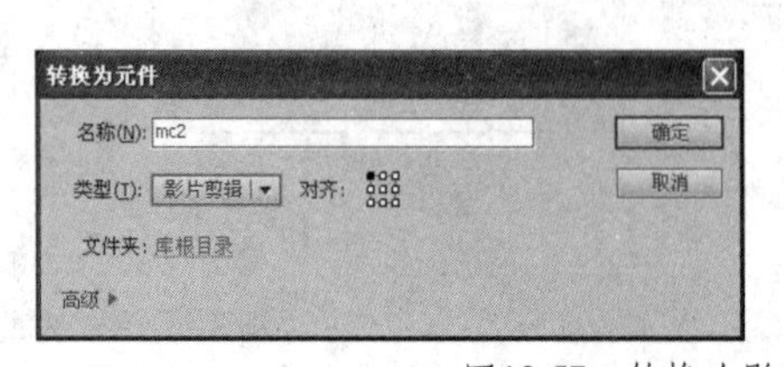

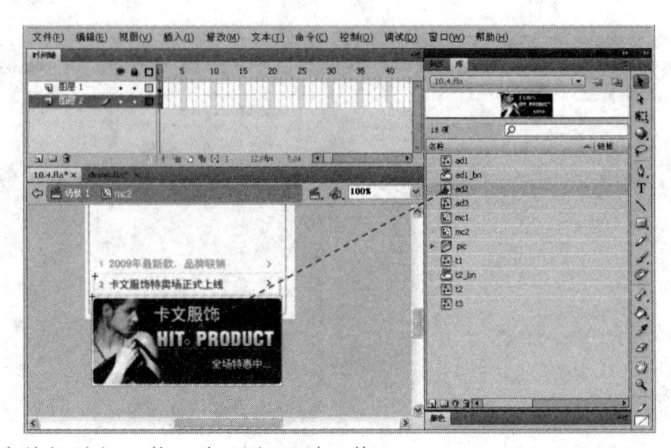

图10-57　转换为影片剪辑并加入第二个公告图形元件

07 选择【ad2】图形元件，然后将该图形元件转换成名为【ad2_bn】的按钮元件，如图 10-58 所示。

08 分别选择图层 1 和图层 2 的第 2 帧，然后按下【F5】功能键插入动画帧，接着在图层 1 第 2 帧上插入关键帧，如图 10-59 所示。本步骤的目的是让第二个公告具有 2 帧的播放时间，以方便后续动作脚本的应用。

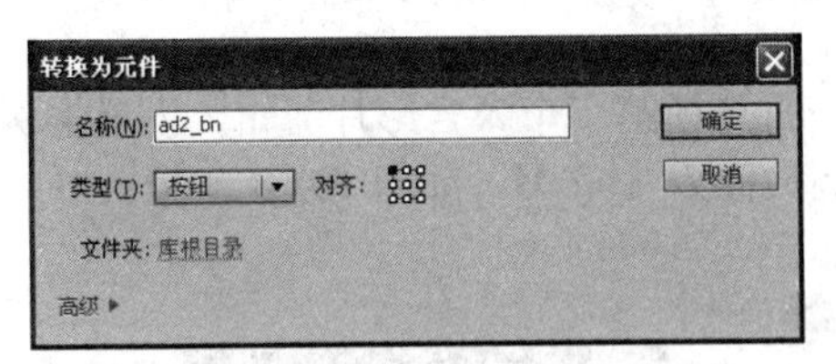
图10-58 将图形元件转换为按钮元件

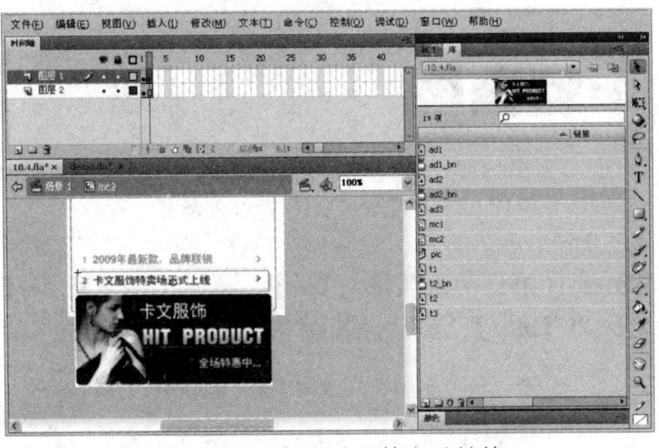
图10-59 插入动画帧和关键帧

09 按照步骤 5 到步骤 8 的方法，制作第三个公告，其中第三个公告的影片剪辑名称为【mc3】，结果如图 10-60 所示。

10 选择【插入】|【新建元件】命令，打开【创建新元件】对话框后，设置元件名称为【dummy】，元件类型为【影片剪辑】，单击【确定】按钮。创建影片剪辑后，会直接进入元件的编辑窗口，此时单击【场景 1】按钮，返回场景 1，如图 10-61 所示。

11 在图层 2 上插入图层 3，然后从【库】面板中将【dummy】影片剪辑加入场景内，放置在舞台外，如图 10-62 所示。

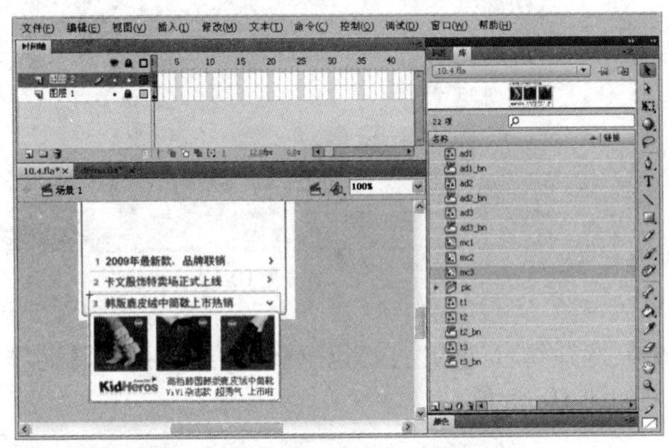
图10-60 制作第三个公告影片剪辑

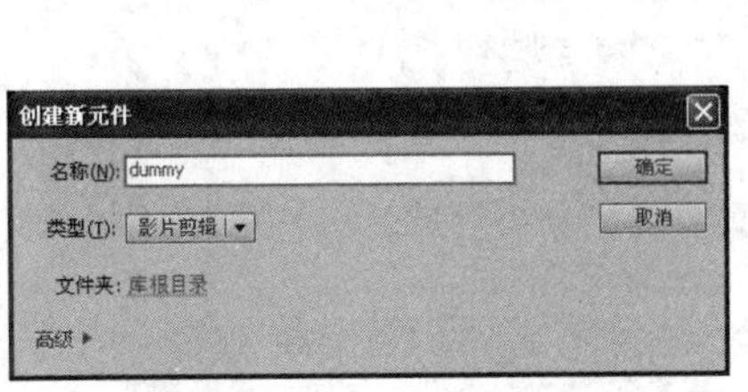
图10-61 创建空白影片剪辑

12 选择上一步骤中加入到场景的空白影片剪辑，然后打开【属性】面板，设置影片剪辑的实例名称为【dum】，如图 10-63 所示。

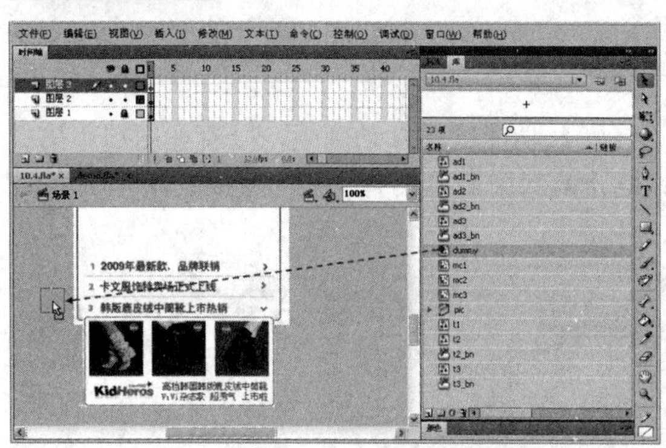

图10-62　将空白影片剪辑加入场景

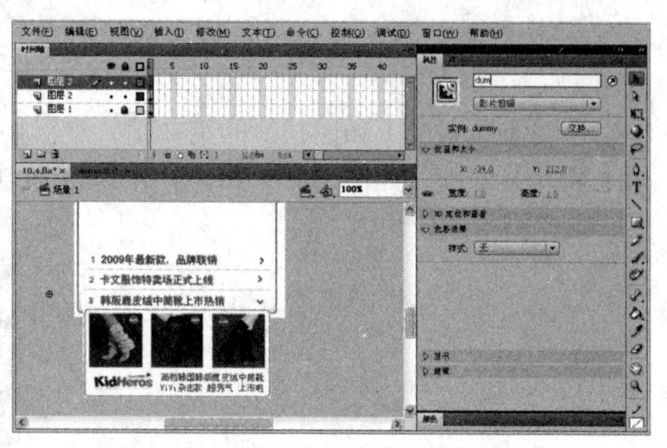

图10-63　设置空白影片剪辑的实例名称

13 选择第三个公告影片剪辑，设置实例名称为【btn2】，再选择第二个公告影片剪辑，设置实例名称为【btn1】，最后选择第一个公告影片剪辑，设置实例名称为【btn0】，如图 10-64 所示。

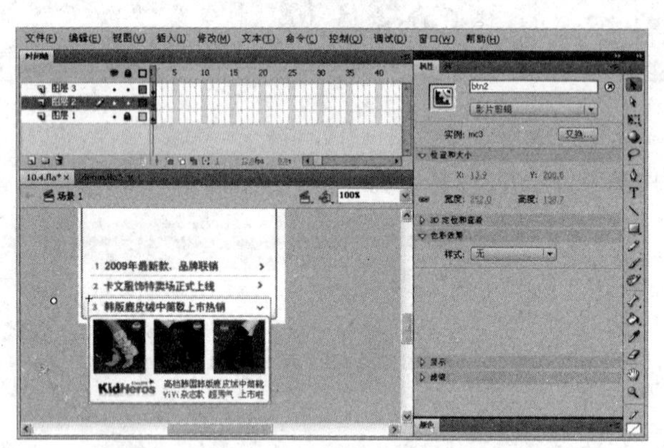
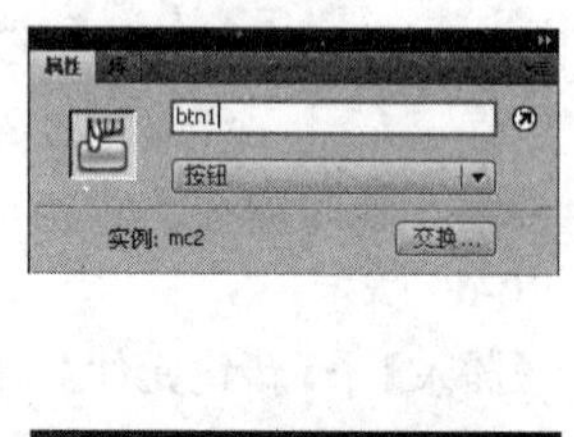
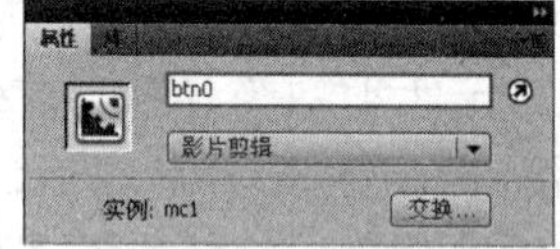

图10-64　设置三个公告影片剪辑的实例名称

14 选择舞台外的空白影片剪辑，然后打开【动作】面板，在脚本窗格中输入以下脚本代码，结果如图 10-65 所示。

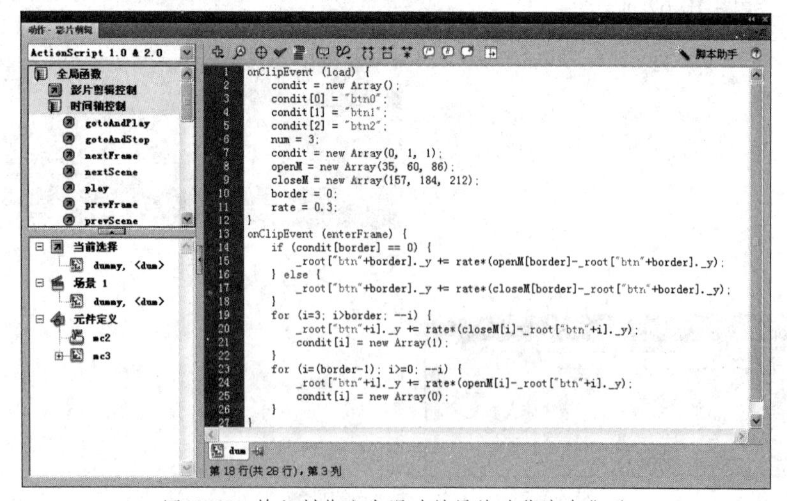

图10-65　输入制作公告滑动效果的动作脚本代码

```
onClipEvent (load) {
    condit = new Array();
```

```
        condit[0] = "btn0";
        condit[1] = "btn1";
        condit[2] = "btn2";
        num = 3;
        condit = new Array(0, 1, 1);
        openM = new Array(35, 60, 86);
        closeM = new Array(157, 184, 212);
        border = 0;
        rate = 0.3;
}
onClipEvent (enterFrame) {
        if (condit[border] == 0) {
                _root["btn"+border]._y += rate*(openM[border]-_root["btn"+border]._y);
        } else {
                _root["btn"+border]._y += rate*(closeM[border]-_root["btn"+border]._y);
        }
        for (i=3; i>border; --i) {
                _root["btn"+i]._y += rate*(closeM[i]-_root["btn"+i]._y);
                condit[i] = new Array(1);
        }
        for (i=(border-1); i>=0; --i) {
                _root["btn"+i]._y += rate*(openM[i]-_root["btn"+i]._y);
                condit[i] = new Array(0);
        }
}
```

15 在场景 1 中双击第二个公告影片剪辑，进入该元件编辑窗口后，选择标题按钮元件，在【动作】面板中添加鼠标移开时的动作脚本。使用相同的方法进入第三个影片剪辑窗口，选择标题按钮元件，添加鼠标移开时的动作脚本，如图 10-66 所示。

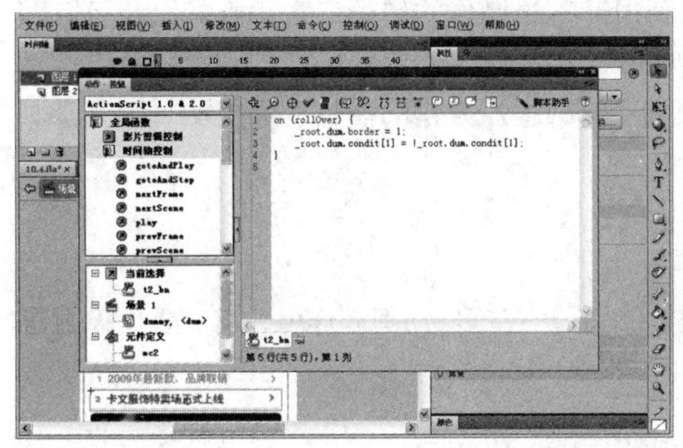
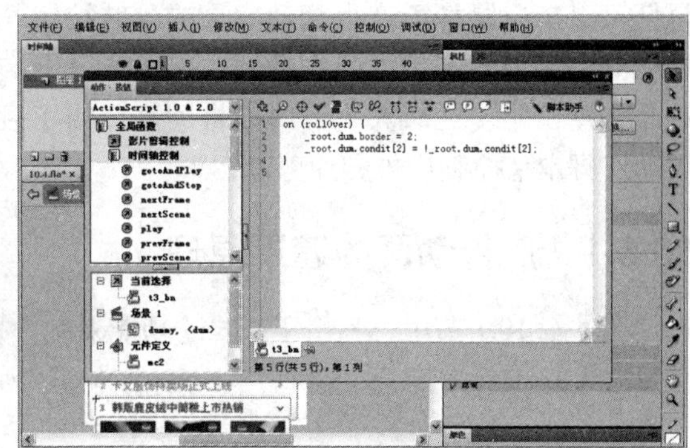

图10-66　添加第二、三个公告影片标题按钮的动作脚本

16 返回场景 1，在图层 3 上插入图层 4，再选择【矩形工具】，并设置矩形圆角为 5，在舞台上绘制一个比公告区域稍大一点的圆角矩形，如图 10-67 所示。

17 选择图层 4，单击右键从打开的菜单中选择【遮罩层】命令，接着将图层 2 和图层 1 分别拖到图层 3 下方，使这两个图层都变成被遮罩层，最后锁定所有图层，如图 10-68 所示。

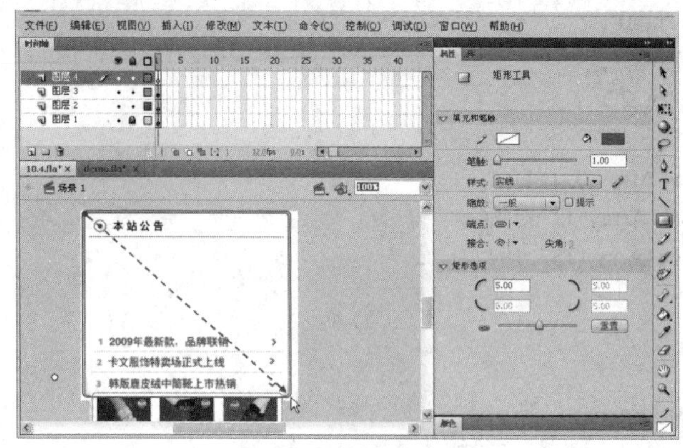

图10-67　绘制圆角矩形

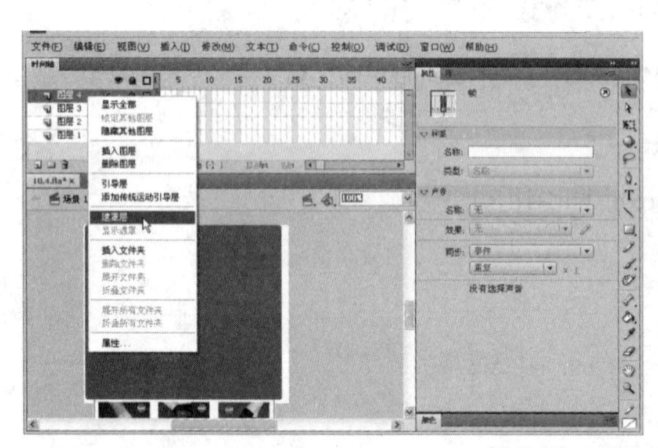
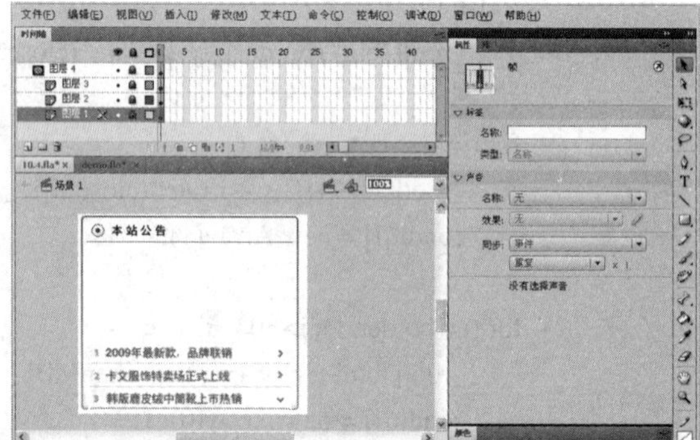

图10-68　制作公告区遮罩效果

10.5　学习扩展

本章通过 Cavan（卡文服饰）网上商网站首页，介绍了不同类型的动画效果制作方法，其中包括可以感应鼠标而产生翻动效果的导航按钮、利用遮罩层制作的转场广告动画，以及可以随鼠标滑动并节省空间的公告动画。在本章 3 个实例的制作中，多遮罩转场广告动画和可以滑动的公告动画难度比较大，其中广告动画应用了行为来控制影片剪辑的播放；公告动画则完全利用动作脚本来控制广告影片剪辑。

10.5.1　广告动画的遮罩原理

在本章 10.3 节中，利用了遮罩的功能来制作转场效果。在广告动画制作中，将广告图像放置在图层 1 的 3 个关键上，作为广告动画的背景，如图 10-69 所示。

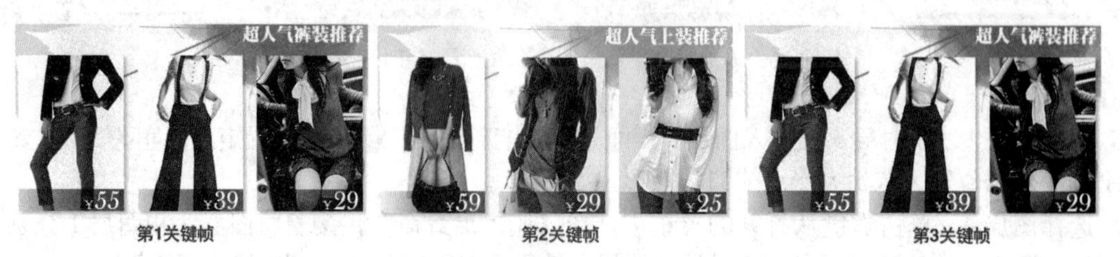

图10-69　放置广告图像作为背景

接着应用遮罩层，分别为两个不同的广告图制作遮罩效果。其中遮罩包含矩形从大到小并消失的动画过程（10.3 节中步骤 1 到步骤 3 的操作）。在默认状态下，遮罩层的矩形遮挡了广告图像，因此可以看到被遮罩的广告图像，当播放矩形的形状补间动画并让矩形消失后，原来遮罩层的矩形就没有遮挡广告图，此时广告图就不能被看见，如同被隐藏的效果。

分别将包含遮罩效果的影片剪辑放置在作为背景的广告图像上，当遮罩层的图像被遮罩功能隐藏起来时，底层的广告图像背景就显示出来，这样就形成了一个转场的效果。整个遮罩转场的过程如图 10-70 所示。

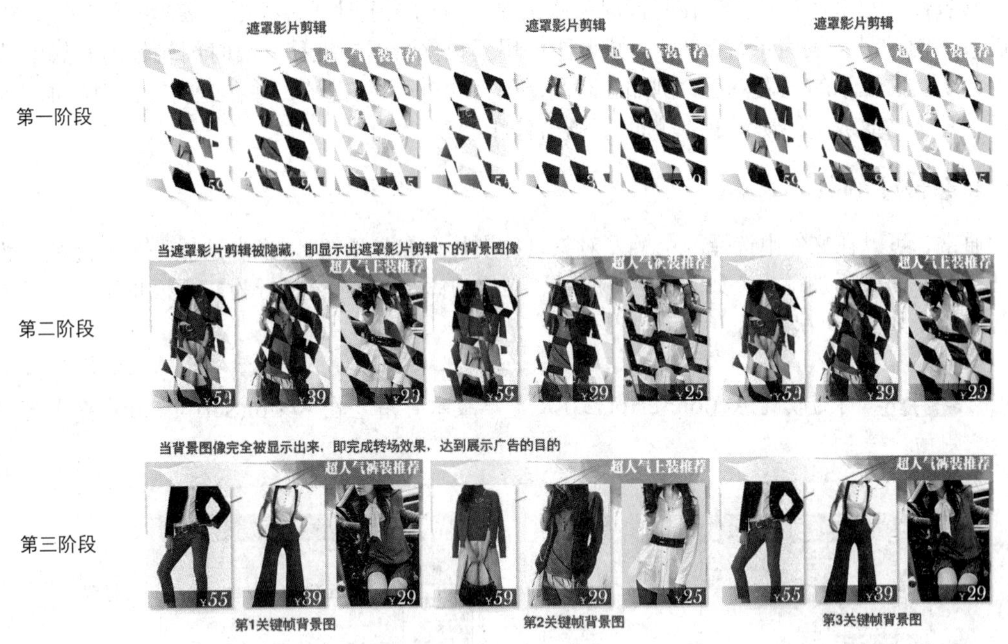

图10-70 遮罩转场的过程

10.5.2 关于Flash行为的应用

行为是一些预定义的 ActionScript 函数，可以将它们附加到 Flash 文件的对象上，而无需自己编写 ActionScript 代码。行为提供了预先编写的 ActionScript 功能，例如帧导航、加载外部 SWF 文件或者 JPEG 图像、控制影片剪辑的堆叠顺序，以及拖动影片剪辑等。

1. 行为的组成

在 Flash 中，行为由事件和动作组成，当一个事件发生时，就会触发动作的执行。举一个简单的例子，如下面的行为代码：

```
on (release) {gotoAndPlay (1);}
```

行为代码中，on (release) 是事件，表示当鼠标按下并放开时；gotoAndPlay (1) 是动作，表示跳到时间轴第 1 帧开始播放。综上所述，事件就是对元素的一种操作；动作就是由事件触发而执行 ActionScript 代码的行为。

2. 事件的分类

事件可以分为【鼠标和键盘事件】、【剪辑事件】、【帧事件】3 类，现对它们说明如下。

鼠标和键盘事件：鼠标和键盘事件即发生在用户通过鼠标和键盘与Flash应用程序交互的事件。如当用户鼠标滑过一个按钮时，将发生 Button.onRollOver 或 on（RollOver）事件；当用户单击某个按钮时，将发生 Button.onRelease 事件；如果按下键盘上的某个键，则发生 on（KeyPress）事件。

剪辑事件：剪辑事件即发生在影片剪辑内的事件。如可以响应用户进入或退出场景或使用鼠标或键盘与场景进行交互时触发的多个剪辑事件。假设用户播放影片时需要将外部 SWF 文件或 JPG 图像加载到影片剪辑中，即可为剪辑添加 onLoad 事件，让影片下载时触发动作。

帧事件：帧事件就是发生在时间轴帧上的事件（即在主时间轴或影片剪辑时间轴上，当播放头进入关键帧时会发生系统事件）。帧事件可用于根据时间的推移（沿时间轴移动）触发动作或与舞台上当前显示的元素交互。例如在时间轴第 20 帧插入关键帧，并在此关键帧中添加“stop()”代码，那么当播放头移动到第 20 帧时，就会停止播放。

3.【行为】面板

通常，可以在文件中选择一个触发对象（如影片剪辑或按钮），或者选择一个关键帧，然后通过【行为】面板添加行为，如图 10-71 所示。当用户添加行为后，【行为】面板将显示该行为的事件与动作，如图 10-72 所示。

> **提示** 行为仅在 ActionScript 2.0 及更早版本可用，在 ActionScript 3.0 中是不可用的。

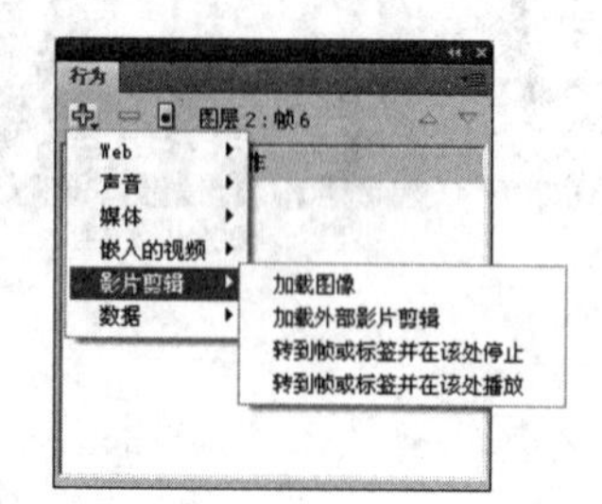

图10-71 通过【行为】面板添加行为

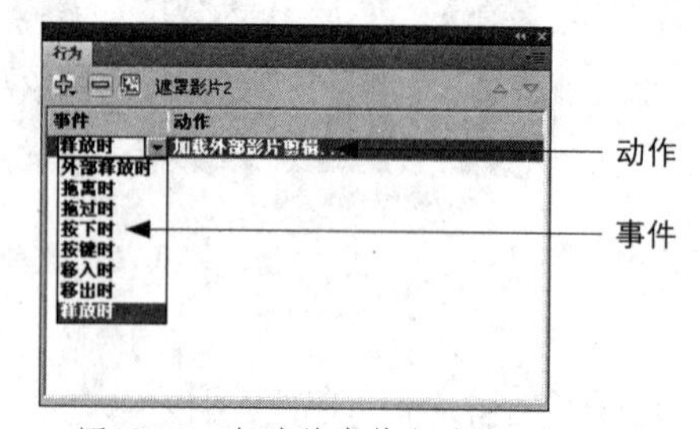

图10-72 行为的事件和动作

同时，添加的行为所产生的脚本代码会显示在【动作】面板上，如图 10-73 所示。

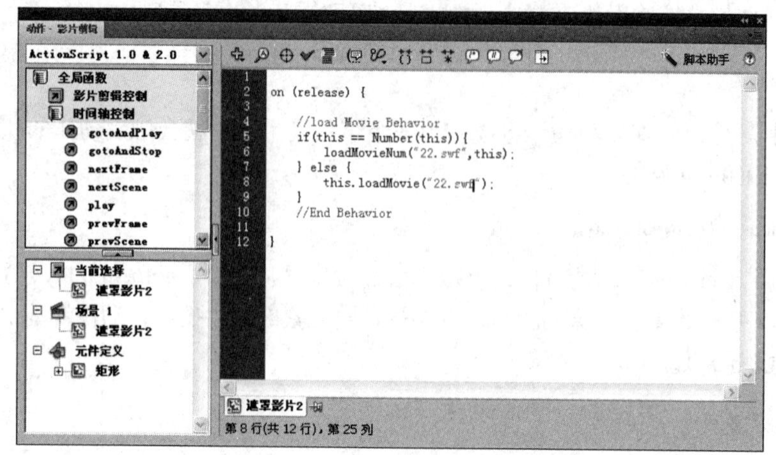

图10-73 行为的脚本显示在【动作】面板上

10.5.3 滑动公告动画的脚本解析

在本章10.4节的公告动画中，利用了动作脚本来制作广告影片剪辑滑动的效果。下面将针对该例应用的动作脚本进行详细的解析。

1. 应用在空白影片剪辑上的动作脚本

```
onClipEvent (load) {
// 使用 condit 排列声明。
    condit = new Array();
    condit[0] = "btn0";
    condit[1] = "btn1";
    condit[2] = "btn2";
// 在 condit[0]、condit[1]、condit[2] 中分别保存 btn0、btn1、btn2。
    num = 3;
// 变量 num 的值等于 3，表示例子中使用的按钮（影片剪辑元件）个数。
    condit = new Array(0，1，1);
// 变量 condit 的值等于排列（0，1，1）的值，表示第 1 个影片载入时的各个按钮状态。0（假）的时候，按钮是打开状态；1（真）的时候，按钮是关闭状态，即当影片运行时，除使用第 1 个按钮的影片剪辑元件（btn0）为打开状态以外，其他按钮（btn1、btn2 广告影片剪辑）均为关闭状态。
    openM = new Array(35, 60, 86);
// 变量 openM 的值等于排列（35，60，86）的值，表示各个按钮（广告影片剪辑元件）关闭时的坐标值，即当第 1 个影片剪辑元件 mc1（实例名为 btn0）打开时，它的 Y 坐标值是 35；第 2 个影片剪辑元件 mc2（实例名为 btn1）打开时，它的 Y 坐标值是 60；第 3 个影片剪辑元件 mc3（实例名为 btn2）打开时，它的 Y 坐标值是 86。
    closeM = new Array(157，184，212)；
// 变量 closeM 的值等于排列（157，184，212）的值，表示各个按钮（广告影片剪辑元件）关闭时的坐标值，即当第 1 个影片剪辑元件 mc1（实例名为 btn0）关闭时，它的 Y 坐标值是 157；第 2 个影片剪辑元件 mc2（实例名为 btn1）关闭时，它的 Y 坐标值是 184；第 3 个影片剪辑元件 mc3（实例名为 btn2）关闭时，它的 Y 坐标值是 212。
    border = 0;
// 变量 border 的初始值等于 0。在例子中，border 变量表示各个影片剪辑元件的打开或关闭状态。当变量 border 的值等于 3 时，表示 3 个影片剪辑元件都处于打开状态；等于 2 时，表示只打开两个影片剪辑；等于 0 或 1 时，表示只打开一个影片剪辑元件，其他影片剪辑元件处于关闭状态。
    rate = 0.3;
}
// 变量 rate 表示影片剪辑元件滑入公告区的移动速度，数值越大，移动的速度越快。
onClipEvent (enterFrame) {
// 当帧运行时
    if (condit[border] == 0) {
// 如果变量 codit 的值为 0，则会运行下面的动作，反之则会运行 else 以下的动作。
        _root["btn"+border]._y += rate*(openM[border]-_root["btn"+border]._y);
// 各个影片剪辑元件加上变量 border 的 Y 坐标值（广告影片剪辑的 Y 坐标值）等于变量 openM 的值减去各个影片剪辑元件与变量 border(打开或关闭的状态)的 Y 坐标相加值，再乘以变量 rate 的值，与各个影片剪辑元件加变量 border 的 Y 坐标后的相加值。即变量 condit 的值为真时，各个影片剪辑元件的 Y 坐标值会以变量 rate 值的速率移动到变量 openM 中设置的位置上。
```

```
        } else {
            _root["btn"+border]._y += rate*(closeM[border]-_root["btn"+border]._y);
        }
```

//各个影片剪辑元件加上变量border的Y坐标值（广告影片剪辑的Y坐标值）等于变量closeM的值减去变量border（打开或关闭的状态）的Y坐标相加值，再乘以变量rate的值，与各个影片剪辑元件加变量border的Y坐标后的相加值。即变量condit的值为假时，各个影片剪辑元件的Y坐标值会以变量rate值的速率移动到变量closeM中设置的位置上。

```
        for (i=3; i>border; --i) {
```

//任意变量i初始值设置为3。当i大于border的值时，运行下面的动作，并每次都从i中减1。

```
            _root["btn"+i]._y += rate*(closeM[i]-_root["btn"+i]._y);
            condit[i] = new Array(1);
        }
```

//上面动作表示的意思是在依次关闭实例名为btn0、btn1、btn2的影片剪辑时，根据之前的变量closeM设置的位置而进行移动。在这个动作中，condit[i]=new Array(1)的值等于1时，会关闭除第一个广告影片剪辑以外的全部影片剪辑。

```
        for (i=(border-1); i>=0; --i) {
```

//任意变量i中设置的初始值等于变量border减去1后所得的值。当任意变量i大于等于0时具有真值（1），否则将具有假值（0）。具有假值之前，会一直运行下面的程序，并每次减去1。

```
            _root["btn"+i]._y += rate*(openM[i]-_root["btn"+i]._y);
            condit[i] = new Array(0);
        }
    }
```

//上面动作表示的意思是依此关闭实例名为btn0、btn1、btn2的影片剪辑元件时，根据之前的变量openM设置的位置而进行移动。在这个动作中，condit[i]=new Array(1)的值等于0时，会打开相关的影片剪辑。

2. 第二个公告影片剪辑标题按钮的脚本解析

```
on (rollOver) {
    _root.dum.border = 1;
    _root.dum.condit[1] = !_root.dum.condit[1];
}
```

//当鼠标移到按钮元件上时，实例名为dum的影片剪辑元件的border变量值等于1，即鼠标移到按钮上时，打开第二个公告影片剪辑元件。

3. 第三个公告影片剪辑标题按钮的脚本解析

```
on (rollOver) {
    _root.dum.border = 2;
    _root.dum.condit[2] = !_root.dum.condit[2];
}
```

//当鼠标移到按钮元件上时，实例名为dum的影片剪辑元件的border变量值等于2，即鼠标移到按钮上时，打开第二个和第三个公告影片剪辑元件。

10.6 作品欣赏

下面介绍几个网上商城的网站供读者参考，并针对网站的Flash效果进行简单的点评，以便让读者在设计时进行借鉴。

1. 韩国SPRIS服装商城

Spris 是韩国的时尚服装品牌，该品牌的服装充满青春气息，洋溢十足的时尚韵味，受到很多年轻人的喜爱。Spris 商城网站的整体设计维持韩国简洁、清新和时尚的设计风格。在导航条的设计上，使用了 Flash 动画处理，并将导航条分成两行，以展示更多的导航栏目。当浏览者将鼠标移到主导航条的按钮上时，该按钮即出现一种流光飞过的动画效果；当鼠标移到副导航条按钮时，即可打开对应栏目的导航二级菜单，如图 10-74 所示。

图10-74　SPRIS服装商城首页

除了导航条具有丰富的动画效果外，网站的广告动画也有很大的吸引力。该广告动画分成 3 个场景，每个场景在动画中以缩图显示成按钮，当将鼠标移到缩图上时，即显示该缩图的广告。另外，在不同广告的切换过程中，该动画应用了渐变效果，即第一个广告图渐变成透明，第二个广告图即出现。

此外，在商城的公告动画设计中，使用了同本例的滑动公告动画一样的技巧，即将鼠标移到公告图的标题按钮上时，该标题的公告即滑入公告区域，如图 10-75 所示。

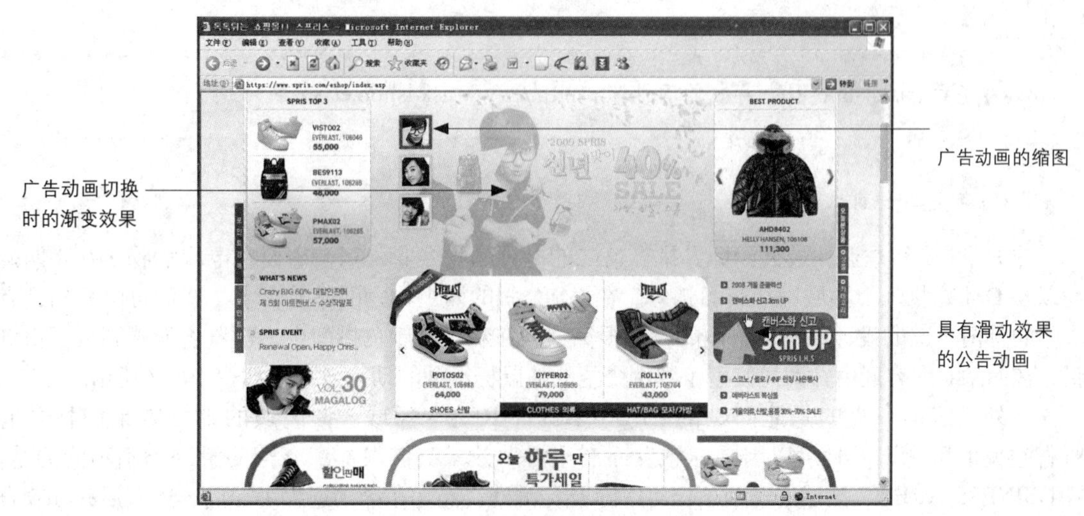

图10-75　SPRIS服装商城首页的广告动画和公告动画

提示 SPRIS 服装商城的网址为：http://www.yarischina.com/painter/。

2. ask4shop网上服装商城

ask4shop 网上商城是一个以销售各种品牌服装为主的网站。在这个商城网站的设计中，我们可以看到一些欧美网站的设计风格，例如简洁的导航条、简单而实用的页面布局、和谐的颜色配搭等。

在 ask4shop 网上商城中，用 Flash 制作的动画不多，但我们可以看到该站的大幅广告区使用了本例介绍的多遮罩转场效果，这种转场效果给本来动画不多的页面增添了许多动感，并能够很容易地吸引浏览者的目光，如图 10-76 所示。

图10-76　ask4shop网上服装商城首页

提示 ask4shop 网上商城的网址为：http://www.ask4shop.com/。

3. GS网上购物网站

韩国 GS 公司是亚洲最大、世界排名第二的电视购物专业公司，主要在电视购物，互联网购物以及 DM 购物 3 个领域进行商品销售。在 GS 公司的网上购物网站首页上，我们可以看到具有浓厚的韩国味道的设计风格，整体的设计很简洁，在和谐的颜色搭配中，浏览者能感到页面很舒服。在网站的内容区中，同样使用了本例介绍的随鼠标滑动的动画效果，如图 10-77 所示。

另外，值得一提的是此网站的“BUSINESS AREA”区域，该区域的动画效果同样具有节省空间的概念，同时可以因鼠标触发而产生滑动效果。但跟本章介绍的滑动动画不同的是，“BUSINESS AREA”区域的动画不仅可以随鼠标滑动，而且在滑动过程中，内容还有展开和收合的动画效果，比一般动画更具有动感，如图 10-78 所示。

图10-77 GS网上购物网站首页

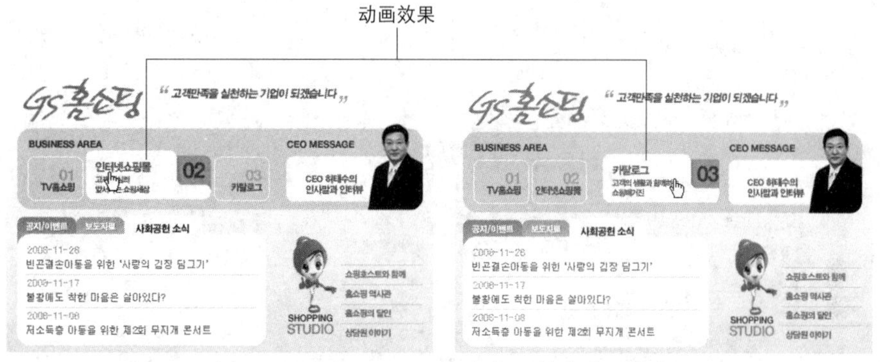

图10-78 “BUSINESS AREA”区域的动画效果

提示 GS 网上购物网站的网址为：http://company.gseshop.co.kr/index.jsp。

10.7 本章小结

本章以网上商城网站“Cavan 服饰网”为例，介绍了 Flash 在商城类网站设计中的应用，包括利用 Flash 制作动画导航效果、制作可以转场的广告动画、制作可以随鼠标滑动的公告动画等方法。

10.8 上机实训

实训要求：使用 10.2 节的成果文件作为练习素材，制作当鼠标移到按钮上时发出声音的效果。

操作提示：首先进入按钮元件的编辑窗口，然后新增一个图层，并在“指针移入”状态帧上插入关键帧，最后为该帧指定声音即可，操作流程如图 10-79 所示。

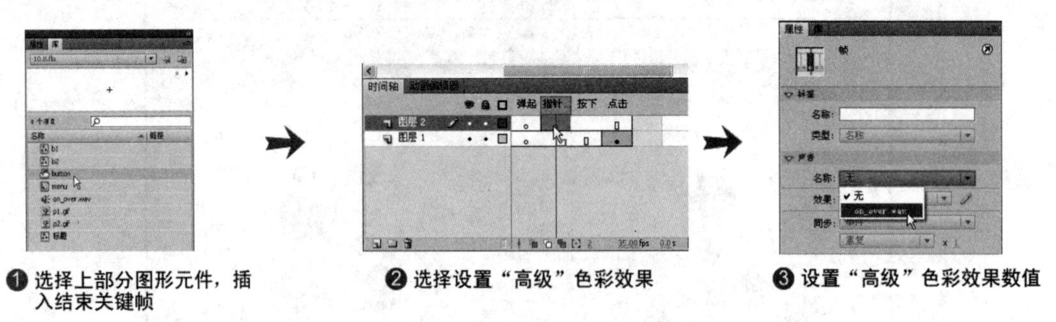

图10-79　上机实训题操作流程

第 11 章　动感汽车网站——福特蒙迪欧

本章以“福特蒙迪欧”汽车网站为例，详细介绍 Flash 在汽车网站上的应用。

11.1　福特汽车网——蒙迪欧汽车首页

11.1.1　汽车网站建设概述

汽车企业实现信息化，是指汽车企业在生产、管理、科研、经营等领域广泛利用计算机及网络技术，全方位地改造企业，通过对企业经营和管理活动的影响提高经济效益和市场竞争能力。

1. 汽车企业建站的好处

（1）提高企业知名度、塑造汽车品牌

Internet 具有交互、快捷、全球性、媒体特性等优势，对于提高企业知名度、树立企业品牌形象，提供了有利的条件。同时，互连网是一个良好的宣传平台，汽车企业可以通过现代媒体进行广泛宣传，注册并建立自己的网站，将公司的各类信息发布到网上，并将公司网站注册到各类网络搜索器上，使国内外广大用户通过 Internet 查询企业资料，及时了解汽车的最新信息。

（2）达到汽车品牌营销和传播的目的

信息经济是注意力的经济，在势均力敌的商业环境中，企业之间的竞争筹码不相上下，产品的差异化可以在极短的时间内消除，配销方式与渠道也很容易遭到竞争者的效仿，并且产品的成本由于进货渠道的畅通与透明，竞争者之间也不会有太大的差异，因此，能够产生利益差异化的营销手段，开始集中于流通与传播领域。传播的目的之一就在于吸引大众的注意力，并以此增强企业提供的产品与服务的品牌效应。在消费者实际购买汽车的过程中，消费者的购买依据已经不单单是产品设计、价格、配销等营销策略的组合，而更多在于汽车品牌的价值、商誉、服务以及消费所带来的风险分担等。在网络商业模式的品牌策略中，营销就是传播，沟通与传播将成为网络的营销的主力。因此，为企业的汽车品牌建立一个专属的网站是必不可少的。如图 11-1 所示为雪佛兰景程汽车的官方网站。

2. 汽车网站建设的分析

（1）建站的需求

在汽车企业推出新系列的汽车产品前，通常会进行大量的宣传，以提高汽车产品的知名度。其中网络传播是一个重要的途径，因此汽车企业会针对某个系列的汽车产品建设一个时尚、庄重、活泼、规范并且功能全面的网站，让潜在客户通过网站了解汽车产品，便于汽车正式推出时获得好的销量。

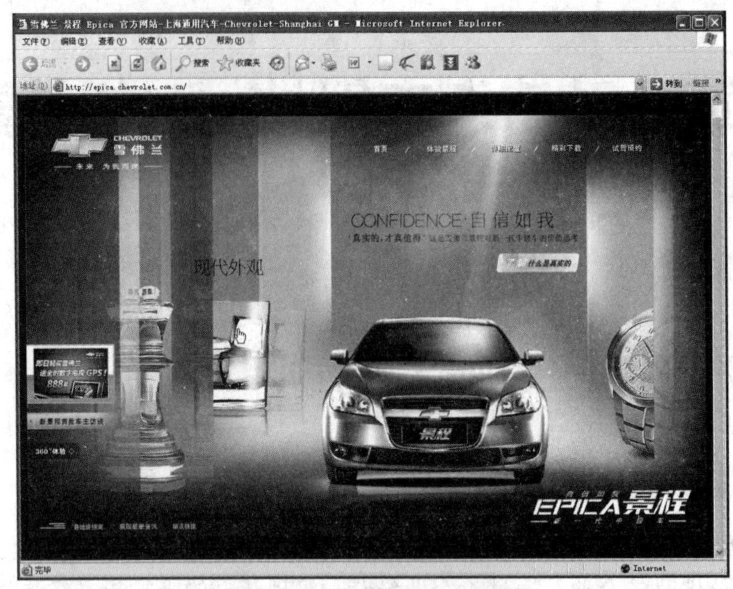

图11-1　雪佛兰景程汽车网站

（2）网站定位

所谓网站定位就是网站在Internet上扮演什么角色，要向目标群（浏览者）传达什么样的核心概念，通过网站发挥什么样的作用。因此，网站的定位相当关键，换句话说，定位是网站建设的策略，网站架构、内容、表现等都围绕定位展开。一般汽车网站定位如下：

① 结合企业文化特色和汽车产品特色，树立汽车品牌形象。

② 搭建具有多元化的网站互动平台，让客户更多了解产品。

③ 建立完善的网上服务系统和用户管理系统。

④ 整合企业的产品、服务，尽可能地展示汽车的优越性。

3. 汽车网站设计建议

（1）网站信息布局

汽车网站的主体信息结构及布局应该依照汽车产品的特性展开，它是总体网站的框架，所有的内容都会以此为依据，清晰、明了的布局会使浏览者方便快捷地取得所需信息。

（2）网站页面的设计

网站的页面设计需要符合汽车产品的定位，例如商务车，可以使用比较偏商务风格的设计手法。网站的整体风格不仅要符合汽车产品定位，还需要有良好的创意，才能吸引浏览者。建议采用现今网络上最流行的CSS、FLASH、JavaScript等技术进行网站的静态和动态页面设计。比如动态的按钮，活动的小图标，优美协调的色彩配以悦耳的背景音乐，将会使浏览者留下深刻的印象。

（3）网站首页的设计

首页设计秉承简约大方的设计理念，力求在有限的空间里面，用最短的时间把汽车产品的特色展现在浏览者面前。设计将让用户体验严谨而整洁，庄重而不失活泼，让人感觉紧凑与大气。

页面设计上，可以将常规的FLASH引导页面同网站首页融为一体，既能像引导页一样实现印象深刻的视觉冲击和汽车形象展示，又能不拘泥于此，直截了当地获取网站最新信息和核心内容，适应现在高效率和快节奏的工作、生活。整个页面设计以相关服务为核心，可使用多种展现手法，同时也要注重品牌、服务和企业三者之间的平衡性。

11.1.2 蒙迪欧网站首页展示

本章以福特蒙迪欧（MONDEO）——致胜汽车的网站设计为例，介绍关于汽车类的网站设计，以及相关 Flash 动画效果的制作。

福特蒙迪欧——致胜是一款中高档轿车，它体现动感设计和尊贵的享受，因此网站从汽车的特点出发，采用现代的动感设计手法，将整个网站首页用 Flash 来呈现，体现动感十足的网页效果。在颜色的处理上，主要采用黑、白、银配搭，这也是为了符合“现代”的设计主题。

在网站首页的 Flash 动画制作上，首先通过屏幕展示首要的显示效果，然后页面上的按钮、Logo、标题等内容相继以不同的动画效果出现，接着在屏幕中央播放汽车产品的宣传视频，并给视频中的汽车制作闪光的效果，以及播放视频前的 Loading 动画。为了增加网站的动感和视听效果，Flash 中还插入了背景音乐，且提供按钮让浏览者控制背景音乐的播放与停止，另外在首页的导航按钮中制作了雪花飞扬的动画特效，让整个网站动感十足。如图 11-2 所示为福特蒙迪欧（MONDEO）——致胜汽车的网站首页效果。（本例网页文件为：“..\Example\Ch11\MONDEO\mondeo.html”）

图11-2　福特蒙迪欧——致胜汽车网站首页

11.1.3 蒙迪欧网站首页制作

因为福特蒙迪欧——致胜汽车网站首页基本由 Flash 来制作，所以只要制作出首页的动画，然后将动画插入到网页上，再进行一些简单的设置，就可以完成首页的制作了。

1. 设计网站首页图像效果

制作网站前，先要构思好网站首页的效果，然后根据这个构思规划制作。构思不能只保存在脑里，还需要做出来。因此制作网站的第一步，使用图像设计软件设计出网站首页的大致效果，并将设计出的图像进行切割，以便后续用在 Flash 中作为制作素材。如图 11-3 所示为使用图像设计软件设计出的网站首页效果。

图11-3　设计网站首页效果

2. 插入网站首页动画

使用 Flash 制作好网站动画后，即可将动画插入到网页中。接着将光标定位在插入的 Flash 动画对象后，再通过【属性】面板的【CSS】项目设置对象对齐方式为【居中对齐】，如图 11-4 所示。

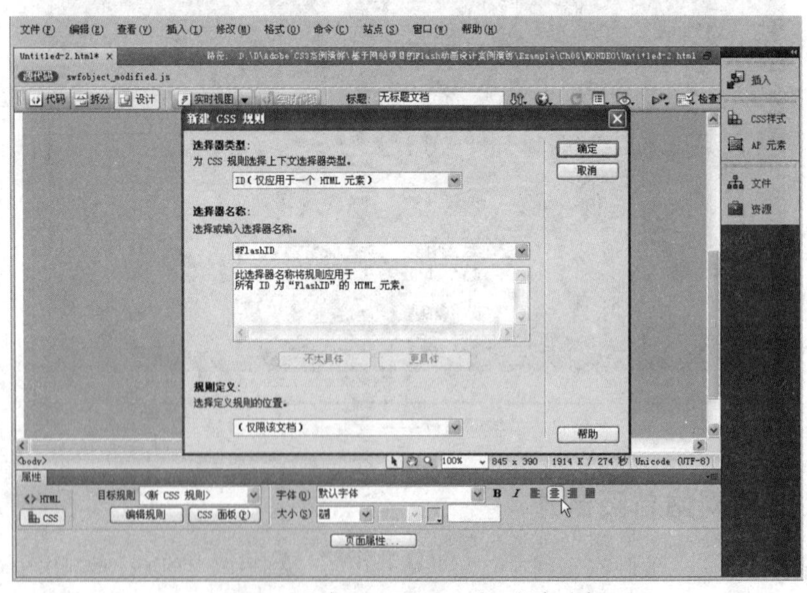

图11-4　通过CSS设置Flash动画居中对齐

插入 Flash 动画后，还需要通过【修改】|【页面属性】命令打开【页面属性】对话框，设置页面的背景颜色为【黑色】，最后保存网页文件。

11.1.4　首页动画效果的制作

本章介绍的福特蒙迪欧——致胜汽车网站首页完全使用 Flash 来制作，其中包括首页内容的出现动画、视频载入效果、汽车闪光效果、背景音乐控制效果、导航按钮的雪花飘动效果，下面针对这些动画效果进行简单的介绍。

1. 首页内容出现动画

网站首页的内容包括Logo、页首按钮、视频区边缘的图像等。这些内容制作成出现的动画很简单，只要通过创建传统补间动画的方式处理即可。

2. 视频载入动画

在本章介绍的汽车网站中，网站首页使用了一个汽车视频作为主要展示内容。所以制作首页动画时，需要将汽车视频导入，然后进行一些编辑处理。另外，视频载入动画还添加了Loading效果，让视频在下载时出现“下载中”的提示。如图11-5所示为网站首页载入视频的效果。

图11-5 视频载入动画

3. 汽车闪光效果

在视频载入并播放完毕后，本章首页动画专门为视频最后出现的汽车图像添加了遮罩效果，可以让汽车边缘产生闪光，如图11-6所示。

图11-6 汽车闪光动画效果

4. 背景音乐控制效果

为了增加网站的听觉效果，我们在网站首页的Flash动画中添加了背景音乐，并且在页面右上方制作了用于控制背景音乐播放和停止的按钮，如图11-7所示。

图11-7　控制背景音乐的播放和停止

5. 导航按钮的雪花效果

在网站首页动画的导航按钮制作中，添加了雪花飘散的效果。当浏览者将鼠标移到按钮上时，按钮即出现雪花四处飘散的效果，如图11-8所示。

图11-8　导航按钮上的雪花效果

11.2　制作首页内容出现的动画

制作分析

本例将制作网站首页动画中部分首页内容出现的动画，其中包括视频的边缘图像、Logo图像、功能按钮、标题内容等。当动画播放时，视频区域的上下边缘图像将分别展开，视频区域左右边缘的图像逐渐显示出来，然后Logo图像和功能按钮从舞台上方飞入舞台，最后页脚的文本从左右飞入舞台，如图11-9所示。

制作流程

首先通过创建传统补间动画，制作视频区域上下边缘图像的展开动画，再制作视频区域左右边缘图像的逐渐显示动画，接着制作Logo图像和功能按钮等元件从舞台上方飞入的补间动画，然后制作页脚文本从左右两边飞入舞台的补间动画。整个制作过程如图11-10所示。

图11-9 首页内容出现后的效果

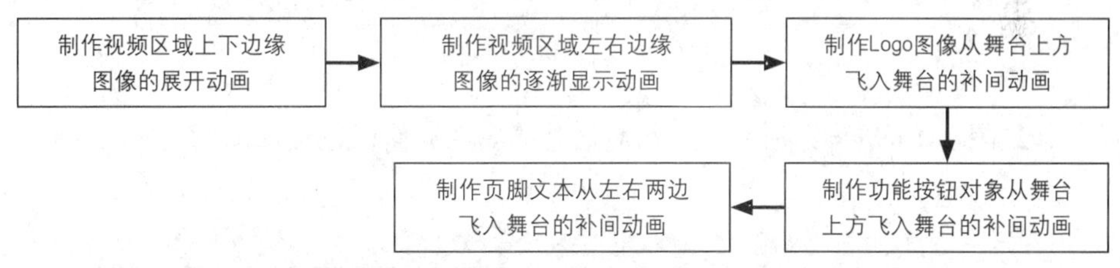

图11-10 制作首页内容出现动画的过程

上机实战 制作首页内容出现动画

01 在光盘中打开“..\Example\Ch11\11.2\11.2.fla”练习文件，分别在【top】图层和【down】图层第10帧上插入关键帧，然后分别将top图形元件和down图形元件移到舞台上方和下方，如图11-11所示。

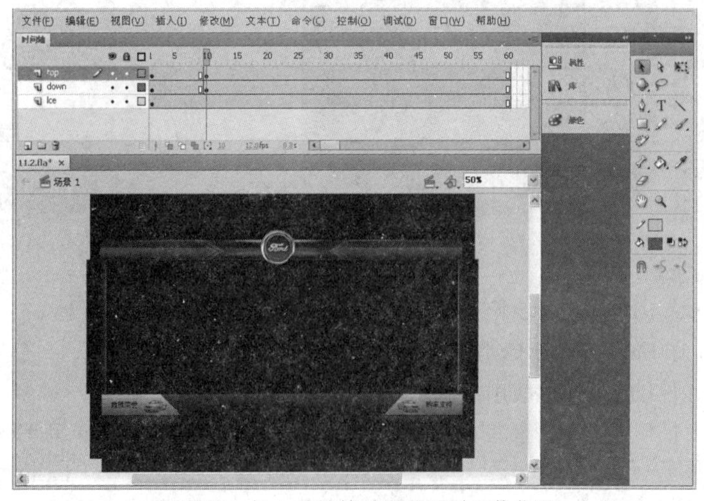

图11-11 插入关键帧并调整图形元件位置

02 同时选择【top】图层和【down】图层第1帧，单击右键从打开的菜单中选择【创建传统补间】命令，创建传统补间动画，如图11-12所示。

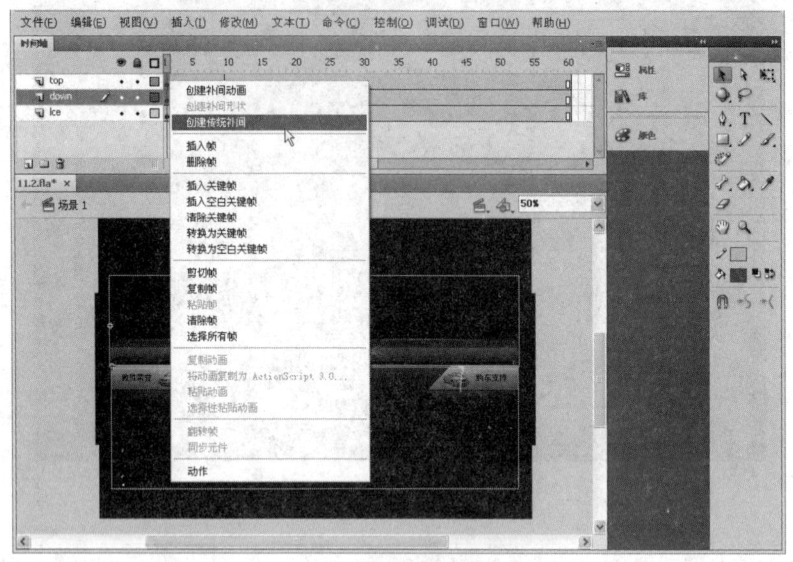

图11-12　创建传统补间动画

03 选择【lce】图层下的lce图形元件，然后通过【属性】面板设置该图形元件的Alpha为0%，如图11-13所示。

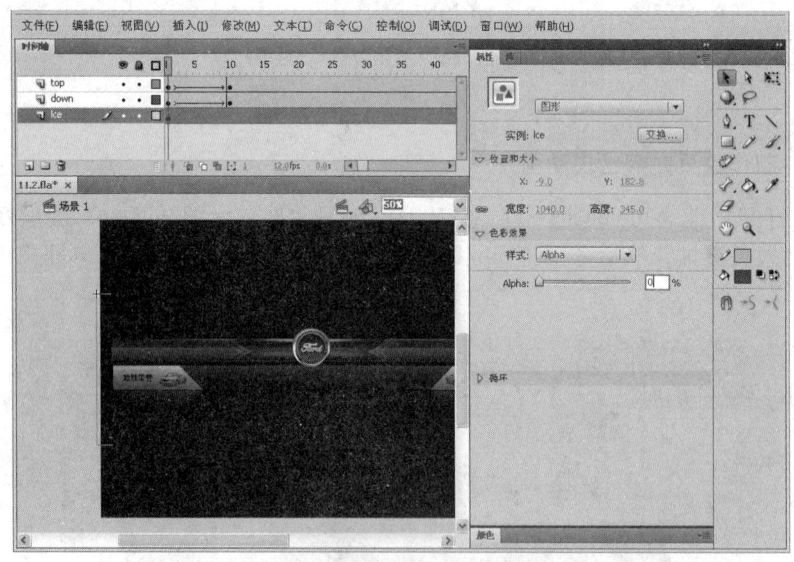

图11-13　设置lce图形元件的Alpha

04 在【lce】图层第10帧和第15帧上插入关键帧，然后选择该图层第15帧，并设置该帧下的图形元件Alpha为100%，接着选择第10帧，单击右键从打开的菜单中选择【创建传统补间】命令，创建lce图形元件的逐渐显示动画，如图11-14所示。

05 在【top】图层上方插入一个新图层并命名为【btn】，然后在图层btn第15帧中插入关键帧，接着分别将Logo图形元件、sound影片剪辑元件、close按钮元件、nav1图形元件拖入场景，最后同时选择这些元件并转换为名为【btn】的影片剪辑元件，如图11-15所示。

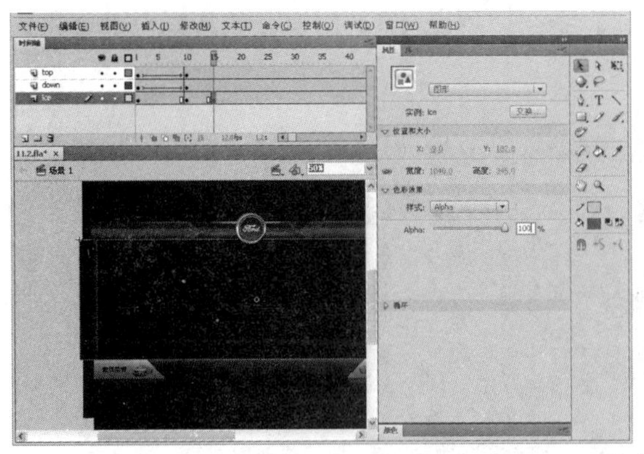

图11-14　创建传统补间动画

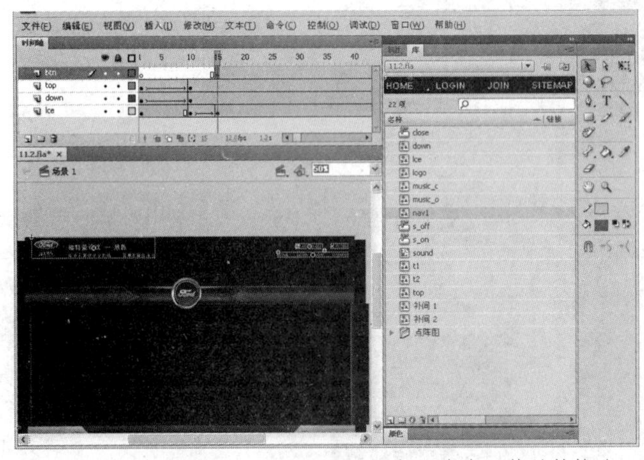

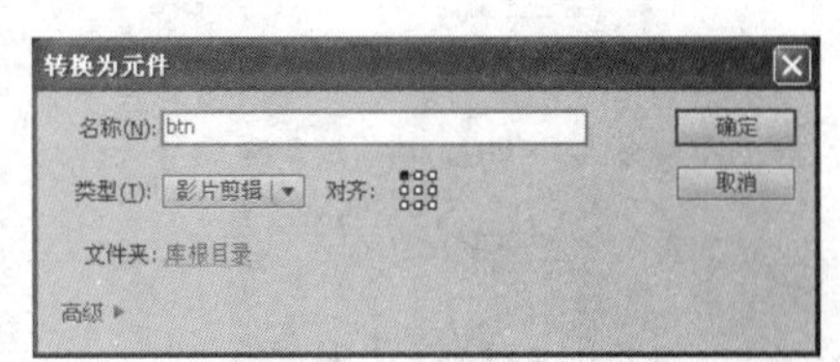

图11-15　加入多个元件并转换为一个影片剪辑元件

06 在 btn 图层第 25 帧上插入关键帧，然后将【btn】影片剪辑元件向下方移动，使之接近视频区域的上边缘，接着选择 btn 图层第 15 帧，并设置该帧下的影片剪辑 Alpha 为 0%，最后创建传统补间动画，如图 11-16 所示。

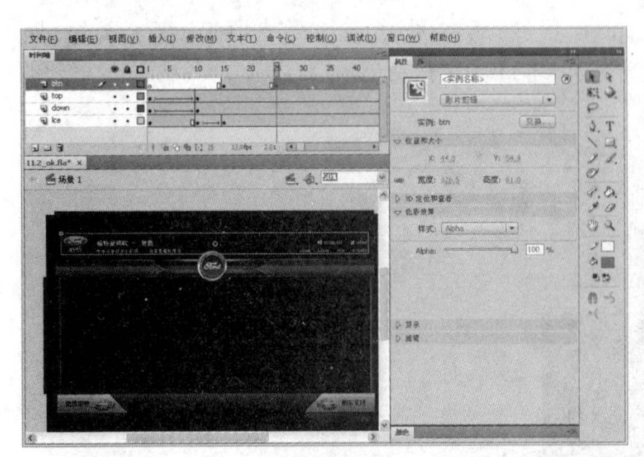

图11-16　创建【btn】影片剪辑元件向下方移动的补间动画

07 在 btn 图层上方插入一个新图层并命名为【text1】，然后在图层 text1 第 20 帧上插入关键帧，接着打开【库】面板，将【t1】图形元件加入场景，放置在舞台右侧，如图 11-17 所示。

08 在 text1 图层第 28 帧上插入关键帧，然后将【t1】图形元件移到舞台左边，接着选择第 20

帧，单击右键从打开的菜单中选择【创建传统补间】命令，创建【t1】图形元件从舞台右边飞入到舞台左边的动画，如图 11-18 所示。

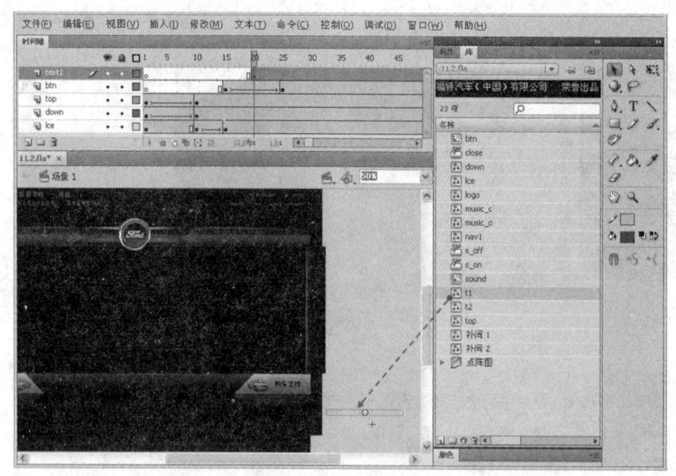

图11-17　插入图层并加入图形元件

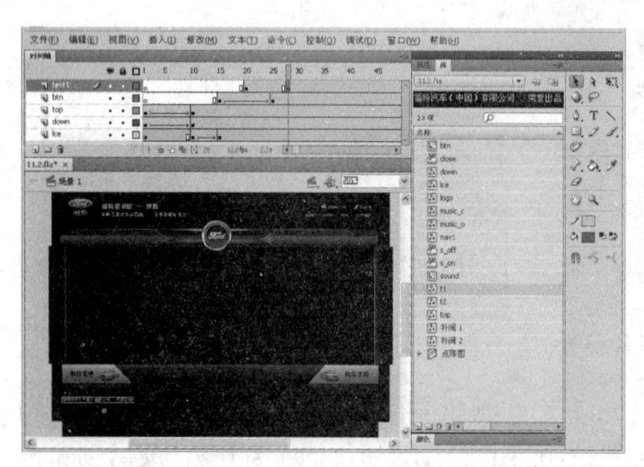

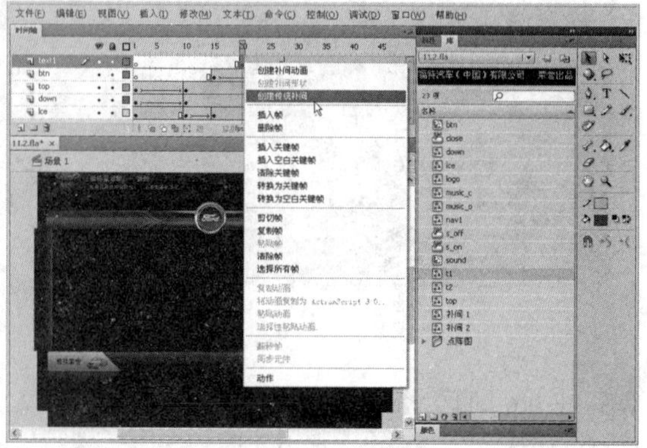

图11-18　创建【t1】图形元件的传统补间动画

09 在 text1 图层上方插入一个新图层并命名为【text2】，然后在图层 text2 第 24 帧上插入关键帧，并将【t2】图形元件拖入舞台，并放置在舞台左侧，如图 11-19 所示。

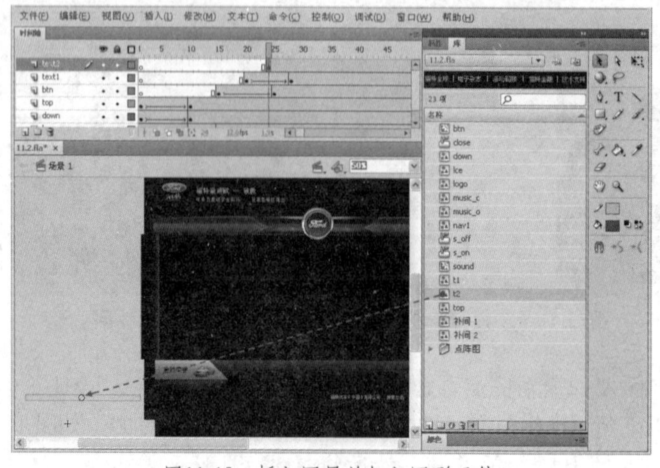

图11-19　插入图层并加入图形元件

10 在text2图层第30帧上插入关键帧，然后将【t2】图形元件移到舞台右边，接着选择该图层第24帧，单击右键从打开的菜单中选择【创建传统补间】命令，创建【t2】图形元件从舞台左边飞入到舞台右边的动画，如图11-20所示。

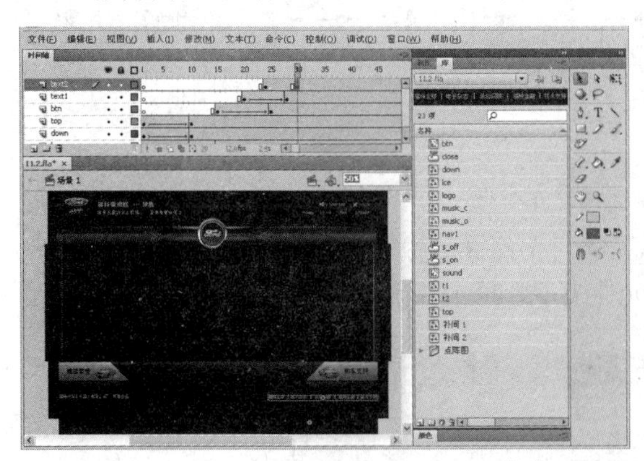
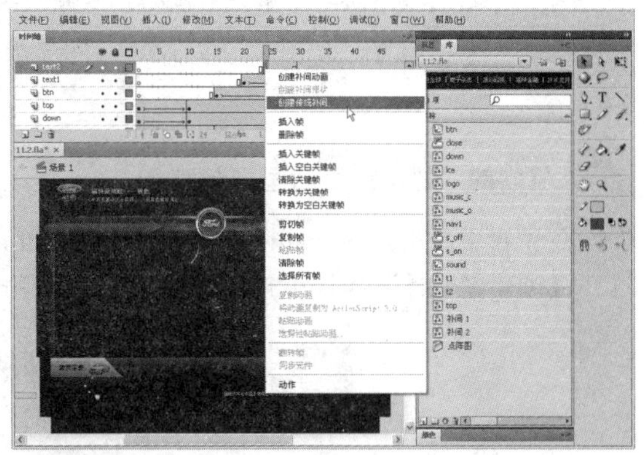

图11-20　创建【t2】图形元件的传统补间动画

11.3　制作首页动画的视频载入

制作分析

本例将把汽车展示的视频加载到首页动画中。因为原来的视频素材是AVI格式，所以导入Flash时需要将视频转换为FLV格式的影片，然后以嵌入的方式导入动画。此外，在动画中添加了Loading效果，当视频下载时，动画出现“loading…”提示；下载完成后，即播放视频，如图11-21所示。

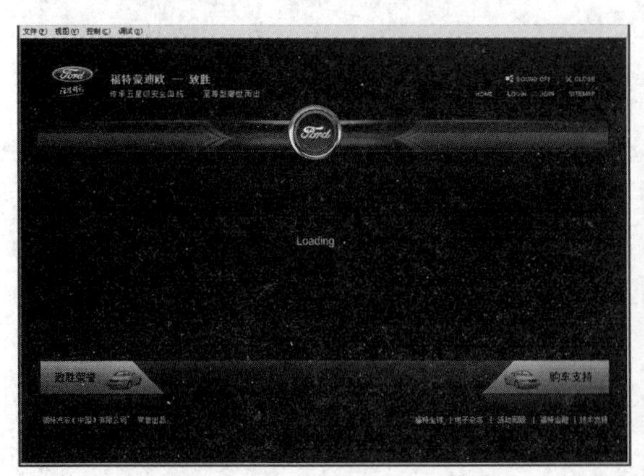

图11-21　首页动画的视频载入效果

制作流程

首先创建一个影片剪辑元件，并通过【导入视频】向导将视频转换为FLV格式的影片，再导入到Flash内，然后将包含视频的影片剪辑加入舞台的视频区域中，再制作渐变显示的动画效果，接着创建【loading】影片剪辑，并将该影片剪辑加入舞台，最后通过【动作】面板为【loading】影片剪辑添加计算视频下载的动作脚本，并为时间轴添加一个停止动作。首页动画的视频载入制作过程如图11-22所示。

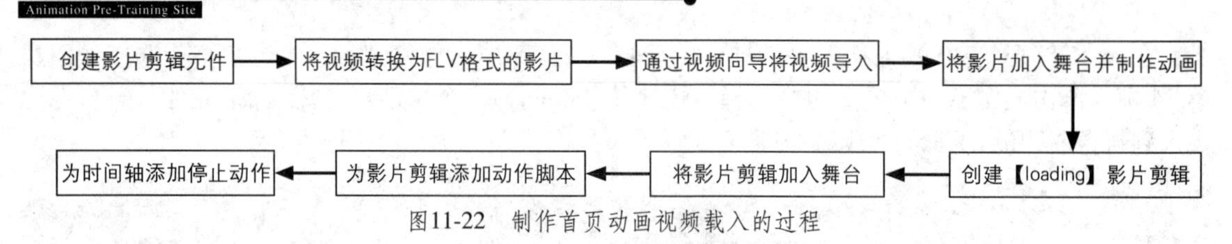

图11-22　制作首页动画视频载入的过程

上机实战　制作首页动画视频载入

01 在光盘中打开“..\Example\Ch11\11.3\11.3.fla”练习文件，选择【插入】|【新建元件】命令，打开【创建新元件】对话框后，设置元件名称和元件类型，单击【确定】按钮，如图11-23所示。

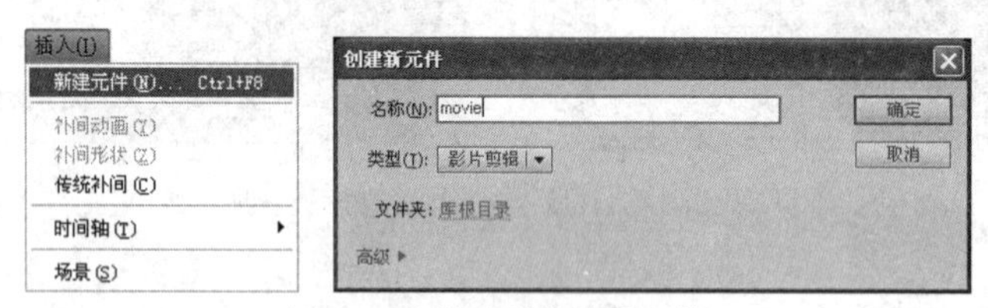

图11-23　创建影片剪辑元件

02 创建影片剪辑后直接进入元件编辑窗口，选择【文件】|【导入】|【导入视频】命令，打开【导入视频】对话框后，单击【浏览】按钮，在【打开】对话框中选择视频文件，最后单击【打开】按钮，如图11-24所示。

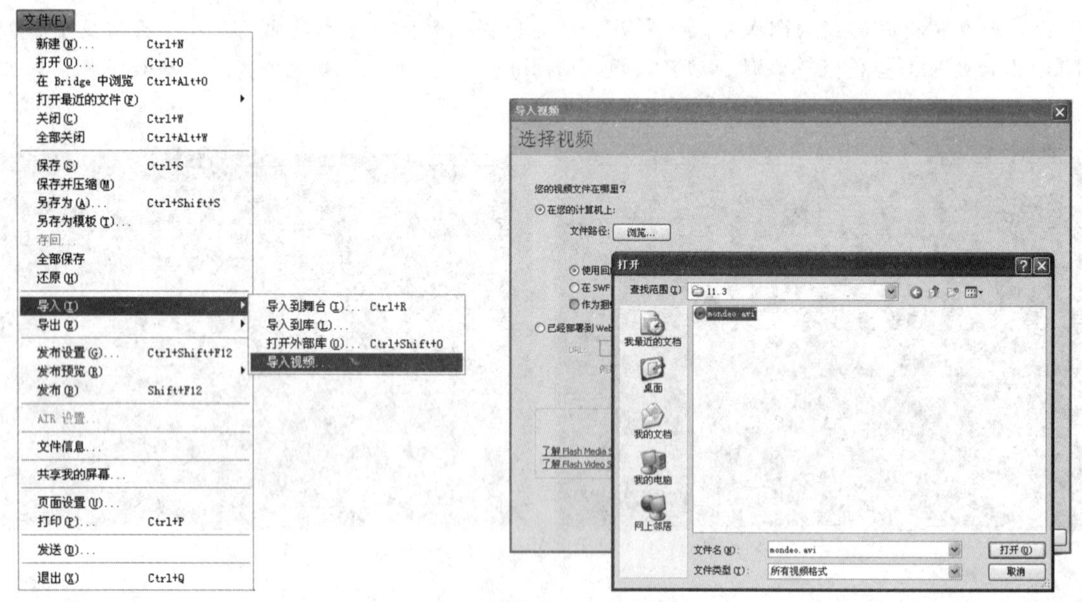

图11-24　选择需要导入的视频

03 选择导入的视频后，向导会弹出一个不受播放器支持，需要转换成FLV或F4V格式的提示对话框，此时单击【确定】按钮，以便将视频转换为FLV格式的影片，如图11-25所示。

04 单击【确定】按钮后打开一个提示对话框，单击该对话框的【确定】按钮，将会打开【Adobe Media Encoder】软件界面，并显示视频正等待开始新编码，此时单击【开始队列】按钮，如图11-26所示。

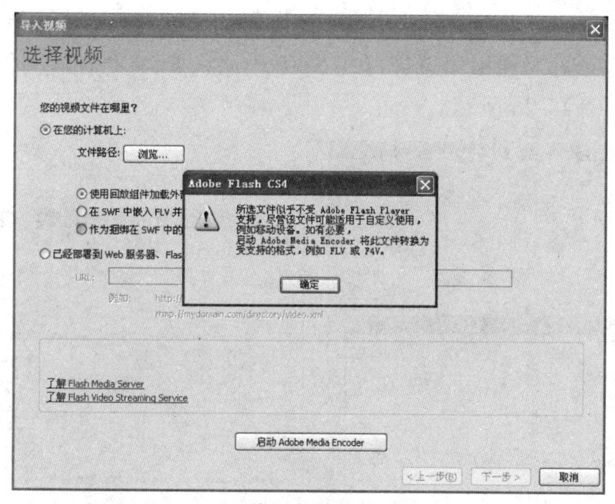

图11-25 将视频转换为FLV影片

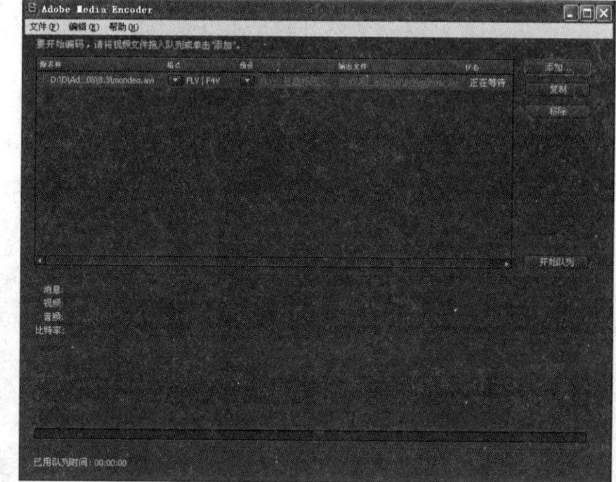

图11-26 开始对视频进行新编码

05 开始队列后，Adobe Media Encoder 将使用 MPEG 编码重新编组视频，完成后单击【关闭】按钮，如图 11-27 所示。

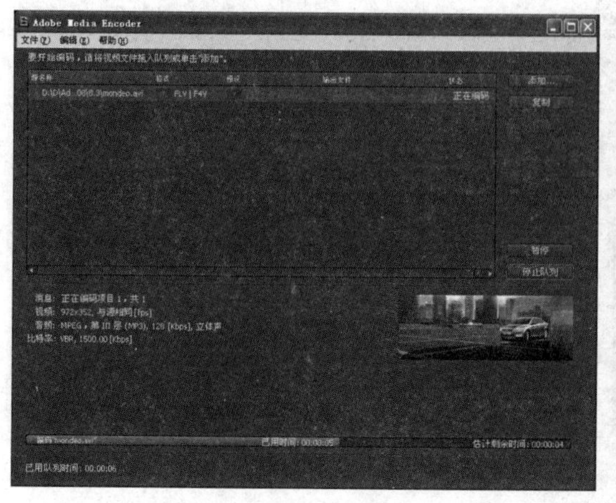

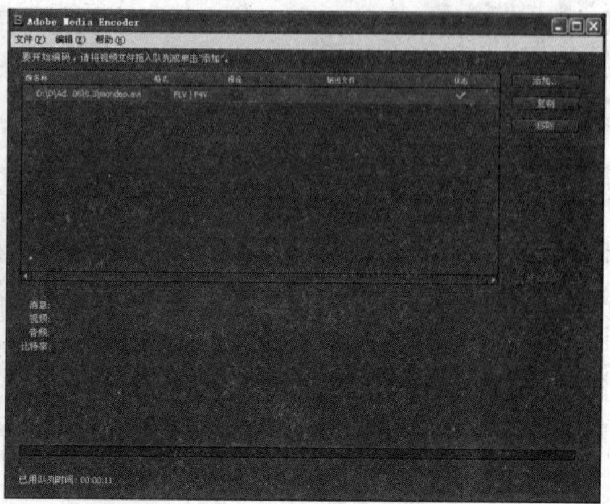

图11-27 对视频进行编码

06 返回【导入视频】对话框中，重新单击【浏览】按钮，在【打开】对话框中选择FLV格式的影片，然后在【导入视频】对话框中选择【在SWF中嵌入FLV并在时间轴中播放】单选项，单击【下一步】按钮，如图11-28所示。

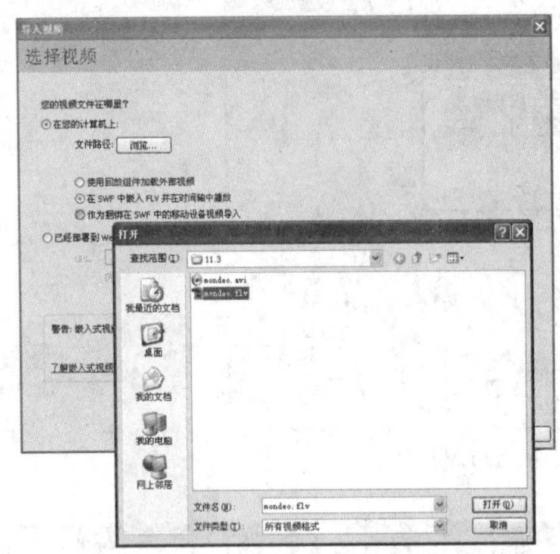

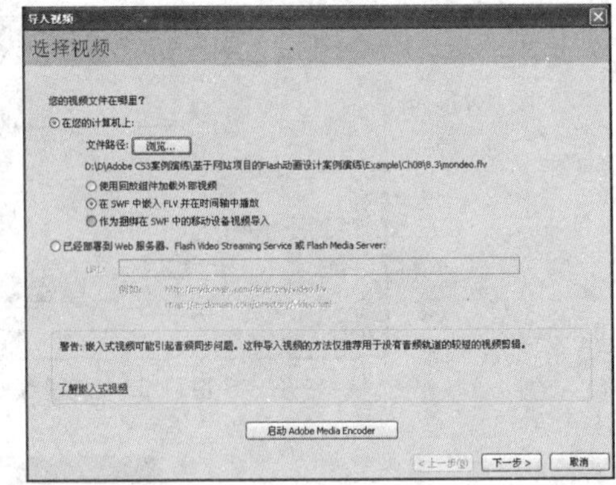

图11-28 导入FLV影片

07 显示【嵌入】设置界面后，选择符号类型为【嵌入的视频】，然后取消选择【包括音频】复选框，再单击【下一步】按钮，最后单击【完成】按钮，如图11-29所示。

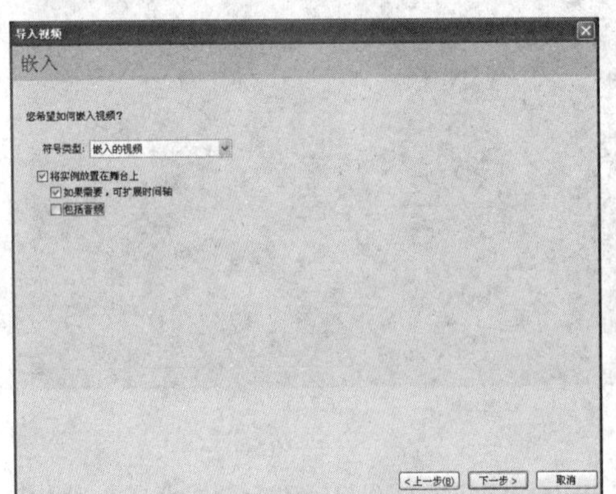

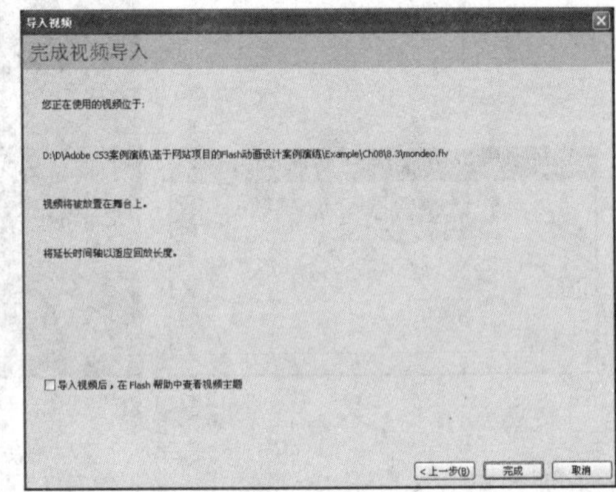

图11-29 选择嵌入选项并完成导入视频

08 将视频导入影片剪辑元件内后，在图层1上插入图层2，然后在图层2第116帧上插入关键帧，最后通过【动作】面板，为关键帧添加停止动作脚本，如图11-30所示。

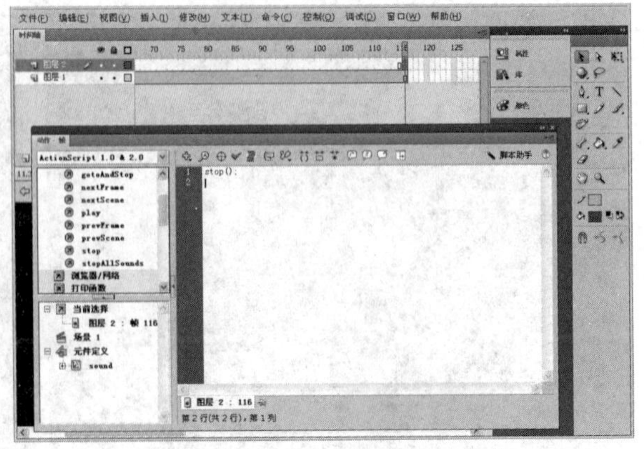

图11-30 插入图层并添加停止动作

09 返回动画场景中，在【Ice】图层上插入一个新图层并命名为【movie】，然后在该图层第10帧上插入关键帧，接着将包含视频的影片剪辑元件加入舞台，并放置在预定的视频区域上，最后在该图层第15帧上插入关键帧，再选择第10帧，设置该帧下影片剪辑元件的Alpha为0%，如图11-31所示。

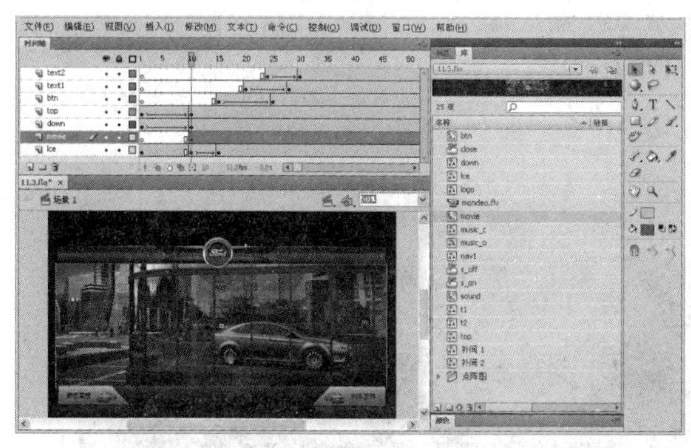
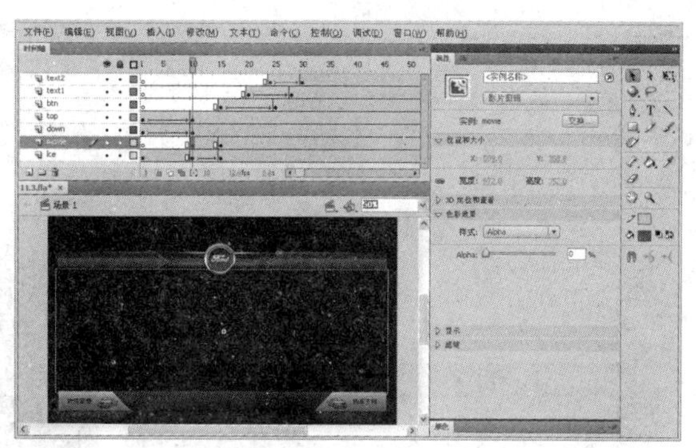

图11-31　将包含视频的影片剪辑加入舞台

10 将【movie】图层拖到【lce】图层下方，然后选择【movie】图层第10帧，单击右键从打开的菜单中选择【创建传统补间】命令，如图11-32所示。

11 双击【库】面板中的【lce】图形元件，然后选择【选择工具】，再利用该工具选择元件上覆盖在视频区域的图形，按下【Delete】键删除图形，如图11-33所示。

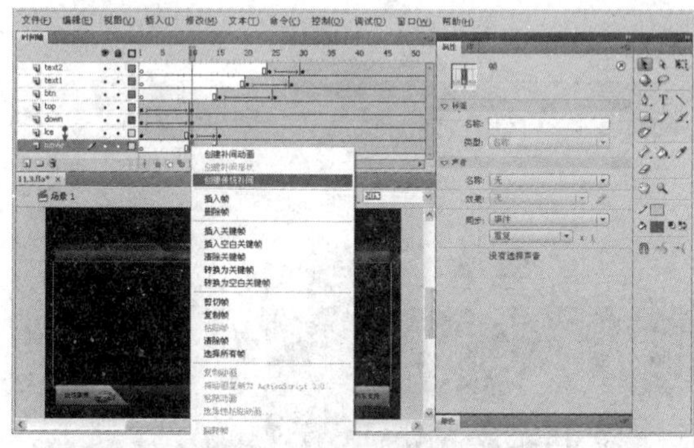

图11-32　创建传统补间动画

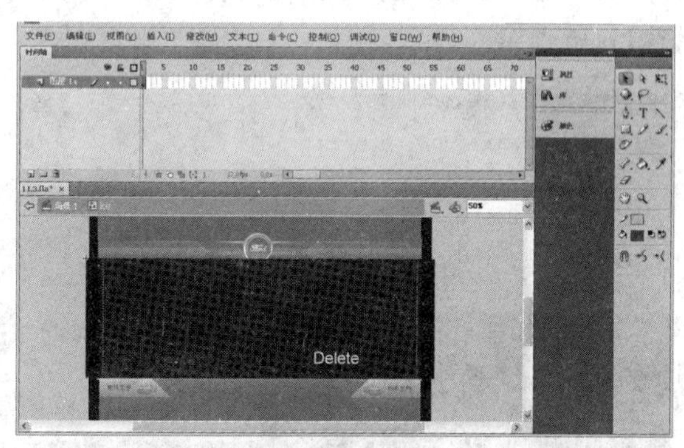

图11-33　删除【lce】图形元件覆盖视频区域的图形

12 返回场景中，此时可以看到包含视频的影片剪辑元件，双击该元件进入编辑窗口，然后选择图层1的视频帧，并将所有帧往后移动1帧，如图11-34所示。

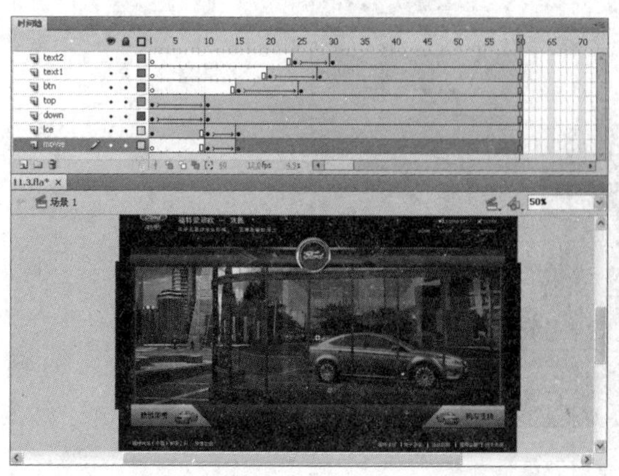
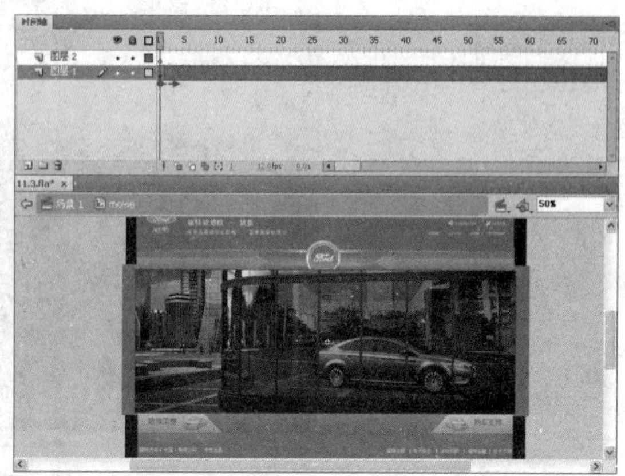

图11-34　调整视频帧的位置

13 选择【插入】|【新建元件】命令，打开【创建新元件】对话框后，创建一个名为【loading】影片剪辑元件，然后在该影片剪辑内输入“Loading”文本，并设置如图11-35所示的文本属性。

创建新元件
名称(N): loading
类型(T): 影片剪辑
文件夹：库根目录
高级
确定
取消

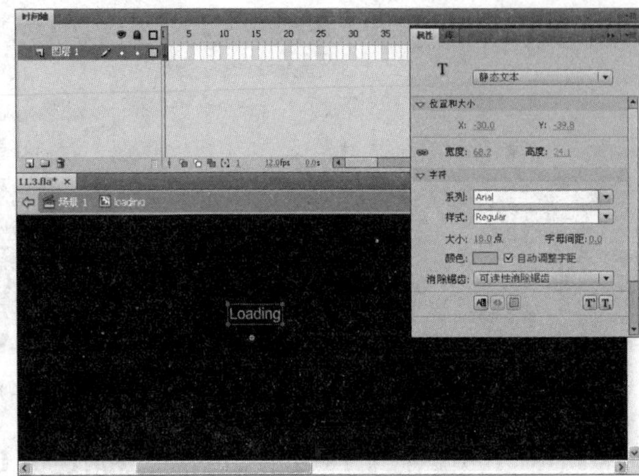

图11-35　创建影片剪辑元件并输入文本

14 在影片剪辑的图层1的第5帧上插入关键帧，然后在文本后添加3个点，使用相同的方法在第9帧、第13帧和第17帧插入关键帧，在每插入一个关键帧后即在文本后添加3个点，结果如图11-36所示。

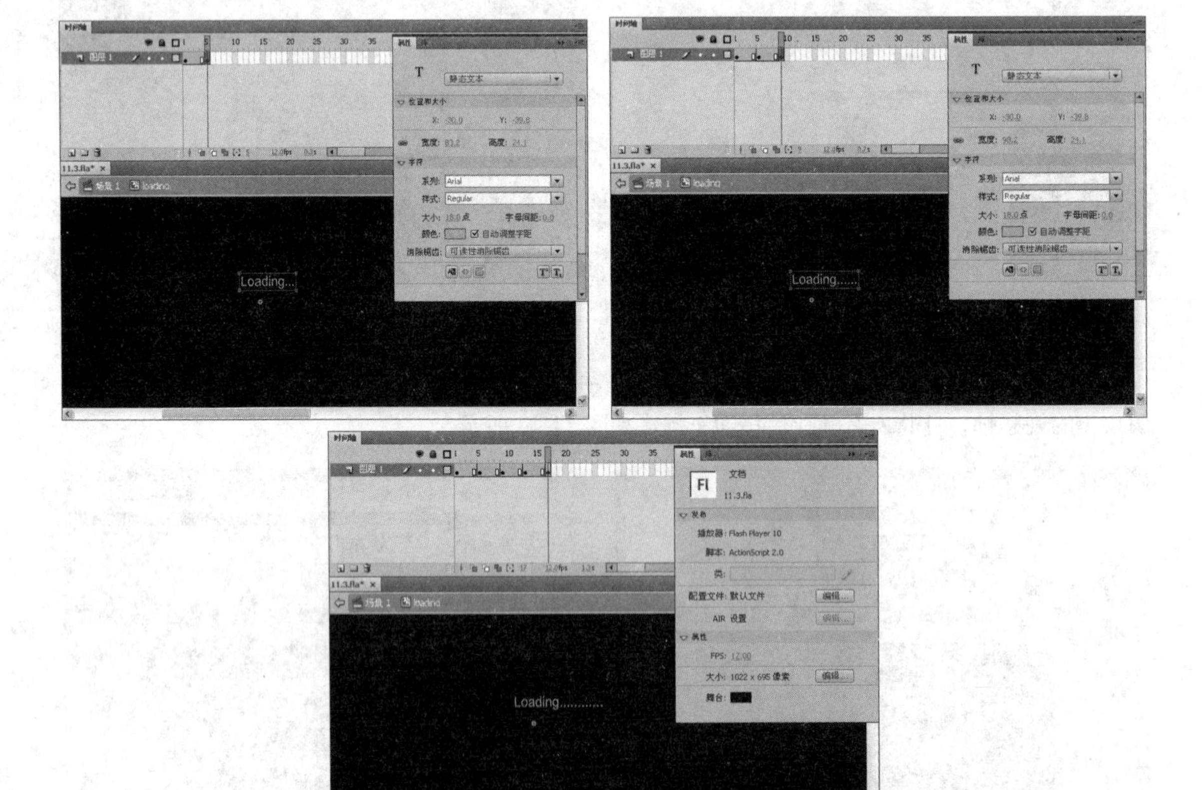

图11-36　插入关键帧并编辑文本

15 返回场景中，在【Ice】图层上插入一个新图层并命名为【loading】，然后在【loading】图层第30帧上插入关键帧，再将【loading】影片剪辑加入视频区域中间，接着在【loading】图层第31帧上插入空白关键帧，如图11-37所示。

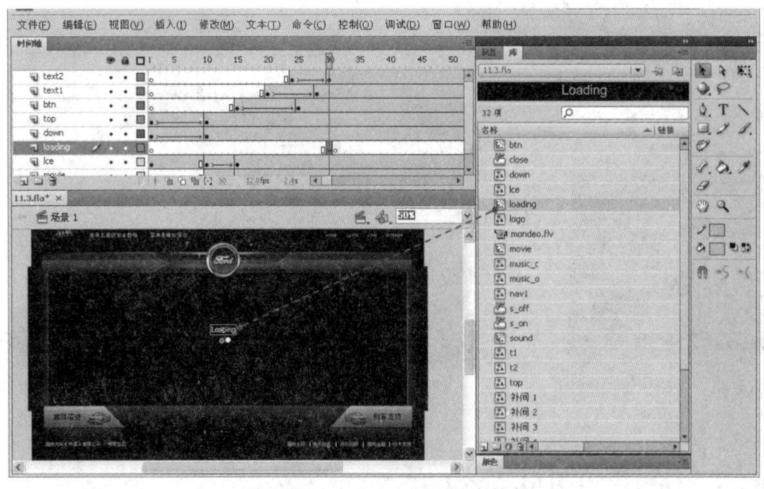

图11-37　加入loading影片剪辑

16 此时选择【movie】图层下的【movie】影片剪辑元件，然后打开【属性】面板，设置元件的实例名称为【mc】，如图 11-38 所示。

17 选择【loading】影片剪辑元件，然后按下【F9】功能键打开【动作】面板，输入以下代码，以通过动作脚本判断视频是否下载完毕，如图 11-39 所示。

```
onClipEvent (enterFrame) {
    var l = _root.mc.getBytesLoaded();
    var t = _root.mc.getBytesTotal();
    if (l<t) {
        _root.mc.gotoAndStop(1);
    } else {
        _root.mc.gotoAndPlay(2);
    }
}
```

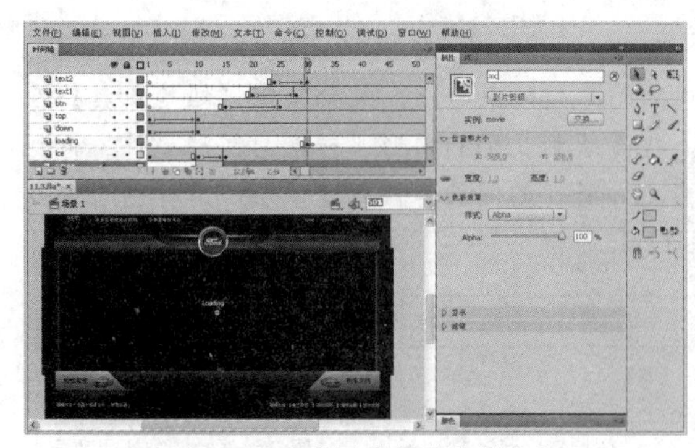

图11-38　设置影片剪辑的实例名称

图11-39　添加动作脚本

18 按住【Ctrl】键同时选择【lce】图层和【movie】图层第 10 帧和第 15 帧，然后将选中的帧移到第 31 帧上，如图 11-40 所示。

19 在 text2 图层上插入一个新图层并命名为【stop】，然后在该图层第 60 帧上插入空白关键帧，接着在该帧上添加停止动作脚本，如图 11-41 所示。

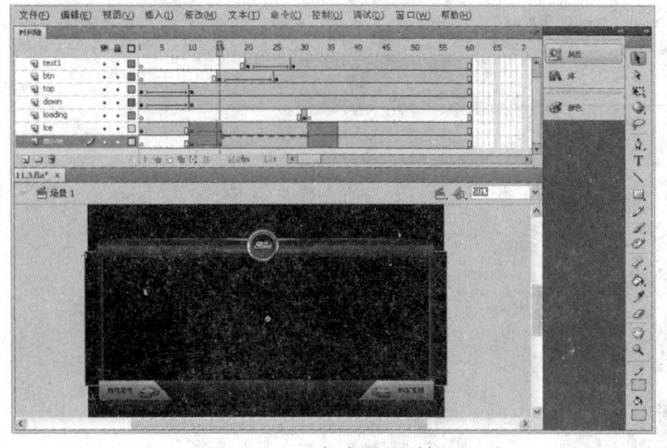

图11-40　移动动画帧

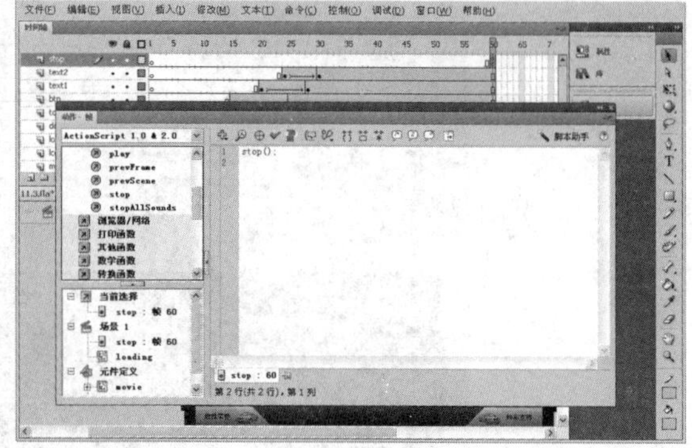

图11-41　插入新图层并添加停止动作

11.4　制作汽车图像的闪光效果

制作分析

本例将在网站首页的视频播放完毕后，为视频画面上的汽车图像制作闪光效果。在闪光效果的制作中，利用线条作为汽车边缘的光芒，然后将多个图形作为遮罩层对象，并使这几个图形在汽车图中上下移动，通过遮罩结合光芒的效果，就可以让汽车产生闪光，如图11-42所示。

图11-42　汽车图像的闪光效果

制作流程

首先创建一个影片剪辑元件，将该元件加入视频结束处的汽车上，然后使用【铅笔工具】在汽车边缘上绘制线条，制作线条产生光芒的效果，接着绘制多个椭圆形，转换为图形元件，再制作图形元件上下移动的传统补间动画，最后将图形元件所在的图层转换成遮罩层，其他图层变成被遮罩层。制作汽车图像闪光效果的制作过程如图11-43所示。

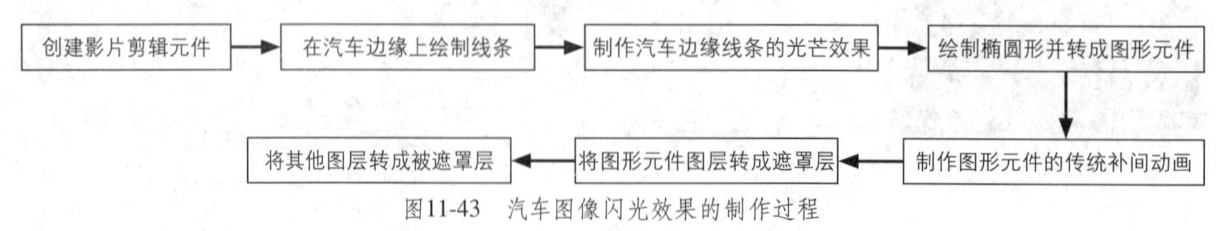

图11-43　汽车图像闪光效果的制作过程

上机实战　制作汽车图像的闪光效果

01 在光盘中打开“..\Example\Ch11\11.4\11.4.fla”练习文件，选择【插入】|【新建元件】命令，

打开【创建新元件】对话框后，设置元件名称和元件类型，单击【确定】按钮，接着在【库】面板中双击【movie】影片剪辑进入编辑窗口，最后插入一个新图层并在该图层第117帧上插入关键帧，再将创建的元件拖入舞台，如图11-44所示。

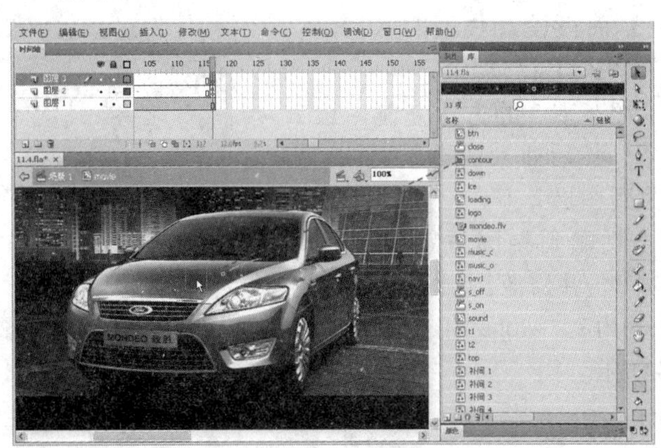

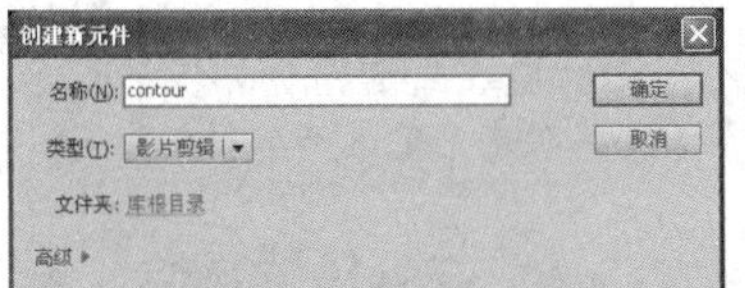

图11-44　创建新元件并将元件加入movie影片剪辑内

02 在movie影片剪辑内双击【contour】影片剪辑元件，进入该元件的编辑窗口，选择【铅笔工具】，并沿着汽车边缘绘制一条笔触大小为2像素的白色实线，如图11-45所示。

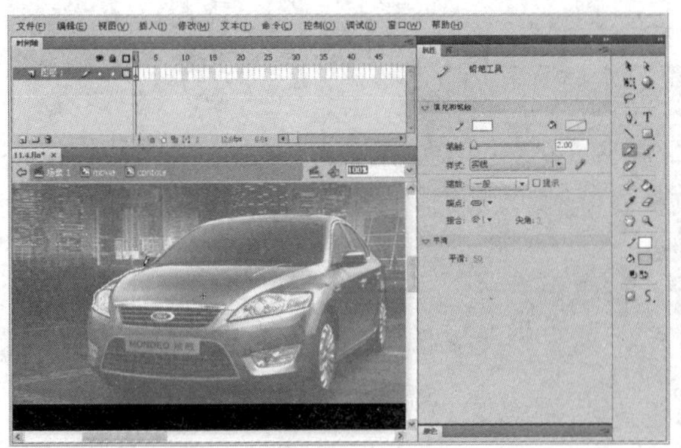

图11-45　在汽车边缘绘制线条

03 选择汽车边缘的线条，单击右键从打开的菜单中选择【复制】命令，复制线条后在时间轴上插入图层2，并将图层2移到图层1的下方，接着选择【编辑】|【粘贴到当前位置】命令，粘贴线条，如图11-46所示。

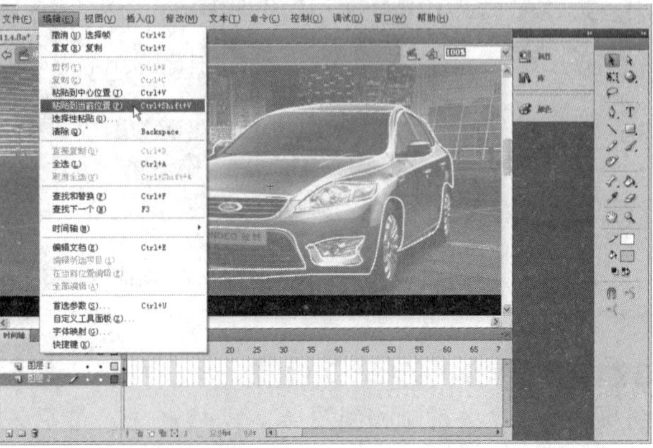

图11-46　复制并粘贴线条

04 将图层1隐藏，然后选择图层2上的线条，通过【属性】面板设置线条笔触的大小为6，再通过【颜色】面板设置线条的Alpha为60%，如图11-47所示。

05 按照步骤3的方法复制图层2的线条，然后插入图层3，并将图层3移到图层2下方，接着将复制的线条粘贴到相同位置，最后隐藏图层2，并修改图层3线条的笔触大小为9、Alpha为30%，如图11-48所示。

图11-47 修改图层2线条的笔触大小和颜色

图11-48 复制并粘贴线条，再修改线条属性

06 将隐藏的图层全部显示，即可让3个图层的线条组合起来呈现光芒，结果如图11-49所示。

图11-49 显示隐藏的图层的结果

07 选择图层2的第1个关键帧，然后将这个关键帧移到图层2第25帧上。使用相同的方法，将图层1第1个关键帧移到图层1第45帧上，最后分别为3个图层在第80帧上插入动画帧，如图11-50所示。

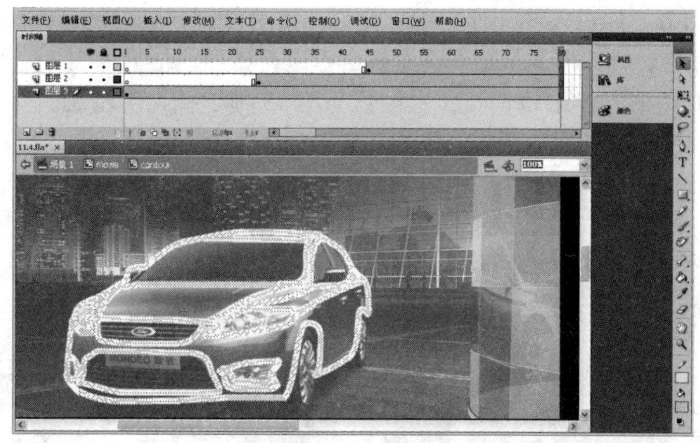

图11-50　移动关键帧并插入动画帧

08 在图层1上插入图层4，然后在工具箱中选择【椭圆形工具】，接着在汽车图像下方绘制一个白色的椭圆形，如图11-51所示。

图11-51　绘制一个椭圆形

09 在椭圆形上单击右键，从打开的菜单中选择【转换为元件】命令，打开【转换为元件】对话框后，设置元件名称为【mask】，类型为【图形】，单击【确定】按钮，如图11-52所示。

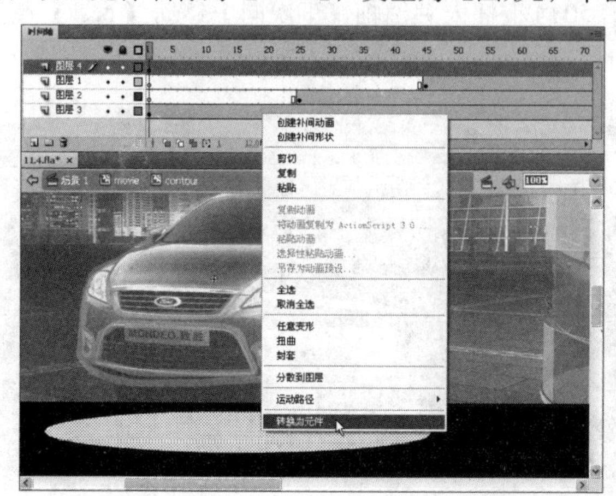

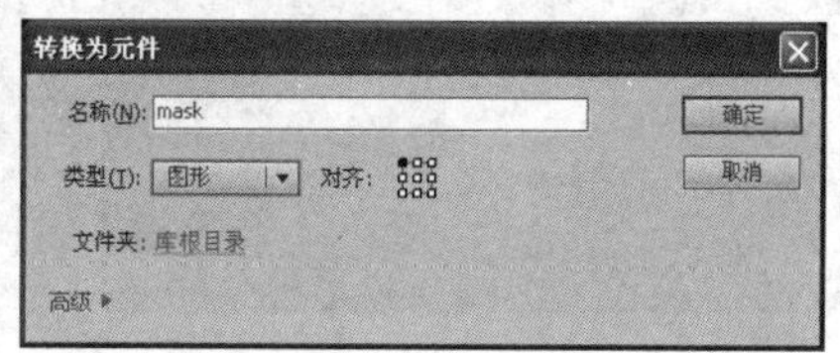

图11-52　将椭圆形转换为图形元件

10 双单【mask】图形元件进入该元件的编辑窗口，接着复制并粘贴两个椭圆形，然后使用【任意变形工具】变形和旋转椭圆形，最后对 3 个椭圆形进行排列，结果如图 11-53 所示。

11 返回【contour】图形元件编辑窗口，在图层 4 第 15 帧上插入关键帧，然后将【mask】图形元件往上移动，直到第 1 个椭圆形遮挡汽车的头部，如图 11-54 所示。

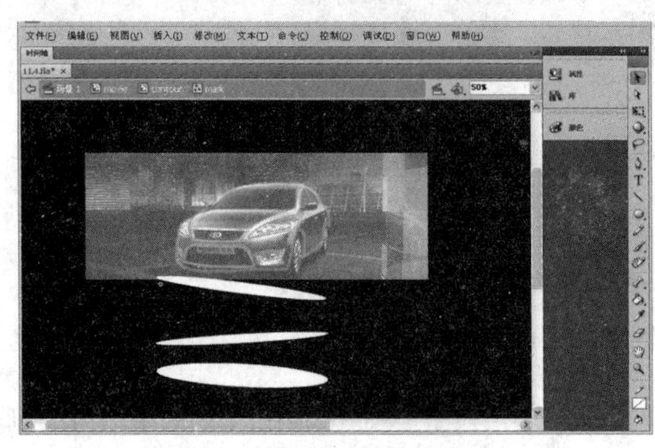

图11-53　编辑椭圆形后的结果

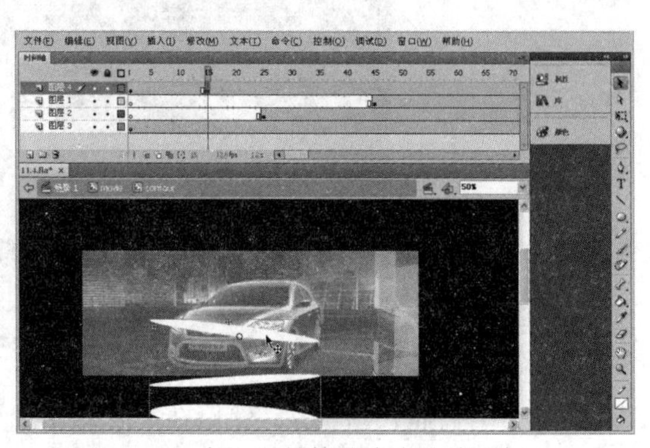

图11-54　插入关键帧并移动图形元件

12 在图层 4 第 25 帧上插入关键帧，然后将【mask】图形元件再次向上移动，接着在工具箱中选择【任意变形工具】，并使【mask】图形元件右边缘向上倾斜，如图 11-55 所示。

图11-55　插入关键帧并设置关键帧的图形元件状态

13 在图层 4 第 40 帧上插入关键帧，然后将【mask】图形元件向上移动，再使用【任意变形工具】向下倾斜图形元件，接着在图层 4 第 50 帧上插入关键帧，再次向上移动【mask】图形元件，如图 11-56 所示。

图11-56　插入关键帧并设置图形元件状态

14 在图层4第65帧上插入关键帧，然后将【mask】图形元件向下移动，再使用【任意变形工具】向上倾斜图形元件，接着在图层4第80帧上插入关键帧，再次向上移动和倾斜【mask】图形元件，如图11-57所示。

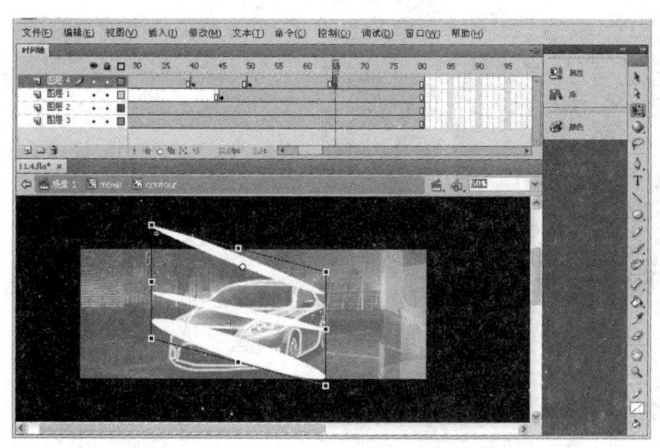

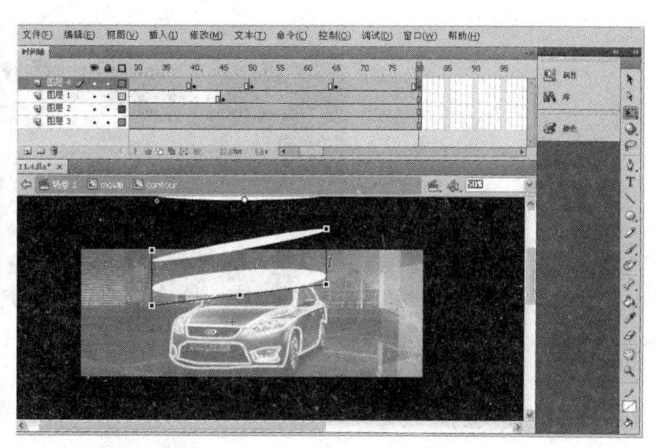

图11-57 插入关键帧并调整图形元件的位置和倾斜度

15 拖动鼠标选择图层4上各个关键帧之间的帧，然后单击右键从打开的菜单中选择【创建传统补间】命令，为【mask】图形元件创建传统补间动画，如图11-58所示。

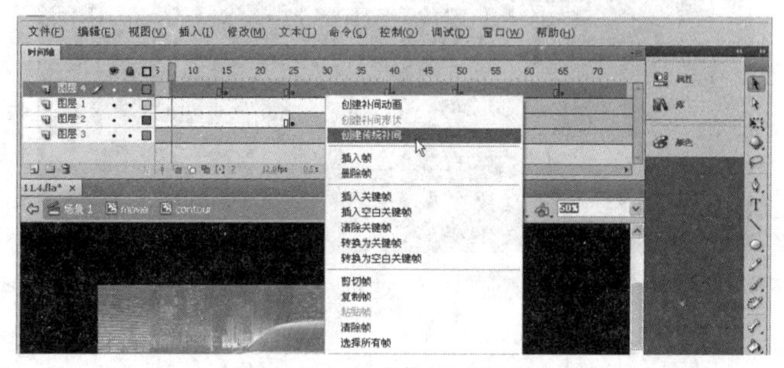

图11-58 创建传统补间动画

16 选择图层4，并在图层4上单击右键，在打开的菜单中选择【遮罩层】命令，将图层4转换成遮罩层，接着将图层2和图层3移到图层1下方，将这两个图层都转换为被遮罩层，如图11-59所示。

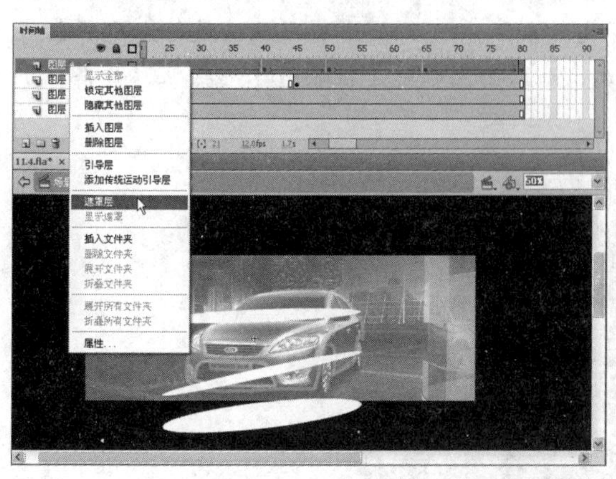

图11-59 将图层转换为遮罩层和被遮罩层

17 同时选择4个图层的第150帧，然后按下【F5】功能键插入动画帧，如图11-60所示。本步骤的目的是延迟【contour】影片剪辑循环播放的时间。

图11-60　插入动画帧

18 完成上述操作后，即可按下【Ctrl+Enter】快捷键播放动画，测试汽车的发光效果，如图11-61所示。

图11-61　播放动画

11.5　添加可控制的背景音乐

制作分析

本例将一个背景音乐导入Flash内，并通过行为加载音乐，从而让动画在播放时出现背景音乐。此外，为了让浏览者能控制音乐的播放和停止，在动画上添加了控制音乐的按钮，并添加了对应的行为，结果如图11-62所示。

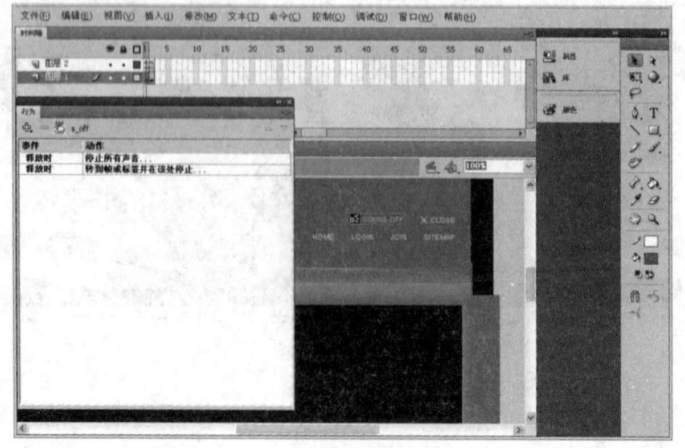

图11-62　浏览者可以通过按钮控制背景音乐的播放和停止

制作流程

首先将背景音乐的声音文件导入Flash，并设置链接属性，然后通过【从库加载声音】行为，将声音加载到动画上，接着分别为打开声音和关闭声音的按钮添加播放背景音乐和停止背景音乐的行为，最后为关闭按钮添加关闭动画的动作。可控制播放背景音乐的效果的制作过程如图11-63所示。

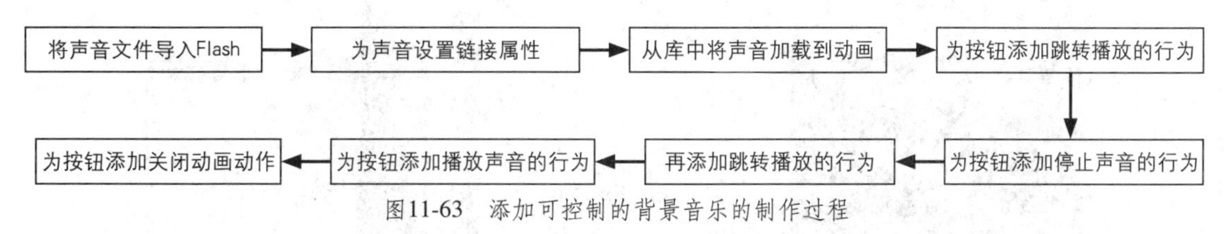

图11-63 添加可控制的背景音乐的制作过程

上机实战 添加可控制背景音乐

01 在光盘中打开“..\Example\Ch11\11.5\11.5.fla”练习文件，选择【文件】|【导入】|【导入到库】命令，打开【导入到库】对话框后，选择需要导入的声音文件，单击【打开】按钮，如图11-64所示。

图11-64 将声音导入到库

02 在【库】面板中选择导入的声音，然后单击右键从打开的菜单中选择【属性】命令，打开【声音属性】对话框后，单击【高级】按钮，接着选择【为ActionScript导出】复选框，并在【标识符】文本框中输入声音的标识符，最后单击【确定】按钮，如图11-65所示。

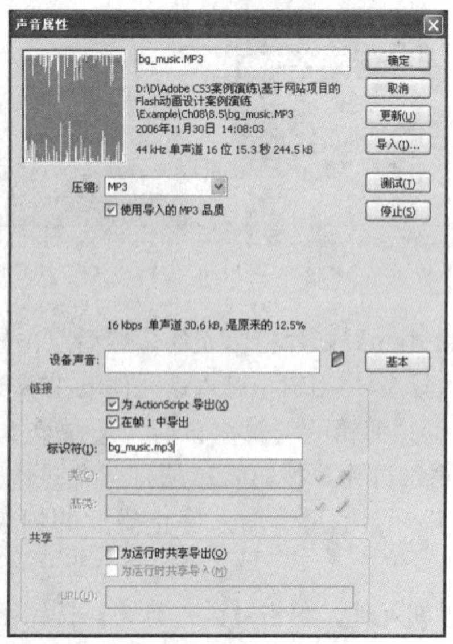

图11-65 设置声音的链接属性

03 在时间轴的【stop】图层上插入一个新图层并命名为【music】，选择【music】图层的第1帧，然后打开【行为】面板，单击【添加行为】按钮，从打开的菜单中选择【声音】|【从库加载声

音】命令，打开对话框后，输入链接ID并为声音设置一个实例名，最后单击【确定】按钮，如图11-66所示。

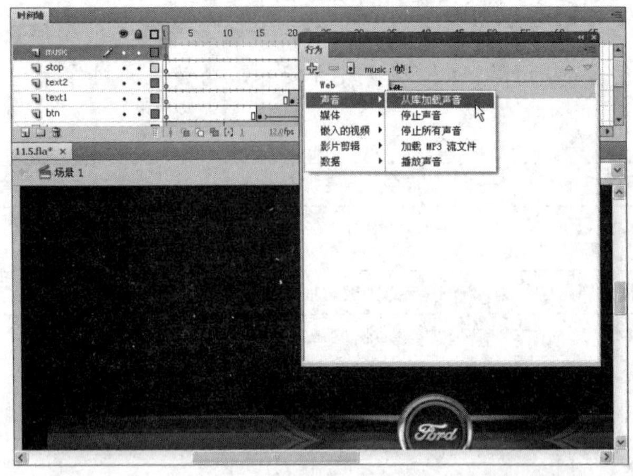
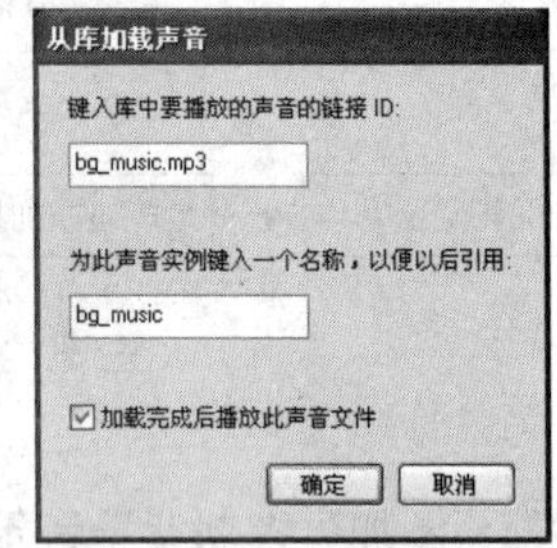

图11-66 加载声音

04 当添加加载声音的行为后，【动作】面板将出现对应的脚本代码。为了让背景音乐可以长时间循环播放，需要打开【动作】面板，将脚本代码中声音播放的次数更改为100，如图11-67所示。

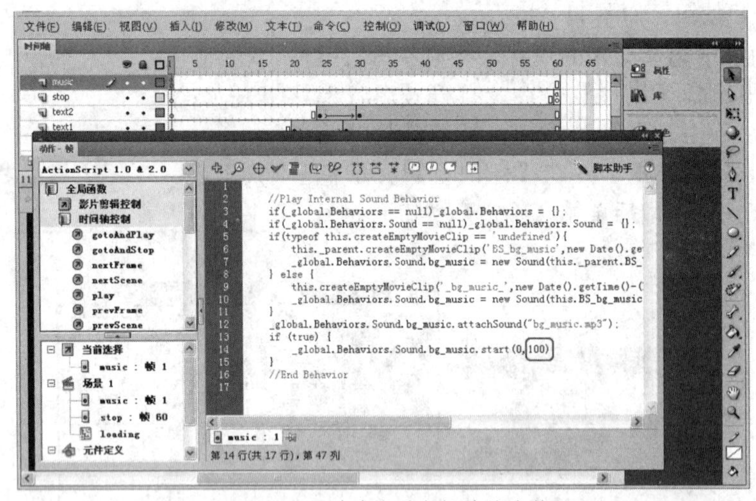

图11-67 更改声音重复播放的次数

05 选择舞台上方的【btn】影片剪辑元件，然后双击该元件进入影片剪辑的编辑窗口，接着双击影片剪辑内的【sound】影片剪辑，进入该元件的编辑窗口，如图11-68所示。

06 进入【sound】影片剪辑的编辑窗口后，选择第1帧上的【s_off】按钮元件，然后打开【行为】面板，单击【添加行为】按钮，从打开菜单中选择【影片剪辑】|【转到帧或标签并在该处停止】命令，打开对话框后，输入停止播放的帧为2，最后单击【确定】按钮，如图11-69所示。

07 选择【s_off】按钮元件，单击【添加行为】按钮，从打开菜单中选择【声音】|【停止所有声音】命令，打开对话框后，单击【确定】按钮，如图11-70所示。

08 在【sound】影片剪辑的编辑窗口中选择图层1第2帧，然后选择该帧下的【s_on】按钮元件，单击【添加行为】按钮，从打开菜单中选择【影片剪辑】|【转到帧或标签并在该处停止】命令，打开对话框后，输入停止播放的帧为1，最后单击【确定】按钮，如图11-71所示。

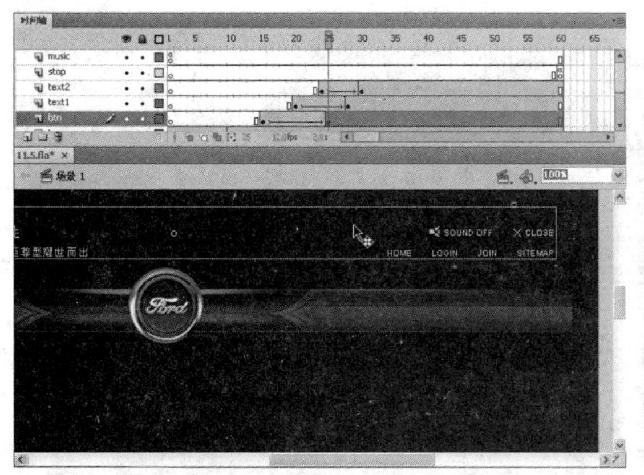

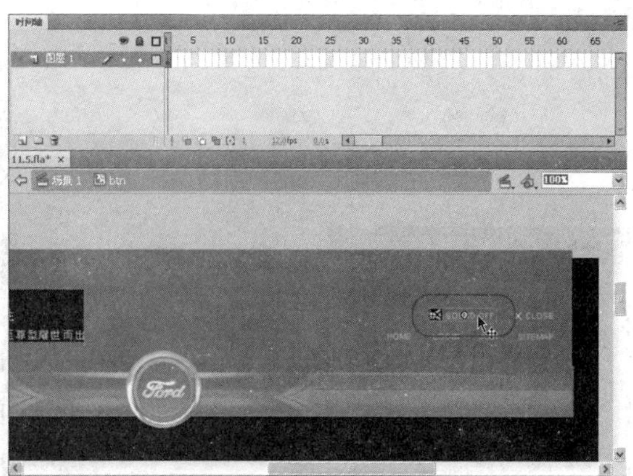

图11-68 进入【sound】影片剪辑的编辑窗口

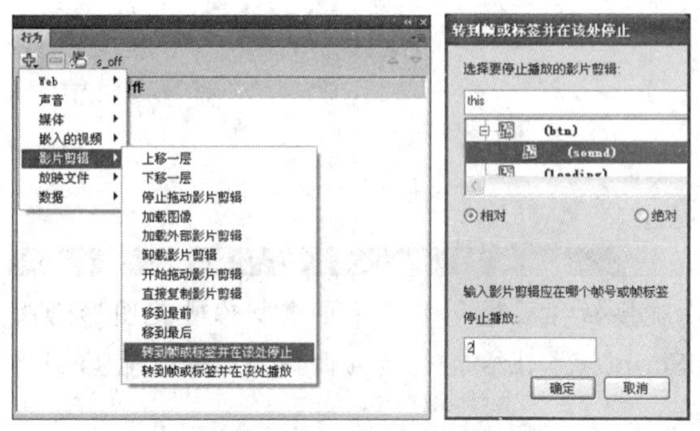

图11-69 添加【转到帧或标签并在该处停止】行为

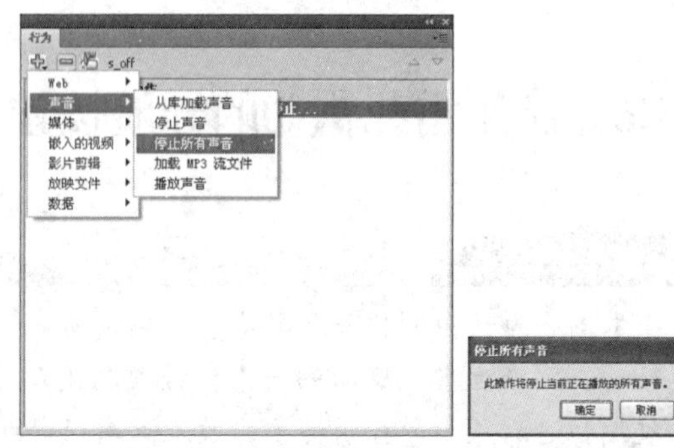

图11-70 添加【停止所有声音】行为

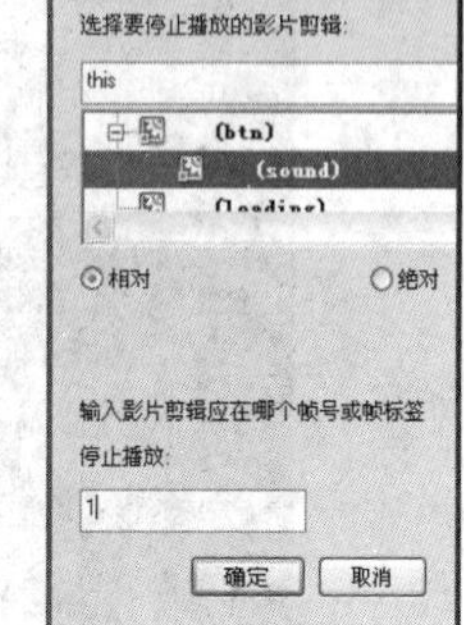

图11-71 添加【转到帧或标签并在该处停止】行为

09 选择【s_on】按钮元件，然后单击【添加行为】按钮，从打开菜单中选择【声音】|【播放声音】命令，打开对话框后，输入声音的实例名称，单击【确定】按钮，如图 11-72 所示。

10 返回【btn】影片剪辑的编辑窗口，然后选择【close】按钮元件，打开【动作】面板，在动作脚本窗格中输入关闭动画的脚本代码，如图 11-73 所示。

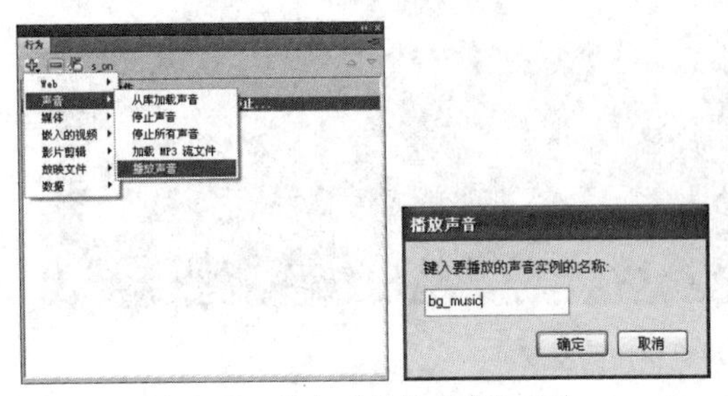

图11-72　添加【播放声音】行为

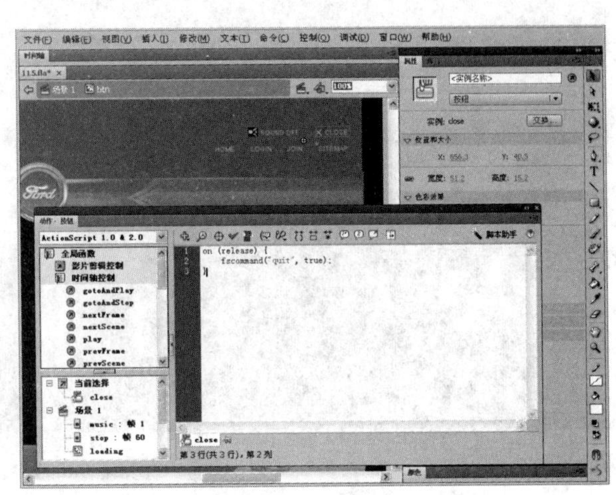

图11-73　添加关闭动画的动作脚本

11.6　制作雪花飘动的导航按钮

制作分析

本例将为动画制作一种具有雪花飘动效果的导航按钮。首先利用引导层来制作雪花图形沿曲线移动，以产生雪花飘动的效果，接着利用ActionScript脚本让雪花从按钮向四周飘散，最后制作导航按钮逐渐显示的补间动画，效果如图11-74所示。

图11-74　导航按钮出现雪花飘动的效果

制作流程

首先创建并编辑导航按钮元件，然后创建引导动画影片剪辑，使用铅笔工具绘制曲线，利用引导层让雪花沿着曲线移动，接着将引导动画影片剪辑加入按钮元件内，为按钮添加“指针移过”状态的声音效果，并将加入按钮元件内的多个引导动画影片剪辑转换为一个影片剪辑，再通过【动作】面板添加动作脚本，让雪花可以在浏览着将鼠标移到按钮上时出现飘动效果，最后使用相同的方法制作其他导航按钮，并加入舞台，再制作导航按钮逐渐显示的动画。雪花飘动的导航按钮制作过程如图11-75所示。

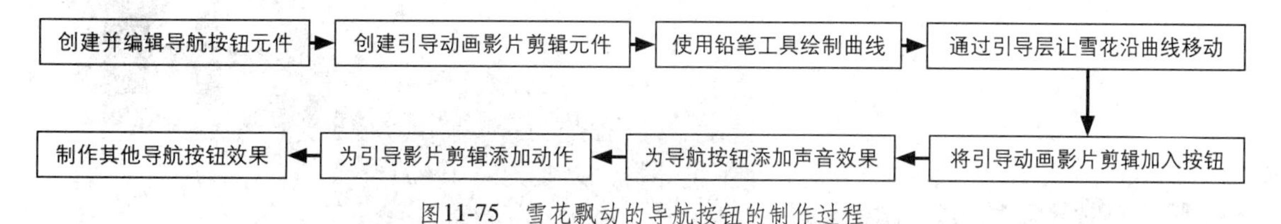

图11-75　雪花飘动的导航按钮的制作过程

上机实战　制作雪花飘动的导航按钮

01 在光盘中打开“..\Example\Ch11\11.6\11.6.fla”练习文件，选择【插入】|【新建元件】命令，打开【创建新元件】对话框后，设置元件名称和类型，单击【确定】按钮，创建按钮元件后，在元件内输入按钮文本，并设置如图 11-76 所示的文本属性。

图11-76　创建按钮元件并输入按钮文本

02 在按钮元件的“点击”状态帧上插入关键帧，然后在工具箱中选择【矩形工具】，并设置填充颜色为【红色】，接着在按钮文本周围绘制一个矩形，如图 11-77 所示。

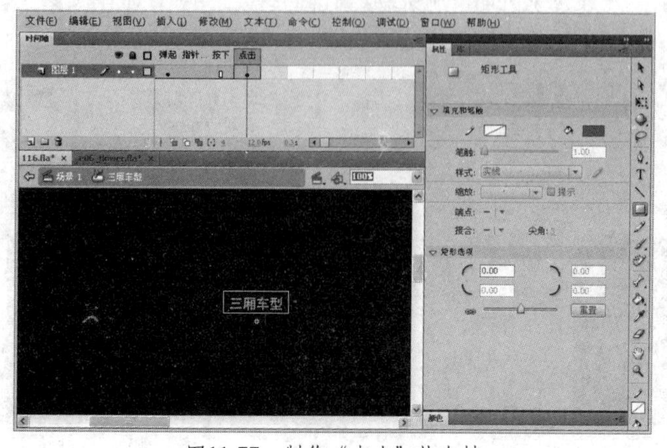

图11-77　制作“点击”状态帧

03 选择【插入】|【新建元件】命令，打开【创建新元件】对话框后，设置元件名称和类型，单击【确定】按钮，创建影片剪辑元件后，将【point】图形元件加入影片剪辑内，如图 11-78 所示。

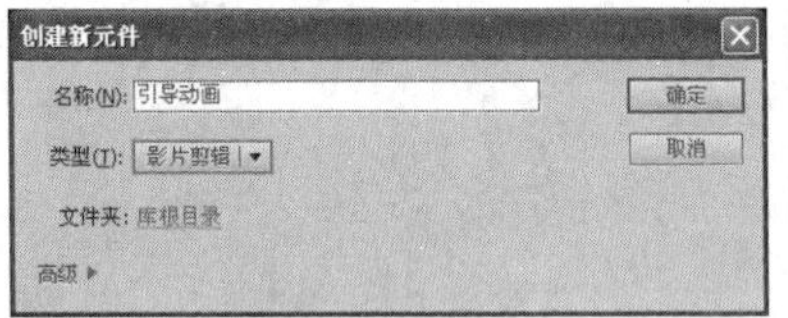

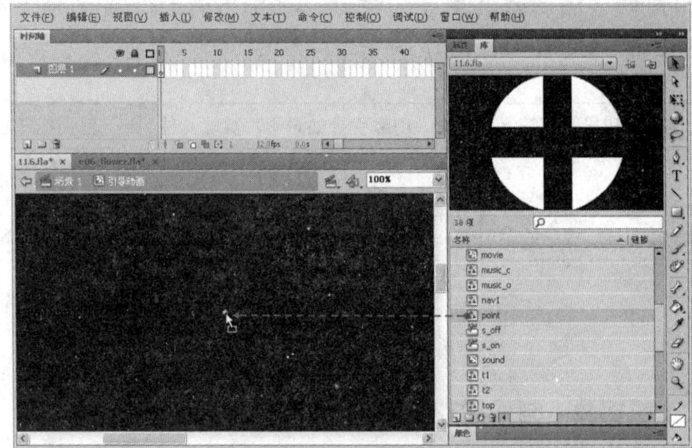

图11-78　创建影片剪辑并将【point】图形元件加入影片剪辑内

04 在图层 1 上插入图层 2，然后在工具箱中选择【铅笔工具】，并设置笔触大小为 1、颜色为【白色】，接着在舞台上绘制一条曲线，如图 11-79 所示。

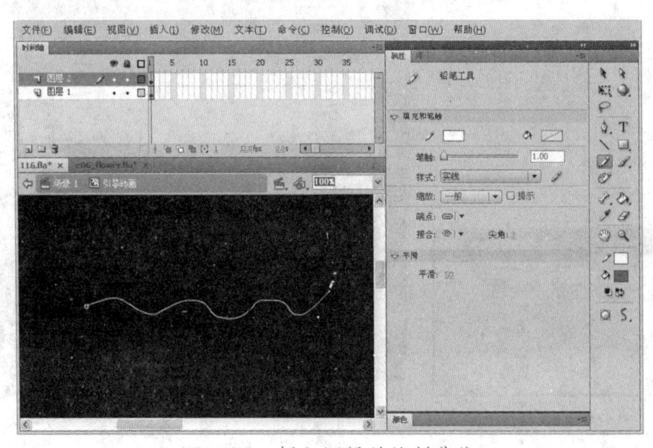

图11-79　插入图层并绘制曲线

05 同时选择图层 1 和图层 2 第 80 帧，按下【F6】功能键插入关键帧，接着将【point】图形元件移动到曲线的右端，并让图形元件的中心放置在曲线上，然后选择图层 1 的第 1 帧，再选择图形元件，将元件的中心放置在曲线的左端上，如图 11-80 所示。

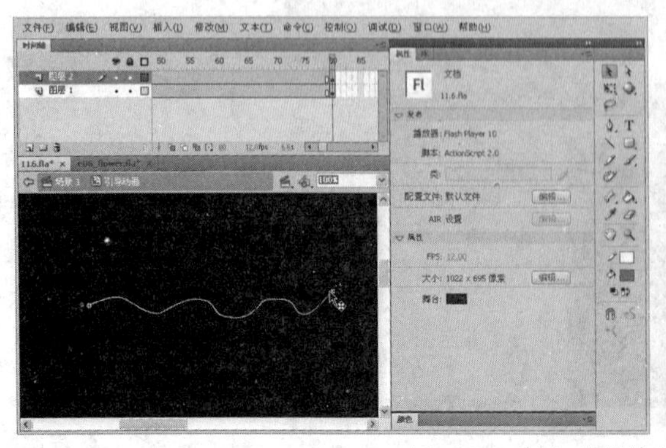
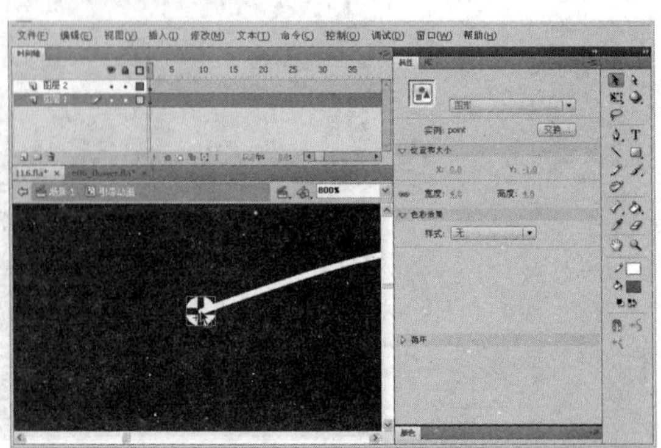

图11-80　插入关键帧并设置图形元件的位置

06 选择图层 1 的第 1 帧，单击右键从打开的菜单中选择【创建传统补间】命令，创建传统补间动画，如图 11-81 所示。

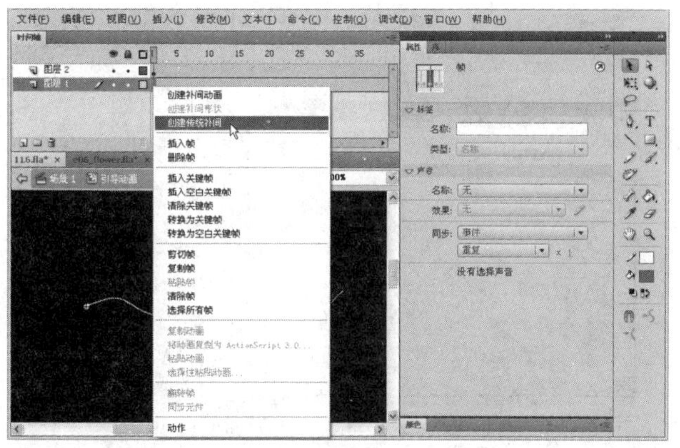

图11-81　创建传统补间动画

07 选择图层 2，然后在图层 2 上单击右键从打开的菜单中选择【引导层】命令，将图层 2 转换为引导层，接着将图层 1 移到图层 2 下，作为图层 2 的被引导层，如图 11-82 所示。

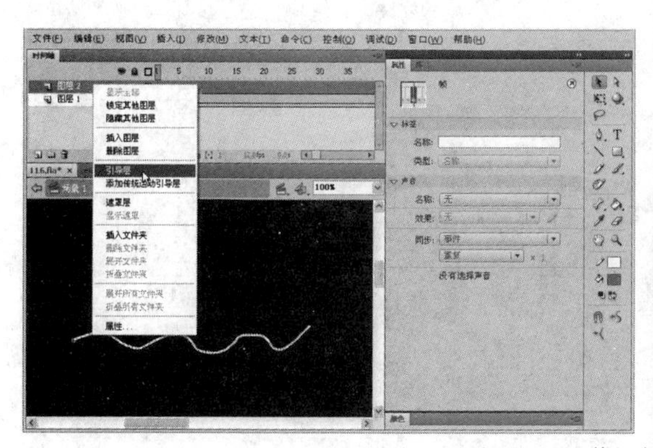

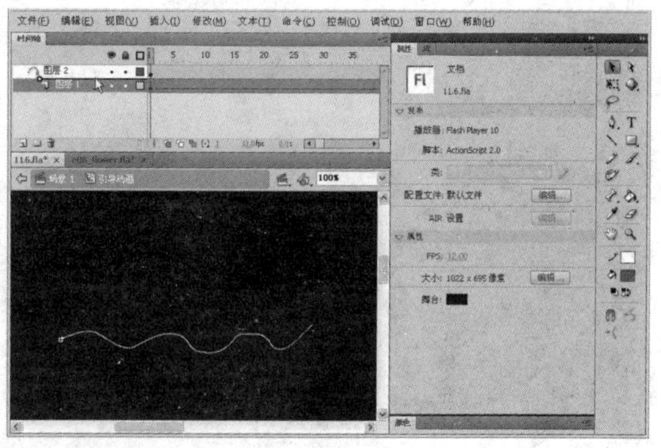

图11-82　将图层转换为引导层

08 打开【库】面板，双击【三厢车型】按钮元件，进入该元件的编辑窗口，在图层 1 上插入图层 2，并在图层 2 的“指针移入”状态帧下插入关键帧，然后将【引导动画】影片剪辑元件加入到按钮上，并分别加入 3 次，如图 11-83 所示。

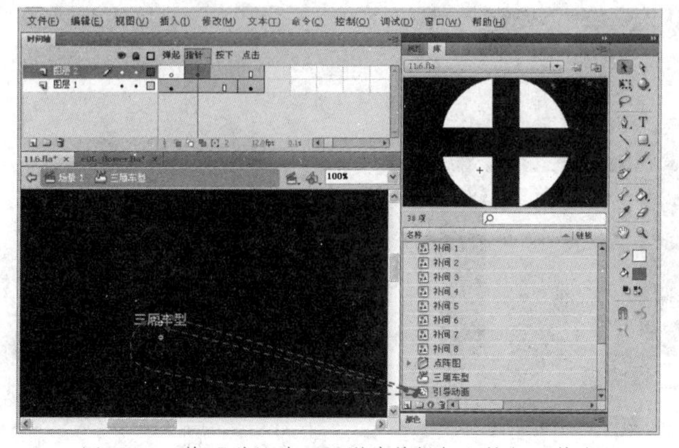

图11-83　将【引导动画】影片剪辑加入按钮元件内

09 在按钮元件时间轴的图层 2 上插入图层 3，然后在“指针移入”状态帧下插入关键帧，接着将【on_over.wav】声音文件导入到 Flash，并添加到“指针移入”状态帧上，如图 11-84 所示。

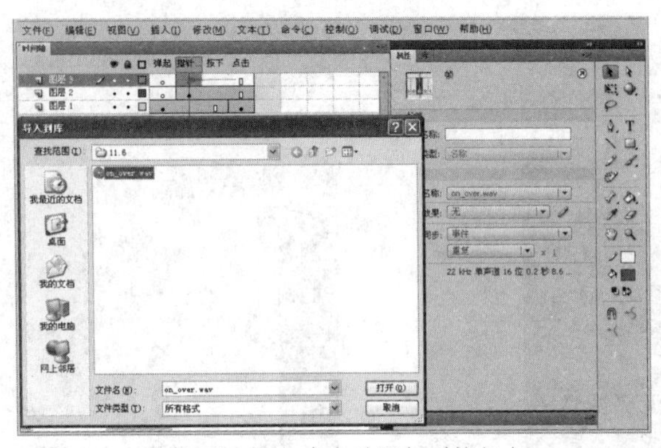

图11-84　导入声音并添加到按钮上

10 选择添加到按钮上的其中一个【引导动画】影片剪辑元件，然后打开【属性】对话框，设置影片剪辑元件的实例名称为【circle1】，使用相同的方法，分别设置其他两个【引导动画】影片剪辑元件的实例名称为【circle2】和【circle3】，如图 11-85 所示。

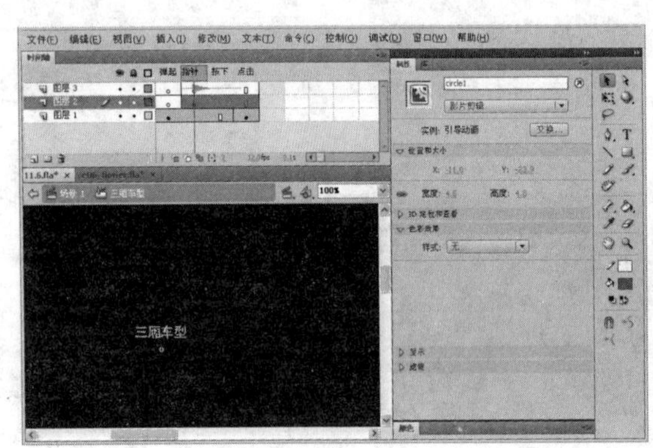

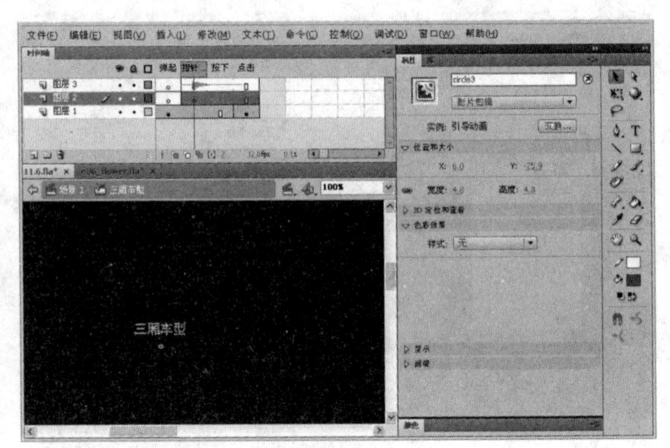

图11-85　设置影片剪辑的实例名称

11 同时选择按钮上的 3 个【引导动画】影片剪辑元件，然后单击右键从打开的菜单中选择【转换为元件】命令，将 3 个【引导动画】影片剪辑元件转换为 1 个名为【circle】的影片剪辑元件，如图 11-86 所示。

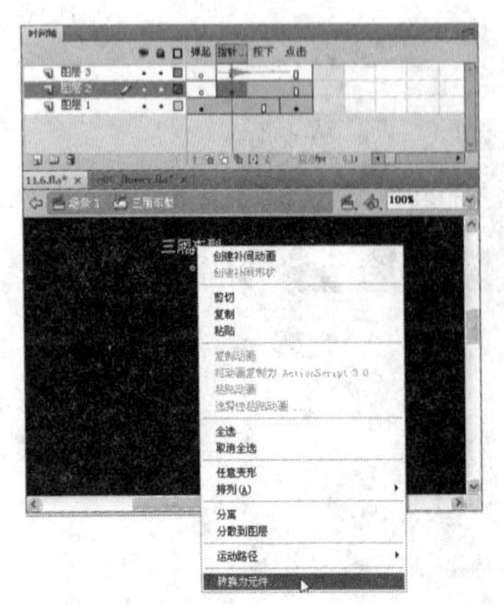

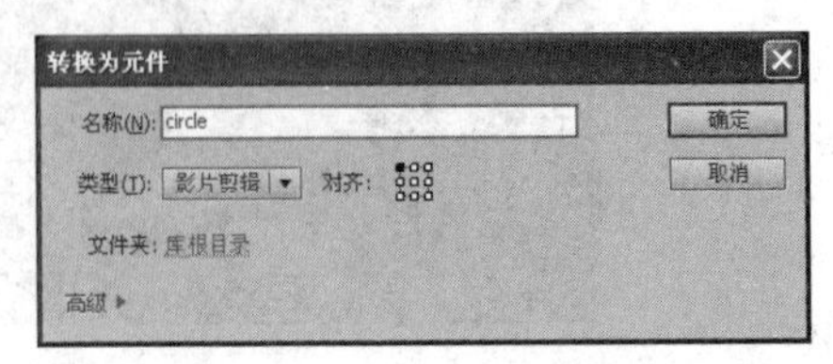

图11-86　转换为元件

12 进入【circle】的影片剪辑编辑窗口，在图层1上插入图层2，选择图层2第1帧，接着在【动作】面板中输入以下动作脚本，从而制作出雪花四周飘散的效果，如图11-87所示。

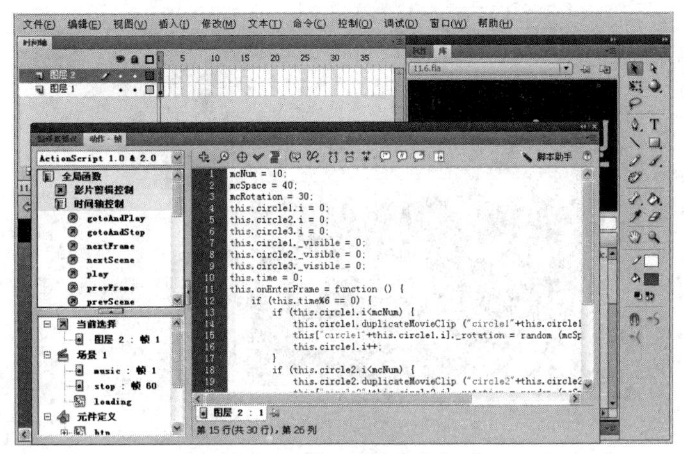

图11-87 输入动作脚本代码

```
mcNum = 10;
mcSpace = 40;
mcRotation = 30;
this.circle1.i = 0;
this.circle2.i = 0;
this.circle3.i = 0;
this.circle1._visible = 0;
this.circle2._visible = 0;
this.circle3._visible = 0;
this.time = 0;
this.onEnterFrame = function () {
    if (this.time%6 == 0) {
        if (this.circle1.i<mcNum) {
            this.circle1.duplicateMovieClip ("circle1"+this.circle1.i, this.circle1.i+100);
            this["circle1"+this.circle1.i]._rotation = random (mcSpace)+0+mcRotation;
            this.circle1.i++;
        }
        if (this.circle2.i<mcNum) {
            this.circle2.duplicateMovieClip ("circle2"+this.circle2.i, this.circle2.i+200);
            this["circle2"+this.circle2.i]._rotation = random (mcSpace)+120+mcRotation;
            this.circle2.i++;
        }
        if (this.circle3.i<mcNum) {
            this.circle3.duplicateMovieClip ("circle3"+this.circle3.i,this.circle3.i);
            this["circle3"+this.circle3.i]._rotation = random (mcSpace)+270+mcRotation;
            this.circle3.i++;
        }
    }
    this.time++;
};
```

13 返回场景中，在 music 图层上插入一个新图层并命名为【nav】，接着在 nav 图层第 30 帧上插入关键帧，再将【三厢车型】按钮元件加入舞台，放置在动画的导航条上，如图 11-88 所示。

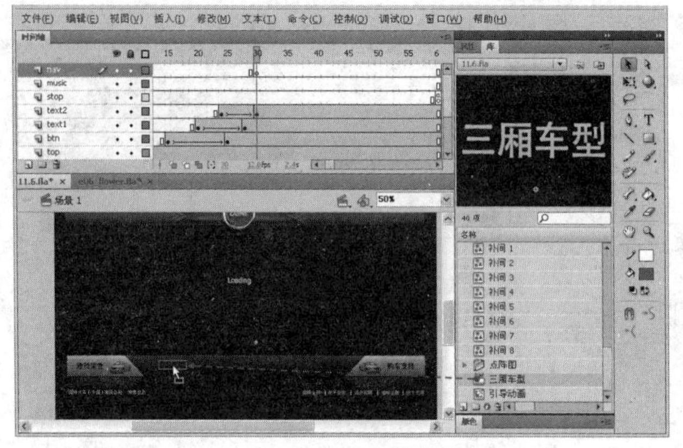

图11-88　加入导航按钮

14 按照步骤 1 ~ 步骤 12 的操作方法，制作其他导航按钮，然后将所有的导航按钮放置在舞台的导航条区域内，结果如图 11-89 所示。

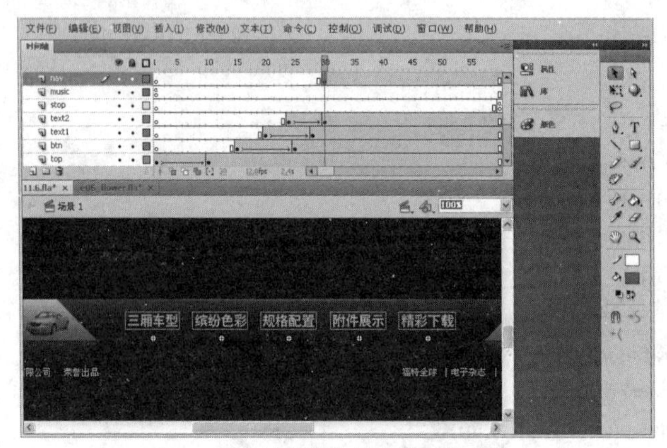

图11-89　制作其他导航按钮的结果

15 选择所有的导航按钮，然后在导航按钮上单击右键，从打开的菜单中选择【转换为元件】命令，打开【转换为元件】对话框后，设置名称为【nav】，类型为【影片剪辑】，单击【确定】按钮，如图 11-90 所示。

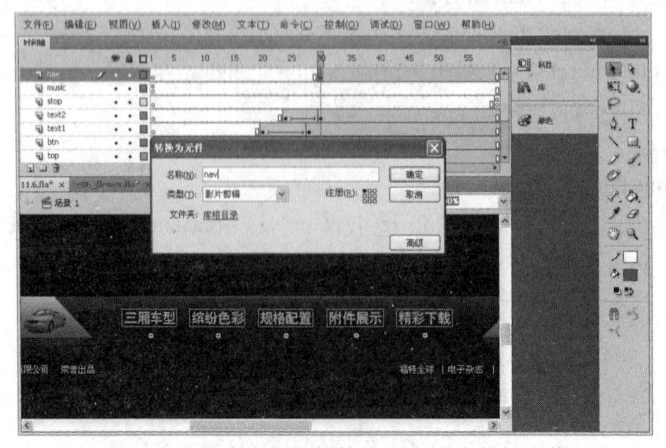

图11-90　将多个按钮转换为一个影片剪辑元件

16 选择 nav 图层第 40 帧，然后在该帧上插入关键帧，再选择 nav 图层第 30 帧，接着选择【nav】影片剪辑元件，并设置该元件的 Alpha 为 0%，最后选择第 30 帧，创建传统补间动画，如图 11-91 所示。

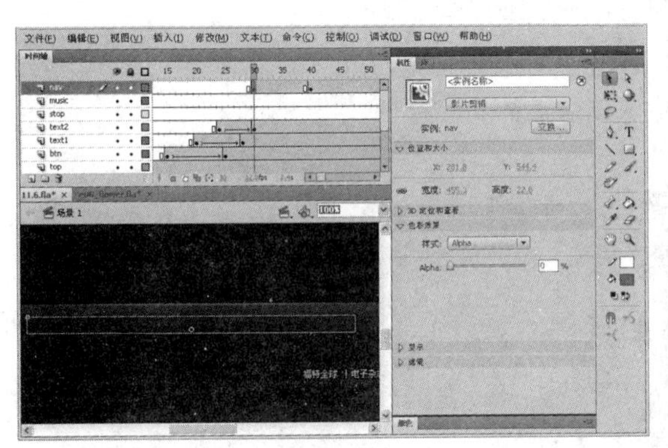
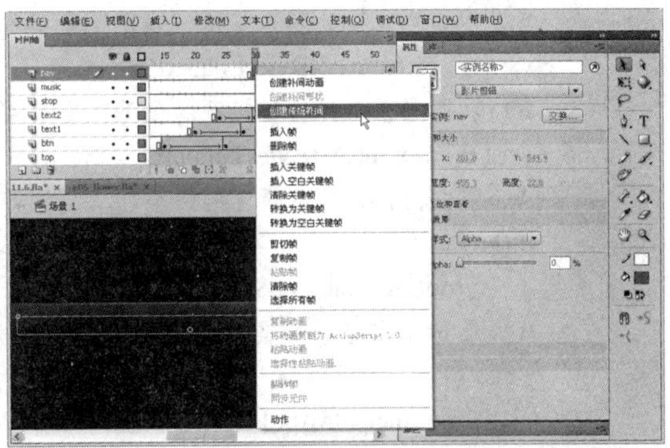

图11-91　创建传统补间动画

11.7　学习扩展

本章以蒙迪欧汽车网站的首页动画为例，介绍了汽车类的网站设计，以及相关动画效果的制作和各种技巧的应用。下面针对本章动画实例的操作，补充相关的功能说明、制作技巧以及脚本解析等知识，以便理解和掌握。

11.7.1　关于使用FLV视频

FLV 文件格式是一种包含用 Flash Player 编码，以便于传送的音频和视频数据。在 Flash 动画制作中，因为 Flash Player 不支持 AVI 视频编码，所以当视频导入 Flash 时，需要将原来的视频转换为 FLV 视频，以便能够在 Flash Player 中播放。

在 Flash 中，可以将视频导入 Flash 创作工具，然后导出 FLV 文件。

外部 FLV 文件具有导入的视频不具有的某些功能：

（1）无需降低回放速度就可以在 Flash 文档中使用较长的视频剪辑。另外可以使用缓存内存的方式来播放外部 FLV 文件，这意味着可以将大型文件分成若干个小片段存储，对其进行动态访问，这种方式比嵌入的视频文件所需的内存更少。

（2）外部 FLV 文件可以和它所在的 Flash 文档具有不同的帧速率。例如，可以将 Flash 文档帧速率设置为 30 帧 / 秒 (fps)，而将视频帧速率设置为 21fps。与嵌入的视频相比，此项设置可使用户更好地控制视频，确保视频顺畅的回放。

（3）通过外部 FLV 文件加载视频文件时不需要中断 Flash 文档回放。导入的视频文件有时可能需要中断文档回放来执行某些功能，例如访问 CD-ROM 驱动器。FLV 文件可以独立于 Flash 文档执行功能，因此不会中断回放。

（4）对于外部 FLV 文件，为视频内容加字幕更加简单，这是因为用户可以使用事件处理函数访问视频的元数据。

11.7.2　Loading动画的脚本分析

在本章 11.3 节中，在加载视频时制作了一个 Loading 动画。通过 Loading 动画计算视频下载的时间，并在视频下载完成后播放视频。在 Loading 动画中应用了以下脚本代码，下面对该代码进行解析。

```
onClipEvent (enterFrame) {
\\ 表示当影片播放到当前帧，触发一个事件
var l = _root.mc.getBytesLoaded();
\\ 将获取当前影片剪辑实例的已下载字节数定义为变量 l
var t = _root.mc.getBytesTotal();
\\ 将获取当前影片剪辑实例的全部下载字节数定义为变量 t
if (l<t) {
    _root.mc.gotoAndStop(1);
\\ 如果 l<t，则在当前影片剪辑第 1 帧上停止播放
} else {
    _root.mc.gotoAndPlay(2);
\\ 否则在当前影片剪辑第 2 帧上开始播放
}
}
```

提示 onClipEvent() 是一个事件处理函数，也是在 Flash 动作脚本中使用频率非常高的一条语句，其功能是触发特定影片剪辑实例定义的动作。这个事件处理函数只能添加在影片剪辑实例上，不同于 on() 事件处理函数可以添加在影片剪辑和按钮上。

11.7.3 关于引导层动画的制作

在本章 11.6 节中应用了引导层来制作沿着路径移动的补间动画，下面针对引导层动画的制作作一个概述的介绍。

1. 关于引导层

引导层是一种让其他图层的对象对齐引导层对象的一种特殊图层，可以在引导层上绘制对象，然后将其他图层上的对象与引导层上的对象对齐。依照此特性，可使用引导层来制作沿曲线路径运动的动画。

例如，创建一个引导层，然后在该层上绘制一条曲线，接着将被引导图层上开始关键帧的对象放到曲线一个端点，并将结束关键帧的对象放到曲线的另一个端点，最后创建补间动画，这样在补间动画中，对象就根据引导层的特性对齐曲线，因此整个补间动画过程对象都沿着曲线运动，从而制作出对象沿曲线路径移动的效果，如图 11-92 所示。

提示 引导层不会导出，因此不会显示在发布的 SWF 文件中。任何图层都可以作为引导层，图层名称左侧的图标表明该层是引导层。

2. 引导层使用须知

使用引导层来制作对象沿路径移动的补间动画需要注意以下 3 个方面。

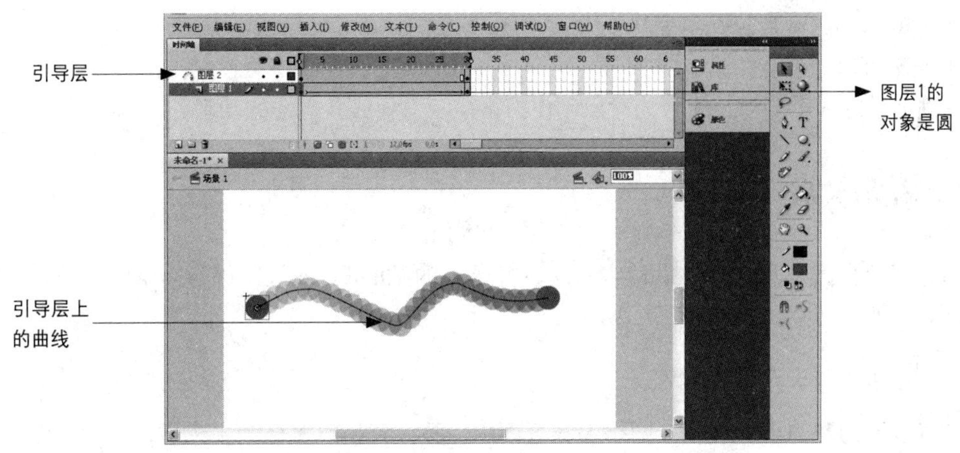

图11-92　利用引导层制作对象沿曲线移动的动画效果

(1) 引导层与图层的配合

插入引导层后，可以在引导层上绘制曲线或直线作为运动路径，但需要注意：引导层的作用是放置运动路径（又称为引导线），要建立对象沿引导线运动的动画还需要与另一图层配合，即需要将另外一个图层的对象作用在引导线上。

另外，可以将多个图层链接到一个运动引导层，使多个对象沿同一条路径运动，如图 11-93 所示。

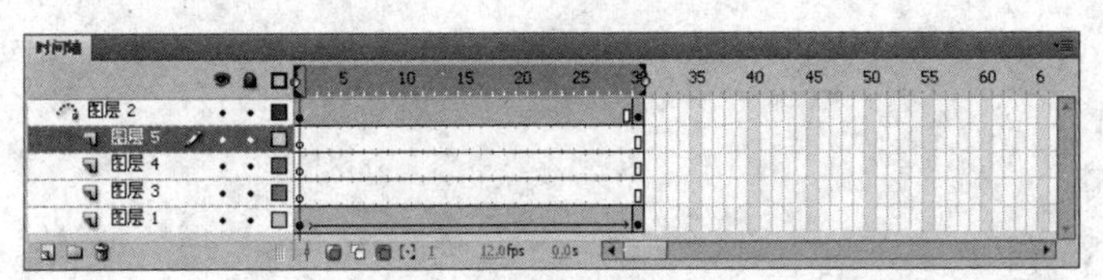
图11-93　将多个图层链接到一个运动引导层

(2) 引导层的形式

引导层有两种形式：一种是未引导对象的引导层；另一种是已引导对象的引导层，如图 11-94 所示。

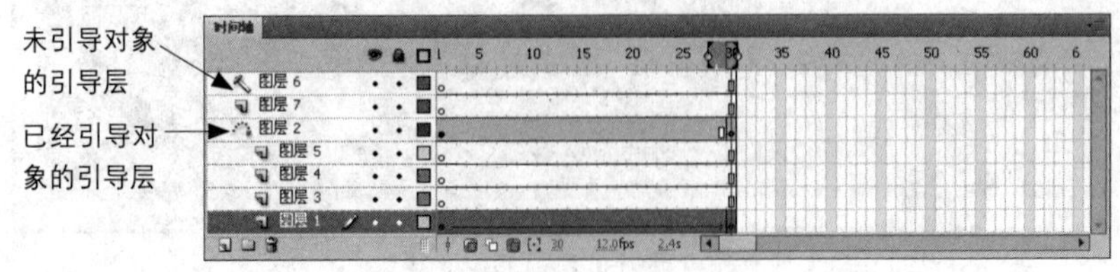

图11-94　引导层的形式

① 未引导对象的引导层会在图层上显示图标，这种引导层没有组合图层，即没有引导被作用对象的图层，所以不会形成引导线动画。

② 已经引导对象的引导层会在图层上显示图标，这种引导层已经组合了图层，可以让被引导层的对象沿着引导线运动。

(3) 引导对象的要求

利用引导层制作对象沿引导线运动有 3 个要求：

① 对象已经为其开始关键帧和结束关键帧之间创建补间动画。

② 对象的中心必须放置在引导线上。

③ 对象不可以是形状。

只有满足了这3个要求，才可为对象制作沿路径（引导线）运动的动画。

11.8 作品欣赏

下面介绍两个汽车类的网站供读者参考，并针对网站的Flash效果进行简单的点评，以便让读者在设计时进行借鉴。

1. 广汽丰田雅力士汽车网站

在广汽丰田的雅力士彩绘设计网络大赛页面中，整体背景以黑色为主色调，这样可以很容易突出页面上的彩色内容，从而突出雅力士汽车彩绘设计的主题。在网页刚打开时，页面上即出现颜色彩绘功能，无论在颜色和动感上，都极具吸引力，如图11-95所示。

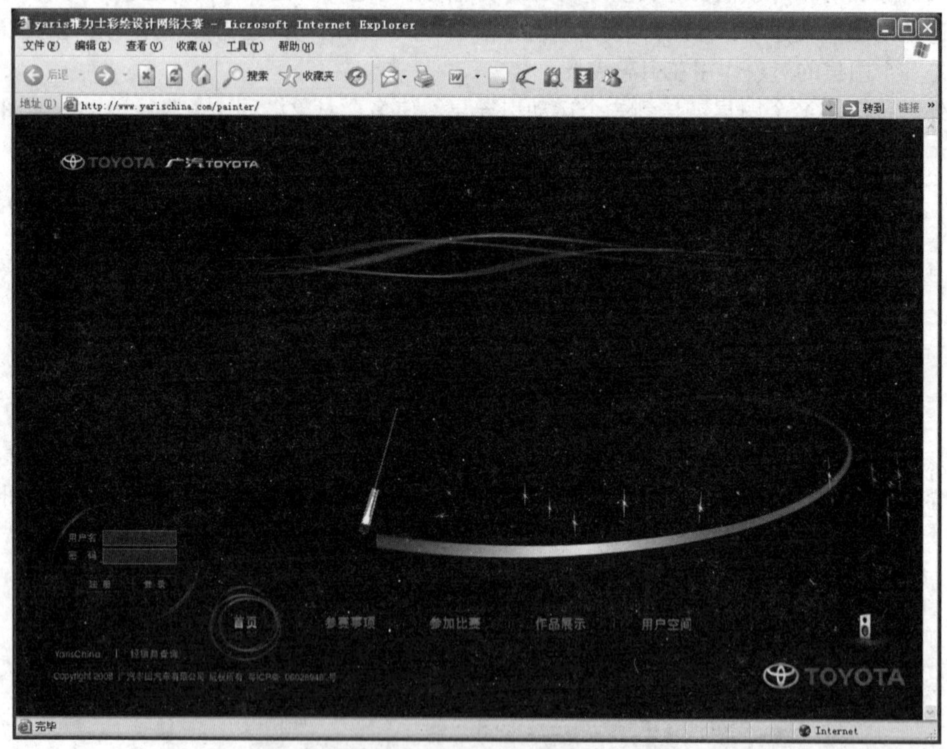

图11-95 网页刚打开时出现的彩绘动画

当网页完全显示后，丰田雅力士汽车就出现在一个彩绘的平台上，四周包围着有很多不断闪烁的星星，这样汽车就完全处于主角的位置上，对于汽车产品的宣传来说，正是需要这样的效果。另外，网页动画的设计还有一个亮点，就是当浏览者将鼠标移到网页下方的导航按钮上时，按钮即出现彩绘的旋转圈圈，结果如图11-96所示。

提示 雅力士汽车彩绘大赛的网址为：http://www.yarischina.com/painter/。

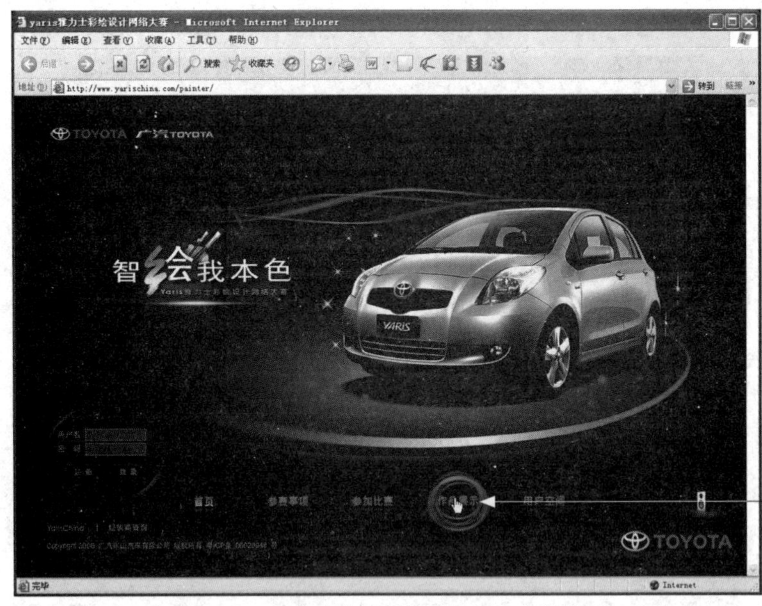

鼠标移到按钮上出现的效果

图11-96　雅力士汽车彩绘设计网络大赛页面

2. 别克君威REGAL汽车网站

在别克君威 REGAL 的汽车官方网站上，整体的设计采用一种时尚和现代的风格，整个页面背景使用灰黑色作为主要颜色，然后搭配红色的君威 REGAL 汽车图片，显得特别抢眼。在页面的上方，将汽车产品的设计、操控、安全、配置特色作为导航区域，当浏览者将鼠标移到这些区域上时，即出现特色标题的动画，如图 11-97 所示。

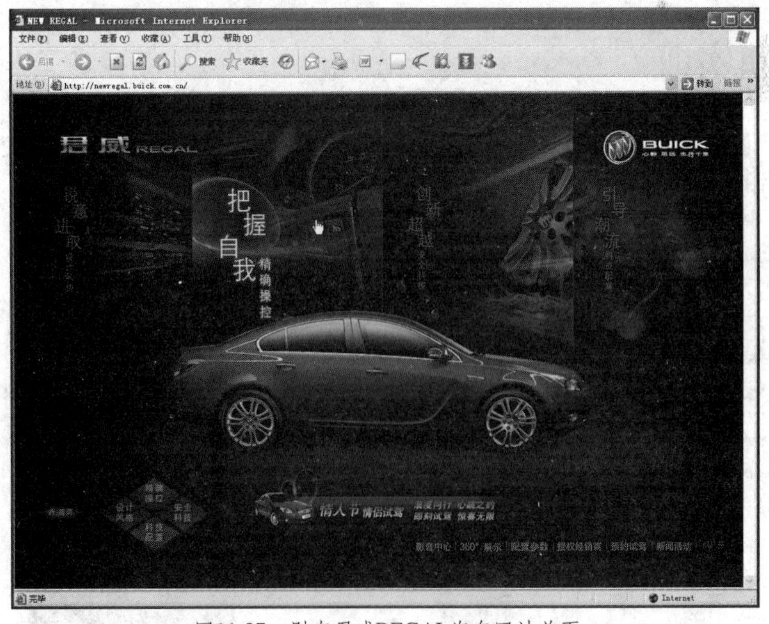

图11-97　别克君威REGAL汽车网站首页

当进入导航内容页后，会出现一个 Loading 动画，以提示浏览者内容正在下载中。当内容下载完成后，呈现视频加动画的形式，这种方式在汽车网站上很常用，如同本章介绍的蒙迪欧汽车网站一样。别克君威REGAL汽车网站栏目页的效果，如图11-98所示。

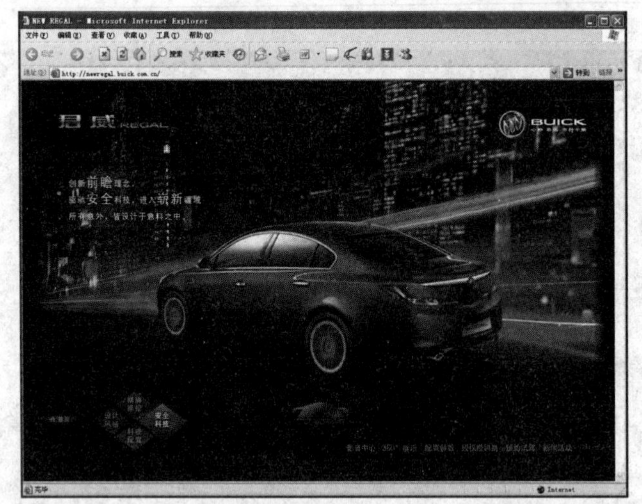

图11-98　别克君威REGAL汽车网站栏目页

提示　别克君威REGAL汽车网站的网址为：http://newregal.buick.com.cn/。

11.9　本章小结

本章以“福特蒙迪欧”汽车网站为例，通过制作首页动画、为动画载入视频、制作网站背景音乐、制作特殊效果的导航按钮等4个实例详细介绍了Flash在汽车网站上的应用。

11.10　上机实训

实训要求：使用11.6节的成果文件作为练习素材，将动画通过HTML方式发布预览，以测试动画在网页中的播放效果。

操作提示：操作流程如图11-99所示。

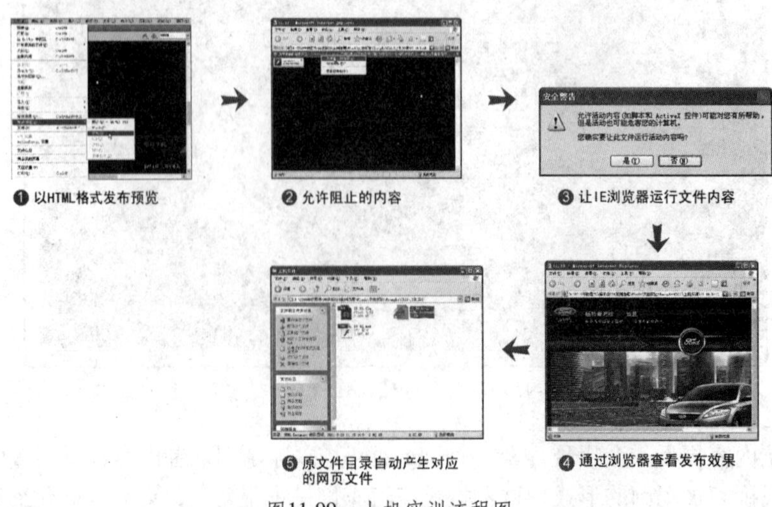

图11-99　上机实训流程图